运筹学

(第 2 版)

孙 萍 孙学珊 王 辉 安小会 编 著

北京理工大学出版社
BEIJING INSTITUTE OF TECHNOLOGY PRESS

内容简介

本书是由天津理工大学管理学院、天津理工大学中环信息学院经管系长期从事运筹学教学的教师集体编写而成，其内容紧密结合经济管理专业的特点。本书系统地讲述了线性规划、对偶理论与灵敏度分析、运输问题、目标规划、整数规划、动态规划、图与网络分析、网络计划技术、排队论、存储论、决策论的基本概念、理论、方法和模型。用大量的例题、案例介绍运筹学在管理、经济等领域中的应用。介绍了 Excel、Lindo 软件在运筹学求解中的应用。每章都附有大量的练习题，以帮助复习基本知识和检查学习效果。

本书既可作为高等院校本科、研究生运筹学学习教材，也可作为管理人员和企业决策人员的学习参考书。

图书在版编目(CIP)数据

运筹学 / 孙萍等编著. --2 版. --北京：北京理工大学出版社，2024. 1

ISBN 978-7-5763-3524-8

Ⅰ. ①运…　Ⅱ. ①孙…　Ⅲ. ①运筹学-高等学校-教材　Ⅳ. ①O22

中国国家版本馆 CIP 数据核字(2024)第 041701 号

责任编辑：王晓莉　　**文案编辑**：王晓莉
责任校对：刘亚男　　**责任印制**：李志强

出版发行 / 北京理工大学出版社有限责任公司
社　　址 / 北京市丰台区四合庄路 6 号
邮　　编 / 100070
电　　话 / (010) 68914026 (教材售后服务热线)
(010) 68944437 (课件资源服务热线)
网　　址 / http://www.bitpress.com.cn

版 印 次 / 2024 年 1 月第 2 版第 1 次印刷
印　　刷 / 河北盛世彩捷印刷有限公司
开　　本 / 787 mm×1092 mm　1/16
印　　张 / 18
字　　数 / 417 千字
定　　价 / 95. 00 元

前 言

运筹学是一门应用于管理组织系统的科学，是为管理方面的人员提供决策目标和数量分析的工具。它通过运用分析、试验、量化的方法，对经营管理系统中的人、财、物等有限的资源进行统筹的安排，为决策者提供科学的、有依据的最优方案，以实现最有效的管理。

习近平总书记指出，"'两个一百年'奋斗目标的实现、中华民族伟大复兴中国梦的实现，归根到底靠人才、靠教育"。党的二十大报告指出：教育是国之大计、党之大计。培养什么人、怎样培养人、为谁培养人是教育的根本问题。育人的根本在于立德。课程以立德树人、培养学习者解决工程复杂问题的综合能力和运筹思想为核心，培养和提高本科生科学思维、科学方法、实践技能和创新能力的综合素质。在对实际问题模型化的过程中，融入了辩证唯物主义基本原理的解题思路，以揭示运筹技术深刻的理论内涵；对于一些难以理解和掌握的内容采用了直观的、学生易于接受和理解的几何描述、辩证思维或经济知识等多种方式进行了解释。掌握运筹学整体优化的思想和若干定量分析的优化技术，有利于正确应用各类模型分析、解决不太复杂的实际问题，为全面人才的培养和后续专业课程的学习打下良好的基础。

运筹学涉及的领域包括诸多部门的管理，搭建起本课程与相关专业课程之间的"桥梁"，应用是相当广泛的。各类高校的很多专业都把它作为一门必修课程。

"运筹学"课程的培养定位是："运筹学"是管理类本科专业一门重要的学科基础课，也是理工科学生不可或缺的重要基础。该课程是以定量分析为主来研究管理问题，将工程思想和管理思想相结合，应用系统的、科学的、数学分析的方法，通过建模、检验和求解数学模型而获得最优决策的科学。通过运筹学课程的学习和实践为学生的进一步深造和科研打下坚实的定量分析基础，也为学生的创新思维与应用创造了良好条件。

通过对本课程的学习，使学生掌握运筹学的基本优化理论和优化方法，灵活掌握运筹学在解决实际应用问题中的基本方法和应用技巧，活学活用所学理论知识；培养学生从应用中发现问题、提出问题、分析问题和解决问题的能力，培养学生的综合素质、创新能力和团队协作精神。

学习"运筹学"课程应达到下列目标和要求：

1. 熟练掌握本课程的基本概念和基本原理，涵盖线性规划、整数规划、动态规划、网络优化、排队论、存储论和决策论等方面；

2. 较好地掌握本课程的基本模型和方法，包括单纯形法、对偶理论、灵敏度分析、运输问题模型、整数规划模型、指派问题模型、动态规划最优化方法、网络优化模型、排队论模型、存储模型、决策分析方法；

3. 灵活地将理论知识应用于实际问题的分析和解决，如选址问题、企业的生产计划、风险组合投资问题、生产企业的库存问题、保险公司的险种配置问题以及企业经营中的博弈问题等。

本书出版的宗旨是力求根据 21 世纪经济管理人才对运筹学教学的需求，由在天津理工大学管理学院、天津理工大学中环信息学院经管系长期从事运筹学教学的教师，总结提炼多年教学中积累的教学经验和成果，精心编写而成。本书编写的分工为：孙萍编写绪论、第一章、第二章、第八章、第十一章、附录；孙学珊编写第三章、第四章、第五章、第六章；王辉编写第七章、第十章；安小会编写第九章。

由于编者水平有限，书中疏漏与不妥之处在所难免，敬请读者批评指正。

目 录

绪　论

0.1　运筹学的产生和发展

“运筹学”(operations research)直译为“运作研究”或“操作研究”。运筹学是运用科学的方法(如分析、试验、量化等)来决定如何最佳地运营和设计各种系统的一门学科。“运筹于帷幄之中，决胜于千里之外”，运筹学这一学科的名字正是来源于此，表明我国运筹思想源远流长。

0.1.1　朴素的运筹学思想

朴素的运筹学思想的出现可以追溯到很早——在中国战国时期，曾经有过一次流传后世的赛马比赛，相信大家都知道，这就是“田忌齐王赛马”(对策论)。齐王要与他的大臣田忌赛马，双方各出上、中、下马各一匹，对局三次。田忌在好友——著名的军事谋略家孙膑的指导下，采用以下安排：

齐王	上	中	下
田忌	下	上	中

最终净胜一局，赢得 1 000 金。田忌赛马的故事说明在已有的条件下，经过筹划、安排，选择一个最好的方案，就会取得最好的效果。可见，筹划安排是十分重要的。

丁谓的皇宫修复工程的故事发生在北宋年间，皇宫因火焚毁，丁谓负责修复皇宫。他的施工方案是：首先将工程皇宫前的一条大街挖成一条大沟，将大沟与汴水相通；然后使用挖出的土就地制砖，令与汴水相连形成的河道承担繁重的运输任务；最后修复工程完成后，实施大沟排水，并将原废墟物回填，修复成原来的大街。丁谓将取材、生产、运输及废墟物的处理用“一沟三用”巧妙地解决了。

公元前 400 年，中国著名军事学家孙武在《孙子兵法》一书中就描述了敌我双方交战，要克敌制胜就要在了解双方情况的基础上，做出最优的对付敌人的方法，这就是“运筹帷幄之中，决胜千里之外”的说法，这些都体现了优化的思想。这说明在很早以前，我国军事上已知道使用“运筹学”了，并利用它去安排计划指挥作战。但遗憾的是，我国没有人去深入研究它、整理它，没有把它作为一门学问向世人提出来。运筹学的产生可以说很难有一个明确的时间界定，目前国际上比较公认的观点是运筹学产生于第二次世界大战前后。

0.1.2 运筹学的产生

作为运筹学的早期历史可追溯到19世纪中叶——特拉法加尔(Trafalgar)海战和纳尔森(Nelson)秘诀。法国拿破仑统帅大军要与英国争夺海上霸主地位，而实施这一战略的最主要的关键是消灭英国的舰队。是英国海军统帅、海军中将纳尔森亲自制定了周密的战术方案。1805年10月21日，这场海上大战爆发了。一方是英国纳尔森亲自统帅的地中海舰队，由27艘战舰组成；另外一方是由费伦纽夫率领的法国—西班牙联合舰队，共有33艘战舰。在一场海战后，法国—西班牙联合舰队以惨败告终：联合舰队司令费伦纽夫连同12艘战舰被俘，8艘沉没，仅13艘逃走，人员伤亡7 000人。而英国战舰没有沉没，人员伤亡1 663人，但是作为统帅的纳尔森却阵亡了。秘密备忘录中留下了纳尔森秘诀。1914年英国人兰彻斯特针对该秘诀进行研究，发表了关于人与火力的优势与胜利之间的理论文章，这就是军事运筹学中著名的“兰彻斯特战斗方程”。

第一次世界大战期间，英国生理学教授希尔领导了一个防空实验小组，他们专门研究高射炮的利用，研究如何部署高射炮在阵地中的位置，从而使敌机受到的打击最大，而自己一方受到的损失最小。因此后来的科学家、军事学家、工程师们认为希尔领导的防空实验小组是运筹组织的萌芽，希尔就被称为“运筹学之父”。

运筹学的产生可以说很难有一个明确的时间界定，目前国际上比较公认的观点是运筹学产生于第二次世界大战前后。“运筹学”这一名词最早出现在第二次世界大战期间——是美国、英国等国家的作战研究小组为了解决作战中所遇到的许多错综复杂的战略、战术问题而提出的。背景是英国、美国对付德国的空袭，雷达作为防空系统的一部分，从技术上是可行的，但实际运用时却不理想。为此，一些科学家就如何合理运用雷达开始进行一类新问题的研究。1939年由曼彻斯特大学物理学家、英国战斗机司令部顾问、战后获得诺贝尔奖奖金的布莱克特为首，组织了一个小组，代号“Blackett马戏团”。这个小组包括三名心理学家、两名数学家、两名应用数学家、一名天文物理学家、一名普通物理学家、一名海军军官、一名陆军军官、一名测量员。他们做了以下事情：设计将雷达信息传送到指挥系统和武器系统的最佳方式；设计雷达与武器的最佳配置；对探测、信息传递、作战指挥、战斗机与武器的协调，做了系统的研究，并获得成功。“Blackett马戏团”在秘密报告中使用了“Operational Research”，即“运筹学”。

在美国罗伯特、华生华特把运筹学引入陆军和海军的各个部门中，把它称为“运行研究和运行评价”。后来，在伯·摩斯领导下，美国军事运筹学得到了进一步发展。不久，加拿大、法国等地相继成立了由科学家、工程师和数学家们组成的运筹学组织，研究作战的战略战术问题。战争结束后，莫尔斯和基姆鲍尔总结了战争期间运载工具分配武器的问题、展开兵力问题、分配不同类兵器问题使毁伤目标数达到最大值的火器分配问题等，以及第二次世界大战期间各次战略部署的研究结果，编写出版了《运筹学》。

0.1.3 运筹学的发展

第二次世界大战后，运筹学的活动扩展到工业和政府等部门，它的发展大致可分为三个阶段：

(1)从1945年—20世纪50年代初，被称为是运筹学的创建时期。运筹学作为一门现代科学，在第二次世界大战期间首先是在英美两国发展起来的，有的学者把运筹学描述为就组织系统的各种经营作出决策的科学手段。当第二次世界大战后的工业恢复繁荣时，由于组织内与日俱增的复杂性和专门化所产生的问题，人们认识到这些问题基本上与战争中曾面临的问题类似，只是具有不同的现实环境而已，运筹学就这样潜入工商企业和其他部门，1947 年，美国数学家丹捷格(G. B. Dantizg)发表了关于线性规划的研究成果，所解决的问题是美国空军军事规划时提出的，并给出了求解线性规划问题的单纯形算法。世界上不少国家已成立了致力于该领域及相关活动的专门学会，1948 年英国成立了运筹学俱乐部，定期讨论如何把运筹学用于民用事业，并取得了成绩。1950 年《运筹学》杂志出版；1951 年在克里夫兰的技术案例研究所里召开了美国的第一届工业运筹学会议。1952 年世界上第一个运筹学学会在美国宣布创立，并出版期刊《运筹学》，世界其他国家也先后创办了运筹学学会与期刊。所有这些，标志着运筹学这门学科基本形成。

(2)20 世纪 50 年代初期—20 世纪 50 年代末期，被认为是运筹学的成长时期。在 20 世纪 50 年代以后随着理论上的成熟及电子计算机的问世，运筹学得到了广泛的应用，其形成了比较完备的一套理论，如规划论、排队论、存储论、决策论等。20 世纪 50 年代运筹学理论、方法及其活动发展到了一个新的水平。继英国、美国先后成立运筹学学会，在 1956—1959 年短短的几年里，先后就有法国、印度、日本等十几个国家成立了运筹学学会，并有 6 种运筹学期刊问世。1957 年在英国牛津大学召开了第一届运筹学国际会议，1959 年成立了国际运筹学学会(International Federation of Operations Research Societies，IFORS)。截至 1986 年，国际上已有 38 个国家和地区成立了运筹学学会或类似的组织。

(3)20 世纪 60 年代以后，被认为是运筹学开始普及和迅速发展的时期。计算机的普及与发展是推动运筹学迅速发展的巨大动力。没有现代计算机技术，求解复杂的运筹学模型是不可设想的，也是不实际的。运筹学实践反过来又促进了计算机技术的发展，它不断地对计算机提出内存更大、运行速度更快的要求。可以说，运筹学在过去的半个多世纪里，既得益于计算机技术的应用与发展，同时也极大地促进了计算机技术的发展。第三代电子数字计算机的出现，促使运筹学得以用来研究一些大的复杂的系统，如城市交通、环境污染、国民经济计划等。

20 世纪 60 年代以来，运筹学得到了迅速的普及和发展。运筹学细分为许多分支，许多大专院校把运筹学的规划理论引入本科教学课程，把规划理论以外的内容引入硕士、博士研究生的教学课程。运筹学的学科划分没有统一的标准，在工科学院、商学院、经济学院和数理学院的教学中都可以发现它的存在。

在 20 世纪 50 年代中期，我国科学家钱学森、许国志等人将运筹学由西方引入我国，最初曾根据英文“*Operational Research*”和“*Operations Research*”直译为“运用学”。1957 年从“运筹帷幄之中，决胜千里之外”这句古语中摘取“运筹”二字，将其正式命名为“运筹学”，比较恰当地反映了这门学科的性质和内涵。并结合了我国的特点在国内推广应用——在经济数学方面，特别是投入产出表的研究和应用开展得较早；质量控制(后改为质量管理)的应用也有特色。在此期间，以华罗庚教授为首的一大批数学家加入运筹学的研究队伍，使运筹学的很多分支很快达到了当时的国际水平。

我国第一个运筹学小组于 1956 年在中国科学院力学研究所成立，1958 年成立了运筹学研究室。1960 年在济南召开了全国应用运筹学的经验交流和推广会议，1962 年和 1978 年先后在北京和成都召开了全国运筹学学术会议，1980 年中国运筹学学会正式成立。我国各高等院校，特别是经济管理类专业已普遍把运筹学作为一门专业的主干课程列入教学计划。运筹学在我国虽然起步较晚，但发展却非常迅速，目前我国运筹学的研究和应用已跟上了世界时代的步伐，但还是与西方先进水平存在差距。在运筹学这一学科领域，赶超先进水平是我国新时代大学生肩负的历史使命。

0.2 运筹学的性质特点、工作步骤

0.2.1 运筹学的定义

运筹学是一门应用科学，至今还没有统一且确切的定义。在此提出以下几个定义来说明运筹学的性质和特点：

定义1：为决策机构在对其控制下的业务活动进行决策时，提供以数量化为依据的科学方法。该定义强调的是科学方法，以定量化为基础，利用数学工具。但任何决策都包含定量和定性两个方面，而定性方面又不能简单地用数学表示，如政治、社会等因素，只有综合多种因素的决策才是全面的。运筹学工作者的职责是为决策者提供可以量化方面的分析，并指出哪些是定性因素。

定义2：运筹学是一门应用科学，它广泛应用现有的科学技术知识和数学方法，解决实际中提出的专门问题，为决策者选择最优决策提供定量依据。该定义表明运筹学具有多学科交叉的特点，如综合应用经济学、心理学、物理学和化学中的一些方法。

综上所述，运筹学的定义可以提炼为：

定义3：运筹学就是利用计划的方法和多学科专家组成的队伍，把复杂的功能关系表示成数学模型，其目的是通过定量分析为决策和揭露新问题提供数量依据。

0.2.2 运筹学的特点

(1)运筹学已被广泛应用于工商企业、军事部门、民政事业等研究组织内的统筹协调问题，故其应用不受行业、部门的限制。

(2)运筹学既对各种经营进行创造性的科学研究，又涉及组织的实际管理问题，它具有很强的实践性，最终应能向决策者提供建设性意见，并应收到实效。

(3)它以整体最优为目标，从系统的观点出发，力图以整个系统最佳的方式来解决该系统各部门之间的利害冲突。对所研究的问题求出最优解，寻求最佳的行动方案，所以它也可被看成是一门优化技术，提供的是解决各类问题的优化方法。

为了有效地应用运筹学，前英国运筹学会会长托姆林森提出了六条原则：①合伙原则；②催化原则；③互相渗漏原则；④独立原则；⑤宽容原则；⑥平衡原则。

0.2.3 运筹学的工作步骤

运筹学的研究方法有：①从现实生活场合抽出本质的要素来构造数学模型，因而可寻求一个跟决策者的目标有关的解；②探索求解的结构并导出系统的求解过程；③从可行方案中寻求系统的最优解法。

其工作步骤如下：

(1)提出和形成问题：即要弄清问题的目标、可能的约束、问题的可控变量以及有关

参数，搜集有关资料。

(2)建立模型：即把问题中可控变量、参数和目标与约束之间的关系用一定的模型表示出来。

(3)求解：用各种手段(主要是数学方法，也可用其他方法)将模型求解。解可以是最优解、次优解、满意解。复杂模型的求解需用计算机，解的精度要求由决策者提出。

(4)解的检验：首先检验求解步骤和程序有无错误，然后检查解是否反映现实问题。

(5)解的控制：通过控制解的变化过程决定对解是否要做一定的修改。

(6)解的实施：是指将解用到实际中去，必须考虑到实际的问题，如向实际部门讲清楚解的用法、在实施中可能产生的问题等。

以上过程应反复进行。

0.3 运筹学的应用与展望

随着科学技术和生产的发展，运筹学已渗入很多领域里，发挥了越来越重要的作用。在运筹学的发展简史中，已提到了运筹学在早期的应用，主要在军事领域。第二次世界大战后运筹学的应用转向民用，主要应用于：

(1)市场销售：在广告预算和媒介的选择、竞争性定价新产品开发、销售计划的制定等方面。

(2)生产计划：在总体计划方面主要是从总体确定生产、存储和劳动力的配合等计划以适应波动的需求计划，主要用线性规划和模拟的方法等。

(3)库存管理：主要应用于多种物资库存的管理，以确定合理的库存方式、库存量。

(4)运输问题：确定最小成本的运输线路、物资的调拨、运输工具的调度以及建厂地址的选择等。

(5)财政和会计：这里主要涉及预算、贷款、成本分析、定价、投资、证券管理、现金管理等。用得较多的方法是：统计分析、数学规划、决策分析。

(6)人事管理：包含六个方面：一是人员的获得和需求估计；二是人员的开发，即进行教育和培训；三是人员的分配；四是各类人员的合理利用问题；五是人员的评价，其中有如何测定一个人对组织、社会的贡献；六是工资和津贴的确定等。

(7)设备维修、更新和可靠性、项目选择和评价。

(8)工程的优化设计：这在建筑、电子、光学、机械和化工等领域都有应用。

(9)计算机和信息系统。

(10)城市管理：包含了各种紧急服务系统的设计和运用。

我国运筹学的应用是在1957年始于建筑业和纺织业。在理论联系实际的思想指导下，从1958年开始在交通运输、工业、农业、水利建设、邮电等方面都有应用。尤其是在运输方面，从物资调运、装卸到调度等。我国的运筹学工作者从理论上证明了它的科学性。在解决邮递员的合理投递路线时，管梅谷提出了被国外称为“中国邮路问题”的解法。在工业生产中推广了合理下料，机床负荷分配。在纺织业中曾用排队论方法解决细纱车间劳动组织、最优折布长度等问题。在农业中研究了作业布局、劳力分配和麦场设置等。从20世纪60年代起我国的运筹学工作者在钢铁和石油部门开展了较全面和深入的应用；

投入产出法在钢铁部门首先得到应用。从1965年起统筹法的应用在建筑业、大型设备维修计划等方面取得可喜的进展。从1970年起在全国大部分省市和部门推广优选法。其应用范围有配方、配比的选择，生产工艺条件的选择，工艺参数的确定，工程设计参数的选择，仪器仪表的调试等。在20世纪70年代中期最优化方法在工程设计界得到广泛的重视。在光学设计、船舶设计、飞机设计、变压器设计、电子线路设计、建筑结构设计和化工过程设计等方面都有成果。从20世纪70年代中期，排队论开始应用于研究矿山、港口、电信和计算机的设计等方面。图论曾用于线路布置和计算机的设计、化学物品的存放等。存储论在我国应用较晚，20世纪70年代末在汽车工业和其他部门取得成功。近年来运筹学的应用已趋向研究规模大和复杂的问题，如部门计划、区域经济规划等；并已与系统工程难以分解。

关于运筹学将往哪个方向发展，从20世纪70年代起西方运筹学工作者有两个观点，至今还未说清。这里提出某些运筹学界的观点，以供参考。美国前运筹学学会主席邦特认为，运筹学应在三个领域发展：运筹学应用、运筹科学和运筹数学。并强调发展前二者，从整体讲应协调发展。事实上运筹数学到20世纪70年代已形成一系列强有力的分枝，数学描述相当完善，这是一件好事。正是这一点使不少运筹学界的前辈认为，有些专家钻进运筹数学的深处，而忘了运筹学的原有特色，忽略了多学科的横向交叉联系和解决实际问题的研究。指出有些人只迷恋于数学模型的精巧、复杂化，而不善于处理大量新的不易解决的实际问题。现代运筹学工作者面临的大量新问题是：经济、技术、社会、生态和政治等因素交织在一起的复杂问题。

因此，从20世纪70年代末到20世纪80年代初不少运筹学家提出：要注意研究大系统，注意与系统分析相结合。由于研究新问题的时间很长，因此，必须与未来学紧密结合。由于面临的问题大多是涉及技术、经济、社会、心理等综合因素的研究，在运筹学中，除了常用的数学方法以外，还引入一些非数学的方法和理论。曾在20世纪50年代写过“运筹学的数学方法”的美国运筹学家沙旦，在20世纪70年代末提出了“层次分析法”（Analytic Hierarchy Process，AHP），他认为过去过分强调精巧的数学模型的思路是很难解决那些非结构性的复杂问题的，而看起来是简单和粗糙的方法，加上决策者的正确判断恰能解决实际问题。切克兰特把传统的数学方法称为硬系统思考，它适用于解决那种结构明确的系统以及战术和技术性问题，而对于结构不明确的，有人参与的活动就不太胜任了。在这种情况下，就应采取软系统思考的方法，相应的一些概念和方法都应有所变化，如将过分理想化的“最优解”换成“满意解”。过去把求得的“解”看成是精确的、不能变的凝固的东西，而现在要以“易变性”的概念来看待所求得的“解”，以适应系统的不断变化。解决问题的过程是决策者和分析者发挥其创造性的过程，这就是进入20世纪70年代以来人们愈来愈对人机对话的算法感兴趣的原因。大多数人认为决策支持系统是运筹学的发展方向。本课程所提供的一些运筹学思想和方法都是基本的，是作为运筹学的学习者必须掌握的知识。

运筹学像一棵大树，枝多叶茂，在它的基础上又萌发了许多新的分支。如规划论、对策论、排队论、最优化方法、质量控制、抽样检查等，都对人类的生产实践带来巨大的好处，比如全国火车运行时刻表的制定；机场、码头、飞机、轮船的航行调度。又比如在一个城市中要开多少路公共汽车、电车，这些车都经过哪些街道，每条街上设多少个站，可使乘客少排队，运输量又最大，利润最高，这都是运筹学中的规划论问题。我国数学家华罗庚先生倡导将 0.618 法运用到工业生产中，这是运筹学中优选法的问题……因此，无论是运筹学的分支，还是运筹学本身，它们都是人类社会生产实践中所不可少的理论，解决了现实社会生活中的大量实际问题。

运筹学正朝着三个领域发展：运筹学应用、运筹科学和运筹数学。现代运筹学面临的新对象是经济、技术、社会、生态和政治等因素交叉在一起的复杂系统，因此必须注意大系统，注意与系统分析相结合、与未来学相结合，引入一些非数学的方法和理论，采用软系统的思考方法。总之，运筹学还在不断发展中，新的思想、观点和方法不断出现。

第一章 线性规划

线性规划(Linear Programming，LP)是运筹学中研究较早、发展较快、应用广泛、方法较成熟的一个重要分支，是一种用来解决一组特殊的有约束条件的最优化问题的方法。它的目标函数是线性的，并有一个或多个线性约束条件。早在 1939 年，苏联数学家康特洛维奇在《生产组织与计划中的数学方法》一书中首先提出运筹学的这个重要分支，后来经过很多学者的深入研究，并且在运输、能源调配、劳动力分配以及经济问题等许多方面已经得到了广泛的应用，使得它在应用数学中占有了重要的地位。

1947 年，美国科学院、美国文理科学院与美国工程院德高望重的院士，美国国家科学奖章获得者 G. B. 丹齐克发明了计算线性规划的单纯形法，成为线性规划学科的奠基人。几十年后的今天，单纯形法仍然是求解线性规划问题不可多得的好方法。

1.1 线性规划问题及其数学模型

1.1.1 问题的提出

现在线性规划已在军事作战、经济分析、经营管理和工程技术等方面得到非常广泛的应用。它为合理配置有限的人力、物力、财力等资源需要，建设资源节约型社会，做出最优决策提供科学的依据。应用线性规划解决实际问题的方法就是首先应该建立该问题的数学模型。虽然应用线性规划解决的实际问题是各式各样的，但其数学模型的形式是类似的。下面通过例子说明如何建立实际问题的数学模型。

例 1.1 嘉美公司生产甲、乙、丙三种产品，主要消耗 A、B、C 三种原料，已知各生产一件产品时消耗三种原料的数量，以及各产品的单价情况，如表 1.1 所示。问该公司应该生产三种产品各多少件，使总产值最大。

表 1.1

原料	甲	乙	丙	原料总量/kg
A	1	4	2	4 500
B	5	2	3	6 300

续表

原料	甲	乙	丙	原料总量/kg
C	0	2	5	3 800
产品单价/百元	2	4	5	

解： 为求解上述问题，用变量 x_1、x_2 和 x_3 分别表示嘉美公司生产甲乙丙三种产品各自的产量，称 x_1、x_2 和 x_3 为决策变量，向量 $(x_1, x_2, x_3)^T$ 表示一个生产方案，可称其为决策变量向量，简称决策变量。由于原料 A、B、C 的限制，生产方案 $(x_1, x_2, x_3)^T$ 的取值也必定受到一定限制。例如，采取生产方案 $(x_1, x_2, x_3)^T$，消耗原料 A 的数量为 $x_1 + 4x_2 + 2x_3$，它不能超过原料 A 的总量。这样所采取的生产方案 $(x_1, x_2, x_3)^T$ 必须满足条件 $x_1 + 4x_2 + 2x_3 \leqslant 4\,500$（原料 A 的限制）。同样，$(x_1, x_2, x_3)^T$ 必须满足条件 $5x_1 + 2x_2 + 3x_3 \leqslant 6\,300$（原料 B 的限制），以及条件 $2x_2 + 5x_3 \leqslant 3\,800$（原料 C 的限制）。同时，$x_1$、$x_2$ 和 x_3 不能取负数，即须满足 $x_1 \geqslant 0$，$x_2 \geqslant 0$，$x_3 \geqslant 0$（非负限制）。所以一个可行方案 $(x_1, x_2, x_3)^T$ 必须满足条件：

$$\begin{cases} x_1 + 4x_2 + 2x_3 \leqslant 4\,500 \\ 5x_1 + 2x_2 + 3x_3 \leqslant 6\,300 \\ 2x_2 + 5x_3 \leqslant 3\,800 \\ x_i \geqslant 0,\ i = 1,\ 2,\ 3 \end{cases} \tag{1.1}$$

式(1.1)称为一组约束条件。

对于每一个可行生产方案 $(x_1, x_2, x_3)^T$，均有一个由这个方案产生的总产值 Z 与之对应，即有 $(x_1, x_2, x_3)^T \to Z = 2x_1 + 4x_2 + 5x_3$，称 $Z = 2x_1 + 4x_2 + 5x_3$ 为目标函数，并由它衡量各生产方案的优劣。

综上所述，例 1.1 求解生产方案的问题可由下列数学模型描述：

$$\max Z = 2x_1 + 4x_2 + 5x_3$$

$$\text{s. t.} \begin{cases} x_1 + 4x_2 + 2x_3 \leqslant 4\,500 \\ 5x_1 + 2x_2 + 3x_3 \leqslant 6\,300 \\ 2x_2 + 5x_3 \leqslant 3\,800 \\ x_i \geqslant 0,\ i = 1,\ 2,\ 3 \end{cases} \tag{1.2}$$

式(1.2)表示在所有满足约束条件式(1.1)的可行方案 $(x_1, x_2, x_3)^T$ 中，去寻找总产值最大的方案 $(x_1^*, x_2^*, x_3^*)^T$。式(1.2)称为线性规划模型，它由三个基本要素组成：(1)决策变量 $X = (x_1, x_2, x_3)^T$，表示一个方案；(2)约束条件式(1.1)，表示决策变量必须满足的条件；(3)目标函数 $Z = 2x_1 + 4x_2 + 5x_3$，表示决策变量 $(x_1, x_2, x_3)^T$ 优劣的数量指标。因为式(1.2)中目标函数与约束条件均是线性的，所以称此模型为线性规划模型。

例 1.2　某工厂熔炼一种新型不锈钢，需要用四种合金 A、B、C、D 为原料，经测这四种原料关于元素铬(Cr)、锰(Mn)和镍(Ni)的含量(%)、单价，以及这种不锈钢所需铬(Cr)、锰(Mn)和镍(Ni)的最低含量(%)如表 1.2 所示。假设熔炼时质量没有损耗。问：要熔炼成 100 吨这样的不锈钢，应选用原料 A、B、C、D 各多少吨，能够使成本最小？

表 1.2 %

成分	A	B	C	D	不锈钢所需各元素的最低含量
铬(Cr)	1.89	3.46	4.26	2.67	3.25
锰(Mn)	3.57	2.11	1.45	4.66	2.15
镍(Ni)	5.32	4.25	2.72	1.37	4.55
单价/(万元·吨$^{-1}$)	13.6	15.8	10.02	9.91	

解：用线性规划模型求解。设选用原料 A、B、C、D 分别为 x_1，x_2，x_3，x_4 吨。根据题意，线性规划模型为：

$$\min Z = 13.6x_1 + 15.8x_2 + 10.02x_3 + 9.91x_4$$

$$\text{s.t.}\begin{cases} x_1 + x_2 + x_3 + x_4 = 100 \\ 0.0189x_1 + 0.0346x_2 + 0.0426x_3 + 0.0267x_4 \geqslant 3.25 \\ 0.0357x_1 + 0.0211x_2 + 0.0145x_3 + 0.0466x_4 \geqslant 2.15 \\ 0.0532x_1 + 0.0425x_2 + 0.0272x_3 + 0.0137x_4 \geqslant 4.55 \\ x_1, x_2, x_3, x_4 \geqslant 0 \end{cases}$$

1.1.2 线性规划建模举例

例 1.3 设有两个砖厂 A_1、A_2。其产量分别为 23 万块与 27 万块。它们的砖供应 3 个工地。其需要量分别为 17 万块、18 万块和 15 万块。而自各产地到各工地的运价如表 1.3 所示，其中运价单位为：元/万块，问：如何调运，才使总运费最省？

表 1.3 元/万块

砖厂	B_1	B_2	B_3
A_1	50	60	70
A_2	60	110	160

解：设 x_{ij}表示由砖厂 A_i 运往工地 B_j 的砖的数量(单位：万块)($i=1$，2；$j=1$，2，3)，现列表如表 1.4 所示：

表 1.4

砖厂	B_1	B_2	B_3	产量/万块
A_1	x_{11}	x_{12}	x_{13}	23
A_2	x_{21}	x_{22}	x_{23}	27
收量/万块	17	18	15	50

因为 由砖厂 A_1 运往三个工地砖的总数应为 A_1 的产量 23 万块，即：

$$x_{11}+x_{12}+x_{13}=23$$

同理，由砖厂 A_2 运往三个工地砖的总数应为 A_2 的产量 27 万块，即：

$$x_{21}+x_{22}+x_{23}=27$$

另外，两个砖厂运往 B_1 工地的砖的数量应等于 B_1 的需要量 17 万块，即：

同理可得：

$$x_{11}+x_{21}=17$$
$$x_{12}+x_{22}=18$$
$$x_{13}+x_{23}=15$$

因此调运方案就是求满足前面所有约束条件的 x_{11}、x_{12}、x_{13}、x_{21}、x_{22}、x_{23}一组非负变量的值。显然，可行的调运方案有很多，我们就是在很多个调运方案中，找一个运费最少的方案，所求数学模型为：

$$\min Z = 50x_{11} + 60x_{12} + 70x_{13} + 60x_{21} + 110x_{22} + 160x_{23}$$
$$\begin{cases} x_{11} + x_{12} + x_{13} = 23 \\ x_{21} + x_{22} + x_{23} = 27 \\ x_{11} + x_{21} = 17 \\ x_{12} + x_{22} = 18 \\ x_{13} + x_{23} = 15 \\ x_{11}, x_{12}, x_{13}, x_{21}, x_{22}, x_{23} \geqslant 0 \end{cases}$$

类似例 1.3 的问题称为“运输问题”，它也是线性规划问题，因此可以用解线性规划的方法求解，但由于其模型的特殊性，所以对于这类问题还有专门的解法，我们将在第三章中进行讨论。

例 1.4　某厂生产 A、B、C 三种产品，可供选择的原料有甲、乙、丙、丁。四种原料的成本分别是 15 元，23 元，21 元，28 元。每千克不同原料所能提取的各种产品的数量如表 1.5 所示。工厂要求每天生产 A 产品不超过 120 g，B 产品恰好 550 g，C 产品至少 310 g，要求选配各种原料的数量既满足生产需要，又使总成本最小，试建立此问题的数学模型。

表 1.5

原料	A	B	C	价格/(元·kg^{-1})
甲	3	1	5	15
乙	2	5	7	23
丙	1	4	3	21
丁	6	8	6	28
生产量/g	不超过 120	恰好 550	至少 310	

解：设 x_1，x_2，x_3，x_4 分别为原料甲、乙、丙、丁的选配数量(单位：kg)，则有目标函数为总成本最少，即：

$$\min Z = 15x_1 + 23x_2 + 21x_3 + 28x_4,$$

对产品 A 的产量是每天不超过 120 g，所以有：

$$3x_1 + 2x_2 + x_3 + 6x_4 \leqslant 120$$

对产品 B 的产量是每天恰好为 550 g，所以有：

$$x_1 + 5x_2 + 4x_3 + 8x_4 = 550$$

对产品 C 的产量是每天至少为 310 g，所以有：

$$5x_1 + 7x_2 + 3x_3 + 6x_4 \geqslant 310$$

另外，产品的产量为非负的。综合起来，得到本问题的数学模型为：

$$\min Z = 15x_1 + 23x_2 + 21x_3 + 28x_4$$

$$\begin{cases}3x_1+2x_2+x_3+6x_4\leqslant 120\\x_1+5x_2+4x_3+8x_4=550\\5x_1+7x_2+3x_3+6x_4\geqslant 310\\x_1,\ x_2,\ x_3,\ x_4\geqslant 0\end{cases}$$

例 1.5 假定一个成年人每天需要从食物中获取 3 000 kcal 的热量、65 g 蛋白质、800 mg 的钙和 75 g 脂肪。如果市场上只有 8 种食品可供选择，它们每千克所含热量和营养成分以及市场价格见表 1.6。问：如何选择才能在满足营养的前提下使购买食品的费用最小？

表 1.6

序号	食品名称	热量/kcal	蛋白质/g	钙/mg	脂肪/g	价格/(元 · kg^{-1})
1	猪肉	395	50	400	37	45
2	牛肉	125	19.9	23	4.2	82
3	芝麻	517	18.4	620	39.6	66
4	鸡蛋	144	13.3	56	8.8	10
5	大米	346	7.4	13	0.8	5.8
6	白菜	17	1.5	50	0.1	2.2
7	面粉	344	11.2	31	1.5	4.6
8	豆角	30	2.5	29	0.2	7.8

解： 设 $x_j(j=1,\ 2,\ \cdots,\ 8)$ 为第 j 种食品每天的购入量，则配餐问题的线性规划模型如下：

$$\min Z=45x_1+82x_2+66x_3+10x_4+5.8x_5+2.2x_6+4.6x_7+7.8x_8$$

$$\begin{cases}395x_1+125x_2+517x_3+144x_4+346x_5+17x_6+344x_7+30x_8\geqslant 3\ 000\\50x_1+19.9x_2+18.4x_3+13.3x_4+7.4x_5+1.5x_6+11.2x_7+2.5x_8\geqslant 65\\400x_1+23x_2+620x_3+56x_4+13x_5+50x_6+31x_7+29x_8\geqslant 800\\37x_1+4.2x_2+39.6x_3+8.8x_4+0.8x_5+0.1x_6+1.5x_7+0.2x_8\geqslant 75\\x_1,\ x_2,\ x_3,\ x_4,\ x_5,\ x_6,\ x_7,\ x_8\geqslant 0\end{cases}$$

建立实际问题的数学模型一般要遵循的原则：一是模型要合理，二是使模型尽可能简单。建模时要考虑主要元素，没有必要面面俱到，如果考虑得过于详细，将使问题变得非常烦琐，有时甚至无解；但如果过于简单，把一些应该考虑的问题都省略掉，则建立的模型就失去了它的实际意义。要想建立的模型简单而且合理，就必须在建立模型过程中不断摸索规律，总结经验，只要这样，才能实现上述目的。

1.1.3 线性规划问题的一般模型与标准型

例 1.1～例 1.5 属于同一类型的决策优化问题，它们具有下列共同特点：

(1) 每个行动方案可用一组变量(x_1，…，x_n)的值表示，这些变量一般取非负值；

(2) 变量的变化要受某些条件限制，这些限制条件可用一些线性等式或不等式表示；

(3) 有一个需要优化的目标，它也是变量的线性函数。

对于一般线性规划模型，目标函数可以求最大（如求产值最大），也可以求最小（如求成本最小），约束条件可以是“≤”，也可以是“≥”或“=”型的。因此一般线性规划模型可表示为：

$$\max(\min) Z = c_1x_1 + c_2x_2 + \cdots + c_nx_n \tag{1.3}$$

$$\begin{cases} a_{11}x_1 + a_{12}x_2 + \cdots + a_{1n}x_n \leqslant (\geqslant, \ =) b_1 \\ a_{21}x_1 + a_{22}x_2 + \cdots + a_{2n}x_n \leqslant (\geqslant, \ =) b_2 \\ \qquad \vdots \\ a_{m1}x_1 + a_{m2}x_2 + \cdots + a_{mn}x_n \leqslant (\geqslant, \ =) b_m \\ x_1, \ x_2, \ \cdots, \ x_n \geqslant 0 \end{cases} \quad \begin{matrix} (1.4) \\ \\ (1.5) \end{matrix}$$

式中，$X = (x_1 \quad x_2 \cdots \quad x_n)^{\mathrm{T}}$ 为决策变量；$Z = c_1x_1 + c_2x_2 + \cdots + c_nx_n$ 为目标函数；$a_{i1}x_1 + a_{i2}x_2 + \cdots + a_{in}x_n \leqslant (\geqslant, \ =) b_i$ 为资源约束条件（$i = 1, 2, \cdots, m$）；$x_j \geqslant 0 (j = 1, 2, \cdots, n)$ 为变量非负约束条件。

有时，为了书写简练，上面模型可以简写为：

$$\max(\min) Z = \sum_{j=1}^{n} c_jx_j$$

$$\begin{cases} \sum_{j=1}^{n} a_{ij}x_j \leqslant (\geqslant, \ =) b_i \quad i = 1, 2, \cdots, m \\ x_j \geqslant 0 \quad j = 1, 2, \cdots, n \end{cases}$$

线性规划问题的一般模型还可以表示为下列矩阵形式或较简洁的向量形式。

$$\boldsymbol{X} = \begin{bmatrix} x_1 \\ x_2 \\ \vdots \\ x_n \end{bmatrix}, \ C = [c_1, \ c_2, \ \cdots, \ c_n], \ \boldsymbol{b} = \begin{bmatrix} b_1 \\ b_2 \\ \vdots \\ b_m \end{bmatrix}, \ \boldsymbol{A} = \begin{bmatrix} a_{11} & a_{12} & \cdots & a_{1n} \\ a_{21} & a_{22} & \cdots & a_{2n} \\ \vdots & \vdots & \vdots & \vdots \\ a_{m1} & a_{m2} & \cdots & a_{mn} \end{bmatrix},$$

于是，线性规划问题可以表示为矩阵形式：

$$\max(\min) Z = \boldsymbol{CX}$$

$$\begin{cases} \boldsymbol{AX} \leqslant (=, \ \geqslant) \boldsymbol{b} \\ \boldsymbol{X} \geqslant 0 \end{cases}$$

或表示为向量形式：

$$\max(\min) Z = \boldsymbol{CX}$$

$$\begin{cases} \sum_{j=1}^{n} P_jx_j \leqslant (=, \ \geqslant) \boldsymbol{b} \\ \boldsymbol{X} \geqslant 0 \end{cases}$$

为论述方便，定义目标函数最大化、约束条件为等式约束的线性规划模型为标准型，即：

$$\max Z = c_1x_1 + c_2x_2 + \cdots + c_nx_n \tag{1.6}$$

$$\begin{cases} a_{11}x_1 + a_{12}x_2 + \cdots + a_{1n}x_n = b_1 \\ a_{21}x_1 + a_{22}x_2 + \cdots + a_{2n}x_n = b_2 \\ \vdots \\ a_{m1}x_1 + a_{m2}x_2 + \cdots + a_{mn}x_n = b_m \\ x_1, x_2, \cdots, x_n \geqslant 0 \end{cases} \tag{1.7}$$

标准型的矩阵形式为

$$\max Z = \boldsymbol{CX}$$
$$\begin{cases} \boldsymbol{AX} = \boldsymbol{b} \\ \boldsymbol{X} \geqslant 0 \end{cases}$$

在线性规划模型中，称 $\boldsymbol{C}$ 为目标函数系数向量或价值系数向量；称 $\boldsymbol{b}$ 为约束右端常数向量或资源向量；标准型中设 $\boldsymbol{b} \geqslant 0$, $\boldsymbol{A}$ 为约束系数矩阵或技术系数矩阵。

对于各种非标准形式的线性规划都可以通过适当的变换转化为等价的标准型问题。具体做法如下：

(1)如果原问题目标函数求极小，可改变目标函数的符号，然后求极大。例如，原问题 $\min Z = 2x_1 + 3x_2$

可令 $Z_1 = -Z$，转化为求 $\max Z_1 = -2x_1 - 3x_2$。

(2)若某个右端常数 $b_i < 0$，则以-1乘该约束两端。

(3)对约束为“$\leqslant$”型的不等式约束，则在不等号左端添加非负变量，称为松弛变量，使不等式化为等式。例如，对约束 $x_1 + 4x_2 + 2x_3 \leqslant 4\,500$，添加松弛变量 $x_4 \geqslant 0$ 构成等式约束，$x_1 + 4x_2 + 2x_3 + x_4 = 4\,500$，目标函数中松弛变量 x_4 的价格系数 $c_4 = 0$。

(4)对约束为“$\geqslant$”型不等式约束，则在不等式左端减去一个非负变量，称为剩余变量，使不等式转化为等式。例如，对约束 $x_1 + 4x_2 + 2x_3 \geqslant 4\,500$，添加剩余变量 $x_4 \geqslant 0$ 构成等式约束，$x_1 + 4x_2 + 2x_3 - x_4 = 4\,500$，同样，目标函数中剩余变量 x_4 的价格系数 $c_4 = 0$。相对于松弛变量或剩余变量，原有的变量又称为结构变量。

(5)对原问题中所含的 x_j 不限制取非负值时称为自由变量，对自由变量可进行变换，令 $x_j = x_j' - x_j''$，其中 $x_j' \geqslant 0$，$x_j'' \geqslant 0$，代入原问题的目标函数及约束条件中，化成一个不含自由变量的线性规划问题。

例 1.6 把例 1.1 的线性规划模型变换为标准型。

$$\max Z = 2x_1 + 4x_2 + 5x_3$$
$$\begin{cases} x_1 + 4x_2 + 2x_3 \leqslant 4\,500 \\ 5x_1 + 4x_2 + 2x_3 \leqslant 6\,300 \\ 2x_2 + 5x_3 \leqslant 3\,800 \\ x_1, x_2, x_3 \geqslant 0 \end{cases}$$

解：目标函数取极大值，所以目标函数满足要求；约束条件右端常数项均为正值，满足条件；决策变量非负，满足条件；三个技术约束都是小于等于关系，所以在三个技术约束中，分别加入松弛变量 x_4，x_5，x_6，相应 $c_4 = c_5 = c_6 = 0$，得标准形式：

$$\max Z = 2x_1 + 4x_2 + 5x_3$$

$$\begin{cases} x_1 + 4x_2 + 2x_3 + x_4 = 4\ 500 \\ 5x_1 + 4x_2 + 2x_3 + x_5 = 6\ 300 \\ 2x_2 + 5x_3 + x_6 = 3\ 800 \\ x_1,\ x_2,\ x_3,\ x_4,\ x_5,\ x_6 \geqslant 0 \end{cases}$$

例 1.7　把下列线性规划问题化为标准型。

$$\min Z = -3x_1 - 4x_2 + 2x_3$$

$$\begin{cases} x_1 + 2x_2 + 3x_3 \leqslant -5 \\ -3x_1 + 3x_2 + x_3 \geqslant -4 \\ -2x_1 + 5x_2 + 2x_3 = 3 \\ x_1,\ x_2 \geqslant 0,\ x_3 \text{ 无符号约束} \end{cases}$$

解：首先，将目标函数转换成求极大值：令 $w = -Z$

$$\max w = 3x_1 + 4x_2 - 2x_3$$

在第一个约束两端同乘 -1；在第二个约束两端同乘 -1，则模型为：

$$\max w = 3x_1 + 4x_2 - 2x_3$$

$$\begin{cases} -x_1 - 2x_2 - 3x_3 \geqslant 5 \\ 3x_1 - 3x_2 - x_3 \leqslant 4 \\ -2x_1 + 5x_2 + 2x_3 = 3 \\ x_1,\ x_2 \geqslant 0,\ x_3 \text{ 无符号约束} \end{cases}$$

此模型不是标准型，继续转换。在第一个约束左端减剩余变量 x_4，在第二约束左端加松弛变量 x_5，令 $x_3 = x_6 - x_7$，问题化为标准型：

$$\max w = 3x_1 + 4x_2 - 2x_6 + 2x_7$$

$$\begin{cases} -x_1 - 2x_2 - 3x_6 + 3x_7 - x_4 = 5 \\ 3x_1 - 3x_2 - x_6 + x_7 + x_5 = 4 \\ -2x_1 + 5x_2 + 2x_6 - 2x_7 = 3 \\ x_1,\ x_2,\ x_4,\ x_5,\ x_6,\ x_7 \geqslant 0 \end{cases}$$

1.2　线性规划的图解法

1.2.1　线性规划的图解法

对于只有两个变量的线性规划问题，可以直接用图解法求解。图解法简单直观，而且对一般问题的解决有启发作用。

图解法求解线性规划问题的步骤如下：

(1)分别取决策变量 x_1，x_2 为坐标向量，建立直角坐标系；

(2)根据约束(包括非负约束)条件画出与约束条件相应方程的直线，由这些直线共同确定的区域即为可行解的区域(满足约束条件的决策变量集合)；

(3)做目标函数的等值线，按目标要求方向平行移动至与可行域边界“相切”的点，此点即为最优点，相应坐标 $(x_1, x_2)^T$ 即为最优解。

线性规划图解法的中心思想是把代表目标函数的直线沿法线方向平移到可行域的边界点(或边界线)，该边界点(或边界线)对应了问题的最优解。

例 1.8 用图解法求解线性规划问题

$$\max Z = 50x_1 + 30x_2$$
$$\begin{cases} 4x_1 + 3x_2 \leqslant 120 \\ 2x_1 + x_2 \leqslant 50 \\ x_1 \geqslant 0,\ x_2 \geqslant 0 \end{cases}$$

解：(1)建立直角坐标系。由于 $x_1 \geqslant 0$，$x_2 \geqslant 0$，因此只需要在第一象限作图讨论(见图 1.1)。

(2)确定问题的可行域 S。

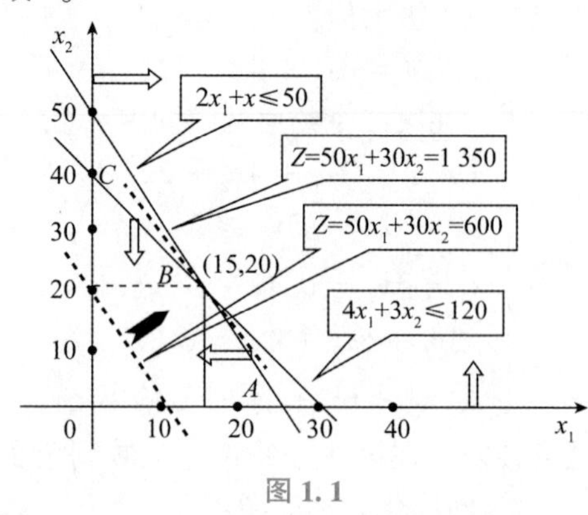

图 1.1

约束条件中每个不等式都表示一个半平面。首先画出这些半平面的分界直线，即 $4x_1+3x_2=120$，$2x_1+x_2=50$，确定它们与 $x_1 \geqslant 0$、$x_2 \geqslant 0$ 共同围成的部分即为可行域，即图中凸多边形 $OABC$，它就是可行域 S。

(3)做目标函数 Z 的等值线 $50x_1 + 30x_2 = k$，沿着 k 增大方向平行移动，与可行域 S“相切”于点 B，故点 B 为最优点。求解两个直线交点，即解方程 $\begin{cases} 4x_1 + 3x_2 = 120 \\ 2x_1 + x_2 = 50 \end{cases}$，得点 B 的坐标为(15，20)，即 $\boldsymbol{X}^* = (15, 20)^T$，代入目标函数，得最大值为 $Z^* = 1\ 350$。

1.2.2 线性规划问题解的几种情况

用图解法求解线性规划时，线性规划的解可能会出现下列几种情况：

(1)线性规划存在唯一的最优解。如例 1.8 图 1.1 所示，目标函数等值线“相切”于约束集合的一个角点 B，则 B 点是该线性规划问题的唯一最优解。

(2)线性规划问题有多个最优解。如例 1.9 图 1.2 所示，目标函数等值线平行于一条约束边界，则此边上所有点都是最优解。

(3)线性规划有可行解，但没有使目标函数为有限的最优解，无有限最优解，又称无界解，如例 1.10 图 1.3 所示。

(4)线性规划无可行解。如果可行域为空集，线性规划问题无可行解，如例 1.11 图 1.4 所示。

例 1.9　(与图 1.2 对应)

$$\max Z = 40x_1 + 30x_2$$
$$\begin{cases} 4x_1 + 3x_2 \leqslant 120 \\ 2x_1 + x_2 \leqslant 50 \\ x_1 \geqslant 0,\ x_2 \geqslant 0 \end{cases}$$

例 1.10　(与图 1.3 对应)

$$\max Z = 2x_1 + x_2$$
$$\begin{cases} x_1 + x_2 \geqslant 2 \\ x_1 - 2x_2 \leqslant 0 \\ x_1,\ x_2 \geqslant 0 \end{cases}$$

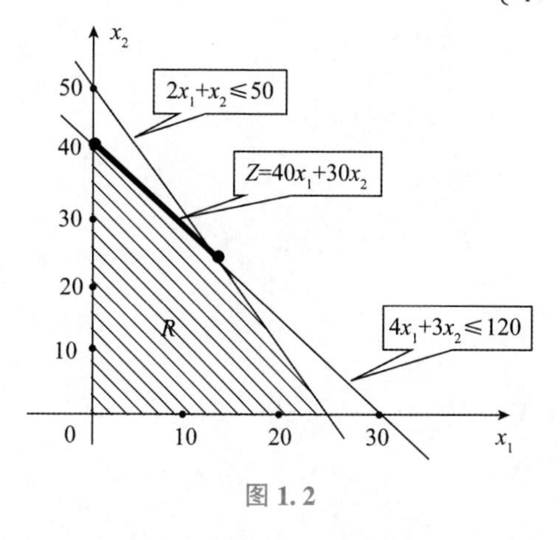

图 1.2

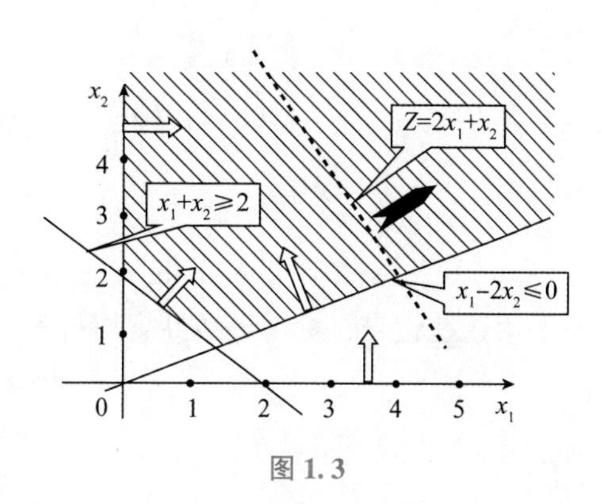

图 1.3

例 1.11　(与图 1.4 对应)

$$\max Z = x_1 + x_2$$
$$\begin{cases} x_1 + 2x_2 \leqslant 4 \\ x_1 - 2x_2 \geqslant 5 \\ x_1,\ x_2 \geqslant 0 \end{cases}$$

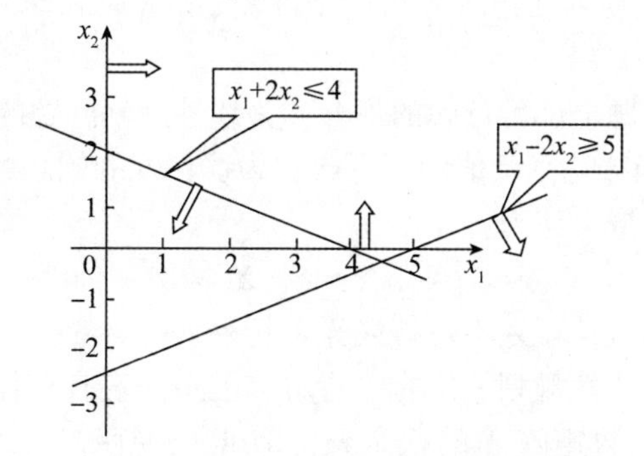

图 1.4

图解法只适用于两个变量的情况，但从图解法能得到两个重要结论：

(1)线性规划的约束集合是凸多面体；

(2)线性规划问题若有最优解，则最优解一定能在凸多面体的角点(顶点)上达到。

这样，问题就转化为从有限个角点中寻找最优点，从而使原来从所有可行解中去寻找最优解的工作大为简化。线性规划单纯形法的依据就是这两个结论。

1.3 线性规划问题解的概念及性质

1.3.1 线性规划问题解的基本概念

对于标准形式的线性规划，为了讨论方便，仍利用向量、矩阵记号：

$$\boldsymbol{X}=\begin{bmatrix}x_1\\x_2\\\vdots\\x_n\end{bmatrix},\ \boldsymbol{C}=[c_1,\ c_2,\ \cdots,\ c_n],\ \boldsymbol{b}=\begin{bmatrix}b_1\\b_2\\\vdots\\b_m\end{bmatrix},$$

$$\boldsymbol{A}=\begin{bmatrix}a_{11}&a_{12}&\cdots&a_{1n}\\a_{21}&a_{22}&\cdots&a_{2n}\\\vdots&\vdots&\vdots&\vdots\\a_{m1}&a_{m2}&\cdots&a_{mn}\end{bmatrix}=(\boldsymbol{P}_1\quad \boldsymbol{P}_2\quad\cdots\quad \boldsymbol{P}_n),$$

利用这些记号，标准形线性规划可表示为：

$$\max Z=\boldsymbol{CX}$$
$$\begin{cases}\boldsymbol{AX}=\boldsymbol{b}\\\boldsymbol{X}\geqslant 0\end{cases}$$

或写成：

$$\max Z=\boldsymbol{CX}$$
$$\begin{cases}\sum\limits_{j=1}^{n}P_jx_j=b\\x_1,\ x_2,\ \cdots,\ x_n\geqslant 0\end{cases}$$

1. 可行解：满足线性规划问题所有约束条件(资源约束和非负约束)的解称为该问题的可行解。

可行域：线性规划问题全部可行解的集合称为线性规划问题的可行域。

2. 最优解：使目标函数达到极值的可行解称为线性规划问题的最优解。

线性规划问题的可行域可记为：

$$S=\{\boldsymbol{X}\,|\,\boldsymbol{AX}=\boldsymbol{b},\ \boldsymbol{X}\geqslant 0\}$$

如果 S 为一空集，称线性规划不可行或无可行解；

如果 S 不为空集，该线性规划一定有可行解，但不一定有有界最优解。

3. 基与基变量：设系数矩阵 $\boldsymbol{A}$ 的秩是 m，即 $\boldsymbol{A}$ 至少存在 m 个列向量是线性无关的。若 $\boldsymbol{B}$ 是 $\boldsymbol{A}$ 的 m 阶满秩子阵，称 $\boldsymbol{B}$ 为线性规划问题的一个基。

矩阵 $\boldsymbol{A}$ 中除去 $\boldsymbol{B}$ 以外的其他列向量组成的 $\boldsymbol{A}$ 的子阵称为非基，用字母 $\boldsymbol{N}$ 表示。不妨设 $\boldsymbol{B}$ 由 $\boldsymbol{A}$ 中前 m 个列向量构成，约束矩阵可划分为：$\boldsymbol{A}=(\boldsymbol{B},\ \boldsymbol{N})$。

设 $\boldsymbol{B}=(\boldsymbol{P}_{j_1},\ \boldsymbol{P}_{j_2},\ \cdots,\ \boldsymbol{P}_{j_m})$，称对应的变量 x_{j_1}，x_{j_2}，$\cdots$，x_{j_m} 为基变量，用 X_B 表示；

其他的变量称为非基变量，用 X_N 表示。

4. 基本解：对一个确定的基 B，可由基 B 确定约束方程 $\boldsymbol{AX}=\boldsymbol{b}$ 的一个解。为讲述方便，不妨设基 B 是由系数矩阵 $\boldsymbol{A}$ 的前 m 列组成，即有：$\boldsymbol{B}=(\boldsymbol{P}_1, \boldsymbol{P}_2, \cdots, \boldsymbol{P}_m)$，$\boldsymbol{N}=(\boldsymbol{P}_{m+1}, \boldsymbol{P}_{m+2}, \cdots, \boldsymbol{P}_n)$。则约束方程 $\boldsymbol{AX}=\boldsymbol{b}$ 可表示为 $\boldsymbol{AX}=(\boldsymbol{B}, \boldsymbol{N})\begin{pmatrix}\boldsymbol{X}_B\\ \boldsymbol{X}_N\end{pmatrix}=\boldsymbol{b}$，其中 $\boldsymbol{A}=(\boldsymbol{B}, \boldsymbol{N})$，$\boldsymbol{X}=\begin{pmatrix}\boldsymbol{X}_B\\ \boldsymbol{X}_N\end{pmatrix}$，进一步有 $\boldsymbol{BX}_B+\boldsymbol{NX}_N=\boldsymbol{b}$，$\boldsymbol{X}_B=\boldsymbol{B}^{-1}\boldsymbol{b}-\boldsymbol{B}^{-1}\boldsymbol{NX}_N$。令非基变量 $\boldsymbol{X}_N=(x_{m+1}, x_{m+2}, \cdots, x_n)^{\mathrm{T}}=0$，有 $\boldsymbol{X}_B=\boldsymbol{B}^{-1}\boldsymbol{b}=\begin{pmatrix}b'_1\\ b'_2\\ \vdots\\ b'_m\end{pmatrix}$，这样由基 $\boldsymbol{B}$ 确定了方程 $\boldsymbol{AX}=\boldsymbol{b}$ 的一个解

$$\boldsymbol{X}=(\boldsymbol{B}^{-1}\boldsymbol{b}, 0)^{\mathrm{T}}=(b'_1, b'_2, \cdots, b'_m, 0, \cdots, 0)^{\mathrm{T}}$$，称这个解为一个基本解。

5. 基可行解：如果基本解的各个分量非负，即满足 $\boldsymbol{X}_B=(\boldsymbol{B}^{-1}\boldsymbol{b})^{\mathrm{T}}=(b'_1, b'_2, \cdots, b'_m)^{\mathrm{T}}\geqslant 0$，则称之为基可行解，对应的基称为可行基。

可行解是约束方程组的解并且满足非负条件；基本解是约束方程组具有特定性质的解，它至多有 m 个非 0 分量，但未必满足非负性。基可行解同时具有两者的性质(见图 1.5)。

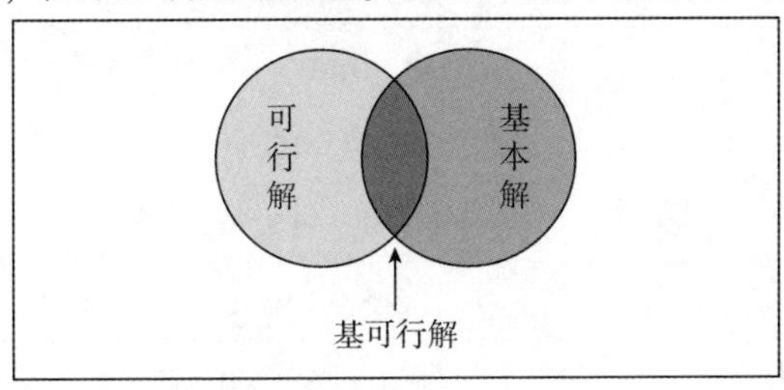

图 1.5

6. 退化基可行解与退化基：基可行解中如果存在取零值的基变量，则该解为退化的基可行解，该解对应的基为退化基。

如果基变量都不为零，则基可行解为非退化的，对应的基为非退化可行基。

非退化线性规划问题：如果线性规划所有基可行解都是非退化解，则该问题为非退化线性规划问题。

例 1.12　考虑线性规划模型

$$\max Z=1\ 500x_1+2\ 500x_2$$

$$\begin{cases}3x_1+2x_2+x_3=65 & (1.8)\\ 2x_1+x_2+x_4=40 & (1.9)\\ 3x_2+x_5=75 & (1.10)\\ x_1, x_2, x_3, x_4, x_5\geqslant 0\end{cases}$$

解：此模型的系数矩阵为：

$$\boldsymbol{A}=\begin{bmatrix}3 & 2 & 1 & 0 & 0\\ 2 & 1 & 0 & 1 & 0\\ 0 & 3 & 0 & 0 & 1\end{bmatrix}=[\boldsymbol{P}_1, \boldsymbol{P}_2, \boldsymbol{P}_3, \boldsymbol{P}_4, \boldsymbol{P}_5]$$

A 矩阵包含以下 10 个 3×3 的子矩阵：

$$\boldsymbol{B}_1=(\boldsymbol{P}_1,\ \boldsymbol{P}_2,\ \boldsymbol{P}_3),\ \boldsymbol{B}_2=(\boldsymbol{P}_1,\ \boldsymbol{P}_2,\ \boldsymbol{P}_4),\ \boldsymbol{B}_3=(\boldsymbol{P}_1,\ \boldsymbol{P}_2,\ \boldsymbol{P}_5),\ \boldsymbol{B}_4=(\boldsymbol{P}_1,\ \boldsymbol{P}_3,\ \boldsymbol{P}_4)$$

$$\boldsymbol{B}_5=(\boldsymbol{P}_1,\ \boldsymbol{P}_3,\ \boldsymbol{P}_5),\ \boldsymbol{B}_6=(\boldsymbol{P}_1,\ \boldsymbol{P}_4,\ \boldsymbol{P}_5),\ \boldsymbol{B}_7=(\boldsymbol{P}_2,\ \boldsymbol{P}_3,\ \boldsymbol{P}_4),\ \boldsymbol{B}_8=(\boldsymbol{P}_2,\ \boldsymbol{P}_3,\ \boldsymbol{P}_5)$$

$$\boldsymbol{B}_9=(\boldsymbol{P}_2,\ \boldsymbol{P}_4,\ \boldsymbol{P}_5),\ \boldsymbol{B}_{10}=(\boldsymbol{P}_3,\ \boldsymbol{P}_4,\ \boldsymbol{P}_5)$$

如：$\boldsymbol{B}_1=\begin{bmatrix}3&2&1\\2&1&0\\0&3&0\end{bmatrix}$，$\boldsymbol{B}_2=\begin{bmatrix}3&2&0\\2&1&1\\0&3&0\end{bmatrix}$，$\boldsymbol{B}_3=\begin{bmatrix}3&2&0\\2&1&0\\0&3&1\end{bmatrix}$，$\boldsymbol{B}_4=\begin{bmatrix}3&1&0\\2&0&1\\0&0&0\end{bmatrix}$

其中 $|\boldsymbol{B}_4|=0$，因而 $\boldsymbol{B}_4$ 不是该线性规划问题的基。其余均为非奇异方阵，因此该问题共有 9 个基。分别求得基本解如表 1.7 所示。

表 1.7

序号	**B** 的选择	基本解	是否基可行解
1	$\boldsymbol{B}_1$	$(7.5,\ 25,\ -7.5,\ 0,\ 0)^{\mathrm{T}}$	×
2	$\boldsymbol{B}_2$	$(5,\ 25,\ 0,\ 5,\ 0)^{\mathrm{T}}$	√
3	$\boldsymbol{B}_3$	$(15,\ 10,\ 0,\ 0,\ 45)^{\mathrm{T}}$	√
4	$\boldsymbol{B}_4$	不是基	
5	$\boldsymbol{B}_5$	$(20,\ 0,\ 5,\ 0,\ 75)^{\mathrm{T}}$	√
6	$\boldsymbol{B}_6$	$(65/3,\ 0,\ 0,\ -10/3,\ 75)^{\mathrm{T}}$	×
7	$\boldsymbol{B}_7$	$(0,\ 25,\ 15,\ 15,\ 0)^{\mathrm{T}}$	√
8	$\boldsymbol{B}_8$	$(0,\ 40,\ -15,\ 0,\ -45)^{\mathrm{T}}$	×
9	$\boldsymbol{B}_9$	$(0,\ 32.5,\ 0,\ 7.5,\ -22.5)^{\mathrm{T}}$	×
10	$\boldsymbol{B}_{10}$	$(0,\ 0,\ 65,\ 40,\ 75)^{\mathrm{T}}$	√

1.3.2　线性规划问题解的性质

基本概念：

(1)凸组合。平面线段 $\overline{M_1M_2}$ 上点的坐标表达式，如图 1.6 所示。

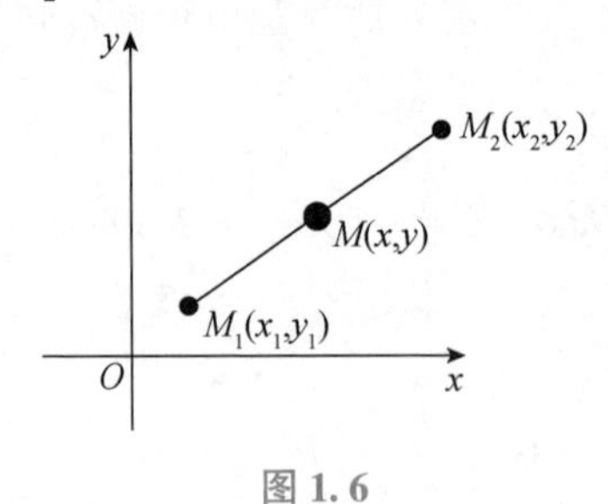

图 1.6

在图 1.6 中，M 是线段 $\overline{M_1M_2}$ 上的点，设 $\overline{MM_2}$ 与 $\overline{M_1M_2}$ 长度之比为 $\alpha:1(0\leqslant\alpha\leqslant1)$，则有：

$$\frac{x_2-x}{x_2-x_1}=\frac{\alpha}{1},\ \frac{y_2-y}{y_2-y_1}=\frac{\alpha}{1}$$

从中可解得：

$$x=\alpha x_1+(1-\alpha)x_2,\ y=\alpha y_1+(1-\alpha)y_2;$$

写成向量形式：

$$\begin{pmatrix}x\\y\end{pmatrix}=\alpha\begin{pmatrix}x_1\\y_1\end{pmatrix}+(1-\alpha)\begin{pmatrix}x_2\\y_2\end{pmatrix}$$

当 α 在区间[0，1]中变化时，上式表示线段 $\overline{M_1M_2}$ 上的点集。

凸组合：设 x_1，x_2，…，x_k 是 n 维欧氏空间中的 k 个点，若存在 λ_1，…，λ_k，满足：

$$0\leqslant\lambda_i\leqslant 1,\ i=1,\ 2,\ \cdots,\ k,\ \sum_{i=1}^{k}\lambda_k=1,$$

使得：
$$x=\lambda_1x_1+\lambda_2x_2+\cdots+\lambda_kx_k$$

则称 x 是 x_1，x_2，…，x_k 的凸组合。

(2)凸集。设集合 $\boldsymbol{C}\subseteq R^n$，如果对任意的 x_1，$x_2\in\boldsymbol{C}$，有 $\lambda x_1+(1-\lambda)x_2\in\boldsymbol{C}$，则称 $\boldsymbol{C}$ 为凸集。

注：凸集没有凹陷部分，该集合内任取两点连线上的任何点都应该在集合内。

在凸集中，不能表示为不同点的凸组合的点称为凸集的极点，用严格的定义描述如下：

(3)极点。设 S 为一凸集，且 $\boldsymbol{X}\in S$，$\boldsymbol{X}_1\in S$，$\boldsymbol{X}_2\in S$。对于 $0<\lambda<1$，若

$$\boldsymbol{X}=\lambda\boldsymbol{X}_1+(1-\lambda)\boldsymbol{X}_2$$

则必定有 $\boldsymbol{X}=\boldsymbol{X}_1=\boldsymbol{X}_2$，则称 $\boldsymbol{X}$ 为 S 的一个极点。

形象地说，如果 $\boldsymbol{X}$ 不是凸集 S 中任意线段的内点，那么它是极点。

1.3.3　线性规划问题解的性质

定理 1　线性规划的可行域 S 是凸集。

证　对于线性规划

$$\max Z=\boldsymbol{CX}$$
$$\begin{cases}\boldsymbol{AX}=\boldsymbol{b}\\ \boldsymbol{X}\geqslant 0\end{cases}$$

设 $\boldsymbol{X}_1=(x_{11},\ x_{12},\ \cdots,\ x_{1n})^{\mathrm{T}}$，$\boldsymbol{X}_2=(x_{21},\ x_{22},\ \cdots,\ x_{2n})^{\mathrm{T}}$ 为可行域内任意两点，即 $\boldsymbol{X}_1\in S$，$\boldsymbol{X}_2\in S$，将 $\boldsymbol{X}_1$，$\boldsymbol{X}_2$ 代入约束条件，得：

$$\sum_{j=1}^{n}\boldsymbol{P}_jx_{1j}=\boldsymbol{b},\ \sum_{j=1}^{n}\boldsymbol{P}_jx_{2j}=\boldsymbol{b},\tag{1.11}$$

$\boldsymbol{X}_1$，$\boldsymbol{X}_2$ 连线上任意的点可以表示为：$\boldsymbol{X}=\alpha\boldsymbol{X}_1+(1-\alpha)\boldsymbol{X}_2(0<\alpha<1)$

由式(1.10)，得

$$\sum_{j=1}^{n}\boldsymbol{P}_jx_j=\sum_{j=1}^{n}\boldsymbol{P}_j[\alpha x_{1j}+(1-\alpha)x_{2j}]=\sum_{j=1}^{n}\boldsymbol{P}_j\alpha x_{1j}+\sum_{j=1}^{n}\boldsymbol{P}_j(1-\alpha)x_{2j}=\alpha\boldsymbol{b}+(1-\alpha)\boldsymbol{b}=\boldsymbol{b}$$

所以 $\boldsymbol{X}=\alpha\boldsymbol{X}_1+(1-\alpha)\boldsymbol{X}_2\in S$。

根据 $\boldsymbol{X}_1$，$\boldsymbol{X}_2$ 与 $\boldsymbol{X}$ 的任意性及凸集定义知，S 为凸集。

线性规划的可行域是由有限个(m 个)超半空间的交集形成的。如果线性规划问题的可行域不空，则就是一个在 n 维空间的凸多面体，这类凸集又称为多面凸集。

定理 2 $\boldsymbol{X}$ 是线性规划基可行解的充分必要条件是 $\boldsymbol{X}$ 是可行域的极点。

这个结论被称为线性规划的基本定理，它的重要性在于把可行域的极点这一几何概念与基可行解这一代数概念联系起来，从而阐述了可行域的极点只有有限个这一结论，并且说明可以通过线性代数的方法求基可行解来得到可行域的一切极点，从而有可能进一步获得最优极点。

定理 3 线性规划如果有可行解，则一定有基可行解；如果有最优解，则一定有基可行解是最优解。

当 $n=2$ 时，参照上一节的图解法，这些结论的正确性是容易理解的。

定理 3 的结论十分重要，它大大缩小了寻求最优解的范围。一个线性规划如果存在可行解的话，其可行域一般包含无穷多个可行解，而基可行解至多有 C_n^m 个。定理 3 说明，只需要在有限个基可行解中寻求最优解就可以了。第四节介绍的单纯形法，就是以定理 3 为基础，从一个基可行解出发，按照一定的法则逐步向更好的基可行解转移，直到实现最优解。而运用单纯形法，效率是很高的。

1.4 单纯形法

单纯形法是由美国数学家 G. B. 丹齐克于 1947 年提出的，到目前为止，单纯形法仍是求解线性规划最有效的解法。单纯形法本质是一种迭代算法。其利用线性规划最优解在可行域顶点得到这样的结论，首先确定一个初始顶点，用某种法则判断该顶点是否最优，若不是最优，则设法寻找一个更好的顶点。所谓更好的顶点是指新顶点的目标函数值比旧顶点目标函数值大。由于可行域顶点个数有限，经过有限次迭代后必定能达到最优点。

1.4.1 单纯形法的解题思路及引例

单纯形法的基本思想是：先找出一个基可行解，对它进行鉴别，看是否是最优解；若不是，则按照一定法则转换到另一改进的基可行解，再鉴别；若仍不是，则再转换，按此重复进行。因基可行解的个数有限，故经有限次转换必能得出问题的最优解。如果问题无最优解也可用此法判别。

本节首先通过例题说明单纯形法的基本思路，然后归纳出方法的要点，最后把计算过程简化为表格形式。使用本方法需要把模型化为标准型。

例 1.13 考虑线性规划模型

$$\max Z = 1\,500x_1 + 2\,500x_2$$

$$\begin{cases} 3x_1 + 2x_2 \leqslant 65 \\ 2x_1 + x_2 \leqslant 40 \\ 3x_2 \leqslant 75 \\ x_1,\ x_2 \geqslant 0 \end{cases}$$

化为标准型为：

$$\max Z = 1\,500x_1 + 2\,500x_2$$

$$\begin{cases}3x_1+2x_2+x_3=65\\2x_1+x_2+x_4=40\\3x_2+x_5=75\\x_1,\ x_2,\ x_3,\ x_4,\ x_5\geqslant 0\end{cases}$$

即为例 1.12 所给的模型。取 x_3，x_4，x_5 为基变量，把其转换为典则形式：

$$\begin{cases}x_3=65-3x_1-2x_2\\x_4=40-2x_1-x_2\\x_5=75-3x_2\end{cases}$$

$$Z=1\ 500x_1+2\ 500x_2$$

(用非基变量表示基变量和目标函数的形式称为关于基的典则形式)

第一次迭代：

①取初始可行基 $\boldsymbol{B}=[\boldsymbol{P}_3,\ \boldsymbol{P}_4,\ \boldsymbol{P}_5]$，$x_3$，$x_4$，$x_5$ 为初始基变量。

约束方程组已经是对于 x_3，x_4，x_5 的典则形式，得基可行解：

$\boldsymbol{X}_1=(0,\ 0,\ 65,\ 40,\ 70)^{\mathrm{T}}$，目标函数值 $Z_1=0$。

②用非基变量表达目标函数：

$$Z=1\ 500x_1+2\ 500x_2 \tag{1.12}$$

③最优性检验：若 Z 的表达式中所有的非基变量的系数都小于等于零，那么这些非基变量如果不取零值，而取大于等于零的值，则目标函数值只能变小，而不能再增大。所以如果这种情况发生，说明目标函数已经取得最大值，此时得到的基可行解就是最优解。停止迭代，求解过程结束。

在式(1.12)中，非基变量 x_1 和 x_2 的系数都是正数，如果 x_1 或 x_2 成为基变量(简称入基)，取值从零变成正值，则 Z 值将会上升。所以，所得的基可行解不是最优解，需要进一步换基迭代。转到④。

④选择入基变量：从 Z 的表达式看，由于 x_2 系数较大，引入 x_2 更有利于 Z 的上升，故首先选择 x_2 入基，x_1 仍然保持是非基变量。此时约束方程组实际成为：

$$\begin{cases}2x_2+x_3=65-3x_1\\x_2+x_4=40-2x_1\\3x_2+x_5=75\end{cases} \tag{1.13}$$

⑤选择出基变量：从 Z 的表达式可以看出，一方面，x_2 取值越大，Z 的值增加越多，但另一方面，x_2 的值还必须保证 x_3，x_4，x_5 非负。

从第一式看，应成立　　$x_2\leqslant\dfrac{65}{2}=32.5$；

从第二式看，　　$x_2\leqslant 40$；

从第三式看，　　$x_2\leqslant\dfrac{75}{3}=25$。

为了使上述三个式子同时满足，因此，

$$x_2\leqslant\min\{32.5,\ 40,\ 25\}=25。$$

要想使目标函数值增加得更多，x_2 应取最大值，所以取 $x_2=25$；这时 $x_5=0$，因此，x_5 退出基，成为非基变量。

第二次换基迭代：

①求新基可行解：为了求出新的基可行解，需要把约束方程组(1.13)转化为对新基变量 x_2，x_3，x_4 的典则形式，结果得到：

$$\begin{cases} x_2 = 25 - \dfrac{1}{3}x_5 \\ x_3 = 15 - 3x_1 + \dfrac{2}{3}x_5 \\ x_4 = 15 - 2x_1 + \dfrac{1}{3}x_5 \end{cases} \tag{1.14}$$

②用非基变量表示目标函数，把 x_2 的表达式代入式(1.12)，得：

$$Z = 62\ 500 + 1\ 500x_1 - \frac{2\ 500}{3}x_5 \tag{1.15}$$

得基可行解及目标函数值：$\boldsymbol{X}_2=(0，25，15，15，0)^{\mathrm{T}}$，$Z_2=62\ 500$，函数值上升了 62 500 个单位。

③最优性检验，从目标函数的表达式可以看出，非基变量 x_1 的系数为正数，所以 Z 的值不是最大值。

④选择入基变量：如果 x_1 不取零值，而取正值，x_5 保持为 0，还可改善Z的值。所以选取 x_1 入基。

⑤选取出基变量：把式(1.14)变为

$$\begin{cases} x_2 = 25 - \dfrac{1}{3}x_5 \\ 3x_1 + x_3 = 15 + \dfrac{2}{3}x_5 \\ 2x_1 + x_4 = 15 + \dfrac{1}{3}x_5 \end{cases} \tag{1.16}$$

上式中第一式对 x_1 的值没有限制，考虑后两式，与前面的讨论相仿，可知 x_1 的值应满足条件：

$$x_1 \leqslant \min\left\{-，\frac{15}{3}，\frac{15}{2}\right\} = 5$$

取 $x_1=5$，则 $x_3=0$，x_3 出基。

第三次迭代：

①求新基可行解：把方程组(1.16)变换为对 x_1，x_2，x_4 的典则形式：

$$\begin{cases} x_1 = 5 - \dfrac{1}{3}x_3 + \dfrac{2}{9}x_5 \\ x_2 = 25 - \dfrac{1}{3}x_5 \\ x_4 = 5 + \dfrac{2}{3}x_3 - \dfrac{1}{9}x_5 \end{cases} \tag{1.17}$$

从中得到新的基可行解：$\boldsymbol{X}_3=(5,\ 25,\ 0,\ 5,\ 0)^{\mathrm{T}}$，

②用非基变量表示目标函数：把 x_1 的表达式代入式(1.15)，得目标函数：

$$Z=62\ 500+1\ 500\left(5-\frac{1}{3}x_3+\frac{2}{9}x_5\right)-\frac{2\ 500}{3}x_5 \\ =70\ 000-500x_3-500x_5 \tag{1.18}$$

③最优性检验：式(1.18)表明 $Z\leqslant 70\ 000$，因为 x_3，x_5 的系数都是负值，所以，如果它们取非零正值时，$Z<70\ 000$，而当 $\boldsymbol{X}=\boldsymbol{X}_3$ 时，$Z=70\ 000$，因此 $\boldsymbol{X}_3$ 是问题最优解，Z 的最优值是 70 000。

总结上述过程可以看出，单纯形法是一种迭代算法，它从可行域(见图 1.7)的极点 O(即基可行解 $\boldsymbol{X}_1$)出发，经过一次迭代到达极点 A(即解 $\boldsymbol{X}_2$)，再作一次迭代到达 B，实现最优。

在整个迭代过程中，关键是当求出基可行解之后，判定当前基可行解是否最优，若是，则结束；否则，先确定入基变量，再确定出基变量，最后把方程组转化为对新基变量的典则形式，得到新的基可行解。

迭代过程涉及的运算主要是变换方程组和目标函数的形式，在刚刚完成的讨论中是利用消元法完成这些运算的。不难理解，方程组的消元过程，相当于增广矩阵实施行的初等变换过程。因此利用矩阵运算，可以简化单纯形法的计算过程，如图 1.7 所示。

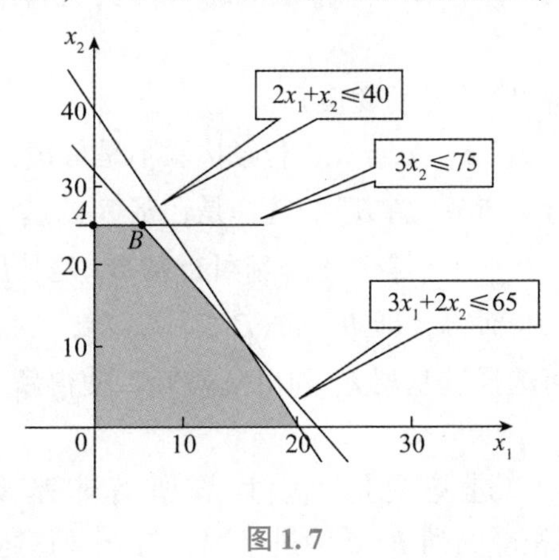

图 1.7

1.4.2 单纯形法的步骤

总结上面的解题过程，我们给出单纯形方法的步骤，由三步组成。

第一步 确定初始基可行解。

对原问题添加松弛变量，转化为标准型，即

$$\max Z=\boldsymbol{CX} \tag{1.19}$$

$$\begin{cases}\boldsymbol{AX}=\boldsymbol{b}\\ \boldsymbol{X}\geqslant 0\end{cases} \tag{1.20}$$

式中，$\boldsymbol{C}=(c_1,\ c_2,\ \cdots,\ c_n)$，$\boldsymbol{A}=(\boldsymbol{P}_1,\ \boldsymbol{P}_2,\ \cdots,\ \boldsymbol{P}_n)$，$\boldsymbol{b}=(\boldsymbol{b}_1,\ \boldsymbol{b}_2,\ \cdots,\ \boldsymbol{b}_m)^{\mathrm{T}}$，设系数矩阵 $\boldsymbol{A}$ 满秩，即 $R(\boldsymbol{A})=m$，且 $\boldsymbol{b}\geqslant 0$。

若系数矩阵 $\boldsymbol{A}$ 中含单位矩阵 $\boldsymbol{I}$，则取初始基 $\boldsymbol{B}=\boldsymbol{I}$，由此初始基 $\boldsymbol{B}$ 可得初始基可行解 $\boldsymbol{X_B}=\boldsymbol{B}^{-1}\boldsymbol{b}$，$\boldsymbol{X_N}=0$。若 $\boldsymbol{A}$ 中不含单位矩阵，则可由大 M 法(见 2.5 节)确定初始基可行解。

第二步　检验基可行解是否最优。

对于给定的可行基 $\boldsymbol{B}$，相应基可行解为 $\boldsymbol{X_B}=\boldsymbol{B}^{-1}\boldsymbol{b}$，$\boldsymbol{X_N}=0$。并知基变量可由非基变量线性表示为 $\boldsymbol{X_B}=\boldsymbol{B}^{-1}\boldsymbol{b}-\boldsymbol{B}^{-1}\boldsymbol{N}\boldsymbol{X_N}$，代入目标函数 $Z=\boldsymbol{CX}=(\boldsymbol{C_B},\ \boldsymbol{C_N})\begin{pmatrix}\boldsymbol{X_B}\\ \boldsymbol{X_N}\end{pmatrix}=\boldsymbol{C_B}\boldsymbol{X_B}+\boldsymbol{C_N}\boldsymbol{X_N}$，得 $Z=\boldsymbol{C_B}\boldsymbol{B}^{-1}\boldsymbol{b}+(\boldsymbol{C_N}-\boldsymbol{C_B}\boldsymbol{B}^{-1}\boldsymbol{N})\boldsymbol{X_N}$。其中，$\boldsymbol{C_B}$ 是基变量在目标函数中的系数向量，而 $\boldsymbol{C_N}$ 为非基变量在目标函数中的系数向量。则由目标函数的表达式可知，当向量 $\boldsymbol{C_N}-\boldsymbol{C_B}\boldsymbol{B}^{-1}\boldsymbol{N}\leqslant 0$ 时，对应于这个基可行解 $\boldsymbol{X_B}=\boldsymbol{B}^{-1}\boldsymbol{b}$，$\boldsymbol{X_N}=0$ 的目标函数值 $Z=\boldsymbol{C_B}\boldsymbol{B}^{-1}\boldsymbol{b}$ 为最大，即这个基可行解为最优解。向量 $\boldsymbol{C_N}-\boldsymbol{C_B}\boldsymbol{B}^{-1}\boldsymbol{N}$ 就成为判别解是否最优的检验向量，其分量即为每个非基变量在目标函数当中的系数，称此系数为非基变量的检验数，变量 x_j 的检验数用 $\sigma_j(j=1,\ 2,\ \cdots,\ n)$ 表示。

显然，基变量的检验数永远为0，非基变量 x_j 的检验数 σ_j 计算公式为：

$$\sigma=\boldsymbol{C_N}-\boldsymbol{C_B}\boldsymbol{B}^{-1}\boldsymbol{N}\ (\text{检验数矩阵})$$

或

$$\sigma_j=c_j-\boldsymbol{C_B}\boldsymbol{B}^{-1}\boldsymbol{P}_j \tag{1.21}$$

因此，对给定的可行基 $\boldsymbol{B}$，判别它是否最优，只需计算每一个非基变量的检验数，若所有 $\sigma_j=c_j-\boldsymbol{C_B}\boldsymbol{B}^{-1}\boldsymbol{P}_j\leqslant 0$，这个基可行解为最优，反之，若有某一检验数 $\sigma_k>0$，则此解一定不是最优。

第三步　寻找更好的基可行解(基变换)。

对于一个基可行解 $\boldsymbol{X_B}=\boldsymbol{B}^{-1}\boldsymbol{b}$，$\boldsymbol{X_N}=0$，若经检验不是最优，则需寻找一个更好的基可行解，即寻找一个新的可行基 $\boldsymbol{B}^*$，新 $\boldsymbol{B}^*$ 的选择是在基 $\boldsymbol{B}$ 的基础上进行的。设 $\boldsymbol{B}=(\boldsymbol{P}_1,\ \boldsymbol{P}_2,\ \cdots,\ \boldsymbol{P}_m)$，$\boldsymbol{N}=(\boldsymbol{P}_{m+1},\ \boldsymbol{P}_{m+2},\ \cdots,\ \boldsymbol{P}_n)$，新可行基 $\boldsymbol{B}^*$ 是从原非基矩阵 $\boldsymbol{N}$ 中选择一列 $\boldsymbol{P}_k$ 去代换原基 $\boldsymbol{B}$ 中的一列 $\boldsymbol{P}_l$ 而得，即 $\boldsymbol{B}^*=(\boldsymbol{P}_1,\ \cdots,\ \boldsymbol{P}_k,\ \cdots,\ \boldsymbol{P}_m)$。新基 $\boldsymbol{B}^*$ 与原基 $\boldsymbol{B}$ 只有一列不同。问题是如何选择进基列 $\boldsymbol{P}_k$ 和出基列 $\boldsymbol{P}_l$，使得新基 $\boldsymbol{B}^*$ 是可行基，且相应基可行解的目标函数值增大。

首先确定进基列 $\boldsymbol{P}_k$ 和进基变量 x_k。计算所有非基变量检验数，若有 $\sigma_k=\max\limits_j\{\sigma_j\,|\,\sigma_j>0\}$，则选择相应的列 $\boldsymbol{P}_k$ 作为进基列，与 $\boldsymbol{P}_k$ 列对应的变量 x_k 为进基变量。

再确定出基列 $\boldsymbol{P}_l$ 和出基变量 x_l。计算最小正比值 $\theta=\min\limits_i\left\{\dfrac{(\boldsymbol{B}^{-1}\boldsymbol{b})_i}{(\boldsymbol{B}^{-1}\boldsymbol{P}_k)_i}\middle|(\boldsymbol{B}^{-1}\boldsymbol{P}_k)_i>0\right\}=\dfrac{(\boldsymbol{B}^{-1}\boldsymbol{b})_r}{(\boldsymbol{B}^{-1}\boldsymbol{P}_k)_r}$，这样选择的出基列为 $\boldsymbol{P}_l$，与 $\boldsymbol{P}_l$ 列对应的变量 x_l 为出基变量。可以证明依这样的法则得到的新基 $\boldsymbol{B}^*=(\boldsymbol{P}_1,\ \boldsymbol{P}_2,\ \cdots,\ \boldsymbol{P}_k,\ \cdots,\ \boldsymbol{P}_m)$ 是一个可行基，且相应的目标函数值上升。新基可行解 $\boldsymbol{X}_{\boldsymbol{B}^*}=\boldsymbol{B}^{*-1}\boldsymbol{b}$，$\boldsymbol{X}_{\boldsymbol{N}^*}=0$，转入第二步进行检验。

1.4.3　单纯形表

上述单纯形法的计算步骤可通过单纯形表在表上完成。对每个确定的基 $\boldsymbol{B}$ 可作出一个单纯形表，如表 1.8 所示。

表 1.8

C			c_1	c_2	$\cdots$	c_m	c_{m+1}	c_{m+2}	$\cdots$	c_n	θ
$\boldsymbol{C_B}$	$\boldsymbol{X_B}$	$\boldsymbol{b}$	x_1	x_2	$\cdots$	x_m	x_{m+1}	x_{m+2}	$\cdots$	x_n	
c_{n+1}	x_1	b_1	1	0	$\cdots$	0	a_{1m+1}	a_{1m+2}	$\cdots$	a_{1n}	
c_{n+2}	x_2	b_2	0	1	$\cdots$	0	a_{2m+1}	a_{2m+2}	$\cdots$	a_{2n}	
$\cdots$	$\cdots$	$\cdots$	$\cdots$	$\cdots$	$\cdots$	$\cdots$	$\cdots$	$\cdots$	$\cdots$	$\cdots$	
c_{n+m}	x_m	b_m	0	0	$\cdots$	1	a_{mm+1}	a_{mm+2}	$\cdots$	a_{mn}	
σ_j		Z 值	0	0	$\cdots$	0	$c_{m+1}-\sum_{i=1}^{m}c_i a_{im+1}$	$c_{m+2}-\sum_{i=1}^{m}c_i a_{in+2}$	$\cdots$	$c_n-\sum_{i=1}^{m}c_i a_{in}$	

开始单纯形法的第一个单纯形表称为初始单纯形表。表的右半部第二行指明各个变量的位置，第一行是它们的价值系数，其下方 m 行是方程组(1.20)的系数矩阵，它包括一个 m 阶单位阵。左半部 3 列中，$\boldsymbol{b}$ 列是(1.20)的右端常数，$\boldsymbol{X_B}$ 列依次标明各方程的基变量，$\boldsymbol{C_B}$ 是相应基变量的价值系数。表的最后一行称为检验数行，填写各个变量的检验数与当前目标函数值。单纯形表的主要部分是约束方程组的增广矩阵和检验数行。应当注意的是，系数矩阵中必须包含一个 m 阶单位阵。最右边的一列 θ 列为比值列，它等于要入基的变量对应的系数列中的正系数与常数项的比值。

例 1.13 的初始单纯形表如表 1.9 所示。

表 1.9

C			1 500	2 500	0	0	0	θ
$\boldsymbol{C_B}$	$\boldsymbol{X_B}$	$\boldsymbol{b}$	x_1	x_2	x_3	x_4	x_5	
0	x_3	65	3	2	1	0	0	
0	x_4	40	2	1	0	1	0	
0	x_5	75	0	3	0	0	1	
σ_j	0	1 500	2 500	0	0	0	0	

单纯形表的便利之处，首先在于从表中可以直接读出初始基可行解 $\boldsymbol{X_B}$：$x_i=\boldsymbol{b}_i(i=1,\cdots,m)$，其他 $x_j=0$；相应目标函数值 $Z=\sum_{i=1}^{m}c_i b_i$，是 $\boldsymbol{C_B}$ 列与 $\boldsymbol{b}$ 列元素乘积之和；其次，每个变量 x_j(包括基变量在内)的检验数 σ_j，等于 c_j 减去 $\boldsymbol{C_B}$ 列元素与表中 x_j 的系数列向量元素乘积之和：$\sigma_j=c_j-\sum_{i=1}^{m}c_i a_{ij}$。再次，单纯形法的全部分析和计算过程，可以比较方便地在单纯形表中完成。

在得到了初始单纯形表之后，由单纯形法的步骤二，可以继续迭代。

下面我们利用单纯形表继续解答例 1.13。由表 1.9 可以看出，x_2 与 x_1 的检验数都大于零，且 x_2 的检验数大于 x_1 的检验数，因此选择 x_2 入基，接着选取出基变量，过程如表 1.10 所示。

表 1.10

C			1 500	2 500	0	0	0	θ
C_B	X_B	b	x_1	x_2	x_3	x_4	x_5	
0	x_3	65	3	2	1	0	0	32.5
0	x_4	40	2	1	0	1	0	40
0	x_5	75	0	[3]	0	0	1	25
σ_j		0	1 500	2 500	0	0	0	
0	x_3	15	[3]	0	1	0	−2/3	5
0	x_4	15	2	0	0	1	−1/3	7.5
2 500	x_2	25	0	1	0	0	1/3	—
σ_j		62 500	1 500	0	0	0	−2 500/3	
1 500	x_1	5	1	0	1/3	0	−2/9	
0	x_4	5	0	0	−2/3	1	1/9	
2 500	x_2	25	0	1	0	0	1/3	
σ_j		70 000	0	0	−500	0	−500	

在表格的最后一行，所有的检验数小于等于零，所以得到原问题的最优解及最优值：

$$X^* = (5, 25, 0, 5, 0)^{\mathrm{T}}, \ Z^* = 70\ 000$$

与前面例 1.13 所得结果一致，但计算过程相对简单。

在单纯形表中，主元通常用括号括起来，主元在迭代过程中起重要作用。

例 1.14 求下列线性规划问题的最优解

$$\max Z = -x_2 + 3x_3 - 2x_5$$

$$\begin{cases} x_1 + 3x_2 - x_3 + 2x_5 = 7 \\ -2x_2 + 4x_3 + x_4 = 12 \\ -4x_2 + 3x_3 + 8x_5 + x_6 = 10 \\ x_1, x_2, x_3, x_4, x_5, x_6 \geqslant 0 \end{cases}$$

解：方程组中 x_1，x_4，x_6 的系数矩阵正好是单位阵，可以直接列单纯形表计算（见表 1.11）：

表 1.11

c_j			0	−1	3	0	−2	0	θ
C_B	X_B	b	x_1	x_2	x_3	x_4	x_5	x_6	
0	x_1	7	1	3	−1	0	2	0	–
0	x_4	12	0	−2	[4]	1	0	0	12/4
0	x_6	10	0	−4	3	0	8	1	10/3
σ_j		0	0	−1	3	0	−2	0	

从表 1.11 可以看出，x_3 的检验数大于零，所以所得基可行解不是最优解，选择 x_3 入

基，用 x_3 所在的列正系数去除以常数项，取 $\theta=\min\left\{\frac{12}{4}, \frac{10}{3}\right\}=3$。最小商位于第二行，所以第二行的基变量 x_4 出基，$a_{23}=4$ 为主元，换基迭代，得到表 1.12。

表 1.12

c_j			0	-1	3	0	-2	0	θ
C_B	X_B	b	x_1	x_2	x_3	x_4	x_5	x_6	
0	x_1	10	1	[5/2]	0	1/4	2	0	10/2.5
3	x_3	3	0	-1/2	1	1/4	0	0	
0	x_6	1	0	-5/2	0	-3/4	8	1	
σ_j		9	0	1/2	0	-3/4	-2	0	

在表 1.12 中，x_2 的检验数大于零，所以所得基可行解还不是最优解，选择 x_2 入基，用 x_2 所在列的正系数去除以常数项，取 $\theta=\min\left\{\frac{10}{5/2}\right\}=4$。最小商位于第一行，所以第一行的基变量 x_1 出基，$a_{12}=\frac{5}{2}$ 为主元，换基迭代，得到表 1.13。

表 1.13

c_j			0	-1	3	0	-2	0	θ
C_B	X_B	b	x_1	x_2	x_3	x_4	x_5	x_6	
-1	x_2	4	2/5	1	0	1/10	4/5	0	
3	x_3	5	1/5	0	1	3/10	2/5	0	
0	x_6	11	1	0	0	-1/2	10	1	
σ_j		11	-1/5	0	0	-4/5	-12/5	0	

表 1.13 中，所有 $\sigma_j \leqslant 0$，故得问题的最优解和最优值：

$$X^*=(0, 4, 5, 0, 0, 11)^{\mathrm{T}}, \ Z^*=-1\times 4+3\times 5=11$$

1.4.4 关于单纯形法的补充说明

(1)无穷多最优解与唯一最优解的判别法则。

若对某基可行解 $X_B=B^{-1}b$，$X_N=0$：

①所有检验数 $\sigma_j \leqslant 0$，且有一个非基变量 x_k 的检验数等于 0，则问题有无穷多最优解；②所有非基变量的检验数 $\sigma_j<0$，则问题有唯一最优解。

(2)无最优解(无界解)的判定。

若对基可行解 $X_B=B^{-1}b$，$X_N=0$，存在非基变量 x_k 的检验数 $\sigma_k>0$，但 $a_{ik}\leqslant 0$，$i=1, 2, \cdots, m$，即 x_k 的系数列向量无正分量，则问题无最优解。

(3)求 min Z 的情况。

这时可以有两种处理方式，一种方式是令 $Z_1=-Z$，转化为求 max Z_1，另一种方式是直接计算。直接计算时，最优性检验条件改为：所有 $\sigma_j \geqslant 0$；换入变量确定法则改为：如果 $\min\limits_j\{\sigma_j \mid \sigma_j<0\}=\sigma_k$，则 x_k 为换入变量。单纯形法的其他要点完全无须改变。

例 1.15　用单纯形法求解下列线性规划问题

$$\max Z = 1\,500x_1 + 1\,000x_2$$

$$\begin{cases} 3x_1 + 2x_2 \leqslant 65 \\ 2x_1 + x_2 \leqslant 40 \\ 3x_2 \leqslant 75 \\ x_1,\ x_2 \geqslant 0 \end{cases}$$

解：首先把模型变为标准型：

$$\max Z = 1\,500x_1 + 1\,000x_2$$

$$\begin{cases} 3x_1 + 2x_2 + x_3 = 65 \\ 2x_1 + x_2 + x_4 = 40 \\ 3x_2 + x_5 = 75 \\ x_1,\ x_2,\ x_3,\ x_4,\ x_5 \geqslant 0 \end{cases}$$

因此取 x_3，x_4，x_5 为初始基变量，直接列表求解(见表 1.14)：

表 1.14

C			1 500	1 000	0	0	0	θ
$\boldsymbol{C_B}$	$\boldsymbol{X_B}$	$\boldsymbol{b}$	x_1	x_2	x_3	x_4	x_5	
0	x_3	65	3	2	1	0	0	65/3
0	x_4	40	[2]	1	0	1	0	20
0	x_5	75	0	3	0	0	1	—
σ_j		0	1 500	1 000	0	0	0	
0	x_3	5	0	[1/2]	1	-3/2	0	10
1 500	x_1	20	1	1/2	0	1/2	0	40
0	x_5	75	0	3	0	0	1	15
σ_j		30 000	0	250	0	-750	0	
1 000	x_2	10	0	1	2	-3	0	
1 500	x_1	15	1	0	-1	2	0	
0	x_5	45	0	0	-6	9	1	
σ_j		32 500	0	0	-500	0	0	

所有的检验数都小于等于零，因此所得解为最优解，目标函数值为最优值。此时：

$$\boldsymbol{X}_1^* = (15,\ 10,\ 0,\ 0,\ 45)^{\mathrm{T}},\ Z^* = 32\,500$$

但在最优单纯形表中，非基变量 x_4 的检验数为零，如果选 x_4 入基，还可以继续迭代，但此时最优值不会增加，而最优解会改变，此为多解问题。

我们再继续迭代，得表 1.15：

表 1.15

C			1 500	1 000	0	0	0	θ
$\boldsymbol{C_B}$	$\boldsymbol{X_B}$	$\boldsymbol{b}$	x_1	x_2	x_3	x_4	x_5	
1 000	x_2	10	0	1	2	-3	0	—

续表

C			1 500	1 000	0	0	0	θ
C_B	X_B	b	x_1	x_2	x_3	x_4	x_5	
1 500	x_1	15	1	0	−1	2	0	7.5
0	x_5	45	0	0	−6	[9]	1	5
σ_j		32 500	0	0	−500	0	0	
C_B	X_B	b	x_1	x_2	x_3	x_4	x_5	
1 000	x_2	25	0	1	0	0	1/3	
1 500	x_1	5	1	0	1/3	0	−2/9	
0	x_4	5	0	0	−2/3	1	1/9	
σ_j		32 500	0	0	−500	0	0	

在这个最优表中，所有 $\sigma_j \leqslant 0$，所以基可行解就是最优解，此时：

$$X_2^* = (5,\ 25,\ 0,\ 5,\ 0)^{\mathrm{T}},\ Z^* = 32\ 500。$$

由线性规划解的性质知，$X = \alpha X_1^* + (1-\alpha)X_2^*(0 \leqslant \alpha \leqslant 1)$ 都是线性规划问题的最优解，所以问题有无穷多最优解。

例 1.16　求解下列线性规划问题

$$\max Z = 4x_1 + x_2$$

$$\begin{cases} -x_1 + x_2 \leqslant 2 \\ x_1 - 4x_2 \leqslant 4 \\ x_1 - 2x_2 \leqslant 8 \\ x_1,\ x_2 \geqslant 0 \end{cases}$$

解：把所给问题化为标准型，因为原问题为线性规划的规范形式，所以增加的松弛变量可作为初始基变量：

$$\max Z = 4x_1 + x_2$$

$$\begin{cases} -x_1 + x_2 + x_3 = 2 \\ x_1 - 4x_2 + x_4 = 4 \\ x_1 - 2x_2 + x_5 = 8 \\ x_1,\ x_2,\ x_3,\ x_4,\ x_5 \geqslant 0 \end{cases}$$

列单纯形表(见表 1.16)计算如下：

表 1.16

C			4	1	0	0	0	θ
C_B	X_B	b	x_1	x_2	x_3	x_4	x_5	
0	x_3	2	−1	1	1	0	0	—
0	x_4	4	[1]	−4	0	1	0	4
0	x_5	8	1	−2	0	0	1	8

续表

C			4	1	0	0	0	θ
C_B	X_B	b	x_1	x_2	x_3	x_4	x_5	
σ_j		0	4	1	0	0	0	
0	x_3	6	0	-3	1	1	0	—
4	x_1	4	1	-4	0	1	0	—
0	x_5	4	0	[2]	0	-1	1	2
σ_j		16	0	17	0	-4	0	
0	x_3	12	0	0	1	-1/2	3/2	
4	x_1	12	1	0	0	-1	2	
1	x_2	2	0	1	0	-1/2	1/2	
σ_j		50	0	0	0	9/2	-17/2	

从表中可以看出，因为非基变量 x_4 的检验数是正的，而 x_4 对应的系数列中没有正数，所以此线性规划无有界最优解。

例 1.17　求解下列线性规划

$$\min Z = 2x_1 + 2x_2 + 3x_3$$

$$\begin{cases} 20x_1 + 40x_2 - x_4 = 10 \\ 10x_1 + 20x_3 - x_5 = 8 \\ x_1,\ x_2,\ x_3,\ x_4,\ x_5 \geqslant 0 \end{cases}$$

解：约束方程组的系数矩阵中不含有单位阵，不能立即列表计算。不过，本例很容易化出单位阵，第一个约束方程×$\frac{1}{40}$，第二个约束方程×$\frac{1}{20}$，方程组化为：

$$\begin{cases} \frac{1}{2}x_1 + x_2 - \frac{1}{40}x_4 = \frac{1}{4} \\ \frac{1}{2}x_1 + x_3 - \frac{1}{20}x_5 = \frac{2}{5} \end{cases}$$

变量 x_2，x_3 的系数矩阵成为单位阵，所以取 x_2，x_3 为初始基变量，列单纯形表(见表 1.17)直接对求极小值的线性规划问题计算如下：

表 1.17

C			2	2	3	0	0	θ
C_B	X_B	b	x_1	x_2	x_3	x_4	x_5	
2	x_2	1/4	[1/2]	1	0	-1/40	0	1/2
3	x_3	2/5	1/2	0	1	0	-1/20	4/5
σ_j		1.7	-1/2	0	0	1/20	3/20	

在表 1.17 中，x_1 的检验数为负值，所以目标函数值没有达到最小值。选 x_1 入基，用 x_1 所在的第一列的正系数去除以常数列，商放在表中的最后一列，选取：

$$\theta=\min\left\{\frac{1/4}{1/2},\ \frac{2/5}{1/2}\right\}=\frac{1}{2}$$

最小商位于第一行，因此 x_2 出基，$a_{11}=\frac{1}{2}$ 为主元，进行换基迭代，计算过程如表 1.18 所示。

表 1.18

C			2	2	3	0	0	θ
C_B	X_B	b	x_1	x_2	x_3	x_4	x_5	
2	x_1	1/2	1	2	0	−1/20	0	
3	x_3	3/20	0	−1	1	1/40	−1/20	
σ_j		1.3	0	1	0	1/40	3/20	

因为目标函数为求极小值，所有的检验数都大于等于零，因此所得解为最优解，函数值为最优值。最优解、最优值分别为：

$$X^*=(1/2,\ 0,\ 3/20,\ 0,\ 0),\ Z^*=1.3$$

1.4.5　关于退化解的问题说明

例 1.18　求解线性规划问题

$$\min Z=-x_1-x_2-4x_3+x_4$$
$$\begin{cases}x_1+x_3-x_4=1\\x_2+x_3+x_4=1\\x_1,\ x_2,\ x_3,\ x_4\geqslant 0\end{cases}$$

其求解过程如表 1.19 所示。

表 1.19

C			−1	−1	−4	1	θ
C_B	X_B	b	x_1	x_2	x_3	x_4	
−1	x_1	1	1	0	[1]	−1	1
−1	x_2	1	0	1	1	1	1
σ_j		−2	0	0	−2	1	
−4	x_3	1	1	0	1	−1	—
−1	x_2	0	−1	1	0	[2]	0
σ_j		−4	2	0	0	−1	
−4	x_3	1	1/2	1/2	1	0	
1	x_4	0	−1/2	1/2	0	1	
σ_j		−4	3/2	1/2	0	0	

在初始表中，最小比值有两个，导致迭代后基变量 $x_2=0$。前面已经定义，这样的基可行解称为退化解。在退化解的情况下，迭代前后目标函数值可能不变，本问题从第二表

到第三表，Z 值均为-4。因而存在这样的可能：经过若干次迭代之后，又转回到原来的基可行解，计算过程出现循环，人们已经发现了这样的实例。为了防止循环，最简单的方法是对迭代法则作如下修改和补充。

①若有几个变量的检验数大于0，选其中下标最小者入基；

②若有几个比值均为最小时，选对应下标最小的变量出基。

按上述法则去做，一定能防止循环。但在实际问题中，循环是极为罕见的，通常人们还是采用原法则进行计算。

1.5 大 M 法

1.5.1 大 M 法

上述单纯形法第一步中，若约束方程系数矩阵 $\boldsymbol{A}$ 中含有单位矩阵，则取初始基 $\boldsymbol{B}=\boldsymbol{I}$。若系数矩阵中不含单位矩阵，可采用大 M 法，通过增加人工变量，构成一个系数矩阵中含有单位矩阵的新的线性规划，然后用单纯形法求最优解。这个新的线性规划问题和原问题在一定条件下是等价的。下面，我们通过例题来详细说明大 M 法的使用。

当约束系数矩阵中不包含 m 阶单位阵时，为了构造一组初始可行基，对没有基变量的约束式(没有一个变量的系数列向量为单位向量)，则添加人工变量。当添加了人工变量后，新的约束系数矩阵中有了 m 阶单位阵，就可以开始单纯形法了。但在以后的迭代过程中，我们希望把人工变量从基变量中迭代出去，(因为人工变量不出基，所得的解就不是原问题的可行解)，为此，取一个任意大的正数 M，在目标函数中对添加的人工变量，每一个的价值系数取为 $-M$(如果目标函数为求极小值，则人工变量在目标函数中的系数取为 M)。这样，只要人工变量不出基，则目标函数就永远达不到最大(最小)。因此大 M 法也称为罚函数法。

加入人工变量构造初始基的方法：

把所有约束右边常数项值调整为大于等于零。

对≤约束，引入松弛变量。

对≥约束，引入一个剩余变量和一个人工变量。

对=约束，引入一个人工变量。

则松弛变量和人工变量就构成单纯形法的初始基变量，其系数矩阵为初始可行基。

例 1.19 求下列线性规划问题

$$\max Z = 3x_1 - x_2 - x_3$$

$$\begin{cases} x_1 - 2x_2 + x_3 \leqslant 11 \\ -4x_1 + x_2 + 2x_3 \geqslant 3 \\ -2x_1 + x_3 = 1 \\ x_1,\ x_2,\ x_3 \geqslant 0 \end{cases}$$

解：引入松弛变量 x_4，x_5，把问题化为标准形式(简称 $\boldsymbol{P}_1$)：

$$\max Z = 3x_1 - x_2 - x_3$$

$$
\begin{cases}
x_1 - 2x_2 + x_3 + x_4 = 11 \\
-4x_1 + x_2 + 2x_3 - x_5 = 3 \\
-2x_1 + x_3 = 1 \\
x_1,\ x_2,\ x_3,\ x_4,\ x_5 \geqslant 0
\end{cases} \qquad (P_1)
$$

在第二、第三个约束中，分别添加人工变量 x_6，x_7，使约束方程组化为：

$$
\begin{cases}
x_1 - 2x_2 + x_3 + x_4 = 11 \\
-4x_1 + x_2 + 2x_3 - x_5 + x_6 = 3 \\
-2x_1 + x_3 + x_7 = 1
\end{cases}
$$

变量 x_4，x_6，x_7 构成初始基变量。但是只有 $x_6 = x_7 = 0$，新约束方程组才与原来的方程组等价。为了迫使 x_6，x_7 转化为0，在目标函数中令 x_6，x_7 的系数是任意大正数 M 的相反数$-M$。这样得到一个新的线性规划问题（记为 $\boldsymbol{P}_2$）：

$$
\max Z_1 = 3x_1 - x_2 - x_3 - Mx_6 - Mx_7
$$

$$
\begin{cases}
x_1 - 2x_2 + x_3 + x_4 = 11 \\
-4x_1 + x_2 + 2x_3 - x_5 + x_6 = 3 \\
-2x_1 + x_3 + x_7 = 1 \\
x_1,\ \cdots,\ x_7 \geqslant 0
\end{cases} \qquad (P_2)
$$

只要人工变量取正值，Z_1 不可能实现最大值，因为 Z_1 中包含取值可任意小的项。更准确地说，问题($\boldsymbol{P}_1$)与($\boldsymbol{P}_2$)之间有下列关系：

设 $\boldsymbol{X}=(x_1,\ x_2,\ x_3,\ x_4,\ x_5)^{\mathrm{T}}$，$\boldsymbol{X}_A=(x_6,\ x_7)^{\mathrm{T}}$。

(1)若($\boldsymbol{P}_1$)有最优解 $\boldsymbol{X}^*$，则 $\boldsymbol{X}^*$，$\boldsymbol{X}_A^*=0$ 是($\boldsymbol{P}_2$)的最优解；

(2)若($\boldsymbol{P}_2$)有最优解 $\boldsymbol{X}^*$ 与 $\boldsymbol{X}_A^*=0$，则 $\boldsymbol{X}^*$ 是($\boldsymbol{P}_1$)的最优解；如果($\boldsymbol{P}_2$)最优解中 $\boldsymbol{X}_A^* \neq 0$，则($\boldsymbol{P}_1$)无可行解。

下面列表（见表 1.20）求($\boldsymbol{P}_2$)的最优解。

表 1.20

$\boldsymbol{C}$			3	−1	−1	0	0	−M	−M	θ
$\boldsymbol{C_B}$	$\boldsymbol{X_B}$	$\boldsymbol{b}$	x_1	x_2	x_3	x_4	x_5	x_6	x_7	
0	x_4	11	1	−2	1	1	0	0	0	11
−M	x_6	3	−4	1	2	0	−1	1	0	3/2
−M	x_7	1	−2	0	[1]	0	0	0	1	1
σ_j			3−6M	−1+M	−1+3M	0	−M	0	0	

在表 1.20 中，x_1，x_2，x_3 的检验数分别为 $3-6M$，$-1+M$，$-1+3M$。因为 M 为非常大的正数，所以检验数的符号完全由 M 的符号确定，而不管在检验数中加减多大的常数。因此 x_1 的检验数为负数，x_2，x_3 的检验数为正数，又因为 x_3 的检验数中 M 的系数为 3，而 x_2 的检验数中 M 的系数为 1，所以 x_3 的检验数大于 x_2 的检验数，因此选取 x_3 入基。用 x_3 对应的系数列中的正数去除以对应的常数项，在各个比值中选取最小比值，最小比值在第三个约束行，为此，第三个约束对应的基变量 x_7 出基，继续换基迭代，如表 1.21 所示。

表 1.21

C			3	−1	−1	0	0	−M	−M	θ
C_B	X_B	b	x_1	x_2	x_3	x_4	x_5	x_6	x_7	
0	x_4	10	3	−2	0	1	0	0	−1	—
−M	x_6	1	0	[1]	0	0	−1	1	−2	1
−1	x_3	1	−2	0	1	0	0	0	1	—
σ_j			1	−1+M	0	0	−M	0	−3M+1	

在表 1.21 中，人工变量 x_6 没有出基，但检验数行中 x_2 的检验数为正数−1+M，所以选取 x_2 入基，继续迭代，计算过程如表 1.22 所示。

表 1.22

C			3	−1	−1	0	0	−M	−M	θ
C_B	X_B	b	x_1	x_2	x_3	x_4	x_5	x_6	x_7	
0	x_4	12	[3]	0	0	1	−2	2	−5	4
−1	x_2	1	0	1	0	0	−1	1	−2	—
−1	x_3	1	−2	0	1	0	0	0	1	—
σ_j			1	0	0	0	−1	−M+1	−M−1	

在表 1.22 中，所有的人工变量都已经出基，但 x_1 的检验数为正值，所以选取 x_1 入基，继续迭代，计算过程如表 1.23 所示。

表 1.23

C			3	−1	−1	0	0	−M	−M	θ
C_B	X_B	b	x_1	x_2	x_3	x_4	x_5	x_6	x_7	
3	x_1	4	1	0	0	1/3	−2/3	2/3	−5/3	
−1	x_2	1	0	1	0	0	−1	1	−2	
−1	x_3	9	0	0	1	2/3	−4/3	4/3	−7/3	
σ_j			0	0	0	−1/3	−1/3	−M+1/3	−M+2/3	

在表 1.23 中，所有的检验数都小于等于零，因此得到问题(P_2)最优解为：

$$X^* = (4,\ 1,\ 9,\ 0,\ 0)^{\mathrm{T}},\ x_6^* = x_7^* = 0;$$

因此原问题最优解为 X^*，$Z^* = 2$。

注意：在做最优性检验时，检验数中的 M 大于任何数值，M 前面的系数为正数，那么再减去任何数检验数还是正的，若 M 前面的系数为负数，那么再加上任何正数结果还是负的，两个检验数中如果同时含有 M，比较大小时，比较 M 的系数，系数大的，值就大，系数小的，值也小。即 M 系数的符号决定了检验数的符号，所以，有时检验数中加、减的常数可省略不写。

在单纯形表 1.23 中，已经不包含人工变量，因此所得的最优解为原问题的最优解。

使用大 M 法会出现两种情况：①最优解的基变量中含有人工变量，可证明在此情况下原问题无可行解；②最优解的基变量中不含人工变量，即人工变量均为 0，可以证明在此情况下，从最优解中去掉人工变量就是原问题的最优解。

例 1.20　求解下列线性规划问题

$$\max Z = 2x_1 + x_2 + 5x_3$$
$$\begin{cases} 4x_1 + 5x_2 + 6x_3 \leqslant 5 \\ 6x_1 + x_2 + 5x_3 \geqslant 6 \\ x_1 + 5x_2 + x_3 = 5 \\ x_1,\ x_2,\ x_3 \geqslant 0 \end{cases}$$

解：引入松弛变量 x_4，x_5 和人工变量 x_6，x_7，得到下列线性规划

$$\max Z = 2x_1 + x_2 + 5x_3 - Mx_6 - Mx_7$$
$$\begin{cases} 4x_1 + 5x_2 + 6x_3 + x_4 = 5 \\ 6x_1 + x_2 + 5x_3 - x_5 + x_6 = 6 \\ x_1 + 5x_2 + x_3 + x_7 = 5 \\ x_1,\ x_2,\ x_3,\ x_4,\ x_5,\ x_6,\ x_7 \geqslant 0 \end{cases}$$

解题过程如表 1.24 所示。

表 1.24

C			2	1	5	0	0	$-M$	$-M$	θ
C_B	X_B	b	x_1	x_2	x_3	x_4	x_5	x_6	x_7	
0	x_4	5	4	5	6	1	0	0	0	5/4
$-M$	x_6	6	[6]	1	5	0	−1	1	0	1
$-M$	x_7	5	1	5	1	0	0	0	1	5
σ_j			$7M$	$6M$	$6M$	0	$-M$	0	0	
0	x_4	1	0	[13/3]	8/3	1	2/3	−2/3	0	3/13
2	x_1	1	1	1/6	5/6	0	−1/6	1/6	0	6
$-M$	x_7	6	0	6/29	1/6	0	1/6	−1/6	1	36/29
σ_j			0	$29M/6$	$M/6$	0	$M/6$	$-5M/6$	0	
2	x_2	3/13	0	1	8/13	3/13	2/13	−2/13	0	
1	x_1	7/26	1	0	19/26	−1/26	−5/26	5/26	0	
$-M$	x_7	127/26	0	0	−73/26	−29/26	$-15M/26$	15/26	1	
σ_j			0	0	$-73M/26$	$-29M/26$	$-15M/26$	$-11M/26$	0	

所有的检验数小于等于零，但人工变量没有出基，故原问题无可行解。

*1.5.2　两阶段法

大 M 法中人工变量只起过渡作用，不影响决策变量的解。但该方法不适于计算机编程求解。实际应用时，往往用两个阶段法取代大 M 法。步骤如下：

第一阶段：

求出原问题的初始基可行解。构造一个辅助线性规划，其目标函数是人工变量之和并

要求实施最小化，而约束方程组是已加入人工变量的等式。用单纯形法求解，若得到，表明所有人工变量都已取零值，第一阶段的最优解便是原问题的一个基可行解，进入第二阶段。否则原问题无可行解，应停止计算。

第二阶段：

将第一阶段的最终表，删去人工变量，并将目标函数行的系数，换成原问题的目标函数系数，这就得到了第二阶段的初始单纯形表。

例 1.21 求解线性规划问题

$$\min Z = 2x_1 + 3x_2$$

$$\begin{cases} 2x_1 + x_2 \leqslant 16 \\ x_1 + 3x_2 \geqslant 20 \\ x_1 + x_2 = 10 \\ x_1,\ x_2 \geqslant 0 \end{cases}$$

解： 引入松弛变量 x_3，x_4 和人工变量 x_5，x_6，第一阶段的辅助问题为：

$$\min \hat{Z} = x_5 + x_6$$

$$\text{s.t.} \begin{cases} 2x_1 + x_2 + x_3 = 16 \\ x_1 + 3x_2 - x_4 + x_5 = 20 \\ x_1 + x_2 + x_6 = 10 \\ x_1,\ x_2,\ x_3,\ x_4,\ x_5,\ x_6 \geqslant 0 \end{cases}$$

求解结果如表 1.25 所示。

表 1.25

C			0	0	0	0	1	1	θ
C_B	X_B	b	x_1	x_2	x_3	x_4	x_5	x_6	
0	x_3	16	2	1	1	0	0	0	16
1	x_5	20	1	[3]	0	−1	1	0	20/3
1	x_6	10	1	1	0	0	0	1	10
σ_j			−2	−4	0	1	0	0	
0	x_3	28/3	5/3	0	1	1/3	−1/3	0	28/5
0	x_2	20/3	1/3	1	0	−1/3	1/3	0	20
1	x_6	10/3	[2/3]	0	0	1/3	−1/3	1	5
σ_j			−2/3	0	0	−1/3	4/3	0	
0	x_3	1	0	0	1	−0.5	1/2	−5/2	
0	x_2	5	0	1	0	−0.5	1/2	−1/2	
0	x_1	5	1	0	0	1/2	−1/2	3/2	
σ_j		0	0	0	0	0	1	1	

因此最优解为：$X^* = (5,\ 5,\ 1,\ 0,\ 0,\ 0)^{\mathrm{T}}$，$x_5^* = x_6^* = 0$；换回原问题，进入第二阶段，见表 1.26。

表 1.26

	C		2	3	0	0
C_B	X_B	b	x_1	x_2	x_3	x_4
0	x_3	1	0	0	1	-1/2
3	x_2	5	0	1	0	-1/2
2	x_1	5	1	0	0	1/2
σ_j		25	0	0	0	1/2

所求解为原问题的最优解，函数值为原问题的最优值，即：

$$X^* = (5,\ 5,\ 1,\ 0),\ Z^* = 25$$

由第四节和第五节，我们总结出单纯形法计算框图(见图 1.8)：

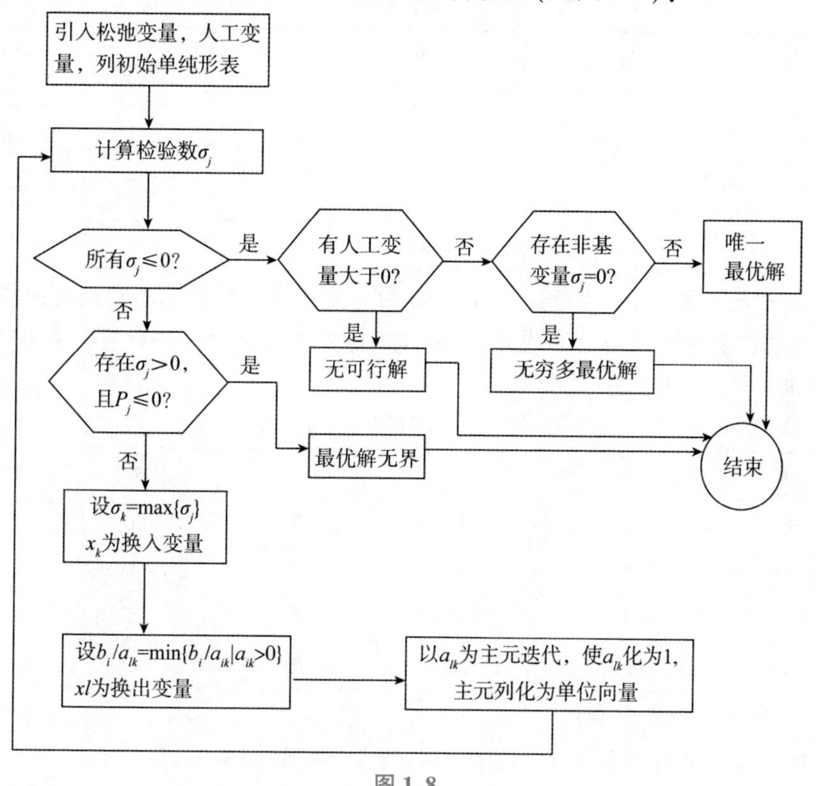

图 1.8

习题一

1. 思考题：

(1)微分学求极值的方法为什么不适用于线性规划的求解？

(2)线性规划的标准型有哪些限制？如何把一般的线性规划化为标准形式？

(3)图解法主要步骤是什么？从中可以看出线性规划最优解有哪些特点？

(4)什么是线性规划的可行解、基本解、基可行解？引入基本解和基可行解有什么作用？

(5) 对于任意基可行解，为什么必须把目标函数用非基变量表示出来？什么是检验数？它有什么作用？如何计算检验数？

(6) 确定出基变量的法则是什么？违背这一法则，会发生什么问题？

(7) 如何找到系数矩阵的一个可行基？如何进行换基迭代运算？

(8) 大 M 法的要点是什么？

(9) 试从定义和处理方式两方面分析松弛变量与人工变量有什么区别。

(10) 如何判定线性规划有唯一最优解、无穷多最优解和无最优解？为什么？

2. 建立下列问题的线性规划模型：

(1) 某厂现有三种原料 B_1、B_2、B_3，可以生产 A_1，A_2，A_3 三种产品，现在拥有的资源数量、每件产品消耗的原料及可获得的利润如表 1.27 所示。

表 1.27

产品	A_1	A_2	A_3	资源数量
B_1	2	3	5	2 000
B_2	2.5	3	6	2 600
B_3	3	2	4	1 800
利润	10	14	20	

根据市场情况，要求 A_1 的产量不高于 A_2 的产量。试制定使总利润最大的模型。

(2) 某公司打算利用具有下列成分（见表 1.28）的合金配制一种新型合金 100 千克。各种数据如表 1.28 所示。

表 1.28

合金品种	A_1	A_2	A_3	A_4	最少含量/%
含铅/%	3	1	5	1	3
含锌/%	6	2	2	1	3
含锡/%	1	7	3	8	4
单价/(元·kg^{-1})	15	13	16	8	

如何安排配方，使成本最低？

(3) 某医院每天各时间段至少需要配备护理人员数量如表 1.29 所示。

表 1.29

班次	时间	最少人数/人
1	6：00—10：00	60
2	10：00—14：00	70
3	14：00—18：00	60
4	18：00—22：00	50
5	22：00—2：00	20
6	2：00—6：00	30

假定每人上班后连续工作 8 小时，试建立使总人数最少的计划安排模型。

(4)用长度为 500 厘米的条材，截成长度分别为 95 厘米和 75 厘米两种毛坯，95 厘米长的毛坯需要 1 500 根，75 厘米长的毛坯需要 2 000 根。问怎样截取，才使所用原材料最少？

3. 用图解法求下列线性规划的最优解：

(1) $\min Z = 2x_1 + 3x_2$

$$\begin{cases} x_1 + 2x_2 \geqslant 1 \\ 4x_1 + 3x_2 \geqslant 1.5 \\ -x_1 + 2x_2 \leqslant 4 \\ x_1,\ x_2 \geqslant 0 \end{cases}$$

(2) $\max Z = x_1 + x_2$

$$\begin{cases} 2x_1 + 3x_2 \leqslant 10 \\ -x_1 + x_2 \geqslant 5 \\ x_1 + 2x_2 \leqslant 8 \\ x_1,\ x_2 \geqslant 0 \end{cases}$$

(3) $\max Z = 2x_1 + 3x_2$

$$\begin{cases} 2x_1 + 3x_2 \leqslant 22 \\ -2x_1 + x_2 \leqslant 4 \\ 4x_1 - 5x_2 \leqslant 0 \\ x_2 \leqslant 6 \\ x_1,\ x_2 \geqslant 0 \end{cases}$$

(4) $\max Z = 2x_1 + 6x_2$

$$\begin{cases} 4x_1 + 3x_2 \geqslant 12 \\ -x_1 + x_2 \leqslant 1 \\ x_1,\ x_2 \geqslant 0 \end{cases}$$

4. 把下列线性规划化为标准形式：

(1) $\min Z = -x_1 + 2x_2 - x_3$

$$\begin{cases} x_1 + 3x_3 - 4x_4 \leqslant 1 \\ 2x_1 + 2x_2 - 3x_3 \geqslant -2 \\ 3x_1 + 2x_2 + x_3 - x_4 = 1 \\ x_1 \leqslant 0,\ x_2,\ x_3 \geqslant 0,\ x_4 \text{ 无约束} \end{cases}$$

(2) $\max Z = 2x_1 + 3x_2$

$$\begin{cases} 3x_1 + 2x_2 \leqslant 8 \\ -x_1 + 2x_2 \geqslant 1 \\ x_1 \leqslant 2 \\ x_1 \leqslant 0,\ x_2 \text{ 无约束} \end{cases}$$

5. 判定下列集合是否凸集：

(1) $S_1 = \{(x_1,\ x_2) \mid 5x_1^2 + 8x_2^2 \leqslant 2\}$

(2) $S_2 = \{(x_1,\ x_2) \mid |x_1 - x_2| \geqslant 1\}$

(3) $S_3 = \{(x_1,\ x_2) \mid x_1x_2 \geqslant 1,\ x_1 \geqslant 0,\ x_2 \geqslant 0\}$

6. 求出下列线性规划的所有基本解，并指出其中的基可行解和最优解：

$$\max Z = 2x_1 + 3x_2$$

$$\begin{cases} x_1 + x_3 = 4 \\ 2x_2 + x_4 = 12 \\ 3x_1 + 2x_2 + x_5 = 18 \\ x_j \geqslant 0,\ j = 1,\ 2,\ \cdots,\ 5 \end{cases}$$

7. 求下列线性规划的解：

(1) $\max Z = 2x_1 - x_2 + x_3$

$$\begin{cases} 3x_1 + x_2 + x_3 \leqslant 60 \\ x_1 - x_2 + 2x_3 \leqslant 10 \\ x_1 + x_2 - x_3 \leqslant 20 \\ x_1,\ x_2,\ x_3 \geqslant 0 \end{cases}$$

(2) $\max Z = 2x_1 + 4x_2$

$$\begin{cases} x_1 + 2x_2 \leqslant 4 \\ -x_1 + x_2 \leqslant 1 \\ x_1,\ x_2 \geqslant 0 \end{cases}$$

(3) $\max Z = 2x_1 + x_2$

$$\begin{cases} -x_1 + 2x_2 \geqslant -2 \\ -x_1 + x_2 \leqslant 1 \\ x_1,\ x_2 \geqslant 0 \end{cases}$$

(4) $\max Z = 2x_1 + 4x_2 + x_3 + x_4$

$$\begin{cases} x_1 + 3x_2 + x_4 \leqslant 4 \\ 2x_1 + x_2 \leqslant 3 \\ x_2 + 4x_3 + x_4 \leqslant 3 \\ x_1,\ x_2,\ x_3,\ x_4 \geqslant 0 \end{cases}$$

8. 利用大 M 法、两阶段法分别求解下列线性规划：

(1) $\max Z = x_1 + 2x_2 + 3x_3 - 3x_4$

$$\begin{cases} x_1 + 2x_2 + 3x_3 = 15 \\ 2x_1 + x_2 + 5x_3 = 20 \\ x_1 + 2x_2 + x_3 + x_4 = 10 \\ x_1,\ x_2,\ x_3,\ x_4 \geqslant 0 \end{cases}$$

(2) $\max Z = 2x_1 - x_2 - x_3$

$$\begin{cases} 3x_1 + 2x_2 + x_3 \geqslant 18 \\ 2x_1 + x_2 \leqslant 4 \\ x_1 + x_2 - x_3 = 5 \\ x_1,\ x_2,\ x_3 \geqslant 0 \end{cases}$$

(3) $\max Z = -x_1 + x_2$

$$\begin{cases} 4x_1 + 3x_2 \geqslant 12 \\ 3x_1 - x_2 \leqslant 6 \\ x_2 \geqslant 2 \\ x_1,\ x_2 \geqslant 0 \end{cases}$$

(4) $\max Z = 5x_1 + 3x_2 + 6x_3$

$$\begin{cases} x_1 + 2x_2 + x_3 \leqslant 18 \\ 2x_1 + x_2 + 3x_3 \leqslant 16 \\ x_1 + x_2 + x_3 = 10 \\ x_1,\ x_2 \geqslant 0,\ x_3 \text{ 符号不限} \end{cases}$$

9. 求解问题第 2 题第 4 问(合理下料问题)。

10. 表 1.30 是一个求极大值线性规划的单纯形表，其中 x_4，x_5，x_6 是松弛变量。

表 1.30

c_j				2	2			
C_B	X_B	b	x_1	x_2	x_3	x_4	x_5	x_6
0	x_5	2			1	2		−1
2	x_2	1			−1	1		−2
	x_1	4			$2a$	−1		$-a+8$
σ_j						−1		

(1)把表 1.30 中缺少的项目填上适当的数或式子。

(2)要使表 1.30 成为最优表，a 应满足什么条件?

(3)何时有无穷多最优解?

(4)何时无最优解?

(5)何时应以 x_3 替换 x_1?

11. 已知某线性规划的初始单纯形表和最终单纯形表如表 1.31 所示，请把表中空白处的数字填上，并指出最优基 $\boldsymbol{B}$ 及 $\boldsymbol{B}^{-1}$。

表 1.31

$\boldsymbol{C}$			2	−1	1	0	0	0
$\boldsymbol{C_B}$	$\boldsymbol{X_B}$	$\boldsymbol{b}$	x_1	x_2	x_3	x_4	x_5	x_6
0	x_4		3	1	1	1	0	0
0	x_5		1	−1	2	0	1	0
0	x_6		1	1	−1	0	0	1
	σ_j		2	−1	1	0	0	0
0	x_4	10					−1	−2
2	x_1	15					1/2	1/2
−1	x_2	5					−1/2	1/2
	σ_j							

12. 已知某线性规划问题，用单纯形法计算时得到的中间某两步的计算如表 1.32 所示，试将空白处填上数字。

表 1.32

$\boldsymbol{C}$			3	5	4	0	0	0
$\boldsymbol{C_B}$	$\boldsymbol{X_B}$	$\boldsymbol{b}$	x_1	x_2	x_3	x_4	x_5	x_6
	x_2	8/3	2/3	1	0	1/3	0	0
	x_5	14/3	−4/3	0	5	−2/3	1	0
	x_6	20/3	5/3	0	4	−2/3	0	1
	σ_j		−1/3	0	4	−5/3	0	0
	x_2					15/41	8/41	−10/41
	x_3					−6/41	5/41	4/41
	x_1					−2/41	−12/41	15/41
	σ_j							

13. 某个线性规划的最终表如表 1.33 所示。

表 1.33

c_j			0	1	−2	0	0
$\boldsymbol{C_B}$	$\boldsymbol{X_B}$	$\boldsymbol{b}$	x_1	x_2	x_3	x_4	x_5
0	x_1	13/2	1	0	0	−1/2	5/2
1	x_2	5/2	0	1	0	−1/2	3/2
−2	x_3	1/2	0	0	1	−1/2	1/2
	σ_j		0	0	0	−1/2	−1/2

初始基变量是 x_1，x_4，x_5。

(1)求最优基 $\boldsymbol{B}=(\boldsymbol{P}_1, \boldsymbol{P}_2, \boldsymbol{P}_3)$；

(2)求初始表。

14. 某农场有100公顷①土地及15 000元资金可用于发展生产。农场劳动力投入为秋冬季3 500人日；春夏季4 000人日。如劳动力本身用不了时可外出打工，春夏季收入为25元/人日，秋冬季收入为20元/人日。该农场种植三种作物：大豆、玉米、小麦，并饲养奶牛和鸡。种作物时不需要专门投资，而饲养每头奶牛需投资800元，每只鸡投资3元。养奶牛时每头需拨出1.5公顷土地种饲料，并占用人工秋冬季为100人日、春夏季为50人日，年净收入900元/每头奶牛。养鸡时不占用土地，需人工为每只鸡秋冬季0.6人日、春夏季为0.3人日，年净收入2元/每只鸡。农场现有鸡舍允许最多养1 500只鸡，牛栏允许最多养200头。三种作物每年需要的人工及收入情况如表1.34所示。

表1.34

项目	大豆	玉米	麦子
秋冬季需人日数	20	35	10
春夏季需人日数	50	75	40
年净收入/(元·公顷$^{-1}$)	3 000	4 100	4 600

试决定该农场的经营方案，使年净收入为最大。(只建立模型，不需求解)

15. 某石油公司有两个冶炼厂。甲厂每天可生产高级、中级和低级的石油分别为200桶、300桶和200桶，乙厂每天可生产高级、中级和低级的石油分别为100桶、200桶和100桶。公司需要这三种油的数量分别为14 000桶、24 000桶和14 000桶。甲厂每天的运行费用是5 000元，乙厂是4 000元。问：

(1)公司应安排这两个厂各生产多少天最经济？

(2)如甲厂的运行费是2 000元、乙厂是5 000元，公司应如何安排两个厂的生产？

列出线性规划模型并求解。

① 1公顷=10 000平方米。

第二章 线性规划的对偶理论与灵敏度分析

在线性规划早期发展中最重要的发现就是对偶问题，即每一个线性规划问题(称为原问题)都有一个与它对应的对偶线性规划问题(称为对偶问题)。1928 年美籍匈牙利数学家冯·诺伊曼在研究对策论时已发现线性规划与对策论之间存在着密切的联系。两人零和对策可表达成线性规划的原问题和对偶问题。他于 1947 年提出对偶理论。1951 年G. B. 丹齐克引用对偶理论求解线性规划的运输问题，研究出确定检验数的位势法原理。1954 年C. 莱姆基提出对偶单纯形法成为管理决策中进行灵敏度分析的重要工具。对偶理论有许多重要应用：在原始的和对偶的两个线性规划中求解任何一个规划时，会自动地给出另一个规划的最优解；当对偶问题比原始问题有较少约束时，求解对偶规划比求解原始规划要方便得多。

对偶理论是线性规划理论中重要而又十分有趣的部分，它深刻揭示了原问题与对偶问题之间的内在联系，为进一步研究线性规划的理论与算法提供了依据。无论是这一理论本身，还是以它为基础的灵敏度分析方法，在经济管理中都有广泛的应用。

2.1 线性规划的对偶问题

2.1.1 对偶问题的提出

例 2.1 首先回顾上一章例 1 中的线性规划

$$\max Z = 2x_1 + 4x_2 + 5x_3$$

$$\begin{cases} x_1 + 4x_2 + 2x_3 \leqslant 4\,500 \\ 5x_1 + 4x_2 + 2x_3 \leqslant 6\,300 \\ 2x_2 + 5x_3 \leqslant 3\,800 \\ x_1,\ x_2,\ x_3 \geqslant 0 \end{cases} \tag{2.1}$$

式中，x_1，x_2，x_3 分别表示生产三种产品的数量，目标函数表示销售收入，三个技术约束不等式反映了三种资源的限制条件。这是一个使收益最大化的最优计划模型。

现在换个角度分析这个问题。假如由于某种原因，嘉美公司(称为甲方)打算放弃这些生产项目而将资源出售，又有某个公司(称为乙方)希望收购这些资源。那么，如何确定三种资源的转让价格，在己方不受损失的前提下，又要乙方愿意接受，使买卖能够成交？

解：设三种资源的定价分别为 y_1，y_2，y_3(单位：百元)。因嘉美欧公司利用 1 吨原料 A 和 5 吨原料 B，生产一单位甲产品，收入 200 元，对嘉美公司来说，转让这些原料的收入不能低于 200 元，因此有：

同理考虑产品乙、丙，可得：$\begin{cases} y_1+5y_2 \geqslant 2 \\ 4y_1+2y_2+2y_3 \geqslant 4 \\ 2y_1+3y_2+5y_3 \geqslant 5 \end{cases}$

对收购方来说，希望以尽可能低的费用收购这些资源，也就是说，要求总费用：

$$w = 4\ 500y_1 + 6\ 300y_2 + 3\ 800y_3$$

最小。于是问题归结为一个新的线性规划：

$$\min w = 4\ 500y_1 + 6\ 300y_2 + 3\ 800y_3$$

$$\begin{cases} y_1 + 5y_2 \geqslant 2 \\ 4y_1 + 2y_2 + 2y_3 \geqslant 4 \\ 2y_1 + 3y_2 + 5y_3 \geqslant 5 \\ y_1,\ y_2,\ y_3 \geqslant 0 \end{cases} \tag{2.2}$$

式(2.1)和式(2.2)是两个线性规划问题，通常称前者为原问题，后者是前者的对偶问题。

仔细观察线性规划问题(2.1)和(2.2)可以发现，两个问题无论从经济意义还是数学形式上都是紧密相连的。从经济意义上看，线性规划问题(2.1)是寻找最优生产方案以获得最大收入；线性规划问题(2.2)是寻找最优价格使总成本最低。从数学模型的形式上看，它们也是关联的。线性规划问题(2.2)的变量个数与线性规划问题(2.1)的技术约束个数相同，它的第 i 个变量 y_i 与(2.1)的第 i 个技术约束对应；线性规划问题(2.2)的技术约束的个数与线性规划问题(2.1)的变量的个数相同，而且它的第 j 个技术约束与线性规划问题(2.1)的第 j 个变量 x_j 对应。线性规划问题(2.2)的目标函数系数正好是线性规划问题(2.1)的右端常数，它的右端常数正好是线性规划问题(2.1)的目标函数系数，它的系数矩阵是线性规划问题(2.1)的系数矩阵的转置矩阵。线性规划问题(2.2)称为线性规划问题(2.1)的对偶线性规划。

原问题与对偶问题是对同一事物或同一问题，从不同角度或立场提出的解决问题的两种不同的表述。事实上，生产计划问题与资源定价问题都是企业为了利用资源来获取利润，前者是利用资源进行生产，后者是对资源进行出售。

2.1.2　对称形式下的对偶问题

对于 m 个约束条件，n 个决策变量的线性规划

$$\max Z = \sum_{j=1}^{n} c_j x_j$$

$$\begin{cases} \sum_{j=1}^{n} a_{ij}x_j \leqslant b_i & i = 1,\ 2,\ \cdots,\ m \\ x_j \geqslant 0 & j = 1,\ 2,\ \cdots,\ n \end{cases} \tag{2.3}$$

按照上述对应规律可以写出线性规划：

$$\min w = \sum_{i=1}^{m} b_i y_i$$

$$\begin{cases} \sum_{i=1}^{m} a_{ij} y_i \geqslant c_j & j = 1, 2, \cdots, n \\ y_i \geqslant 0 & i = 1, 2, \cdots, m \end{cases} \tag{2.4}$$

我们称线性规划（2.4）为线性规划（2.3）的对偶规划。

写成矩阵形式，原问题

$$\max Z = \boldsymbol{CX}$$

$$\begin{cases} \boldsymbol{AX} \leqslant \boldsymbol{b} \\ \boldsymbol{X} \geqslant 0 \end{cases} \tag{2.5}$$

它的对偶问题

$$\min w = \boldsymbol{Yb}$$

$$\begin{cases} \boldsymbol{YA} \geqslant \boldsymbol{C} \\ \boldsymbol{Y} \geqslant 0 \end{cases} \tag{2.6}$$

注意：$\boldsymbol{Y}=(y_1, y_2, \cdots, y_m)$是行向量。

线性规划(2.3)有 m 个约束条件和 n 个决策变量，线性规划(2.4)有 m 个决策变量和 n 个约束条件，把线性规划(2.3)的第 i 个约束条件 $\sum_{j=1}^{n} a_{ij} x_j \leqslant b_i$ 与线性规划(2.4)的第 i 个决策变量的符号约束 $y_i \geqslant 0$ 称为对偶约束，把线性规划(2.3)的第 j 个决策变量的符号约束 $x_j \geqslant 0$ 与线性规划(2.4)的第 j 个约束条件 $\sum_{i=1}^{m} a_{ij} y_i \geqslant c_j$ 称为对偶约束。

当原本问题和对偶问题只含有不等式约束时，一对对偶的模型是对称的，称为对称形式下的对偶问题。

原问题(2.3)与对偶问题(2.4)之间的对应规律汇集在表 2.1 中。

表 2.1

项目	原问题	对偶问题
(1)目标函数	$\max Z=\boldsymbol{CX}$	$\min w=\boldsymbol{Yb}$
(2)约束条件	$\boldsymbol{AX}\leqslant\boldsymbol{b}$($m$ 个)	$\boldsymbol{YA}\geqslant\boldsymbol{C}$($n$ 个)
(3)决策变量	$\boldsymbol{X}\geqslant 0$($n$ 个)	$\boldsymbol{Y}\geqslant 0$($m$ 个)
(4)系数矩阵	$\boldsymbol{A}$	$\boldsymbol{A}^{\mathrm{T}}$
(5)右端向量	$\boldsymbol{b}$	$\boldsymbol{C}$
(6)价值向量	$\boldsymbol{C}$	$\boldsymbol{b}$

由于对任意的线性规划而言，总可以把它转换成目标函数求最大值、约束条件为小于等于号成立、决策变量总是大于等于零的线性规划。也就是说，对于任意的线性规划应该都有对偶规划。

2.1.3　一般线性规划的对偶规划

一般线性规划不具有(2.3)的形式，下面举例说明如何写出对偶问题。

例 2.2　写出下列 LP 的对偶问题：

$$\max Z = x_1 + 2x_2 + 3x_3 \tag{2.7a}$$

$$\begin{cases} 2x_1 - x_2 + x_3 \geqslant 1 \\ x_1 + 3x_2 + 2x_3 = 5 \\ x_1 \leqslant 0,\ x_2 \text{ 无符号约束},\ x_3 \geqslant 0 \end{cases} \tag{2.7b}$$

解：首先设法把问题改写为具有(2.3)的形式，再求它的对偶问题。

式(2.7*a*)两边乘(-1)，得到

$$-2x_1 + x_2 - x_3 \leqslant -1$$

把式(2.7*b*)拆成两个不等式：

$$x_1 + 3x_2 + 2x_3 \leqslant 5$$

$$-x_1 - 3x_2 - 2x_3 \leqslant -5$$

然后令 $x_1'=-x_1$，$x_1'\geqslant 0$；令 $x_2=x_2'-x_2''$，$x_2'\geqslant 0$，$x_2''\geqslant 0$；把原问题变换为等价模型：

$$\max Z = -x_1' + 2x_2' - 2x_2'' + 3x_3$$

$$\begin{cases} 2x_1' + x_2' - x_2'' - x_3 \leqslant -1 \\ -x_1' + 3x_2' - 3x_2'' + 2x_3 \leqslant 5 \\ x_1' - 3x_2' + 3x_2'' - 2x_3 \leqslant -5 \\ x_1' \geqslant 0,\ x_2' \geqslant 0,\ x_2'' \geqslant 0,\ x_3 \geqslant 0 \end{cases}$$

它的对偶模型是(假定对偶变量为 y_1'，y_2'，y_3')：

$$\min w = -y_1' + 5y_2' - 5y_3'$$

$$\begin{cases} 2y_1' - y_2' + y_3' \geqslant -1 & (2.8a) \\ y_1' + 3y_2' - 3y_3' \geqslant 2 & (2.8b) \\ -y_1' - 3y_2' + 3y_3' \geqslant -2 & (2.8c) \\ -y_1' + 2y_2' - 2y_3' \geqslant 3 \\ y_1' \geqslant 0,\ y_2' \geqslant 0,\ y_3' \geqslant 0 \end{cases}$$

将式(2.8a)两边乘(-1)，把式(2.8b)与式(2.8c)合并成一个等式，约束条件变为：

$$\begin{cases} -2y_1' + y_2' - y_3' \leqslant 1 \\ y_1' + 3y_2' - 3y_3' = 2 \\ -y_1' + 2y_2' - 2y_3' \geqslant 3 \\ y_1' \geqslant 0,\ y_2' \geqslant 0,\ y_3' \geqslant 0 \end{cases}$$

再令 $y_1=-y_1'$，$y_1\leqslant 0$；令 $y_2=y_2'-y_3'$，y_2 无符号约束，最后对偶问题成为：

$$\min w = y_1 + 5y_2$$

$$\begin{cases} 2y_1 + y_2 \leqslant 1 \\ -y_1 + 3y_2 = 2 \\ y_1 + 2y_2 \geqslant 3 \\ y_1 \leqslant 0,\ y_2 \text{ 无约束} \end{cases} \tag{2.9}$$

仔细分析上述推导过程可以发现，对偶规划问题(2.9)与原问题(2.7)之间有如下关系：如果原问题的变量 x_j 无符号约束，则对偶技术约束为等式；如果 $x_j \leqslant 0$，则对偶技术约束的不等号要反向(由≥变为≤)；如果原问题某个技术约束为等式，则对偶变量无符号约束；如果原问题的某个技术约束不等式反向(由≤改为≥)，则对偶变量≤0。现将一般情形下对偶问题之间的对应规律汇集在表 2.2 中。

表 2.2

项目	原问题最大值(对偶问题)	对偶问题最小值(原问题)
$\boldsymbol{A}$	约束条件系数矩阵	约束条件系数矩阵的转置
$\boldsymbol{C}$	目标函数价值向量	约束条件右端常数向量
$\boldsymbol{b}$	约束条件右端常数向量	目标函数价值向量
目标函数	$\max Z = \sum_{j=1}^{n} c_j x_j$	$\min w = \sum_{i=1}^{m} b_i y_i$
n 个变量		$\left.\begin{array}{l}\sum_{i=1}^{m} a_{ij} y_i \geqslant c_j \\ \sum_{i=1}^{m} a_{ij} y_i \leqslant c_j \\ \sum_{i=1}^{m} a_{ij} y_i = c_j\end{array}\right\}$ n 个技术约束
m 个技术约束	$\left\{\begin{array}{l}\sum_{j=1}^{n} a_{ij} x_j \leqslant b_i \\ \sum_{j=1}^{n} a_{ij} x_j \geqslant b_i \\ \sum_{j=1}^{n} a_{ij} x_j = b_i\end{array}\right.$	$y_i \geqslant 0$ $y_i \leqslant 0$　　m 个变量 y_i 无约束

利用这个规律，可以很容易地写出任意线性规划的对偶规划。

例 2.3 求标准形式的线性规划

$$\max Z = \sum_{j=1}^{n} c_j x_j$$

$$\begin{cases} \sum_{j=1}^{n} a_{ij} x_j = b_i & i = 1, 2, \cdots, m \\ x_j \geqslant 0 & j = 1, 2, \cdots, n \end{cases} \tag{2.10}$$

的对偶规划。

解：根据表 2.2 中的对应规律，对偶变量全部无符号约束，而对偶技术约束全为大于等于型的，故对偶规划为：

$$\min w = \sum_{i=1}^{m} b_i y_i$$

$$\begin{cases} \sum_{i=1}^{m} a_{ij} y_i \geqslant c_j & j = 1, 2, \cdots, n \\ y_i \text{ 无约束} & i = 1, 2, \cdots, m \end{cases}$$

写成矩阵形式，原线性规划：

$$\max Z = \boldsymbol{CX}$$
$$\begin{cases} \boldsymbol{AX} = \boldsymbol{b} \\ \boldsymbol{X} \geqslant 0 \end{cases}$$

它的对偶规划是：

$$\min w = \boldsymbol{Yb}$$
$$\begin{cases} \boldsymbol{YA} \geqslant \boldsymbol{C} \\ \boldsymbol{Y} \text{ 无符号约束} \end{cases}$$

例 2.4　写出线性规划

$$\min Z = 2x_1 - 2x_2 + 3x_3 + x_4$$
$$\begin{cases} x_1 + x_2 - x_3 + x_4 \leqslant 1 \\ 2x_2 + x_3 - x_4 \geqslant 2 \\ -x_1 - x_2 + 2x_3 + x_4 = 3 \\ x_1 \geqslant 0,\ x_2 \geqslant 0,\ x_3 \leqslant 0,\ x_4 \text{ 无符号约束} \end{cases}$$

的对偶规划。

解：原问题求最小值，对偶问题目标函数应求最大值，由表 2.2 可得对偶线性规划为：

$$\max w = y_1 + 2y_2 + 3y_3$$
$$\begin{cases} y_1 - y_3 \leqslant 2 \\ y_1 + 2y_2 - y_3 \leqslant -2 \\ -y_1 + y_2 + 2y_3 \geqslant 3 \\ y_1 - y_2 + y_3 = 1 \\ y_1 \leqslant 0,\ y_2 \geqslant 0,\ y_3 \text{ 无约束} \end{cases}$$

2.2　对偶问题的性质

为了便于理解，下列性质仅对对称形式的对偶问题(2.3)与(2.4)进行讨论，但这些性质对于一般情况也是正确的。

定理 1　对偶问题的对偶是原问题。

证　假设原问题如式(2.5)所示，其对偶规划如式(2.6)所示，将式(2.6)最大化得：

$$\max w' = -\boldsymbol{Yb}$$
$$\begin{cases} -\boldsymbol{YA} \leqslant -\boldsymbol{C} \\ \boldsymbol{Y} \geqslant 0 \end{cases}$$

也就是：

$$\max w' = (-\boldsymbol{b})^{\mathrm{T}} \boldsymbol{Y}^{\mathrm{T}}$$
$$\begin{cases} (-\boldsymbol{A})^{\mathrm{T}} \boldsymbol{Y}^{\mathrm{T}} \leqslant -\boldsymbol{C}^{\mathrm{T}} \\ \boldsymbol{Y}^{\mathrm{T}} \geqslant 0 \end{cases}$$

它的对偶规划为：

$$\min Z' = X^{\mathrm{T}}(-\boldsymbol{C})^{\mathrm{T}}$$

$$\begin{cases} \boldsymbol{X}^{\mathrm{T}}(-\boldsymbol{A})^{\mathrm{T}} \geqslant (-\boldsymbol{b})^{\mathrm{T}} \\ \boldsymbol{X} \geqslant 0 \end{cases}$$

也就是：

$$\max Z = \boldsymbol{CX}$$

$$\begin{cases} \boldsymbol{AX} \leqslant \boldsymbol{b} \\ \boldsymbol{X} \geqslant 0 \end{cases}$$

这个性质说明，原问题与对偶问题是相互对偶的。

定理 2(弱对偶定理)　设 $\overline{\boldsymbol{X}} = (\overline{x_1}, \overline{x_2}, \cdots, \overline{x_n})^{\mathrm{T}}$ 与 $\overline{\boldsymbol{Y}} = (\overline{y_1}, \overline{y_2}, \cdots, \overline{y_m})$ 分别是式(2.3)与式(2.4)的可行解，则 $\boldsymbol{C}\overline{\boldsymbol{X}} \leqslant \overline{\boldsymbol{Y}}\boldsymbol{b}$。

证　由于 $\sum_{i=1}^{m} a_{ij}\overline{y_i} \geqslant c_j$，$\overline{x_j} \geqslant 0$，$j = 1, \cdots, n$，从而得：

$$\boldsymbol{C}\overline{\boldsymbol{X}} = \sum_{j=1}^{n} c_j \overline{x_j} \leqslant \sum_{j=1}^{n}\left(\sum_{i=1}^{m} a_{ij}\overline{y_i}\right)\overline{x_j} = \sum_{i=1}^{m}\sum_{j=1}^{n} a_{ij}\overline{x_j}\,\overline{y_i} = \overline{\boldsymbol{Y}}\boldsymbol{A}\overline{\boldsymbol{X}}$$

又由 $\sum_{j=1}^{n} a_{ij}\overline{x_j} \leqslant b_i$，$\overline{y_i} \geqslant 0$，$i = 1, \cdots, m$，从而得：

$$\overline{\boldsymbol{Y}}\boldsymbol{b} = \sum_{i=1}^{m} b_i \overline{y_i} \geqslant \sum_{i=1}^{m}\left(\sum_{j=1}^{n} a_{ij}\overline{x_j}\right)\overline{y_i} = \sum_{i=1}^{m}\sum_{j=1}^{n} a_{ij}\overline{x_j}\,\overline{y_i} = \overline{\boldsymbol{Y}}\boldsymbol{A}\overline{\boldsymbol{X}}$$

最后得到 $\boldsymbol{C}\overline{\boldsymbol{X}} \leqslant \overline{\boldsymbol{Y}}\boldsymbol{A}\overline{\boldsymbol{X}} \leqslant \overline{\boldsymbol{Y}}\boldsymbol{b}$

定理 2 说明，式(2.3)的任意可行解对应的目标函数值，不超过式(2.4)的任意可行解的函数值。或者说，问题(2.4)的任意一个 w 值，都是问题(2.3)的目标函数值集合的上界；而问题(2.3)的任意一个 Z 值，都是(2.4)的目标函数值集合的下界。因此有下列推论：

推论　若原问题(对偶问题)有无解界，则其对偶问题(原问题)无可行解，但逆命题不成立。

定理 3(最优性判定定理)　设 $\overline{\boldsymbol{X}}$，$\overline{\boldsymbol{Y}}$ 分别为问题(2.3)与问题(2.4)的可行解，且 $\boldsymbol{C}\overline{\boldsymbol{X}} = \overline{\boldsymbol{Y}}\boldsymbol{b}$，则两者均为最优解。

证　设 $\boldsymbol{X}^*$ 是问题(2.3)的最优解，则 $\boldsymbol{C}\overline{\boldsymbol{X}} \leqslant \boldsymbol{C}\boldsymbol{X}^*$。由定理 2，可得 $\boldsymbol{C}\boldsymbol{X}^* \leqslant \overline{\boldsymbol{Y}}\boldsymbol{b}$，但 $\overline{\boldsymbol{Y}}\boldsymbol{b} = \boldsymbol{C}\overline{\boldsymbol{X}}$，故必有 $\boldsymbol{C}\overline{\boldsymbol{X}} = \boldsymbol{C}\boldsymbol{X}^*$，从而 $\overline{\boldsymbol{X}}$ 是问题(2.3)的最优解。同理可证 $\overline{\boldsymbol{Y}}$ 是问题(2.4)的最优解。

定理 4(强对偶定理)　如果原问题有最优解，那么对偶问题也有最优解；设前者的最优基为 $\boldsymbol{B}$，则对偶最优解为 $\boldsymbol{Y}^* = \boldsymbol{C}_B\boldsymbol{B}^{-1}$，且两者最优值相等。

证　设原问题和对偶问题分别为式(2.5)和式(2.6)，设 $\boldsymbol{X}^*$ 为原问题(2.5)的最优解，$\boldsymbol{B}$ 为与其对应的最优基，由单纯形法的检验数计算公式可知，非基变量的检验数

$$\boldsymbol{\sigma}_N = \boldsymbol{C}_N - \boldsymbol{C}_B\boldsymbol{B}^{-1}\boldsymbol{N} \leqslant 0$$

又基变量的检验数为零，所以有：

$$\sigma = \boldsymbol{C} - \boldsymbol{C}_B\boldsymbol{B}^{-1}\boldsymbol{A} \leqslant 0$$

即

$$\boldsymbol{C}_B\boldsymbol{B}^{-1}\boldsymbol{A} \geqslant \boldsymbol{C}$$

令
$$Y^* = C_B B^{-1}$$
则有
$$Y^* A \geqslant C$$
即 Y^* 是对偶问题(2.6)的可行解，且有 $W = Y^* b = C_B B^{-1} b$。

又 X^* 为原问题(2.5)的最优解，所以有：
$$Z^* = CX^* = C_B X_B^* = C_B B^{-1} b = Y^* b$$
所以 $CX^* = Y^* b$，且 $Y^* = C_B B^{-1}$。

从上面的证明过程可以看出：

①若问题(2.6)有最优解，则问题(2.5)也有最优解。

②对偶规划的最优解 $Y^* = C_B B^{-1}$ 可以在求解原规划问题(2.5)的单纯形表中的检验数中得到。因为求解原问题时，要先把其化成标准型，添加的松弛变量 $X_S = (x_{n+1}, x_{n+2}, \cdots, x_{n+m})$ 为初始基变量，因此，问题(2.5)的约束条件变为：
$$\max Z = (C, C_S)\begin{pmatrix} X \\ X_S \end{pmatrix}$$
其中，$C_S = (\underbrace{0, 0, \cdots, 0}_{m个})$
$$\begin{cases} (A, I)\begin{pmatrix} X \\ X_S \end{pmatrix} = b \\ X, X_S \geqslant 0 \end{cases}$$
其在最优单纯形表中的检验数为：
$$\begin{aligned} \sigma &= (C, C_S) - C_B B^{-1}(A, I) = C - C_B B^{-1} A - C_B B^{-1} = C - C_B B^{-1} A - Y^* \\ &= (\sigma_1, \sigma_2, \cdots, \sigma_n, -y_1^*, -y_2^*, \cdots, -y_m^*) \end{aligned}$$
即 σ 的后面 m 分量(松弛变量对应的检验数)的负值为对偶规划的最优解。

例 2.5 考虑线性规划问题
$$\max Z = 1\,500x_1 + 2\,500x_2$$
$$\begin{cases} 3x_1 + 2x_2 \leqslant 65 \\ 2x_1 + x_2 \leqslant 40 \\ 3x_2 \leqslant 75 \\ x_1, x_2 \geqslant 0 \end{cases}$$
解：其对偶问题为
$$\min w = 65y_1 + 40y_2 + 75y_3$$
$$\begin{cases} 3y_1 + 2y_2 \geqslant 1\,500 \\ 2y_1 + y_2 + 3y_3 \geqslant 2\,500 \\ y_1, y_2, y_3 \geqslant 0 \end{cases}$$
由第一章例 1.13 的单纯形表 1.10 的最终表中，可查得，$\sigma_3 = -500$，$\sigma_4 = 0$，$\sigma_5 = -500$。利用定理 4 可知，松弛变量的检验数是 $\sigma_S = -C_B B^{-1}$，因此可得对偶问题的最优解为：
$$Y^* = C_B B^{-1} = (500, 0, 500)$$
即原问题最优表中松弛变量检验数的相反数即为对偶最优解。

定理5(互补松弛定理)　设$\overline{X}$与$\overline{Y}$分别是问题(2.3)与问题(2.4)的可行解，那么它们都是最优解的充要条件是

$$\left(b_i - \sum_{j=1}^{n} a_{ij}\overline{x_j}\right)\overline{y_i} = 0,\ i = 1,\ 2,\ \cdots,\ m \tag{2.11}$$

且

$$\left(\sum_{i=1}^{m} a_{ij}\overline{y_i} - c_j\right)\overline{x_j} = 0,\ j = 1,\ 2,\ \cdots,\ n \tag{2.12}$$

对本定理我们不做证明，只对式(2.11)和式(2.12)的意义作一下说明：

①若对偶问题最优解$\boldsymbol{Y}^*$中第i个变量y_j^*为正，由式(2.11)可知，其原问题与其对应的第i个约束在最优情况下必呈严格等式(即对偶问题的剩余变量取零值，此时，也称约束为紧约束)。

②如果原问题中第i个约束在最优情况下呈严格不等式(此时称为松约束)，由式(2.11)可知，对偶问题最优解$\boldsymbol{Y}^*$中第i个变量y_j^*必为零。

③若原问题最优解$\boldsymbol{X}^*$中第j个变量x_j^*为正，由式(2.12)可知，其对偶问题与其对应的第j个约束在最优情况下必呈严格等式(即紧约束，其松弛变量取零值)。

④如果对偶问题中第j个约束在最优情况下呈严格不等式(松约束)，由式(2.12)可知，原问题最优解$\boldsymbol{X}^*$中第j个变量x_j^*必为零。

因此式(2.11)与式(2.12)也可以写为：

$$\overline{x_{si}}\cdot\overline{y_i} = 0 \qquad i = 1,\ 2,\ \cdots,\ m \tag{2.13}$$

$$\overline{y_{sj}}\cdot\overline{x_j} = 0 \qquad j = 1,\ 2,\ \cdots,\ n \tag{2.14}$$

例2.6　已知线性规划

$$\max Z = x_1 + 2x_2 + 3x_3 + 4x_4$$

$$\begin{cases} x_1 + 2x_2 + 2x_3 + 3x_4 \leqslant 20 & (2.15\text{a}) \\ 2x_1 + x_2 + 3x_3 + 2x_4 \leqslant 20 & (2.15\text{b}) \\ x_1 - x_2 + x_3 - x_4 \leqslant 1 & (2.15\text{c}) \\ x_1,\ x_2,\ x_3,\ x_4 \geqslant 0 \end{cases}$$

的最优解为$\boldsymbol{X}^* = (0,\ 0,\ 4,\ 4)^{\mathrm{T}}$。试利用互补松弛定理求对偶问题最优解。

解：对偶问题为：

$$\min w = 20y_1 + 20y_2 + y_3$$

$$\begin{cases} y_1 + 2y_2 + y_3 \geqslant 1 & (2.16\text{a}) \\ 2y_1 + y_2 - y_3 \geqslant 2 & (2.16\text{b}) \\ 2y_1 + 3y_2 + y_3 \geqslant 3 & (2.16\text{c}) \\ 3y_1 + 2y_2 - y_3 \geqslant 4 & (2.16\text{d}) \\ y_1,\ y_2,\ y_3 \geqslant 0 \end{cases}$$

由于$x_3^* = x_4^* = 4 > 0$，由式(2.11)可知，式(2.16c)与式(2.16d)为严格等式，即对$\boldsymbol{Y}^*$成立等式：

$$\begin{cases} 2y_1^* + 3y_2^* + y_3^* = 3 \\ 3y_1^* + 2y_2^* - y_3^* = 4 \end{cases}$$

把 X^* 代入原问题三个约束中，可知式(2.15c)呈严格不等式，由式(2.12)可知 $y_3^*=0$，然后解方程组：

$$\begin{cases}2y_1^* + 3y_2^* = 3 \\ 3y_1^* + 2y_2^* = 4\end{cases} \text{得到} \begin{cases}y_1^* = \dfrac{6}{5} \\ y_2^* = \dfrac{1}{5}\end{cases}$$

故对偶最优解为：$\boldsymbol{Y}^*=(6/5,\ 1/5,\ 0)$，$Z^*=w^*=28$。

定理 6(互补松弛性定理) 若 $\overline{\boldsymbol{X}}$ 为：

$$\max Z = \boldsymbol{CX}$$
$$\begin{cases}\boldsymbol{AX} = \boldsymbol{b} \\ \boldsymbol{X} \geqslant 0\end{cases}$$

的可行解，$\overline{\boldsymbol{Y}}$ 为其对偶问题

$$\min w = \boldsymbol{Yb}$$
$$\begin{cases}\boldsymbol{YA} \geqslant \boldsymbol{C} \\ \boldsymbol{Y}\ \text{无符号约束}\end{cases}$$

的可行解，则 $\boldsymbol{X}^*$ 和 $\boldsymbol{Y}^*$ 都是最优解的充分必要条件是，对所有的 j，下列关系式成立：

①如果 $x_j^* > 0$，则必有 $\boldsymbol{Y}^*\boldsymbol{P}_j = c_j$；

②如果 $\boldsymbol{Y}^*\boldsymbol{P}_j > c_j$，则必有 $x_j^* = 0$。

本定理不做证明，下面举一个例子说明对偶理论对于非对称形式的对偶问题的应用。

例 2.7 考虑线性规划

$$\max Z = 3x_1 - x_2 - x_3$$
$$\begin{cases}x_1 - 2x_2 + x_3 \leqslant 11 \\ -4x_1 + x_2 + 2x_3 \geqslant 3 \\ -2x_1 + x_3 = 1 \\ x_1,\ x_2,\ x_3 \geqslant 0\end{cases}$$

①已知它的最优解为 $\boldsymbol{X}^* = (4,\ 1,\ 9)^{\mathrm{T}}$，求对偶问题最优解；

②若已知它的最优表(见表 2.3)，求对偶最优解。

解： ①对偶问题为：

$$\min w = 11y_1 + 3y_2 + y_3$$
$$\begin{cases}y_1 - 4y_2 - 2y_3 \geqslant 3 \\ -2y_1 + y_2 \geqslant -1 \\ y_1 + 2y_2 + y_3 \geqslant -1 \\ y_1 \geqslant 0,\ y_2 \leqslant 0,\ y_3\ \text{无约束}\end{cases}$$

由于 $x_1^*>0$，$x_2^*>0$，$x_3^*>0$，故上面三个技术约束应该是等式约束：

$$\begin{cases}y_1^* - 4y_2^* - 2y_3^* = 3 \\ -2y_1^* + y_2^* = -1 \\ y_1^* + 2y_2^* + y_3^* = -1\end{cases}$$

从中解得：

$$
\begin{cases}
y_1^* = \dfrac{1}{3} \\
y_2^* = -\dfrac{1}{3} \\
y_3^* = -\dfrac{2}{3}
\end{cases}
$$

易知 $Z^* = w^* = 2$。

表 2.3

C			3	−1	−1	0	0	−M	−M
$\boldsymbol{C_B}$	$\boldsymbol{X_B}$	$\boldsymbol{b}$	x_1	x_2	x_3	x_4	x_5	x_6	x_7
0	x_4	11	1	−2	1	1	0	0	0
−M	x_6	3	−4	1	2	0	−1	1	0
−M	x_7	1	−2	0	1	0	0	0	1
σ_j			3−6M	−1+M	−1+3M	0	−M	0	0
3	x_1	4	1	0	0	1/3	−2/3	2/3	−5/3
−1	x_2	1	0	1	0	0	−1	1	−2
−1	x_3	9	0	0	1	2/3	−4/3	4/3	−7/3
σ_j			0	0	0	−1/3	−1/3	−M+1/3	−M+2/3

从表 2.3 中可以看出，原问题的初始基为：

$$\boldsymbol{I} = (\boldsymbol{P}_4,\ \boldsymbol{P}_6,\ \boldsymbol{P}_7);$$

最优基为：

$$\boldsymbol{B} = (\boldsymbol{P}_1,\ \boldsymbol{P}_2,\ \boldsymbol{P}_3)。$$

由检验数的计算公式可知，x_4，x_6，x_7 在最优表的检验数为：

$$(\sigma_4,\ \sigma_6,\ \sigma_7) = (0,\ -M,\ -M) - \boldsymbol{C_B B^{-1} I} = (0,\ -M,\ -M) - \boldsymbol{C_B B^{-1}}$$

又从表 2.3 的最终表查出：

$$(\sigma_4,\ \sigma_6,\ \sigma_7) = \left(-\frac{1}{3},\ -M+\frac{1}{3},\ -M+\frac{2}{3}\right);$$

从而 $\boldsymbol{Y}^* = \boldsymbol{C_B B^{-1}} = (0,\ -M,\ -M) - (\sigma_4,\ \sigma_6,\ \sigma_7)$

$$= (0,\ -M,\ -M) - \left(-\frac{1}{3},\ -M+\frac{1}{3},\ -M+\frac{2}{3}\right)$$

$$= \left(\frac{1}{3},\ -\frac{1}{3},\ -\frac{2}{3}\right)$$

2.3 影子价格

2.3.1 影子价格及其经济意义

在单纯形法的每一步迭代中，目标函数值 $Z = \boldsymbol{C_B B^{-1} b}$ 和检验数 $\boldsymbol{C_N} - \boldsymbol{C_B B^{-1} N}$ 中都含有

乘子 $\boldsymbol{Y}=\boldsymbol{C_B B}^{-1}$，$\boldsymbol{Y}$ 的经济意义是什么呢？

设 $\boldsymbol{B}$ 是原问题 $\{\max Z=\boldsymbol{CX} \mid \boldsymbol{AX}\leqslant \boldsymbol{b},\ \boldsymbol{X}\geqslant 0\}$ 的最优基，则最优值 $Z^* = \boldsymbol{C_B B}^{-1}\boldsymbol{b} = \boldsymbol{Y}^*\boldsymbol{b}$，由此，$\dfrac{\partial Z}{\partial \boldsymbol{b}}=\boldsymbol{C_B B}^{-1}=\boldsymbol{Y}^*$，或者 $Z^*=\boldsymbol{Y}^*\boldsymbol{b}=y_1^* b_1+y_2^* b_2+\cdots+y_m^* b_m$，则 $\dfrac{\partial Z}{\partial b_i}=y_i{}^*$。

这说明原规划最终表中的乘数 $\boldsymbol{C_B B}^{-1}$，一方面是对偶问题的最优解，另一方面还表示原规划中各资源分别增加一个单位时目标函数最优值的变化量。

从上节的对偶定理可以知道，当原问题和对偶问题都达到最优时，则原问题和对偶问题的目标函数值相等。即：

$$Z=\boldsymbol{CX}^*=\boldsymbol{Y}^*\boldsymbol{b}=y_1^* b_1+y_2^* b_2+\cdots+y_m^* b_m \tag{2.17}$$

其中，$\boldsymbol{X}^*$，$\boldsymbol{Y}^*$ 分别是原问题和对偶问题的最优解，且 $\boldsymbol{Y}^*=(y_1^*,\ y_2^*,\ \cdots,\ y_m^*)$。从式(2.17)可以看出，当原问题和对偶问题都达到最优时，原问题的目标函数 Z 可以看成是右端常数项 $\boldsymbol{b}$ 的函数。等式(2.17)两边对 b_i 求偏导数，得：

$$\frac{\partial Z}{\partial b_1}=y_1^*,\ \frac{\partial Z}{\partial b_2}=y_2^*,\ \cdots,\ \frac{\partial Z}{\partial b_m}=y_m^*$$

由偏导数的几何意义我们知道上面式子的含义为：当原问题取得最优值时，某约束条件右端常数项改变一个单位，目标函数最大值的改变量，等于该约束条件相对应的对偶变量的最优值。因此，最优对偶变量 y_i^* 的值，就相当于对单位第 i 种资源在实现最大利润时的一种价值估计，这种估计是针对具体企业的具体产品在一定时期内存在的一种特殊价格。通常称为影子价格。

定义：当约束条件中的常数项(即某种资源的数量)增加一个单位时，最优目标函数值增加的数量称为影子价格。

影子价格是对偶解十分形象的名称，它既表明对偶解是对资源的一种客观估价，又表明它是虚拟而不是真实的价格。影子价格给出了劳动产品、自然资源、劳动力等的最优使用效果，反映了经济组织对资源的利用效率。资源的高利用率是高质量资源配置及高质量生产过程的一种表现。

如果把线性规划约束看成广义资源约束，右边项代表资源的可用量，影子价格经济含义是资源对经济目标的边际贡献。

影子价格有以下特点：

①系统资源的最优估价。影子价格是综合考虑系统内所有因素和相互之间影响之后对资源在系统内的真实价值的估价。只有系统达到最优状态时才可能赋予该资源这种价值。因此，也有人称之为最优计划价格。

②影子价格是一种边际值。它与经济学中边际成本的概念相同，在管理中有十分重要的应有价值，管理者可以根据资源在本企业内影子价格的大小决定企业的经营策略。

③反映资源在系统内的稀缺程度。如果资源在系统内供大于求，其影子价格为零。增加该资源的供应不会给系统目标带来任何变化。如果是稀缺资源，其影子价格大于零。价格越高，资源的稀缺程度越高。

2.3.2 影子价格的应用

影子价格反映了企业对资源利用水平的高低，它取决于企业的工艺特点和管理水平，与资源的市场价格是两个不同的概念。企业在运营状态和进行经济效益分析时，影子价格是很有用的工具。影子价格越高，说明资源利用水平越高，在生产中贡献越大。影子价格低，表明资源利用程度低，而这往往是消耗系数过高造成的，应当设法强化管理和技术创新，降低消耗，使影子价格升上去。当企业打算补充资源以扩大再生产时，应该首先补充影子价格明显高于市场价格的资源，两者差额越大，补充的效果越好。

下面举例进一步说明影子价格。

例 2.8 某工厂生产 A，B 两种产品，消耗三种资源。两种单位产品消耗三种资源的数量以及单位产品的产值如表 2.4 所示。问：企业如何组织生产使产值最大？

表 2.4

项目	产品 A	产品 B	资源限量
资源 1	1	3	90
资源 2	2	1	80
资源 3	1	1	45
产值	5	4	

解：对上述问题建立如下线性规划模型，其中，x_1 为产品 A 的产量，x_2 为产品 B 的产量。加入松弛变量 x_3，x_4，x_5，把问题化为标准型：

$$\max Z = 5x_1 + 4x_2$$

$$\begin{cases} x_1 + 3x_2 + x_3 = 90 \\ 2x_1 + x_2 + x_4 = 80 \\ x_1 + x_2 + x = 45 \\ x_1,\ x_2,\ x_3,\ x_4,\ x_5 \geqslant 0 \end{cases}$$

对这个线性规划用单纯形法求解，得到的初始表和最优表如表 2.5 所示。

表 2.5

	C		5	4	0	0	0	
C_B	X_B	b	x_1	x_2	x_3	x_4	x_5	
0	x_3	90	1	3	1	0	0	
0	x_4	80	2	1	0	1	0	初始表
0	x_5	45	1	1	0	0	1	
σ_j			5	4	0	0	0	$Z=0$
0	x_3	25	0	0	1	2	−5	
5	x_1	35	1	0	0	1	−1	最优表
4	x_2	10	0	1	0	−1	2	
σ_j			0	0	0	−1	−3	$Z=215$

最优解：$X^* = (35,\ 10)^{\mathrm{T}}$，$Z^* = 215$。说明最优生产方案为第一种产品生产 35 件，第二种产品生产 10 件，总产值可以达到 215。

从前面的分析中知道，松弛变量 x_3，x_4，x_5 的检验数对应着对偶问题的最优解，而这些数值就是这三种资源的影子价格：

资源 1 的影子价格 $y_1 = -\sigma_3 = 0$

资源 2 的影子价格 $y_2 = -\sigma_4 = 1$

资源 3 的影子价格 $y_3 = -\sigma_5 = 3$

即三种资源的影子价格分别为 0、1 和 3。

资源 1 的影子价格为 0，说明增加资源 1 不会增加总的产值。为了更好地理解这一点，把上述初始单纯形表中的资源 1 数量由 90 改为 91，这样最优表将如表 2.6 所示。

表 2.6

C			5	4	0	0	0	
C_B	X_B	b	x_1	x_2	x_3	x_4	x_5	
0	x_3	91	1	3	1	0	0	初始表
0	x_4	80	2	1	0	1	0	
0	x_5	45	1	1	0	0	1	
σ_j			5	4	0	0	0	$Z=0$
0	x_3	26	0	0	1	2	-5	最优表
5	x_1	35	1	0	0	1	-1	
4	x_2	10	0	1	0	-1	2	
σ_j			0	0	0	-1	-3	$Z=215$

这说明资源 1 的增加不改变最优生产方案，也不增加总的产值。如果资源 2 增加一个单位，从 80 改为 81，最优单纯形表如表 2.7 所示。

表 2.7

C			5	4	0	0	0	
C_B	X_B	b	x_1	x_2	x_3	x_4	x_5	
0	x_3	91	1	3	1	0	0	初始表
0	x_4	81	2	1	0	1	0	
0	x_5	45	1	1	0	0	1	
σ_j			5	4	0	0	0	$Z=0$
0	x_3	27.5	0	0	1	2	-5	最优表
5	x_1	36	1	0	0	1	-1	
4	x_2	9	0	1	0	-1	2	
σ_j			0	0	0	-1	-3	$Z=216$

这说明增加一个单位的资源 2 以后，最佳生产方案为生产第一种产品 36 件，生产第二种产品 9 件，总产值由原来的 215 增加到 216，总产值增加量为 1。通过影子价格理论，可以很容易地进行上述计算。

同理，如果资源 1 和 2 的数量没有变化，资源 3 增加一个单位，从资源 3 的影子价格 $y_3 = -\sigma_5 = 3$ 可知，总产值的增加量将为 3。需要注意的是，产品的品种没有改变，但是每种产品的生产数量却改变了。容易验证，如果资源 3 增加一个单位，新的规划将是第一种产品生产 34 件，第二种产品生产 12 件，总产值 218。

影子价格说明了不同资源对总的经济效益产生的影响。因此，影子价格可以为企业的经营管理提供一些有用的信息。

在将线性规划应用到经济问题中时，对原始规划可以这样解释：变量可以理解为经济活动的水平，如产量，每个可行解就表示一组可行的生产水平。目标函数可以理解为经济收益，系数 $\boldsymbol{C}$ 表示每种产品的售价，右端常数项 $\boldsymbol{b}$ 可理解为使用资源的上限，而矩阵 $\boldsymbol{A}$ 中的系数可理解为不同产品对各种资源的单位消耗，对这个线性规划求最优解就是在有限资源条件下谋求最高收益。此时相应的对偶规划中的最优解就是影子价格。由于影子价格是指资源增加时对最优收益的影响，因此又被称作资源的边际产出或资源的机会成本，它表示资源在最优产品组合时，能具有的“潜在价值”或“贡献”。

一般来说，影子价格在经营管理中可以提供以下几个方面的信息，以例 2. 8 中的数字说明。

①影子价格可以告诉我们增加哪一种资源对增加经济效益最有利。如本例中三种资源的影子价格分别为 0，1 和 3，说明应优先考虑增加第三种资源，因为相比之下它能使收益增加最多。

②影子价格可以告诉我们，用多大的代价增加资源才是合适的。如第三种资源每增加一个单位能使收益增加 3，如果增加这种资源的代价大于 3 就不值得了。

③还可以应用影子价格进行新产品定价。如果企业要生产的新产品每单位消耗的这三种资源的数量分别为 1，2 和 3，则新产品的定价一定要大于 $(0 \quad 1 \quad 3)\begin{pmatrix}1\\2\\3\end{pmatrix}=11$，才能增加企业收益，否则生产就是不划算的。

④应用影子价格，还可以知道当产品价格变动时，哪些资源最可贵，哪些资源无关紧要。在本例中，如果产品产值不是(5，4)，而是(5，5)，则从单纯形表格中可以算出影子价格将从(0，1，3)变为 $(0 \quad 5 \quad 5)\begin{pmatrix}1 & 2 & -5\\0 & 1 & -1\\0 & -1 & 2\end{pmatrix}=(0 \quad 0 \quad 5)$，说明如果第二种产品提高价格的话，资源 3 将变得更加“宝贵”。

以上的分析是有前提的，即最优解的最优基是没有变化的，具体的分析还要结合灵敏度分析来进行。

此外，影子价格虽然被定名为一种价格，但是还应对其有更广义的理解。影子价格是针对约束条件而言的，并不是所有的约束条件都代表了资源的约束。假如在上述规划中加入一个产量约束：两种产品的产量不超过市场需求量。此约束条件同样有影子价格。如果这个影子价格比三种资源的影子价格都高的话，则我们从中得到的信息可以理解为：扩大销售量将比增加资源带来更大收益。

2.4 对偶单纯形法

2.4.1 对偶单纯形法的基本思路

对偶单纯形法是利用对偶理论，结合单纯形法得到的解线性规划的另一种方法。而不是求解原问题的对偶问题。为了说明这种方法，首先考察下面的线性规划：

$$\max Z = 2x_1 + x_2$$
$$\begin{cases} 5x_2 \leqslant 15 \\ 6x_1 + 2x_2 \leqslant 24 \\ x_1 + x_2 \leqslant 5 \\ x_1,\ x_2 \geqslant 0 \end{cases} \tag{2.18}$$

对偶单纯形法如表2.8所示，从中可以揭示对偶问题之间更丰富的相互联系。

表2.8

c_j			2	1	0	0	0	θ
$\boldsymbol{C_B}$	$\boldsymbol{X_B}$	$\boldsymbol{b}$	x_1	x_2	x_3	x_4	x_5	
0	x_3	15	0	5	1	0	0	—
0	x_4	24	[6]	2	0	1	0	4
0	x_5	5	1	1	0	0	1	5
σ_j		0	2	1	0	0	0	
0	x_3	15	0	5	1	0	0	3
2	x_1	4	1	1/3	0	1/6	0	12
0	x_5	1	0	[2/3]	0	−1/6	1	3/2
σ_j		8	0	1/3	0	−1/3	0	
0	x_3	15/2	0	0	1	5/4	−15/2	
2	x_1	7/2	1	0	0	1/4	−1/2	
1	x_2	3/2	0	1	0	−1/4	3/2	
σ_j		8.5	0	0	0	−1/4	−1/2	

表2.8中x_3，x_4，x_5为松弛变量。

线性规划(2.18)的对偶问题是：

$$\min w = 15y_1 + 24y_2 + 5y_3$$
$$\begin{cases} 6y_2 + y_3 \geqslant 2 \\ 5y_1 + 2y_2 + y_3 \geqslant 1 \\ y_1,\ y_2,\ y_3 \geqslant 0 \end{cases} \tag{2.19}$$

引入松弛变量，变换为：

$$\min w = 15y_1 + 24y_2 + 5y_3$$

$$\begin{cases} 6y_2 + y_3 - y_4 = 2 \\ 5y_1 + 2y_2 + y_3 - y_5 = 1 \\ y_1,\ y_2,\ y_3,\ y_4,\ y_5 \geqslant 0 \end{cases} \tag{2.20}$$

我们已经知道，问题(2.19)的最优解 Y^* 可以直接从表2.8中得到，它们是松弛变量 x_3，x_4，x_5 的检验数的相反数。

$$y_1^* = -\sigma_3 = 0,\ y_2^* = -\sigma_4 = \frac{1}{4},\ y_3^* = -\sigma_5 = \frac{1}{2}$$

还可以直接验证松弛变量 y_4，y_5 的最优值，为：

$$y_4^* = -\sigma_1 = 0,\ y_5^* = -\sigma_2 = 0$$

因此，原问题最优表检验数行的相反数对应于对偶最优解，其中对偶决策变量的值与原问题松弛变量检验数对应，对偶松弛变量的值与原问题决策变量检验数对应。不仅如此，原问题每张单纯形表检验数的相反数，都按上述顺序对应于对偶问题的一个基本解。

从表2.8的第一表中，得到原问题的基可行解：

$$\boldsymbol{X}_1 = (0,\ 0,\ 15,\ 24,\ 5)^{\mathrm{T}},\ Z_1 = 0;$$

从检验数行得到：

$$\boldsymbol{Y}_1 = (0,\ 0,\ 0,\ -2,\ -1),\ w_1 = 0,$$

容易验证 $\boldsymbol{Y}_1$ 是式(2.20)的基本解，但不可行。

从表2.8的第二表中，得到原问题的基可行解：

$$\boldsymbol{X}_2 = (4,\ 0,\ 15,\ 0,\ 1)^{\mathrm{T}},\ Z_2 = 8;$$

从检验数行得到式(2.20)的基本解：$Y_2 = (0,\ 1/3,\ 0,\ 0,\ -1/3)$，$w_2 = 8$。

利用上述对应关系，可以从另一个角度来认识单纯形法的迭代过程。它在保持原问题有基可行解的前提下，经过迭代，使对偶基本解的负分量的个数逐渐减少，当后者成为可行解(即所有 $\sigma_j \leqslant 0$)时，两者同时达到最优解。由于对偶关系是相互的，所以也可以反过来实施这一过程，即保持对偶问题有基可行解，而原问题只是基本解，通过迭代，使后者负分量个数减少，一旦成为基可行解，则原问题与对偶问题同时实现最优解。这就是对偶单纯形法的基本思路。

2.4.2　对偶单纯形法的计算步骤

对于线性规划的标准形式(模型中右端常数项 $\boldsymbol{b}$ 的分量可以小于零)：

$$\max Z = \boldsymbol{CX}$$

$$\begin{cases} \boldsymbol{AX} = \boldsymbol{b} \\ \boldsymbol{X} \geqslant 0 \end{cases}$$

①建立初始对偶单纯形表，此表对应原规划的一个基本解(基变量的取值可以小于零)，且使得所有检验数 $\sigma_j \leqslant 0$(保证对偶规划的解可行)。

②检查表中 $\boldsymbol{b}$ 列元素，如果所有 $\boldsymbol{b} \geqslant 0$，则已得到最优解，迭代结束。若基本解中有小于零的分量 $\boldsymbol{b}_i < 0$，且 $\boldsymbol{b}_i$ 所在行的各个系数 $a_{ij} \geqslant 0$，则原线性规划无可行解，迭代结束；若 $\boldsymbol{b}_i < 0$，且存在 $a_{ij} < 0$，则转入下一步。

③确定换出变量：设 $\min_i\{\boldsymbol{b}_i \mid \boldsymbol{b}_i < 0\} = \boldsymbol{b}_l$，则第 l 个方程中原基变量为换出变量，第 l

行为主元行。

④确定换入变量：设 $\min\limits_{j}\left\{\dfrac{\sigma_j}{a_{lj}} \mid a_{lj} < 0\right\} = \dfrac{\sigma_k}{a_{lk}}$，则 x_k 为换入变量，第 k 列为主元列。

⑤以 a_{lk} 为主元作换基迭代运算，方法与单纯形法完全相同，得到新的对偶单纯形表（见表 2.9），返回步骤②。

表 2.9

项目	单纯形法	对偶单纯形法
初始解	原问题可行：$\boldsymbol{AX} \leqslant \boldsymbol{b}$，$\boldsymbol{X} \geqslant 0$	对偶可行：$\boldsymbol{YA} \geqslant \boldsymbol{C}$，$\boldsymbol{Y} \geqslant 0$
最优检验	条件：$\sigma = \boldsymbol{C} - \boldsymbol{C_B B}^{-1}\boldsymbol{A} \leqslant 0$ 无界：存在 $\sigma_j > 0$，$\boldsymbol{B}^{-1}\boldsymbol{P}_j \leqslant 0$	条件：$\boldsymbol{X} = \boldsymbol{B}^{-1}\boldsymbol{b} \geqslant 0$ 无界：存在 $(\boldsymbol{B}^{-1}\boldsymbol{b})_i < 0$ 且 $a_i \geqslant 0$
确定入基变量 x_k	$\sigma_k = \max\{c_j - \boldsymbol{C_B B}^{-1}\boldsymbol{P}_j,\ \forall j \in J_N\}$	$\theta = \min\limits_{j}\left\{\dfrac{\sigma_j}{a_{rj}}\middle\vert a_{rj} < 0\right\} = \dfrac{\sigma_k}{a_{rk}}$
确定出基变量 x_r	$\theta = \min\limits_{i}\left\{\dfrac{\bar{b}_i}{\bar{a}_{ik}}\middle\vert \bar{a}_{ik} > 0\right\} = \dfrac{\bar{b}_r}{\bar{a}_{rk}}$	$(B^{-1}b)_r = \min\{(\boldsymbol{B}^{-1}\boldsymbol{b})_i,\ i \in J_B\}$

例 2.9 用对偶单纯形法解下列线性规划问题

$$\min w = 3x_1 + 2x_2$$

$$\begin{cases} 3x_1 + x_2 \geqslant 3 \\ 4x_1 + 3x_2 \geqslant 6 \\ x_1 + 3x_2 \geqslant 2 \\ x_1,\ x_2 \geqslant 0 \end{cases}$$

解：引入松弛变量 x_3，x_4，x_5 化为标准形，并在约束等式两侧同乘-1，得到：

$$\max Z = -3x_1 - 2x_2$$

$$\begin{cases} -3x_1 - x_2 + x_3 = -3 \\ -4x_1 - 3x_2 + x_4 = -6 \\ -x_1 - 3x_2 + x_5 = -2 \\ x_j \geqslant 0,\ j = 1,\ 2,\ \cdots,\ 5 \end{cases}$$

取 x_3，x_4，x_5 为基变量，建立对偶单纯形表，如表 2.10 所示。

表 2.10

$\boldsymbol{C}$			-3	-2	0	0	0
$\boldsymbol{C_B}$	$\boldsymbol{X_B}$	$\boldsymbol{b}$	x_1	x_2	x_3	x_4	x_5
0	x_3	-3	-3	-1	1	0	0
0	x_4	-6	-4	[-3]	0	1	0
0	x_5	-2	-1	-3	0	0	1
σ_j		0	-3	-2	0	0	0
θ			3/4	2/3			

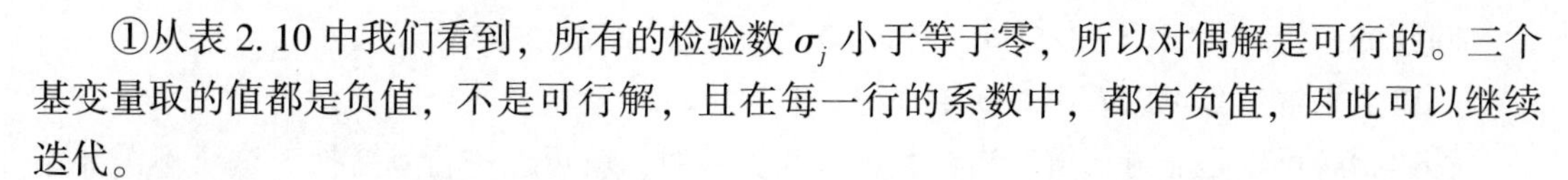

①从表 2.10 中我们看到，所有的检验数 σ_j 小于等于零，所以对偶解是可行的。三个基变量取的值都是负值，不是可行解，且在每一行的系数中，都有负值，因此可以继续迭代。

②在常数项列中取最小值 $\min\{-3, -6, -2\}=-6$，所以对应的 x_4 出基，x_4 对应的行为主元行。

③用基变量 x_4 所在行的负系数去除以对应的检验数，并取最小值：

$$\theta=\min\left\{\frac{-3}{-4}, \frac{-2}{-3}\right\}=\frac{2}{3}$$

最小值在 x_2 对应的列，因此 x_2 入基，x_2 对应的第二列为主元列。

④以 $a_{22}=-2$ 为主元，进行换基迭代，结果如表 2.11 所示。

表 2.11

C			−3	−2	0	0	0
C_B	X_B	***b***	x_1	x_2	x_3	x_4	x_5
0	x_3	−1	[−5/3]	0	1	−1/3	0
−2	x_2	2	4/3	1	0	−1/3	0
0	x_5	4	3	0	0	−1	1
σ_j	−4	−1/3	0	0	−2/3	0	
θ		1/5			2		

从表 2.11 可以看出，所有的检验数 σ_j 小于等于零，对偶解可行，常数项列中还有负数−1，且−1 所在行中有负系数，因此可以继续迭代。取 x_3 出基，x_3 所在的第一行为主元行。

用主元行中的负系数去除以检验数，并取最小值，得：

$$\theta=\min\left\{\frac{-1/3}{-5/3}, \frac{-2/3}{-1/3}\right\}=\frac{1}{5}$$

最小值在 x_1 对应的列，因此 x_1 入基，x_1 对应的第一列为主元列。

以 $a_{11}=-\dfrac{5}{3}$ 为主元，进行换基迭代，结果如表 2.12 所示。

表 2.12

C			−3	−2	0	0	0
C_B	X_B	***b***	x_1	x_2	x_3	x_4	x_5
−3	x_1	3/5	1	0	−3/5	1/5	0
−2	x_2	6/5	0	1	4/5	−3/5	0
0	x_5	11/5	0	0	9/5	−8/5	1
σ_j	−21/5	0	0	−1/5	−3/5	0	

所有的检验数 σ_j 都小于等于零，对偶解可行；常数项中的各个数都大于等于零，原问题可行，因此所求解为原问题的最优解。

问题的最优解：$\boldsymbol{X}^* = (3/5, 6/5, 0, 0, 11/5)$，$w^* = 21/5$

从以上求解过程可以看出对偶单纯形法有以下优点：

①初始解可以是非可行解，当检验数都为负数时，就可以进行基变换，这时不需要添加人工变量，因此可以简化计算。

②当线性规划的变量个数多于约束条件的个数时，使用对偶单纯形法求解可以减少计算工作量，即对于变量少但约束条件多的线性规划问题，可以先将其变换为对偶问题，然后用对偶单纯形法求解。

③在灵敏度分析及求解整数规划的割平面法中，有时需要用对偶单纯形法对问题进行简化处理。

对偶单纯形法的局限性主要是，对大多数线性规划问题，很难找到一个初始可行基，因而，此方法在求解线性规划问题时很少单独使用。

2.5 灵敏度分析

线性规划方法可以分成三个步骤：第一步，对实际问题进行分析，建立适当的线性规划模型；第二步，求解该线性规划模型；第三步，对求出的最优解进行进一步的分析。对管理者来说，在求出最优解后继续第三步工作是非常重要的，因为在前两步中，我们都是把线性规划的各个参数 A，C，b 当作已知常量处理。但实际上这些数据往往是根据统计测算或人为估计，或目前值，不可能完全准确。随着时间的推移、技术的更新、市场的变化，某些参数就会随之改变。例如，a_{ij} 与企业生产技术水平有关，设备的更新、技术水平的提高、工艺的改进，都会引起 a_{ij} 的变化，从而引起系数矩阵 $\boldsymbol{A}$ 的结构发生变化；b_i 与资源数量有关，不同时期，资源紧缺品种和数量也会随之改变；市场的变化、人们生活观念的改变及生活热点的切换，都会引起 c_j 的变化。当这些数据中的某一个或几个发生变化时，对已经作出的最优决策有什么影响？如果产生了影响，如何处理？这些是我们本节要讨论的问题，即我们所说的灵敏度分析。

线性规划的灵敏度分析的内容主要包括以下两点：

①在最优解(或最优基)不变的前提下，确定参数 b_i，c_j，a_{ij} 的变化范围；

②当参数 b_i，c_j，a_{ij} 中的一个或多个发生变化时，线性规划的最优解(或最优基)会发生什么样的变化？

利用新的数据资料，重新建立单纯形表，从头开始计算，虽然可以解决这些问题，但是这样做显然是不经济的。

灵敏度分析一般是在已得到的线性规划的最优解(最优基)的基础上进行的。假设一个线性规划已求出最优解，现在原始数据中的一个或几个发生变化，我们关心的就是这种变化是否破坏了最优性，如果最优性条件没有破坏，则最优基就会保持不变；如果最优性条件已经破坏，则最优基就会发生改变，这时就要继续迭代，直至求出新的最优解。

那么，当 b_i，c_j，a_{ij} 变化时，能引起单纯形表中的哪些数据发生变化呢？下面我们通过观察表 2.13 来发现其中的关系。

表 2.13

$\boldsymbol{C}$			$\boldsymbol{C_B}$	$\boldsymbol{C_N}$	0
$\boldsymbol{C_B}$	$\boldsymbol{X_B}$	$\boldsymbol{b}$	$\boldsymbol{X_B}$	$\boldsymbol{X_N}$	$\boldsymbol{X_S}$
$\boldsymbol{C_B}$	$\boldsymbol{X_B}$	$\boldsymbol{B^{-1}b}$	I	$\boldsymbol{B^{-1}N}$	$\boldsymbol{B^{-1}}$
σ		$Z=\boldsymbol{C_B B^{-1} b}$	0	$\boldsymbol{C_B - C_B B^{-1} N}$	$-\boldsymbol{C_B B^{-1}}$

从表 2.13 可以看出：

① b_i 的改变，只能引起 $\boldsymbol{B}^{-1}\boldsymbol{b}$ 变化。

② c_j 的改变只能引起检验数 $\sigma = (\boldsymbol{C_B} - \boldsymbol{C_B B^{-1} N}, \ -\boldsymbol{C_B B^{-1}})$ 的变化。

③ a_{ij} 的改变有两种情况，若 a_{ij} 属于 $\boldsymbol{N}$ 中某一非基向量中一个元素，则其改变只会引起检验数的改变；若 a_{ij} 属于 $\boldsymbol{B}$ 中某一基向量中的一个元素，则其改变会引起 $\boldsymbol{B}^{-1}$ 的改变，从而引起检验数 $(\boldsymbol{C_B} - \boldsymbol{C_B B^{-1} N}, \ -\boldsymbol{C_B B^{-1}})$ 和右端常数项的改变。

这些系数的改变可能会出现如表 2.14 中所列的情况，对这些情况我们将给出相应的处理方法。

表 2.14

原问题	对偶问题	结论或处理方法
可行解	可行解	最优基不变
可行解	非可行解	用单纯形法迭代继续求最优解
非可行解	可行解	用对偶单纯形法继续求最优解
非可行解	非可行解	引入人工变量，编制新的单纯形表，求最优解

2.5.1 目标函数中价值系数 c_j 的变化分析

当某个变量 x_j 的系数 c_j 改变时，由上述公式可知，最终表中只有检验数行发生变化。我们分两种情况讨论：

(1) c_j 是非基变量的价值系数。

设 c_j 变化量为 Δc_j，若希望 c_j 变化后最优基不变，检验数应满足以下条件：

$$\sigma_j' = (c_j + \Delta c_j) - \boldsymbol{C_B B^{-1} P_j} = c_j - \boldsymbol{C_B B^{-1} P_j} + \Delta c_j = \sigma_j + \Delta c_j \leqslant 0$$

得到：$\Delta c_j \leqslant -\sigma_j$。

由 $\Delta c_j \leqslant -\sigma_j$ 及最优条件 $\sigma_j \leqslant 0$ 可知，c_j 只在增加方向受限制，在下降方向不受限制：

c_j 增加时，变量对目标函数的贡献增加，增加足够大时，检验数会大于零，使该变量入基而引起最优基改变；

c_j 下降时，变量对目标函数的贡献下降，检验数的负值变得更小，最优基不会变化。

所以非基变量目标系数允许变化范围为：

$$-\infty < \Delta c_j \leqslant -\sigma_j, \ J \in J_N \tag{2.21}$$

满足以上条件，解和目标值不会改变。

(2) c_j 是基变量的系数。

基变量的系数 c_j 变化会引起 $\boldsymbol{C_B B^{-1}}$ 变化，从而引起所有检验数变化。若要使所有检验数满足最优条件，应有以下条件：

$$\sigma_k = c_k - (\boldsymbol{C_B} + \Delta\boldsymbol{C_B})\boldsymbol{B}^{-1}\boldsymbol{P}_k \leqslant 0,\ J \in J_N$$

假定 c_j 是当前基的第 j 个基变量的价值系数，即：$\Delta c_j = (\Delta\boldsymbol{C_B})_j$

$$\Delta\boldsymbol{C_B} = (0,\ \cdots,\ 0,\ (\Delta\boldsymbol{C_B})_j,\ 0,\ \cdots,\ 0) = (0,\ \cdots,\ 0,\ \Delta c_j,\ 0,\ \cdots,\ 0)$$

从而有：

$$\sigma'_k = c_k - (\boldsymbol{C_B} + \Delta\boldsymbol{C_B})\boldsymbol{B}^{-1}\boldsymbol{P}_k = c_k - \boldsymbol{C_B}\boldsymbol{B}^{-1}\boldsymbol{P}_k - (0,\ \cdots,\ 0,\ (\Delta\boldsymbol{C_B})_j,\ 0,\ \cdots,\ 0)\boldsymbol{B}^{-1}\boldsymbol{P}_k$$

$$= \sigma_k - \Delta c_j(\boldsymbol{B}^{-1}\boldsymbol{P}_k)_j \leqslant 0,\ J \in J_N$$

令 $\alpha_{rk} = (\boldsymbol{B}^{-1}\boldsymbol{P}_k)_r$，$\sigma'_k = \sigma_k - \Delta c_j\alpha_{rk} \leqslant 0,\ J \in J_N$

以下分两种情况讨论：

①如果 $\Delta c_j<0$，只有$\alpha_{rk}>0$ 上式才有可能不成立，因此有：

$$\Delta c_j \geqslant \max_k\left\{-\infty,\ \frac{\sigma_k}{\alpha_{rk}}\middle|\alpha_{rk} > 0\right\}$$

②如果 $\Delta c_j>0$，只有$\alpha_{rk}<0$ 上式才有可能不成立，因此有：

$$\Delta c_j \leqslant \min_k\left\{+\infty,\ \frac{\sigma_k}{\alpha_{rk}}\middle|\alpha_{rk} < 0\right\}$$

因此可得 Δc_j 的变化范围：

$$\max_k\left\{-\infty,\ \frac{\sigma_k}{\alpha_{rk}}\middle|\alpha_{rk} > 0\right\} \leqslant \Delta c_j \leqslant \min_k\left\{+\infty,\ \frac{\sigma_k}{\alpha_{rk}}\middle|\alpha_{rk} < 0\right\} \tag{2.22}$$

当 Δc_j 在上述变化范围内变化时：

目标函数值的改变量：$\Delta Z = \Delta c_j x_j$；对偶解的改变量：$\Delta y = \Delta\boldsymbol{C_B}\boldsymbol{B}^{-1}$，原问题的最优基和最优解不会改变。

当 Δc_j 的变化超出该范围时，必定有 $\sigma_k>0$，则问题的最优解将发生变化，此时对原最终表适当修改后，应用单纯形法继续计算得到问题的最优解。

例 2.10 某企业利用两种资源生产三种产品的最优计划问题归结为下列线性规划：

$$\max Z = 5x_1 + 4x_2 + 3x_3$$

$$\begin{cases} x_1 + x_2 + x_3 \leqslant 60 \\ 2x_1 + x_2 + 4x_3 \leqslant 80 \\ x_1,\ x_2,\ x_3 \geqslant 0 \end{cases} \tag{2.23}$$

已知最优表如表 2.15 所示。

表 2.15

c_j			5	4	3	0	0
$\boldsymbol{C_B}$	$\boldsymbol{X_B}$	$\boldsymbol{b}$	x_1	x_2	x_3	x_4	x_5
4	x_2	40	0	1	−2	2	−1
5	x_1	20	1	0	3	−1	1
σ_j		260	0	0	−4	−3	−1

最优计划是两种产品分别生产 40 单位与 20 单位，最大产值 $Z^* = 260$ 单位。

①确定 x_2 的价值系数 c_2 的变化范围，使原最优解保持最优。

②c_3 在什么范围内变化，最优解不变？

③若 c_3 从 3 变为 9，求新的最优计划。

解：①因为 x_2 为基变量，由式(2.22)得到 c_2 的变换范围：

$$\max\left\{-\infty, \frac{-3}{2}\right\} \leqslant \Delta c_2 \leqslant \min\left\{\frac{-4}{-2}, \frac{-1}{-1}, +\infty\right\} \Rightarrow -\frac{3}{2} \leqslant \Delta c_2 \leqslant 1$$

因此当 x_2 的价值系数在 $4-1.5 \leqslant c_2+\Delta c_2 \leqslant 4+1$，即在区间[2.5，5]变化时，最优解不变。

②因为 c_3 是非基变量 x_3 的价值系数，由式(2.21)得到 Δc_3+c_3 的变换范围：

$$\Delta c_3 \leqslant -\sigma_3 = -(-4) = 4$$

即当 c_3 在 $c_3+\Delta c_3 \leqslant 3+4=7$ 时，最优解不变。

③当 c_3 从 3 变为 9 时，原最优解失去最优性，在表 2.16 中作适当变动后(修改 c_3 的值，重新计算检验数)，用单纯形法容易求得新的最优表。

表 2.16

c_j			5	4	9	0	0
C_B	X_B	b	x_1	x_2	x_3	x_4	x_5
4	x_2	40	0	1	−2	2	−1
5	x_1	20	1	0	[3]	−1	1
σ_j		260	0	0	2	−3	−1
4	x_2	160/3	2/3	1	0	4/3	−1/3
9	x_3	20/3	1/3	0	1	−1/3	1/3
σ_j		820/3	−2/3	0	0	−7/3	−5/3

故新的最优解为 $\boldsymbol{X}^*=(0, 160/3, 20/3, 0, 0)^{\mathrm{T}}$，最优值 $Z^*=820/3$，即随着第三种产品价格的上升，总产值上升。

2.5.2　右端常数 b_i 的变化分析

由前面的讨论我们知道，常数项 $\boldsymbol{b}$ 的改变，只会引起单纯形表中最优解取值 $\boldsymbol{B}^{-1}\boldsymbol{b}$ 和最优值 $\boldsymbol{C_B B}^{-1}\boldsymbol{b}$ 的改变。而一旦 $\boldsymbol{B}^{-1}\boldsymbol{b}$ 中出现负分量，则解的最优性将会受到破坏。

假定右边项只有一项变化：$\Delta \boldsymbol{b}=(0, \cdots, 0, \Delta \boldsymbol{b}_k, 0, \cdots, 0)^{\mathrm{T}}$

设 $\boldsymbol{b}'=\boldsymbol{b}+\Delta \boldsymbol{b}$，则：

$$\boldsymbol{X_B}=\boldsymbol{B}^{-1}(\boldsymbol{b}+\Delta \boldsymbol{b})=\boldsymbol{B}^{-1}\boldsymbol{b}+\boldsymbol{B}^{-1}\Delta \boldsymbol{b}$$

设

$$\boldsymbol{B}^{-1}=\begin{bmatrix} \beta_{11} & \cdots & \beta_{1m} \\ \cdots & \cdots & \cdots \\ \beta_{m1} & \cdots & \beta_{mm} \end{bmatrix}, \boldsymbol{B}^{-1}\boldsymbol{b}=\begin{bmatrix} \bar{b}_1 \\ \vdots \\ \bar{b}_m \end{bmatrix}$$

则有：

$$\boldsymbol{X_B}=\boldsymbol{B}^{-1}\boldsymbol{b}+\boldsymbol{B}^{-1}\Delta \boldsymbol{b}=\begin{bmatrix} \bar{b}_1 \\ \vdots \\ \bar{b}_m \end{bmatrix}+\begin{bmatrix} \beta_{1k}\Delta b_k \\ \vdots \\ \beta_{mk}\Delta b_k \end{bmatrix}$$

为使最优基不变，必须有 $\bar{b}_i + \beta_{ik}\Delta b_k \geqslant 0$，$i = 1, 2, \cdots, m$

解此不等式组，当 $\beta_{ik} > 0$ 时有： $\Delta b_k \geqslant -\dfrac{\bar{b}_i}{\beta_{ik}}$

当 $\beta_{ik} < 0$ 时有： $\Delta b_k \leqslant -\dfrac{\bar{b}_i}{\beta_{ik}}$

综合上面两种情况，我们得出了 b_k 的改变量 Δb_k 的变化范围：

$$\max\left\{-\infty, \frac{-\bar{b}_i}{\beta_{ik}}\middle|\beta_{ik} > 0\right\} \leqslant \Delta b_k \leqslant \min\left\{\frac{-\bar{b}_i}{\beta_{ik}}\middle|\beta_{ik} < 0, +\infty\right\} \tag{2.24}$$

当 Δb_k 在上述变化范围内变化时：

基变量的改变量：$\Delta \boldsymbol{X}_B = \boldsymbol{B}^{-1}\Delta \boldsymbol{b}$；

目标改变量：$\Delta Z = \boldsymbol{C}_B\boldsymbol{B}^{-1}\Delta \boldsymbol{b} = \boldsymbol{Y}\Delta \boldsymbol{b} = y_k\Delta b_k$；

对偶解不变。

例 2.11 某企业利用三种资源生产两种产品，各种数据如表 2.17 所示。

表 2.17

原材料	产品		原料数量/km
	甲	乙	
A	1	3	90
B	2	1	80
C	1	1	45
利润/(千元·件$^{-1}$)	5	4	

若 x_1，x_2 分别表示生产甲、乙产品的数量，则使工厂获得最大利润的数学模型为：

$$\max Z = 5x_1 + 4x_2$$

$$\begin{cases} x_1 + 3x_2 \leqslant 90 \\ 2x_1 + x_2 \leqslant 80 \\ x_1 + x_2 \leqslant 45 \\ x_1, x_2 \geqslant 0 \end{cases}$$

化为标准型，由单纯形法求得最优解，其初始单纯形表和最优单纯形表如表 2.18 所示。

表 2.18

$\boldsymbol{C}$			5	4	0	0	0
$\boldsymbol{C}_B$	$\boldsymbol{X}_B$	$\boldsymbol{b}$	x_1	x_2	x_3	x_4	x_5
0	x_3	90	1	3	1	0	0
0	x_4	80	2	1	0	1	0
0	x_5	45	1	1	0	0	1
σ_j			5	4	0	0	0

续表

C			5	4	0	0	0
0	x_3	25	0	0	1	2	-5
5	x_1	35	1	0	0	1	-1
4	x_2	10	0	1	0	-1	2
	σ_j		0	0	0	-1	-3

①试分析 b_1，b_2，b_3 在什么范围内变化，原最优基不变?

②若 $b_3=55$，求出新的最优解。

解：最优基为 $\boldsymbol{B}=(\boldsymbol{P}_3，\boldsymbol{P}_1，\boldsymbol{P}_2)$，由表 2.18 可得：

$$\boldsymbol{B}^{-1}=\begin{pmatrix}1 & 2 & -5\\ 0 & 1 & -1\\ 0 & -1 & 2\end{pmatrix}，\boldsymbol{B}^{-1}\boldsymbol{b}=\begin{pmatrix}25\\ 35\\ 10\end{pmatrix}$$

①由式(2.24)可得各个常数项增量的变化范围：

$$b_1：\max\left\{-\infty，-\frac{25}{1}\right\}\leqslant \Delta b_1 \leqslant \min\{+\infty\}，\text{即 } \Delta b_1 \geqslant -25$$

即当 b_1 在区间 $[65，+\infty)$ 变化时，最优基不变。

$$b_2：\max\left\{-\infty，-\frac{25}{2}，-\frac{35}{1}\right\}\leqslant \Delta b_2 \leqslant \min\left\{-\frac{10}{-1}，+\infty\right\}，\text{即 } -12.5 \leqslant \Delta b_2 \leqslant 10$$

即当 b_2 在区间 $[67.5，90]$ 变化时，最优基不变。

$$b_3：\max\left\{-\infty，-\frac{10}{2}\right\}\leqslant \Delta b_3 \leqslant \min\left\{-\frac{25}{-5}，-\frac{35}{-1}+\infty\right\}，\text{即 } -5 \leqslant \Delta b_3 \leqslant 5$$

即当 b_3 在区间 $[40，50]$ 变化时，最优基不变。

②当 $b_3=55$ 时，$\begin{pmatrix}250-5b_3\\ 80-b_3\\ -80+2b_3\end{pmatrix}=\begin{pmatrix}-25\\ 25\\ 30\end{pmatrix}$

以它代替表 2.18 的 $\boldsymbol{b}$ 列，用对偶单纯形法继续求解，结果如表 2.19 所示。

表 2.19

C			5	4	0	0	0
C_B	X_B	b	x_1	x_2	x_3	x_4	x_5
0	x_3	-25	0	0	1	2	[-5]
5	x_1	25	1	0	0	1	-1
4	x_2	30	0	1	0	-1	2
	σ_j		0	0	0	-1	-3
0	x_5	5	0	0	-1/5	-2/5	1
5	x_1	30	1	0	-1/5	3/5	0

续表

C			5	4	0	0	0
4	x_2	20	0	1	2/5	−1/5	0
σ_j			0	0	−3/5	−11/5	0

新的最优解为 $X^*=(30, 20, 0, 0, 5)^{\mathrm{T}}$，$Z^*=230$。应当注意的是，由表 2.19 可知，第三种资源的影子价格为 3，现在它的数量增加 10 个单位，似乎 Z^* 应增加 30，但实际上只增加 15 个单位。原因在于，在这一变化过程中，最优基改变了。不难验证，当 b_3 增加到超过 50 时，其影子价格变为 0。

2.5.3 技术系数 a_{ij} 的变化分析

这一节开始我们已经讲过，企业设备的更新、工艺的改进、技术的革新及管理水平的提高等，都可能引起技术系数 a_{ij} 的变化，但这类系数的灵敏度分析比起前面两类要复杂得多。我们仅就下面的两类进行讨论：

(1) 非基变量 x_j 的技术系数列向量 P_j 的改变。

设列向量 P_j 有改变量 ΔP_j，即：

$$P_j' = P_j + \Delta P_j$$

P_j 的改变将影响到检验数的改变，因为：

$$\sigma_j' = c_j - C_B B^{-1} P_j' = c_j - C_B B^{-1}(P_j + \Delta P_j) = \sigma_j - C_B B^{-1} \Delta P_j$$

要使最优基不变，应有 $\sigma_j - C_B B^{-1} \Delta P_j \leqslant 0$。

当 ΔP_j 的改变使得 $\sigma_j - C_B B^{-1} \Delta P_j > 0$ 时，应令 x_j 入基，使用单纯形法继续迭代，求得最优解。

(2) 基变量 x_j 的技术系数列向量 P_j 的改变。

如果改变的是基变量 x_j 的技术系数向量 P_j，则最优基 B 受到 P_j 改变而变化，因此会影响到单纯形表的每一列，所以一般情况下，要重新建立单纯表进行计算。

2.5.4 增加一个新变量的分析

在管理中经常遇到这样的问题：已知一种新产品的技术经济指标，在原有最优生产计划的基础上，怎样最方便地决定该产品是否值得投入生产，可在原线性规划中引入新的变量；无论增加什么样的新变量，新问题的目标函数只能向好的方向变化。

例 2.12 （续例 2.11）设企业研制了一种新产品，对三种资源的消耗系数列向量以 P_6 表示，$P_6=\begin{pmatrix}3/2\\1\\1/2\end{pmatrix}$。试问它的价值系数 c_6 符合什么条件，才必须安排它的生产？设 $c_6=3$，新的最优生产计划是什么？

解： 设新产品的产量为 x_6，把 P_6 作为初始表的第 6 列，则在最终表中，它变换为：

$$\overline{P_6} = B^{-1} P_6 = \begin{pmatrix}1 & 2 & -5\\0 & 1 & -1\\0 & -1 & 2\end{pmatrix}\begin{pmatrix}3/2\\1\\1/2\end{pmatrix} = \begin{pmatrix}1\\1/2\\0\end{pmatrix}$$

进而可算得检验数，

$$\sigma_6=c_6-\boldsymbol{C_B B^{-1} P_6}=c_6-(0,\ 5,\ 4)\begin{pmatrix}1\\1/2\\0\end{pmatrix}=c_6-5/2$$

因此，只有当 $c_6>5/2$ 时，才必须安排新产品生产，否则，原最优计划不变。

当 $c_6=3$ 时，$\sigma_6=1/2$，在原最终表中增加第六列，$\overline{\boldsymbol{P_6}}=\boldsymbol{B^{-1}P_6}$，然后利用单纯形法继续求解，结果如表 2.20 所示。

表 2.20

$\boldsymbol{C}$			5	4	0	0	0	3
$\boldsymbol{C_B}$	$\boldsymbol{X_B}$	$\boldsymbol{b}$	x_1	x_2	x_3	x_4	x_5	x_6
0	x_3	25	0	0	1	2	−5	[1]
5	x_1	35	1	0	0	1	−1	1/2
4	x_2	10	0	1	0	−1	2	0
σ_j		215	0	0	0	−1	−3	1/2
3	x_6	25	0	0	1	2	−5	1
5	x_1	45/2	1	0	−1/2	0	3/2	0
4	x_2	10	0	1	0	−1	2	0
σ_j		227.5	0	0	−1/2	−2	−1/2	0

新的最优计划是三种产品分别生产 22.5，10 与 25 个单位，最大利润为 227.5。

在利用 m 种资源生产 n 种产品的一般场合，设消耗系数矩阵 $\boldsymbol{A}=(a_{ij})$。考虑一种新产品，其消耗系数列向量为 $\boldsymbol{P}_k=(a_{1k},\ a_{2k},\ \cdots,\ a_{mk})^{\mathrm{T}}$，价值系数为 c_k。类似地，把它们作为新列加入单纯形表中，那么最优表中 x_k 的检验数为

$$\sigma_k=c_k-\boldsymbol{C_B B^{-1} P}_k=c_k-\boldsymbol{Y}^*\boldsymbol{P}_k=c_k-\sum_{i=1}^{m}a_{ik}y_i^* \tag{2.25}$$

和 $\sum_{i=1}^{m}a_{ik}y_i^*$ 是生产一个单位新产品消耗的各种资源的影子价格总和，它称为机会成本。式(2.25)说明，只有新产品的价格超过它的机会成本时，才应当安排该产品的生产。

例 2.13　某厂生产甲、乙、丙三种产品，已知有关数据如表 2.21 所示，试分别解答下列问题：

①建立线性规划模型，求使该厂获利最大的生产计划；

②若产品乙、丙的单件利润不变，则产品甲的利润在什么范围内变化时，上述最优解不变；

③若有一种新产品丁，其原料耗费定额：A 为 3 个单位；B 为 2 个单位；单件利润为 2.5 单位，问该产品是否值得生产，并求新的最优计划；

④若原材料 A 市场紧缺，除拥有量外一时无法购进，而原材料 B 如数量不足可去市场购买，单价为 0.5 个单位，该厂应否购买，若购买，以购进多少为宜？

表 2.21

原料	甲	乙	丙	原料数量
A	6	3	5	45
B	3	4	5	30
单件利润	4	1	5	

解：①设生产产品甲、乙、丙分别为 x_1，x_2，x_3 单位，则有线性规划模型为：

$$\max Z = 4x_1 + x_2 + 5x_3$$

$$\begin{cases} 6x_1 + 3x_2 + 5x_3 \leqslant 45 \\ 3x_1 + 4x_2 + 5x_3 \leqslant 30 \\ x_1,\ x_2,\ x_3 \geqslant 0 \end{cases}$$

化为标准型为：

$$\max Z = 4x_1 + x_2 + 5x_3$$

$$\begin{cases} 6x_1 + 3x_2 + 5x_3 + x_4 = 45 \\ 3x_1 + 4x_2 + 5x_3 + x_5 = 30 \\ x_1,\ x_2,\ x_3,\ x_4,\ x_5 \geqslant 0 \end{cases}$$

由单纯形法，求解过程如表 2.22 所示。

表 2.22

C			4	1	5	0	0	θ
$\boldsymbol{C_B}$	$\boldsymbol{X_B}$	$\boldsymbol{b}$	x_1	x_2	x_3	x_4	x_5	
0	x_4	45	6	3	5	1	0	9
0	x_5	30	3	4	[5]	0	1	6
σ_j		0	4	1	5			
0	x_4	15	[3]	−1	0	1	−1	5
5	x_3	6	3/5	4/5	1	0	1/5	10
σ_j		30	1	−3	0	0	−1	
4	x_1	5	1	−1/3	0	1/3	−1/3	
5	x_3	3	0	1	1	−1/5	2/5	
σ_j		35	0	−8/3	0	−1/3	−2/3	

所以最优生产计划为：$\boldsymbol{X}^* = (5,\ 0,\ 3)^{\mathrm{T}}$，$Z^* = 35$。

②由式(2.22)，甲(x_1)的利润增量 Δc_1 的变化范围为：

$$\max\left\{-\infty,\ \frac{-1/3}{1/3}\right\} \leqslant \Delta c_1 \leqslant \min\left\{\frac{-8/3}{-1/3},\ \frac{-2/3}{-1/3}\right\},$$

即产品甲的利润在［3，6］之间变化时，最优解不变。

③令 x_6 代表产品丁的产量，则

$$\boldsymbol{B}^{-1}\boldsymbol{P}_6 = \begin{bmatrix} 1/3 & -1/3 \\ -1/5 & 2/5 \end{bmatrix}\begin{bmatrix} 3 \\ 2 \end{bmatrix} = \begin{bmatrix} 1/3 \\ 1/5 \end{bmatrix}$$

检验数为：$\sigma_6 = c_6 - \boldsymbol{C_B B^{-1} P_6} = 2.5 - (4,\ 5)\begin{pmatrix}1/3\\1/5\end{pmatrix} = \dfrac{1}{6} > 0$

因为检验数大于零，所以该产品应该生产。新的最优计划如表 2.23 所示。

表 2.23

$\boldsymbol{C}$			4	1	5	0	0	2.5	θ
$\boldsymbol{C_B}$	$\boldsymbol{X_B}$	$\boldsymbol{b}$	x_1	x_2	x_3	x_4	x_5	x_6	
4	x_1	5	1	−1/3	0	1/3	−1/3	1/3	15
5	x_3	3	0	1	1	−1/5	2/5	[1/5]	15
σ_j		35	0	−8/3	0	−1/3	−2/3	1/6	
4	x_1	0	1	−2	−5/3	2/3	−1	0	
2.5	x_6	15	0	5	5	−1	2	1	
σ_j		37.5	0	−3.5	−5/6	−1/6	−1	0	

所以最优生产计划为：$\boldsymbol{X}^* = (0,\ 0,\ 0,\ 15)^{\mathrm{T}}$，$Z^* = 37.5$。

④因为 x_5 的检验数为−2/3，故原材料 B 的影子价格为 2/3，其市场价格 0.5<2/3，所以可以购进原材料 B。由于：

$$\max\left\{-\infty,\ \frac{3}{-2/5}\right\} \leqslant \Delta \boldsymbol{b}_2 \leqslant \min\left\{+\infty,\ \frac{5}{1/3}\right\} \Rightarrow \Delta \boldsymbol{b} \leqslant 15$$

所以，购进 B15 个单位为宜。

2.5.5　增加新约束条件的灵敏度分析

当出现新的资源限制时或增加加工工序时，反映到线性规划模型中就是要加入新约束，其解决方案就是首先把已经求出的最优解代入新增加的约束条件，如果最优解满足新约束，最优解不变；如果最优解不满足新约束，将新增加的约束条件加入原问题的最优单纯形表中，应用单纯形法或对偶单纯形法继续寻找新的最优解。

无论加入什么类型约束，线性规划的可行域只会变小，不会变大，最优值只能变差，不会变得更好。

例 2.14　假设在例 2.12 的生产计划中，还要考虑一个新的资源约束：

$$4x_1 + 2x_2 \leqslant 150$$

原最优解 $\boldsymbol{X}^* = (35,\ 10,\ 25,\ 0,\ 0)^{\mathrm{T}}$ 不满足该约束，为了求得新的最优计划，在上式中引入松弛变量 x_6，化为：

$$4x_1 + 2x_2 + x_6 = 150$$

把它作为新的一行(第四行)加入原最优表中，如表 2.24 所示。

表 2.24

C			5	4	0	0	0	0
C_B	X_B	b	x_1	x_2	x_3	x_4	x_5	x_6
0	x_3	25	0	0	1	2	−5	0
5	x_1	35	1	0	0	1	−1	0
4	x_2	10	0	1	0	−1	2	0
0	x_6	150	4	2	0	0	0	1
σ_j			0	0	0	−1	−3	0

应该注意的是，表 2.24 并不是规范的单纯形表，其中基变量 x_1，x_2 的系数列向量都不是单位向量，因此基变量的系数矩阵不是单位矩阵。所以首先需要利用初等行变换，把它化为规范的单纯形表，即把基变量的系数向量化为单位向量，使它们的系数矩阵成为单位矩阵。将表 2.24 第二行的负 2 倍加到第四行上，第三行的负 2 倍加到第四行上，即得需要的形式。变换之后，基变量 x_6 的值一定是负的，而检验数行不变，从而可以应用对偶单纯形法继续求解，结果如表 2.25 所示。

表 2.25

C			5	4	0	0	0	0
C_B	X_B	b	x_1	x_2	x_3	x_4	x_5	x_6
0	x_3	25	0	0	1	2	−5	0
5	x_1	35	1	0	0	1	−1	0
4	x_2	10	0	1	0	−1	2	0
0	x_6	150	4	2	0	0	0	1
σ_j			0	0	0	−1	−3	0
0	x_3	25	0	0	1	2	−5	0
5	x_1	35	1	0	0	1	−1	0
4	x_2	10	0	1	0	−1	2	0
0	x_6	−10	0	0	0	[−2]	0	1
σ_j			0	0	0	−1	−3	0
0	x_3	15	0	0	1	0	−5	1
5	x_1	30	1	0	0	0	−1	1/2
4	x_2	15	0	1	0	0	2	−1/2
0	x_4	5	0	0	0	1	0	−1/2
σ_j		210	0	0	0	0	−3	−1/2

最优计划调整为 $\boldsymbol{X}^* = (30,\ 15,\ 15,\ 5,\ 0,\ 0)^{\mathrm{T}}$，$Z^* = 210$。

如果新约束为大于等于型的，则应在左端减去松弛变量化为等式。

例 2.15　设某厂使用甲、乙、丙三种原料生产 A、B、C 三种产品。每种产品的原料消耗和销售价格如表 2.26 所示。

表 2.26

原料	产品			原料数量
	A	B	C	
甲	2	0	1	400
乙	2	1	3	550
丙	2	2	0	800
单价	55	60	30	

已求得最优单纯形表如表 2.27 所示。

表 2.27

C			55	60	30	0	0	0
C_B	X_B	b	x_1	x_2	x_3	x_4	x_5	x_6
0	x_4	350	5/3	0	0	1	−1/3	1/6
30	x_3	50	1/3	0	1	0	1/3	−1/6
60	x_2	400	1	1	0	0	0	1/2
σ_j		25 500	−15	0	0	0	−10	−25

该厂需要做以下灵敏度分析：

①至少生产 A 产品 30 件，会有什么变化？

②要留下 300 千克原料丙，对生产会有什么样的影响？

③C 产品已滞销，不能再生产，会有什么变化？

④新产品 D 消耗原料甲 3 千克、乙 2 千克、丙 1 千克，问：如何定价工厂才能获利？如果单价定为 55 元，是否应进行生产？

⑤如果现在有一种新资源丁，产品 A、B、C 使用原料丁的数量分别为 1，2，2，原料丁的拥有量为 800 千克，求新情况下的最优解。

解：①强制生产 30 件 A，即 x_1 必须等于 30，则目标值下降；下降程度可用 x_1 的检验数进行计算：

$$\Delta Z = \sigma_1 \times \text{变化数量} = -15 \times 30 = -450$$

同时，因为生产产品甲就要使用原料，因此其他产品可用的原料数量就要减少，所以各个基变量的取值都会发生变化，其中：

$x_2 = 400 - 1 \times 30 = 370$，生产 B 产品 370 件；$x_3 = 50 - \dfrac{1}{3} \times 30 = 40$，生产 C 产品 40 件；$x_4 = 350 - \dfrac{5}{3} \times 30 = 300$，原料甲剩余 300 千克。

新生产方案为：生产 30 件 A，370 件 B，40 件 C，原料甲剩余 300 千克。

②要原料丙剩余 300 千克，即资源拥有量 b_3 减少 300 单位。常数项的改变，将引起目标函数值的改变，因为：目标改变量=影子价格×资源改变数量，所以

$$\Delta Z = y_3 \Delta b_3 = 25 \times (-300) = -7\ 500。$$

我们还可理解为松弛变量 x_6 从取零值变为要取值 300。

目标改变量=x_6 的检验数×x_6 的改变数量：

$$\Delta Z = \sigma_6 \times \Delta x_6 = 25 \times (-300) = -7\ 500$$

类似于①的讨论可知，因为减少了原料丙的数量，因此生产产品可用的原料数量就要减少，所以各个基变量的取值都会发生变化，其中：

$x_2 = 400 - \dfrac{1}{2} \times 300 = 250$，生产 250 件 B；

$x_3 = 50 - \left(-\dfrac{1}{6}\right) \times 30 = 100$，生产 100 件 C；

$x_4 = 350 - \dfrac{1}{6} \times 300 = 300$，原料甲剩 300 千克。

③若产品 C 不生产，则 $x_3=0$，则 x_3 必须出基，选取迭代主元，为使迭代以后的解可行，必须正变量入基，x_3 行中只有 x_1 和 x_5 系数为正。但这时如果 x_3 出基，则产值必然下降，为尽可能减少目标函数值的损失值，就必须比较 x_1 和 x_5 哪一个入基，可使总产值损失尽可能小。

如果 x_1 入基，则 x_1 可生产：$\dfrac{50}{1/3} = 150$，而生产 150 件产品 A 总产值减少：

$$150 \times \sigma_1 = 150 \times (-15) = -2\ 250$$

如果 x_5 入基，则 x_5 应取值：$\dfrac{50}{1/3} = 150$，而剩余 150 单位原料乙，总产值减少：

$$150 \times \sigma_5 = 150 \times (-10) = -1\ 500$$

比较可知，选取 x_5 入基，可比较少地降低产值，因此令 x_5 入基。继续迭代，求得新的生产方案。结果如表 2.28 所示。

表 2.28

C			55	60	30	0	0	0
C_B	X_B	b	x_1	x_2	x_3	x_4	x_5	x_6
0	x_4	400	2	0	1	1	0	0
0	x_5	150	1	0	3	0	1	−1/2
60	x_2	400	1	1	0	0	0	1/2
σ_j		24 000	−5	0	30	0	0	−30

新的方案：只生产 B 产品 400 件，原料甲剩余 400 千克，原料乙剩余 150 千克。总销售额为 24 000 单位。

④设新产品 D 的产量为 x_7，$\boldsymbol{P}_7 = \begin{pmatrix} 3 \\ 2 \\ 1 \end{pmatrix}$，三种原料的影子价格为：$\boldsymbol{Y} = (0, 10, 25)$，则

新产品 D 的影子成本为：$\boldsymbol{YP}_7 = 0 \times 3 + 10 \times 2 + 25 \times 1 = 45$

销售价格应大于 45 元/件。若每件 55 元则有利可图。按增加一个变量处理：

因为

$$\boldsymbol{P}'_7 = \begin{pmatrix} 1 & -1/3 & 1/6 \\ 0 & 1/3 & -1/6 \\ 0 & 0 & 1/2 \end{pmatrix} \begin{pmatrix} 3 \\ 2 \\ 1 \end{pmatrix} = \begin{pmatrix} 5/2 \\ 1/2 \\ 1/2 \end{pmatrix}$$

加入原问题的单纯形表中，继续迭代，求新问题的最优解。过程如表 2.29 所示。

表 2.29

C			55	60	30	0	0	0	55	θ
C_B	X_B	**b**	x_1	x_2	x_3	x_4	x_5	x_6	x_7	
0	x_4	350	5/3	0	0	1	−1/3	1/6	5/2	140
30	x_3	50	1/3	0	1	0	1/3	−1/6	[1/2]	100
60	x_2	400	1	1	0	0	0	1	1/2	800
σ_j		25 500	−15	0	0	0	−10	−25	5	
0	x_4	100	0	0	−5	1	−2	1	0	
55	x_7	100	2/3	0	2	0	2/3	−1/3	1	
60	x_2	350	2/3	1	−1	0	−1/3	2/3	0	
σ_j		26 500	−65/3	0	−20	0	−50/3	−65/3	0	

生产方案为生产 B 产品 350、D 产品 100，总产值为 26 500 单位。

⑤由已知，增加新约束：$x_1 + 2x_2 + 2x_3 \leqslant 800$

将原规划的最优解 $\boldsymbol{X}^* = (0, 50, 400)^{\mathrm{T}}$ 代入上述约束，不等式不成立。在上式中加入松弛变量：

$$x_1 + 2x_2 + 2x_3 + x_7 = 800$$

把它作为新的一行(第四行)加入原最优表中，结果如表 2.30 所示。

表 2.30

C			55	60	30	0	0	0	0
C_B	X_B	**b**	x_1	x_2	x_3	x_4	x_5	x_6	x_7
0	x_4	350	5/3	0	0	1	−1/3	1/6	0
30	x_3	50	1/3	0	1	0	1/3	−1/6	0
60	x_2	400	1	1	0	0	0	1/2	0
0	x_7	800	1	2	2	0	0	0	1
σ_j		25 500	−15	0	0	0	−10	−25	0
0	x_4	350	5/3	0	0	1	−1/3	1/6	0
30	x_3	50	1/3	0	1	0	1/3	−1/6	0

续表

C			55	60	30	0	0	0	0
60	x_2	400	1	1	0	0	0	1/2	0
0	x_7	-100	[-5/3]	0	0	0	-2/3	-5/3	1
σ_j		25 500	-15	0	0	0	-10	-25	0
θ			9				15	15	
0	x_4	250	0	0	0	1	-1	-3/2	1
30	x_3	30	0	0	1	0	1/5	-1/2	1/5
60	x_2	340	0	1	0	0	-2/5	-1/2	3/5
55	x_1	60	1	0	0	0	2/5	1	-3/5
σ_j		24 600	0	0	0	0	-4	-35	-9

所以最优计划调整为：$\boldsymbol{X}^* = (60, 340, 30)^{\mathrm{T}}$，$Z^* = 24\ 600$。

由上面讨论的结果，我们给出了各方案分析汇总，如表 2.31 所示。

表 2.31

方案	目标值	A	B	C	D	甲	乙	丙	丁
0	25 500	0	400	50	—	350	0	0	—
1	25 050	30	370	40	—	300	0	0	—
2	18 000	0	250	100	—	300	0	300	—
3	24 000	0	400	0	—	400	150	0	—
4	26 500	0	350	0	100	100	0	0	—
5	24 600	60	340	30		250	0	0	0

习题二

1. 思考题：

(1) 对偶问题和对偶变量的经济意义是什么？

(2) 简述对偶单纯形法的计算步骤。它与单纯形法的异同之处是什么？

(3) 什么是资源的影子价格？它和相应的市场价格之间有什么区别？

(4) 如何根据原问题和对偶问题之间的对应关系，找出两个问题变量之间、解及检验数之间的关系？

(5) 利用对偶单纯形法计算时，如何判断原问题有最优解或无可行解？

(6) 在线性规划的最优单纯形表中，松弛变量(或剩余变量) $x_{n+k} > 0$，其经济意义是什么？

(7) 在线性规划的最优单纯形表中，松弛变量 x_{n+k} 的检验数 $\sigma_{n+k} > 0$(标准形为求最小值)，其经济意义是什么？

(8) 将 a_{ij}，c_j，b_i 的变化直接反映到最优单纯形表中，表中原问题和对偶问题的解将会出现什么变化？有多少种不同情况？如何去处理？

(9)如果某种资源的影子价格等于0，那么在最优生产计划下，这种资源是否一定有剩余？

(10)如果某种资源在最优生产计划下该种资源全部用完，那么其影子价格是否一定大于0？

2. 已知表2.32为求解某线性规划问题的最终单纯形表，表中x_4，x_5为松弛变量，问题的约束为"≤"形式。

表2.32

$x_B/B^{-1}b$		x_1	x_2	x_3	x_4	x_5
x_3	5/2	0	1/2	1	1/2	0
x_1	5/2	1	−1/2	0	−1/6	1/3
$c_j - z_j$	0	−4	0	−4	−2	

(1)写出原线性规划问题；

(2)写出原问题的对偶问题；

(3)直接由表2.32写出对偶问题的最优解。

3. 写出下列线性规划的对偶问题：

(1) $\max Z = 3x_1 - x_2 + x_3$

$$\begin{cases} x_1 + 2x_2 + x_3 \leqslant 4 \\ -x_1 + 2x_2 - 4x_3 \geqslant 1 \\ x_1 - x_2 + 3x_3 = 1 \\ x_1 \geqslant 0,\ x_2 \leqslant 0,\ x_3 \text{无约束} \end{cases}$$

(2) $\min Z = 2x_1 - x_2 + 3x_3 + x_4$

$$\begin{cases} x_1 + 2x_2 - x_3 - x_4 \leqslant 4 \\ -x_1 + x_2 + 2x_3 = 2 \\ 2x_1 + x_3 + 2x_4 \geqslant 1 \\ x_1 \geqslant 0,\ x_2 \leqslant 0,\ x_3,\ x_4 \text{无约束} \end{cases}$$

(3) $\max Z = 2x_1 + 2x_2 + 3x_3 + x_4$

$$\begin{cases} x_1 + x_2 + x_3 + x_4 \leqslant 12 \\ 2x_1 - x_2 + 3x_3 = -1 \\ x_1 - x_3 + x_4 \geqslant 3 \\ x_1,\ x_2 \geqslant 0,\ x_3,\ x_4 \text{无约束} \end{cases}$$

(4) $\max Z = 7x_1 - 4x_2 + 3x_3$

$$\begin{cases} 4x_1 + 2x_2 - 6x_2 \leqslant 24 \\ 3x_1 - 6x_2 - 4x_3 \geqslant 15 \\ 5x_2 + 3x_3 = 30 \\ x_1 \geqslant 0,\ x_3 \leqslant 0,\ x_2 \text{无约束} \end{cases}$$

(5) $\max Z = x_1 + 2x_2 + 3x_3 + 4x_4$

$$\begin{cases} -x_1 + x_2 - x_3 - 7x_3 = 5 \\ 6x_1 + 7x_2 + 3x_3 - 5x_4 \geqslant 8 \\ 12x_1 - 9x_2 - 9x_3 + 9x_4 \leqslant 30 \\ x_1,\ x_2 \geqslant 0,\ x_3 \leqslant 0,\ x_4 \text{无约束} \end{cases}$$

(6) $\min Z = \sum_{i=1}^{m} \sum_{j=1}^{n} c_{ij} x_{ij}$

$$\begin{cases} \sum_{j=1}^{n} x_{ij} = a_{ii} = 1,\ 2,\ \cdots,\ m \\ \sum_{i=1}^{m} x_{ij} = b_{jj} = 1,\ 2,\ \cdots,\ n \\ x_{ij} \geqslant 0 \\ i = 1,\ \cdots,\ m \quad j = 1,\ 2,\ \cdots,\ n \end{cases}$$

4. 已知线性规划

$$\max Z = 2x_1 + x_2 + 5x_3 + 6x_4$$

$$\begin{cases} 2x_1 + x_3 + x_4 \leqslant 8 \\ 2x_1 + 2x_2 + x_3 + 2x_4 \leqslant 12 \\ x_1,\ x_2,\ x_3,\ x_4 \geqslant 0 \end{cases}$$

其对偶问题的最优解为 $y_1^* = 4$，$y_2^* = 1$，试应用对偶问题的性质，求原问题的最优解。

5. 利用对偶理论说明下列线性规划无最优解：

$$\max Z = x_1 - 2x_2 + x_3$$

$$\begin{cases} -x_1 + x_2 + x_3 \geqslant 4 \\ -2x_1 - x_2 + 2x_3 \geqslant 3 \\ x_1 \geqslant 0,\ x_2 \leqslant 0,\ x_3 \geqslant 0 \end{cases}$$

6. 已知线性规划

$$\max Z = x_1 - 4x_2 + 3x_3$$

$$\begin{cases} 2x_1 - 3x_2 - 5x_3 \leqslant 2 \\ 3x_1 + x_2 + 6x_3 \geqslant 1 \\ x_1 - x_2 + x_3 = 4 \\ x_1,\ x_2 \geqslant 0,\ x_3 \text{ 无约束} \end{cases}$$

的最优解为 $\boldsymbol{X}^* = (0,\ 0,\ 4)^{\mathrm{T}}$。

(1) 写出对偶问题；

(2) 求对偶问题最优解。

7. 已知线性规划问题：

$$\min Z = 8x_1 + 6x_2 + 3x_3 + 6x_4$$

$$\begin{cases} x_1 + 2x_2 + x_4 \geqslant 3 \\ 3x_1 + x_2 + x_3 + x_4 \geqslant 6 \\ x_3 + x_4 \geqslant 2 \\ x_1 + x_3 \geqslant 2 \\ x_j \geqslant 0,\ j = 1,\ 2,\ 3,\ 4 \end{cases}$$

(1) 写出对偶问题；

(2) 已知原问题的最优解为 $\boldsymbol{X}^* = (1,\ 1,\ 2,\ 0)^{\mathrm{T}}$，求对偶问题的最优解。

8. 已知线性规划问题

$$\min Z = 2x_1 - x_2 + 2x_3$$

$$\begin{cases} -x_1 + x_2 + x_3 = 4 \\ -x_1 + x_2 - kx_3 \leqslant 6 \\ x_1 \leqslant 0,\ x_2 \geqslant 0,\ x_3 \text{ 无约束} \end{cases}$$

其最优解为：$x_1 = -5$，$x_2 = 0$，$x_3 = -1$。

(1) 求 k 的值；

(2) 写出对偶规划并求其最优值。

9. 用对偶单纯形法解下列各线性规划：

(1) $\min Z = 3x_1 + 2x_2 + x_3$

$$\begin{cases} x_1 + x_2 + x_3 \leqslant 6 \\ x_1 - x_3 \geqslant 4 \\ x_2 - x_3 \geqslant 3 \\ x_1,\ x_2,\ x_3 \geqslant 0 \end{cases}$$

(2) $\min Z = 2x_1 + 2x_2 + 4x_3$

$$\begin{cases} 2x_1 + 3x_2 + 5x_3 \geqslant 2 \\ 3x_1 + x_2 + 7x_3 \leqslant 3 \\ x_1 + 4x_2 + 6x_3 \leqslant 5 \\ x_1,\ x_2,\ x_3 \geqslant 0 \end{cases}$$

(3) $\min Z = 12x_1 + 8x_2 + 16x_3 + 12x_4$

$$\begin{cases} 2x_1 + x_2 + 4x_3 \geqslant 2 \\ 2x_1 + 2x_2 + 4x_4 \geqslant 3 \\ x_1,\ x_2,\ x_3,\ x_4 \geqslant 0 \end{cases}$$

(4) $\min Z = 5x_1 + 2x_2 + 4x_3$

$$\begin{cases} 3x_1 + x_2 + 2x_4 \geqslant 7 \\ 6x_1 + 3x_2 + 5x_3 \geqslant 12 \\ x_1,\ x_2,\ x_3 \geqslant 0 \end{cases}$$

10. 对下列问题求最优解、相应的影子价格及保持最优解不变时 c_j 与 b_i 的变化范围。

(1) $\max Z = x_1 + x_2 + 3x_1$

$$\begin{cases} 2x_1 + x_2 + 2x_3 \leqslant 2 \\ 3x_1 + 2x_2 + x_3 \leqslant 3 \\ x_1,\ x_2,\ x_3 \geqslant 0 \end{cases}$$

(2) $\max Z = 9x_1 + 8x_2 + 50X_3 + 19x_4$

$$\begin{cases} 3x_1 + 2x_2 + 10x_3 + 4x_4 \leqslant 18 \\ 4x_3 + x_4 \leqslant 6 \\ x_1,\ x_2,\ x_3,\ x_4 \geqslant 0 \end{cases}$$

(3) $\max Z = x_1 + 4x_2 + 3x_3$

$$\begin{cases} 2x_1 + 2x_2 + x_3 \leqslant 4 \\ x_1 + 2x_2 + 2x_2 \leqslant 6; \\ x_1,\ x_2,\ x_3 \geqslant 0 \end{cases}$$

(4) $\max Z = 2x_1 + 3x_2 + 5x_3$

$$\begin{cases} 2x_1 + 2x_2 + 3x_3 \leqslant 12 \\ x_1 + 2x_2 + 2x_3 \leqslant 8 \\ 4x_1 + 6x_3 \leqslant 16 \\ 4x_2 + 3x_3 \leqslant 12 \\ x_1,\ x_2,\ x_3 \geqslant 0 \end{cases}$$

11. 线性规划

$$\max Z = 2x_1 - x_2 + x_3$$

$$\begin{cases} x_1 + x_2 + x_3 \leqslant 6 \\ -x_1 + 2x_2 \leqslant 4 \\ x_1,\ x_2,\ x_3 \geqslant 0 \end{cases}$$

的最优单纯形表如表 2.33 所示。

表 2.33

C			2	−1	1	0	0
C_B	X_B	**b**	x_1	x_2	x_3	x_4	x_5
2	x_1	6	1	1	1	1	0
0	x_5	10	0	3	1	1	1
σ_j			0	−3	−1	−2	0

求：(1) x_2 的系数 c_2 在何范围内变化，最优解不变？若 $c_2=3$，求新的最优解。

(2) b_1 在何范围内变化，最优基不变？如果 $b_1=3$，求新的最优解。

(3) 增加新约束 $-x_1 + 2x_3 \geqslant 2$，求新的最优解。

(4) 增加新变量 x_6，其系数列向量 $\boldsymbol{P}_6 = \begin{pmatrix} -1 \\ 2 \end{pmatrix}$，价值系数 $c_6=1$，求新的最优解。

12. 某厂生产甲、乙、丙三种产品，有关资料如表 2.34 所示。

表 2.34

原料	甲	乙	丙	原料数量
A	6	3	5	45
B	3	4	5	30
产品价格	4	1	5	

(1) 建立线性规划模型，求该厂获利最大的生产计划。

(2) 若产品乙、丙的单件利润不变，产品甲的利润在什么范围变化，上述最优解不变?

(3) 若有一种新产品，其原料消耗定额：A 为 3 单位，B 为 2 单位，单件利润为 2.5 单位，问该种产品是否值得安排生产，并求新的最优计划。

(4) 若原材料 A 市场紧缺，除拥有量外一时无法购进，而原材料 B 如数量不足可去市场购买，单价为 0.5，问该厂应否购买，以购进多少为宜?

(5) 由于某种原因该厂决定暂停甲产品的生产，试重新确定该厂的最优生产计划。

13. 某厂生产甲、乙、丙三种产品，分别经过 A、B、C 三种设备加工。已知生产单位产品所需的设备台时数、设备的现有加工能力及每件产品的利润，如表 2.35 所示。

表 2.35

设备	产品			设备能力/台时
	甲	乙	丙	
A	1	1	1	100
B	10	4	5	600
C	2	2	6	300
单位产品利润/元	10	6	4	

(1) 建立线性规划模型，求该厂获利最大的生产计划。

(2) 产品丙每件的利润增加到多大时才值得安排生产? 如产品丙每件的利润增加到 50/6，求最优生产计划。

(3) 产品甲的利润在多大范围内变化时，原最优计划保持不变?

(4) 设备 A 的能力如为 $100+10\theta$，确定保持原最优基不变的 θ 的变化范围。

(5) 如有一种新产品丁，加工一件需设备 A、B、C 的台时各为 1 小时、4 小时、3 小时，预期每件的利润为 8 元，是否值得安排生产?

(6) 如合同规定该厂至少生产 10 件产品丙，试确定最优计划的变化。

14. 已知线性规划问题：

$$\max Z = -x_1 - x_2 + 4x_3$$

$$\begin{cases} x_1 + x_2 + 2x_3 \leqslant 9 \\ x_1 + x_2 - x_3 \leqslant 2 \\ -x_1 + x_2 + x_3 \leqslant 4 \\ x_1,\ x_2,\ x_3 \geqslant 0 \end{cases}$$

其最优单纯形表如表 2.36 所示。

表 2.36

C			-1	-1	4	0	0	0
C_B	X_B	b	x_1	x_2	x_3	x_4	x_5	x_6
-1	x_1	1/3	1	-1/3	0	1/3	0	-2/3
0	x_5	6	0	2	0	0	1	1
4	x_3	13/3	0	2/3	1	1/3	1	1/3
σ_j		17	0	-4	0	-1	0	-2

现增加新的约束：

$$-3x_1+x_2+6x_3\leqslant 17$$

求新的最优解。

第三章 运输问题

在生产和日常生活中，人们常需要将某些物品由一个空间位置移动到另一个空间位置，这就产生了运输。随着社会和经济的发展，“运输”变得越来越复杂，运输量又是非常大，科学组织运输显得十分必要。从数百年前的木牛流马到如今四通八达的交通网络，从较早的青藏铁路、南水北调到现在的西气东输及“一带一路”，无一不展示了合理的运输规划不仅可以在很大程度上实现资源的优化配置，而且对控制成本及实现全局最优起到至关重要的作用。

运输问题作为一类特殊的线性规划问题，在其结构上有其特殊性，相比传统的线性规划问题，运输问题可以用比单纯形法更为简便的解法——表上作业法求解。

3.1 运输问题及其模型

3.1.1 运输问题

一般的运输问题就是要解决把某种产品从若干个产地调运到若干个销地，在每个产地的供应量与每个销地的需求量已知，并知道各地之间的运输单价的前提下，如何确定一个使得总的运输费用最小的方案。

例 3.1 某物流运输公司经营甲产品，它下设三个加工厂，每日的产量分别为：$A_1$7 吨，$A_2$4 吨，$A_3$9 吨。该公司把这些产品分别运往四个销售点，各销售点每日销量为：$B_1$3 吨，$B_2$6 吨，$B_3$5 吨，$B_4$6 吨。已知从各工厂到各销售点的单位产品的运价如表 3.1 所示。问：该公司应如何调运产品，在满足各销售点需求量的前提下，使总运费为最少？

表 3.1

产地	销地				产量/吨
	B_1	B_2	B_3	B_4	
A_1	3	11	3	10	7
A_2	1	9	2	8	4
A_3	7	4	10	5	9
销量/吨	3	6	5	6	

解：这是一个产销平衡的运输问题，其数学模型是：

设 x_{ij} 表示从 A_i 调运产品到 B_j 的数量(吨)，则：

$$\min Z = 3x_{11} + 11x_{12} + 3x_{13} + 10x_{14} + x_{21} + 9x_{22} + 2x_{23} + 8x_{24} + 7x_{31} + 4x_{32} + 10x_{33} + 5x_{34}$$

$$\begin{cases} x_{11} + x_{12} + x_{13} + x_{14} = 7 \\ x_{21} + x_{22} + x_{23} + x_{24} = 4 \\ x_{31} + x_{32} + x_{33} + x_{34} = 9 \\ x_{11} + x_{21} + x_{31} = 3 \\ x_{12} + x_{22} + x_{32} = 6 \\ x_{13} + x_{23} + x_{33} = 5 \\ x_{14} + x_{24} + x_{34} = 6 \end{cases}$$

$$x_{ij} \geqslant 0 \quad (i = 1, 2, 3; j = 1, 2, 3, 4)$$

3.1.2　产量平衡的运输问题的模型

一般运输问题的提法：假设 A_1，A_2，…，A_m 表示某物资的 m 个产地；B_1，B_2，…，B_n 表示某物资的 n 个销地；a_i 表示产地 A_i 的产量；b_j 表示销地 B_j 的销量；c_{ij}表示把物资从产地 A_i 运往销地 B_j 的单位运价。如果：

$$a_1+a_2+\cdots+a_m=b_1+b_2+\cdots+b_n \tag{3.1}$$

则称该运输问题为产销平衡问题；否则，称产销不平衡。这些数据可汇总于运输表，如表 3.2 所示。

表 3.2

产地	销地				产量
	B_1	B_2	…	B_n	
A_1	c_{11}	c_{12}	…	c_{1n}	a_1
A_2	c_{21}	c_{22}	…	c_{2n}	a_2
…	…	…	…	…	…
A_m	c_{m1}	c_{m2}	…	c_{mn}	a_m
销量	b_1	b_2	…	b_n	

产销平衡运输问题的数学模型可表示为如下公式：

$$\min Z = \sum_{i=1}^{m} \sum_{j=1}^{n} c_{ij}x_{ij}$$

$$\begin{cases} \sum_{i=1}^{m} x_{ij} = b_j & j = 1, 2, \cdots, n \\ \sum_{j=1}^{n} x_{ij} = a_i & i = 1, 2, \cdots, m \\ x_{ij} \geqslant 0 & i = 1, 2, \cdots, m; j = 1, 2, \cdots, n \end{cases} \tag{3.2}$$

3.1.3　运输问题数学模型的特点

(1)运输问题约束条件的系数矩阵。

其系数矩阵的结构疏松，具有如下形式：

$$
\begin{array}{c}
\quad x_{11},\ \cdots,\ x_{1n},\ x_{21},\ \cdots,\ x_{2n},\ \cdots\cdots,\ x_{m1},\ \cdots,\ x_{mn} \\
\boldsymbol{A}=\begin{bmatrix}
1 & \cdots & 1 & 0 & \cdots & 0 & \cdots & 0 & \cdots & 0 \\
0 & \cdots & 0 & 1 & \cdots & 1 & \cdots & 0 & \cdots & 0 \\
\vdots & \cdots & \vdots & \vdots & \cdots & \vdots & \cdots & \vdots & \cdots & \vdots \\
0 & \cdots & 0 & 0 & \cdots & 0 & \cdots & 1 & \cdots & 1 \\
1 & \cdots & 0 & 1 & \cdots & 0 & \cdots & 1 & \cdots & 0 \\
\vdots & \ddots & \vdots & \vdots & \ddots & \vdots & \cdots & \vdots & \ddots & \vdots \\
0 & \cdots & 1 & 0 & \cdots & 1 & \cdots & 0 & \cdots & 1
\end{bmatrix}
\end{array}
$$

在该矩阵中，每列只有两个元素，为1，其余都是0。

可以证明，$r(\boldsymbol{A})=m+n-1$。即有 $m+n-1$ 个独立方程。于是，该 LP 问题有且仅有 $m+n-1$ 个基变量。

(2)运输问题有限最优解。

因为 $\min Z=\sum_{i=1}^{m}\sum_{j=1}^{n}c_{ij}x_{ij}\geqslant 0$，故必有可行解和最优解。

由于上述特点，若按单纯形法求解必须增加人工变量，这致使计算量大大增加，人们在分析运输规划系数矩阵特征的基础上建立了针对运输问题的表上作业法。

3.2 表上作业法

表上作业法是求解运输问题的一种简便而有效的方法，其求解工作是在运输表上进行的。

运输问题也是一个线性规划问题，当用单纯形法进行求解时，我们首先应当知道它的基变量的个数；其次，要知道这样一组基变量应当由哪些变量来组成。由运输问题系数矩阵的形式并结合第一章单纯形算法的讨论可以知道：运输问题的每一组基变量应由 $m+n-1$ 个变量组成(即基变量的个数=产地个数+销售地个数-1)。进一步我们想知道，怎样的 $m+n-1$ 个变量会构成一组基变量？计算步骤：

①找出初始基可行解，即在(mn)产销平衡表上给出 $m+n-1$ 个有数字的格，其相应的调运量就是基变量，格子中所填写的值即为基变量的值。这些有数字的格不能构成闭回路，且行和等于产量，列和等于销售量。

②求各非基变量的检验数，即在表上求空格的检验数，判别是否达到最优解。如果达到最优解，则停止计算，否则转入下一步。

③确定换入变量和换出变量，找出新的基可行解，在表上用闭回路法进行调整。

④重复②③步，直到求得最优解为止。

以下我们就具体给出求解运输问题的表上作业法。

3.2.1 确定初始基可行解

确定初始基可行解即首先给出初始的调运方案，共有三种方法：

(1)西北角法。

从西北角(左上角)格开始，在格内的右下角标上允许取得的最大数。然后按行(列)标下一格的数。若某行(列)的产量(销量)已满足，则把该行(列)的其他格划去。如此进行下去，直至得到一个基本可行解。以上结合例3.1讨论如下：

由表3.1知其左上角的空格为(A_1, B_1)，先在该格中填入$x_{11}=\min(a_1, b_1)=\min(7, 3)=3$，这时$B_1$的需要全部满足，在以后运输量分配时不再考虑，故划去B_1列。在运输表尚未划去的元素中，左上角的空格为(A_1, B_2)，在其中填入$x_{12}=\min(a_1-3, b_2)=\min(4, 6)=4$，因$A_1$的可供量已全部用完，故划去$A_1$行。这时左上角的空格为$(A_2, B_2)$，填入$x_{22}=2$，并划去$B_2$列。如此继续，寻求初始调运方案的过程如表3.3所示。

表3.3

<table>
<tr><td rowspan="2">产地</td><td colspan="8">销地</td><td rowspan="2">产量/吨</td></tr>
<tr><td colspan="2">B_1</td><td colspan="2">B_2</td><td colspan="2">B_3</td><td colspan="2">B_4</td></tr>
<tr><td>A_1</td><td>3</td><td>3</td><td>4</td><td>11</td><td></td><td>3</td><td></td><td>10</td><td>7</td></tr>
<tr><td>A_2</td><td></td><td>1</td><td>2</td><td>9</td><td>2</td><td>2</td><td></td><td>8</td><td>4</td></tr>
<tr><td>A_3</td><td></td><td>7</td><td></td><td>4</td><td>3</td><td>10</td><td>6</td><td>5</td><td>9</td></tr>
<tr><td>销量/吨</td><td colspan="2">3</td><td colspan="2">6</td><td colspan="2">5</td><td colspan="2">6</td><td></td></tr>
</table>

方案的总运费为：

$$Z=3\times3+4\times11+2\times9+2\times2+3\times10+6\times5=135$$

(2)最小元素法。

最小元素法的基本思想就是从单位运价表中最小的运价开始确定产销关系，依次类推，直到给出初始方案为止。结合例3.1讨论如下：

①在例3.1中最小运价为1，这表示先将A_2的产品供应给B_1。因$a_2>b_1$，A_2除满足B_1的全部需要外，还可多余1吨产品。在表3.4的(A_2, B_1)的交叉格处填上3，这时B_1需要全部满足，在以后运输量分配时不再考虑，故划去B_1列。

表3.4

<table>
<tr><td rowspan="2">产地</td><td colspan="8">销地</td><td rowspan="2">产量/吨</td></tr>
<tr><td colspan="2">B_1</td><td colspan="2">B_2</td><td colspan="2">B_3</td><td colspan="2">B_4</td></tr>
<tr><td>A_1</td><td></td><td>3</td><td></td><td>11</td><td></td><td>3</td><td></td><td>10</td><td>7</td></tr>
<tr><td>A_2</td><td>3</td><td>1</td><td></td><td>9</td><td></td><td>2</td><td></td><td>8</td><td>4</td></tr>
</table>

续表

产地	销地								产量/吨
	B_1		B_2		B_3		B_4		
A_3		7		4		10		5	9
销量/吨	3		6		5		6		

②在表 3.4 未划去的元素中再找出最小运价 2，确定 A_2 多余的 1 吨供应 B_3，并给出表 3.5。

表 3.5

产地	销地								产量/吨
	B_1		B_2		B_3		B_4		
A_1		3		11		3		10	7
A_2	3	1		9	1	2		8	4
A_3		7		4		10		5	9
销量/吨	3		6		5		6		

③在表 3.5 未划去的元素中再找出最小运价 3；这样一步步地进行下去，直到单位运价表上的所有元素划去为止，最后在产销平衡表上得到一个调运方案，如表 3.6 所示。

表 3.6

产地	销地								产量/吨
	B_1		B_2		B_3		B_4		
A_1		3		11	4	3	3	10	7
A_2	3	1		9	1	2		8	4
A_3		7	6	4		10	3	5	9
销量/吨	3		6		5		6		

方案的总运费为：

$$Z = 3 \times 1 + 6 \times 4 + 1 \times 2 + 3 \times 5 + 4 \times 3 + 3 \times 10 = 86$$

用最小元素法求初始基本可行解时要注意下列问题：

①在确定初始方案时，若在 (i, j) 格填上某数字后，出现 A_i 处的产量等于 B_j 处的销量，就会出现同时划去 A_i 行和 B_j 列。此时必须在运输表上被划去行和列相应位置的任一

空格处填上一个“0”，以满足数格为 $m+n-1$ 个的需要。

② 用最小元素法所得到的初始方案可以不唯一。

(3)伏格尔(vogel)法。

初看起来，最小元素法十分合理，但是最小元素法的缺点是：为了节省一处的运费，有时造成在其他处要多花几倍的运费，因此，在进行优化时要从全局最优的角度出发，而非某一地或者某一方面最优。为解决上述问题，此时可引入伏格尔法。

伏格尔法考虑到，一产地的产品假如不能按最小运费就近供应，就考虑次小运费，这就有一个差额。差额越大，说明不能按最小运费调运时，运费增加越多。因而对差额最大处，就应当采用最小运费调运。伏格尔法就是基于这种考虑提出来的。现再结合例 1 说明这种方法。

①先分别计算运输表中各行和各列的最小运费和次最小运费的差额，并填入该表的最右列和最下行，如表 3.7 所示。

表 3.7

产地	销地				行差额
	B_1	B_2	B_3	B_4	
A_1	3	11	3	10	0
A_2	1	9	2	8	1
A_3	7	4	10	5	1
列差额	2	5	1	3	

②从行或列差额中选出最大者，选择它所在行或列中的最小元素。在表 3.7 中 B_2 列是最大差额所在列。B_2 列中最小元素为 4，可确定 A_3 的产品先供应 B_2 的需要，同时将运价表中的 B_2 列数字划去，得到表 3.8。

表 3.8

产地	销地				产量/吨
	B_1	B_2	B_3	B_4	
A_1	3	11	3	10	7
A_2	1	9	2	8	4
A_3	7	6　4	10	5	9
销量/吨	3	6	5	6	

③对表 3.9 中未划去的元素再分别计算出各行、各列的最小运费和次最小运费的差额，并填入该表的最右列和最下行。重复第(1)、(2)步。直到给出初始解为止。用此法给出例 1 的初始解，列于表 3.10。

表 3.9

产地	销地				行差额
	B_1	B_2	B_3	B_4	
A_1	3	11	3	10	0
A_2	1	9	2	8	1
A_3	7	4	10	5	2
列差额	2		1	3	

表 3.10

产地	销地								产量/吨
	B_1		B_2		B_3		B_4		
A_1		3		11	5	3	2	10	7
A_2	3	1		9		2	1	8	4
A_3		7	6	4		10	3	5	9
销量/吨	3		6		5		6		

方案的总运费为：

$$Z = 3 \times 1 + 6 \times 4 + 5 \times 3 + 2 \times 10 + 1 \times 8 + 3 \times 5 = 85$$

由以上可见：伏格尔法给出的初始解比用最小元素法给出的初始解更接近最优解。一般来说，伏格尔法得出的初始解的质量最好，常作为运输问题最优解的近似解。本例用伏格尔法给出的初始解就是最优解。

3.2.2 最优解的判别

最优性检验就是检查所得到的方案是不是最优方案。检查的方法与单纯形方法中的原理相同，即计算检验数。由于目标要求极小，因此，当所有的检验数都大于或等于零时该调运方案就是最优方案；否则就不是最优，需要进行调整。下面介绍两种求检验数的方法：闭回路法和位势法。

(1)闭回路法。

所谓闭回路是指在已给出的调运方案的运输表上从一个代表非基变量的空格出发，沿水平或垂直方向前进，当碰到代表基变量的数字格时可以转 90°，继续前进，直到回到出发的那个空格，由此形成的封闭的折线叫作闭回路。这个闭回路的顶点，除这个空格外，其他均为数字格。可以证明，每个空格都存在唯一的闭回路。闭回路如图 3.1 的(a)、(b)、(c)所示。

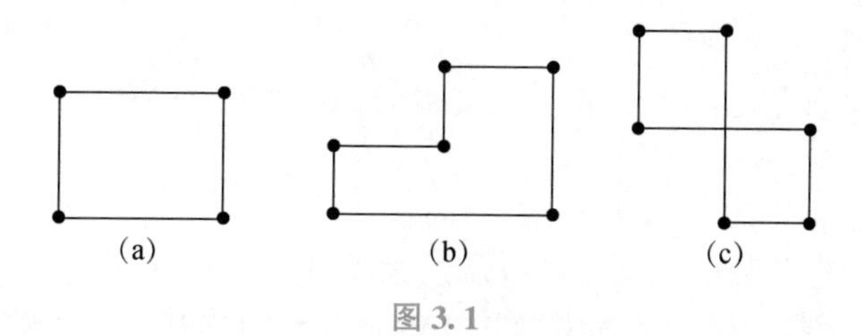

图 3.1

如果规定作为起始顶点的非基变量为第 1 个顶点，闭回路的其他顶点依次为第 2 个顶点、第 3 个顶点……则空格 x_{ij} 的检验数 σ_{ij} =闭回路上的奇数次顶点单位运费之和-闭回路上的偶数次顶点单位运费之和。

闭回路法计算检验数的经济解释为：在已给出初始解的表 3.4 中，可从任一空格出发，如(A_1, B_1)，若让 A_1 的产品调运 1 吨给 B_1，为了保持产销平衡，就要依次做调整：在(A_1, B_3)处减少 1 吨，(A_2, B_3)处增加 1 吨，(A_2, B_1)处减少 1 吨，即构成了以(A_1, B_1)空格为起点，其他为数字格的闭回路，如表 3.11 所示。

表 3.11

产地	销地				产量/吨
	B_1	B_2	B_3	B_4	
A_1	[3] (+1)	[11]	[3] 4(−1)	[10] 3	7
A_2	[1] 3(−1)	[9]	[2] 1(+1)	[8]	4
A_3	[7]	[4] 6	[10]	[5] 3	9
销量/吨	3	6	5	6	

上述调整使总的运输费用发生的变化为：

$$C_{11}-C_{13}+C_{23}-C_{21}=3-3+2-1=1$$

这就是检验数。按上述做法，可计算出表 3.6 的所有非基变量的检验数，如表 3.12 所示。

表 3.12

空格	闭回路	检验数
(11)	(11)-(13)-(23)-(21)-(11)(12)-(14)-(34)-(32)-(12)	1
(12)	(22)-(23)-(13)-(14)-(34)-(32)-(22)	2
(22)	(24)-(23)-(13)-(14)-(24)	1
(24)	(31)-(34)-(14)-(13)-(23)-(21)-(31)	-1
(31)	(33)-(34)-(14)-(13)-(33)	10
(33)		12

显然，当所有非基变量的检验数均大于或等于零时，现行的调运方案就是最优方案，因为此时对现行方案做任何调整都将导致总的运输费用增加。当检验数还存在负数时，说

明原方案不是最优解。

闭回路法的主要缺点是：当变量个数较多时，寻找闭回路以及计算两方面都会产生困难。

(2)位势法。

根据单纯形法中检验数的定义，可以从约束条件中解出基变量(用非基变量表示基变量)，然后代入目标函数，消去目标中的基变量，得到的非基变量系数就是检验数。这一过程可以用下列位势法等价地加以实现。

所谓的位势法，就是对运输表上的每一行赋予一个数值 u_i，对每一列赋予一个数值 v_j，它们的数值是由基变量 x_{ij} 的检验数 $\boldsymbol{\sigma}_{ij}=\boldsymbol{C}_{ij}-(u_i+v_j)=0$ 所决定(由单纯法得知所有基变量的检验数等于0)，则非基变量 x_{ij} 的检验数可由公式 $\boldsymbol{\sigma}_{ij}=\boldsymbol{C}_{ij}-(u_i+v_j)$ 求出。称这些 u_i，v_j 为该基本可行解对应的位势。

由于满足方程 $\boldsymbol{C}_{ij}-(u_i+v_j)=0(x_{ij}\in \boldsymbol{X_B})$ 的变量(u_i，v_j)有 $m+n$ 个，而有 $m+n-1$ 个方程(基变量个数)，故有一个自由变量，可令任一未知数为0，就可求出上述方程组的解(u_{i1}，u_{i2}，$\cdots u_{im}$，v_{j1}，v_{j2}，$\cdots v_{jn}$)。位势解不唯一。这些计算可在表格中进行，下面以例3.1说明。

第一步：对用最小元素法给出的初始基可行解作一表，把原来表中的最后一列的产量改为 u_i 值，把原来表中的最后一行的销量改为 v_j 值，表中每一栏的右上角仍表示运价，栏中数字表示调运量(基变量)，无数字的表示为非基变量。

第二步：令 $u_1=0$，然后按 $u_i+v_j=\boldsymbol{C}_{ij}$ $(x_{ij}\in \boldsymbol{X_B})$，相继确定 u_i，v_j 的值。于是有 $v_3=3$，$v_4=10$，$u_2=-1$，$v_1=2$，$u_3=-5$，$v_2=9$，如表3.13所示。

表3.13

产地	销地								u_i
	B_1		B_2		B_3		B_4		
A_1		3		11	4	3	3	10	0
A_2	3	1		9	1	2		8	−1
A_3		7	6	4		10	3	5	−5
v_j	2		9		3		10		

第三步：按 $\boldsymbol{\sigma}_{ij}=\boldsymbol{C}_{ij}-(u_i+v_j)$ $(x_{ij}\in \boldsymbol{X_N})$ 算出表中各空格(即非基变量)的检验数：$\boldsymbol{\sigma}_{11}=3-(0+2)=1$，$\boldsymbol{\sigma}_{12}=11-(0+9)=2$，$\boldsymbol{\sigma}_{22}=1$，$\boldsymbol{\sigma}_{24}=-1$，$\boldsymbol{\sigma}_{31}=10$，$\boldsymbol{\sigma}_{33}=12$，如表3.14所示。

表3.14

产地	销地								u_i
	B_1		B_2		B_3		B_4		
A_1	1	3	2	11		3		10	0

续表

产地	销地								u_i
	B_1		B_2		B_3		B_4		
A_2		1	1	9		2	-1	8	-1
A_3	10	7		4	12	10		5	-5
v_j	2		9		3		10		

显然用位势法求得的检验数与用闭回法求得的检验数是一样的。

3.2.3　改进运输方案的方法——闭回路调整法

当非基变量的检验数出现负值时，则表明当前的基本可行解不是最优解。在这种情况下，应该对基本可行解进行调整，即找到一个新的基本可行解使目标函数值下降，这一过程通常称为换基过程。

①在所有为负值的检验数中，选其中最小的检验数，以它对应的非基变量 x_{ij} 作为进基变量，如在本例中 $\sigma_{24}=-1$，选非基变量 x_{24} 为进基变量。

②以该 x_{ij} 为起点找一条闭回路，除 x_{ij} 外其余顶点必须为基变量格。确定调整量 $\theta=\min$ {闭回路上的偶数顶点格的运输量}，以该格中的变量为出基变量。

③在闭回路上进行调整：对闭回路上每个偶数顶点格的运输量减 θ，对闭回路上各奇数顶点格的运输量加 θ。调整后，将闭回路中为 0 的一个数格作为空格(即出基变量)。从而得出一个新的运输方案，该运输方案的总运费比原运输方案减少，改变量等于 σ_{ij}。

然后，对得到的新解进行最优性检验，如果不是最优解，就重复以上步骤继续进行调整，直到得出最优解为止。

我们对例 3.1 用最小元素法得出的解(见表 3.5)进行改进。由于 $\sigma_{24}=-1$，选非基变量 x_{24} 为进基变量。(2，4)格的调入量 θ 是选择闭回路上偶数顶点格的数字格中的最小者，即 $\theta=\min(1，3)=1$(其原理与单纯形法中按 θ 规划来确定换出变量相同)。然后对闭回路上每个偶数顶点格的运输量减 θ，对闭回路上各奇数顶点格的运输量加 θ，得到调整方案，如表 3.15 所示。

表 3.15

产地	销地				产量
	B_1	B_2	B_3	B_4	
A_1			$^{(+1)}4$ →	→ $3^{(-1)}$ ↓	7
A_2	3		↑ $^{(-1)}1$ ←	← $(+1)$	4
A_3		6		3	9
销量	3	6	5	6	

对于表 3.16 给出的新解，再用闭回路法或位势法求各空格的检验数，如表 3.17 所示。表中的所有检验数都非负，故表 3.16 中的解为最优解。这时得到的总运费最小是 85 元。

表 3.16

产地	销地								产量
	B_1		B_2		B_3		B_4		
A_1		3		11	5	3	2	10	7
A_2	3	1		9		2	1	8	4
A_3		7	6	4		10	3	5	9
销量	3		6		5		6		

表 3.17

产地	销地								产量
	B_1		B_2		B_3		B_4		
A_1	0	3	2	11		3		10	7
A_2		1	2	9	1	2		8	4
A_3	9	7		4	12	10		5	9
销量	3		6		5		6		

3.2.4 需注意的问题

①在最终运输表中，若有某个空格(非基变量)的检验为 0，则表明该运输问题有多种(无穷多)最优解。

②用闭回路法调整时，当闭回路上偶数顶点处运输量有几个相同的最小值时，只能选择其中一个作为调入格。而经调整后，得到退化解。为保证调整后只能有一个空格，其余均要保留数“0”，表明他们仍是基变量，以保证基变量数格等于 $m+n-1$ 个的需要。当出现退化解后，并作改进调整时，可能在某闭回路上有标记为(-1)的取值为 0 的数字格，这时应取调整量 θ 等于 0。

③若运输问题的某一基可行解有多个非基变量的检验数为负，在继续进行迭代时，取它们中的任一变量为换入变量均可使目标函数值得到改善，但通常取 $\sigma_{ij}<0$ 中最小者对应的变量为换入变量。

3.3　产销不平衡的运输问题

在实际中遇到的运输问题常常不是产销平衡的，可以通过增加虚设产地或销地(加、减松弛变量)把问题转换成产销平衡问题，下面分别来讨论。

3.3.1　产量大于销量的情况

数学模型为：

$$\min Z = \sum_{i=1}^{m}\sum_{j=1}^{n} c_{ij}x_{ij}$$

$$\begin{cases} \sum_{j=1}^{n} x_{ij} \leqslant a_i(i = 1, 2, \cdots, m) \\ \sum_{i=1}^{m} x_{ij} = b_j(j = 1, 2, \cdots, n) \\ x_{ij} \geqslant 0(i = 1, 2, \cdots, m, j = 1, 2, \cdots, n) \end{cases}$$

其中，$\sum_{i=1}^{m} a_i > \sum_{j=1}^{n} b_j$。

这时，在模型中增加一个假想的销地 B_{n+1}，销量为 $b_{n+1} = \sum_{i=1}^{m} a_i - \sum_{j=1}^{n} b_j$；并在前 m 个不等式约束中引入 m 个松弛变量 $x_{in+1}(i=1, 2, \cdots, m)$。这里，松弛变量 x_{in+1} 可以视为从产地 A_i 运往销地 B_{n+1} 的运输量，由于实际并不运送，它们的运费为 $c_{in+1}=0(i=1, 2, \cdots, m)$。于是，这个运输问题就转化成了一个产销平衡的问题。

3.3.2　销量大于产量的情况

数学模型为：

$$\min Z = \sum_{i=1}^{m}\sum_{j=1}^{n} c_{ij}x_{ij}$$

$$\begin{cases} \sum_{j=1}^{n} x_{ij} = a_i(i = 1, 2, \cdots, m) \\ \sum_{i=1}^{m} x_{ij} \leqslant b_j(j = 1, 2, \cdots, n) \\ x_{ij} \geqslant 0(i = 1, 2, \cdots, m, j = 1, 2, \cdots, n) \end{cases}$$

其中，$\sum_{i=1}^{m} a_i < \sum_{j=1}^{n} b_j$。

这时，可仿照上述类似处理，在模型中增加一个假想的产地 A_{m+1}，产量为 $a_{n+1} = \sum_{j=1}^{m} b_j - \sum_{i=1}^{n} a_i$。由于这个产地并不存在，从产地 A_{m+1} 运往各销地 B_j 的运费为 $c_{m+1j}=0(j=1, 2, \cdots, n)$。

例 3.2　某公司从两个产地 A_1、A_2 将物品运往三个销地 B_1、B_2、B_3，各产地的产量、各销地的销量和各产地运往各销地每件物品的运费如表 3. 18 所示，问：应如何调运可使总运输费用最小？

表 3. 18

产地	销地			产量
	B_1	B_2	B_3	
A_1	6	4	6	200
A_2	6	5	5	300
销量	250	200	200	

解：增加一个虚设的产地 A_3，运输费用为 0(见表 3. 19)，再用表上作业法求解。

表 3. 19

产地	销地			产量
	B_1	B_2	B_3	
A_1	6	4	6	200
A_2	6	5	5	300
A_3	0	0	0	150
销量	250	200	200	

得(见表 3. 20)：

表 3. 20

产地	销地			产量
	B_1	B_2	B_3	
A_1		200		200
A_2	100	0	200	300
A_3	150			150
销量	250	200	200	

例 3. 3　某公司从产地将物品运往销地，各产地的产量、各销地的销量和各产地运往各销地每件物品的运费如表 3. 21 所示，问：应如何调运可使总运输费用最小？

表 3. 21

产地	销地				a_i
	B_1	B_2	B_3	B_4	
A_1	5	9	2	3	60
A_2	—	4	7	8	40
A_3	3	6	4	2	30
A_4	4	8	10	11	50
b_j	20~60	50~70	35	45	

解：本例是一个产销不平衡的运输问题。先做如下分析：

①总产量为 180，B_1，B_2，B_3，B_4 的最低需求量 20+50+35+45=150，这是产大于销；

B_1，B_2，B_3，B_4 的最高需求是 60+70+35+45=210，这是销大于产。

②虚设一个产地 A_5，产量是 210−180=30，A_5 的产量只能供应 B_1 或 B_2。

③将 B_1 与 B_2 各分成两部分 B_1^1，B_1^2；B_2^1，B_2^2。B_1^1 的需求量是 20，B_1^2 的需求量是 40；B_2^1，B_2^2 的需求量分别是 50 与 20，因此必须由 A_1，A_2，A_3，A_4 供应。

④上述 A_5 不能供应某需求地的运价用大 M 表示，A_5 到 B_1^2，B_2^2 的运价为零。产销平衡表如表 3.22 所示。

表 3.22

产地	销地						
	B_1^1	B_1^2	B_2^1	B_2^2	B_3	B_4	a_i
A_1	5	5	9	9	2	3	60
A_2	M	M	4	4	7	8	40
A_3	3	3	6	6	4	2	30
A_4	4	4	8	8	10	11	50
A_5	M	0	M	0	M	M	30
b_j	20	40	50	20	35	45	210

再用表上作业法求解，得(见表 3.23)：

表 3.23

产地	销地						
	B_1^1	B_1^2	B_2^1	B_2^2	B_3	B_4	a_i
A_1					35	25	60
A_2			40				40
A_3	0		10			20	30
A_4	20	30					50
A_5		10		20			30
b_j	20	40	50	20	35	45	210

表 3.23 中：$x_{31}=0$ 是基变量，说明这组解是退化基本可行解，空格处的变量是非基变量。B_1，B_2，B_3，B_4 实际收到产品数量分别是 50，50，35 和 45 个单位。

例 3.4(转运问题)　某公司有 A_1、A_2、A_3 三个分厂生产某种物质，分别供应 B_1、B_2、B_3、B_4 四个地区的销售公司销售。假设质量相同，有关数据如表 3.24 所示。

表 3.24

产地	销地				
	B_1	B_2	B_3	B_4	产量
A_1	3	11	3	10	7
A_2	1	9	2	8	4

续表

产地	销地				
	B_1	B_2	B_3	B_4	产量
A_3	7	4	10	5	9
销量	3	6	5	6	

试求总费用为最少的调运方案。假设：

①每个分厂的物资不一定直接发运到销地，可以从其中几个产地集中一起运；

②运往各销地的物资可以先运给其中几个销地，再转运给其他销地；

③除产销地之外，还有几个中转站，在产地之间、销地之间或在产地与销地之间转运。运价如表 3.25 所示。

表 3.25

—	A_1	A_2	A_3	T_1	T_2	T_3	T_4	B_1	B_2	B_3	B_4
A_1		1	3	2	1	4	3	3	11	3	10
A_2	1		—	3	5	—	2	1	9	2	8
A_3	3	—		1	—	2	3	7	4	10	5
T_1	2	3	1		1	3	2	2	8	4	6
T_2	1	5	—	1		1	1	4	5	2	7
T_3	4	—	2	3	1		2	1	8	2	4
T_4	3	2	3	2	1	2		1	—	2	6
B_1	3	1	7	2	4	1	1		1	4	2
B_2	11	9	4	8	5	8	—	1		2	1
B_3	3	2	10	4	2	2	2	4	2		3
B_4	10	8	5	6	7	4	6	2	1	3	

解：把此转运问题转化为一般运输问题：

①把所有产地、销地、转运站都同时看作产地和销地。

②运输表中不可能的方案运费取作 M，自身对自身的运费为 0。

③产量及销量可定为：中转站为流量+20，产地为产量+20，销地为销量+20。20 为各点可能变化的最大流量。

④对于最优方案，其中 x_{ij} 为自身对自身的运量，实际上不进行运作。

扩大的运输问题产销平衡表如表 3.26 所示。

表 3.26

—	A_1	A_2	A_3	T_1	T_2	T_3	T_4	B_1	B_2	B_3	B_4	产量
A_1	0	1	3	2	1	4	3	3	11	3	10	27
A_2	1	0	M	3	5	M	2	1	9	2	8	24

续表

—	A_1	A_2	A_3	T_1	T_2	T_3	T_4	B_1	B_2	B_3	B_4	产量
A_3	3	M	0	1	M	2	3	7	4	10	5	29
T_1	2	3	1	0	1	3	2	2	8	4	6	20
T_2	1	5	M	1	0	1	1	4	5	2	7	20
T_3	4	M	2	3	1	0	2	1	8	2	4	20
T_4	3	2	3	2	1	2	0	1	M	2	6	20
B_1	3	1	7	2	4	1	1	0	1	4	2	20
B_2	11	9	4	8	5	8	M	1	0	2	1	20
B_3	3	2	10	4	2	2	2	4	2	0	3	20
B_4	10	8	5	6	7	4	6	2	1	3	0	20
销量	20	20	20	20	20	20	20	23	26	25	26	

计算过程从略。

习题三

1. 简答题：

(1) 运输问题的数学模型具有什么特征？

(2) 为什么 $(m+n)$ 个约束中有 $(m+n-1)$ 个是独立方程？

(3) 运输问题为什么总是存在最优解？

(4) 试对给出运输问题初始基可行解的最小元素法、伏格尔法进行对比，分析给出的解之质量不同的原因。

(5) 运输问题在什么情况下可能出现退化的情况？当出现退化解时应如何处理？

(6) 如何将一个产销不平衡的运输问题转化成产销平衡的运输问题？

2. 判断表 3.27、表 3.28 中给出的调运方案能否作为用表上作业法求解的初始解，为什么？

(1)

表 3.27

销地	产地				产量
	1	2	3	4	
1	0	15			15
2			15	10	25
3	5				5
销量	5	15	15	10	

（2）

表 3.28

产地	销地					产量
	1	2	3	4	5	
1	150			250		400
2		200	300			500
3			250		50	300
4	90	210				300
5				80	20	100
销量	240	410	550	330	70	

3. 在表 3.29、表 3.30、表 3.31 中分别给出运输问题的产销平衡表和单位运价表，试用伏格尔(Vogel)法直接给出近似最优解。(表中数字 M 为任意大正数)

（1）

表 3.29

产地	销地			产量
	1	2	3	
1	5	1	8	12
2	2	4	1	14
3	3	6	7	4
销量	9	10	11	

（2）

表 3.30

产地	销地					产量
	1	2	3	4	5	
1	10	2	3	15	9	25
2	5	10	15	2	4	30
3	15	5	14	7	15	20
4	20	15	13	M	8	30
销量	20	20	30	10	25	

（3）

表 3.31

产地	销地				产量
	B_1	B_2	B_3	B_4	
A_1	5	3	8	6	16

续表

产地	销地				产量
	B_1	B_2	B_3	B_4	
A_2	10	7	12	15	24
A_3	17	4	8	9	30
销量	20	25	10	15	

4. 用表上作业法求下列运输问题的最优解(见表 3.32~表 3.35):

(1)

表 3.32

产地	销地				产量
	B_1	B_2	B_3	B_4	
A_1	3	2	2	2	3
A_2	6	10	8	5	6
A_3	6	7	6	6	6
销量	4	3	4	4	

(2)

表 3.33

产地	销地				产量
	甲	乙	丙	丁	
1	3	7	6	4	5
2	2	4	3	2	2
3	4	3	8	5	3
销量	3	3	2	2	

(3)

表 3.34

产地	销地				产量
	甲	乙	丙	丁	
1	10	6	7	12	4
2	16	10	5	9	9
3	5	4	10	10	4
销量	5	2	4	6	

（4）

表 3.35

产地	销地					产量
	甲	乙	丙	丁	戊	
1	10	20	5	9	10	5
2	2	10	8	30	6	6
3	1	20	7	10	4	2
4	8	6	3	7	5	9
销量	4	4	6	2	4	

5. 运输问题的产销平衡表和最优调运方案及单位运价表分别如表 3.36 和表 3.37 所示。

表 3.36

产地	销地				产量
	B_1	B_2	B_3	B_4	
A_1		5		10	15
A_2	0	10	15		25
A_3	5				5
销量	5	15	15	10	

表 3.37

产地	销地			
	B_1	B_2	B_3	B_4
A_1	10	1	20	11
A_2	12	7	9	20
A_3	2	14	16	18

(1) 从 $A_2 \to B_2$ 单位运价 c_{22} 在什么范围变化时，上述最优调运方案不变？

(2) 从 $A_2 \to B_4$ 单位运价 c_{24} 变为何值时，有无穷多最优调运方案，除表 3.36 中方案外，至少再写出两个。

6. 某百货公司去外地采购 A、B、C、D 四种规格的服装，数量分别为 A—1 500 套、B—2 000 套、C—3 000 套、D—3 500 套。有三个城市可供应上述规格服装，供应数量为城市Ⅰ—2 500 套、Ⅱ—2 500 套、Ⅲ—5 000 套。由于这些城市的服装质量、运价及销售情况不一，预计售后的利润(元/套)也不同，详见表 3.38。

表 3.38

城市	服装规格			
	A	B	C	D
Ⅰ	10	5	6	7
Ⅱ	8	2	7	6
Ⅲ	9	3	4	8

请帮助该公司确定一个预期盈利最大的采购方案。

7. 某实验设备厂按合同规定在当年前四个月分别提供同一型号的干燥箱 50 台、40 台、60 台、80 台给用户。该厂每个月的生产能力是 65 台，如果生产的产品当月不能交货，每台每月必须支付维护及存储费 0.15 万元，已知四个月内每台生产费分别是 1 万元、1.25 万元、0.87 万元、0.98 万元，试安排这四个月的生产计划，使既能按合同如期交货，又使总费用最小。

第四章 目标规划

线性规划模型的特征是在满足一组约束条件下，寻求一个目标的最优解(最大值或最小值)。而在现实生活中最优只是相对的，或者说没有绝对意义下的最优，只有相对意义下的满意。目标规划主要解决多个目标共存时的决策问题。虽然目标众多，但在不同时期、不同条件下，各个目标的地位和作用有所不同，处理这些目标时也应有轻重缓急之分。

1978 年诺贝尔经济学奖获得者西蒙教授(H. A. Simon，美国卡内基-梅隆大学，1916—)提出“满意行为模型要比最大化行为模型丰富得多”，否定了企业的决策者是“经济人”概念和“最大化”行为准则，提出了“管理人”的概念和“令人满意”的行为准则，对现代企业管理的决策科学进行了开创性的研究。

本章介绍一种特殊的多目标规划，叫目标规划(goal programming)，这是美国学者 Charnes 等在 1952 年提出来的。目标规划在实践中的应用十分广泛，它的重要特点是对各个目标分级加权与逐级优化，这符合人们处理问题要分清轻重缓急，保证重点的思考方式。在科学研究、经济建设和生产实践中，人们经常遇到一类含有多个目标的数学规划问题，称为多目标规划。在企业运营管理中需要考虑多个方面的问题，例如经济效益、环境污染、社会责任、公众形象等。管理者应在调查分析的基础上，分清主次矛盾，明确工作重点，统筹解决方案。

4.1 目标规划模型

4.1.1 问题提出

为了便于理解目标规划数学模型的特征及建模思路，我们首先举一个简单的例子来说明。

例 4.1 某公司分厂用一条生产线生产两种产品 A 和 B，每周生产线运行时间为 60 小时，生产一台 A 产品需要 4 小时，生产一台 B 产品需要 6 小时。根据市场预测，A、B 产品平均销售量分别为每周 9 台、8 台，它们销售利润分别为 12 万元、18 万元。在制订生产计划时，经理考虑下述四项目标：

首先，产量不能超过市场预测的销售量；

其次，工人加班时间最少；

再次，希望总利润最大；

最后，要尽可能满足市场需求，当不能满足时，市场认为B产品的重要性是A产品的2倍。

试建立这个问题的数学模型。

解：若把总利润最大看作目标，而把产量不能超过市场预测的销售量、工人加班时间最少和要尽可能满足市场需求的目标看作约束，则可建立一个单目标线性规划模型：

设决策变量 x_1，x_2 分别为产品A、B的产量。

$$\max Z=12x_1+18x_2$$

$$\text{s. t.}\begin{cases}4x_1+6x_2\leqslant 60\\ x_1\leqslant 9\\ x_2\leqslant 8\\ x_1,\ x_2\geqslant 0\end{cases}$$

容易求得上述线性规划的最优解为$(9,\ 4)^T$到$(3,\ 8)^T$所在线段上的点，最优目标值为 $Z^*=180$，即可选方案有多种。

在实际上，这个结果并非完全符合决策者的要求，它只实现了经理的第一、二、三个目标，而没有实现最后一个目标。进一步分析可知，要实现全体目标是不可能的。

4.1.2　目标规划模型的基本概念

把例4.1的四个目标表示为不等式，仍设决策变量 x_1，x_2 分别为产品A、B的产量。那么：

第一个目标为：$x_1\leqslant 9$，$x_2\leqslant 8$；

第二个目标为：$4x_1+6x_2\leqslant 60$；

第三个目标为：希望总利润最大，要表示成不等式需要找到一个目标上界，这里可以估计为252$(=12\times 9+18\times 8)$，于是有：

$$12x_1+18x_2\geqslant 252;$$

第四个目标为：$x_1\geqslant 9$，$x_2\geqslant 8$。

下面引入与建立目标规划数学模型有关的概念。

(1)正、负偏差变量 d^+，d^-。

我们用正偏差变量 d^+ 表示决策值超过目标值的部分；负偏差变量 d^- 表示决策值不足目标值的部分。因决策值不可能既超过目标值，同时又未达到目标值，故恒有

$$d^+\times d^-=0。$$

(2)绝对约束和目标约束。

我们把所有等式、不等式约束分为两部分：绝对约束和目标约束。绝对约束是指必须严格满足的等式约束和不等式约束；如在线性规划问题中考虑的约束条件，不能满足这些约束条件的解称为非可行解，所以它们是硬约束。如例4.1中生产A、B产品所需原材料数量有限制，并且无法从其他渠道予以补充，则构成绝对约束。

目标约束是目标规划特有的，目标约束具有更大的弹性，我们可以把约束右端项看作要努力追求的目标值，但允许结果与所制定的目标值存在正或负的偏差，用在约束中加入正、负偏差变量来表示，于是称它们是软约束。

对于例 4. 1，我们有如下目标约束：

$$x_1+d_1^--d_1^+=9 \tag{4.1}$$

$$x_2+d_2^--d_2^+=8 \tag{4.2}$$

$$4x_1+6x_2+d_3^--d_3^+=60 \tag{4.3}$$

$$12x_1+18x_2+d_4^--d_4^+=252 \tag{4.4}$$

(3)优先因子与权系数。

对于多目标问题，决策者在要求达到这些目标时，有主次或轻重缓急的不同。多个目标之间相互冲突时，决策者首先必须对目标排序。排序的方法有两两比较法、专家评分等方法，构造各目标的权系数，依据权系数的大小确定目标顺序。

要求第一位达到的目标赋予优先因子 P_1，次位的目标赋予优先因子 P_2，…，并规定 $P_k \gg P_{k+1}$，（$k=1, 2, \cdots, K$）。表示 P_k 比 P_{k+1} 有更大的优先权。即首先保证 P_1 级目标的实现，这时可不考虑次级目标；而 P_2 级目标是在实现 P_1 级目标的基础上考虑的；依此类推。若要区别具有相同优先因子的两个目标的差别，这时可分别赋予它们不同的权系数 ω_j，这些都由决策者依具体情况而定。

(4)目标规划的目标函数。

目标规划的目标函数是通过各目标约束的正、负偏差变量和赋予相应的优先等级来构造的。当每一目标值确定后，决策者的要求是尽可能从某个方向缩小偏离目标的数值。于是，目标规划的目标函数应该是求极小：$\min f=f(d^+, d^-)$。其基本形式有三种：

①要求恰好达到目标值，即使相应目标约束的正、负偏差变量都要尽可能地小。这时取 $\min P(d^++d^-)$。

②要求不超过目标值，即使相应目标约束的正偏差变量要尽可能地小。这时取 $\min P(d^+)$。

③要求不低于目标值，即使相应目标约束的负偏差变量要尽可能地小。这时取 $\min P(d^-)$。

目标规划的目标函数中包含了多个目标，对于具有相同重要性的目标决策者可以合并为一个目标，如果同一目标中还想分出先后次序，可以赋予不同的权系数，按系数大小再排序。

对于例 4. 1，我们根据决策者的考虑可知：

第一优先级要求 $\min P(d_1^++d_2^+)$；

第二优先级要求 $\min P(d_3{}^+)$；

第三优先级要求 $\min P(d_4^-)$；

第四优先级要求 $\min P(d_1^-+2d_2^-)$。这里，当不能满足市场需求时，市场认为 B 产品的重要性是 A 产品的 2 倍．即减少 B 产品的影响是 A 产品的 2 倍，因此我们引入了 2∶1 的权系数。综合上述分析，我们可得到下列目标规划模型：

$$\min f=P_1(d_1^++d_2^+)+P_2d_3{}^++P_3d_4^-+P_4(d_1^-+2d_2^-)$$

$$
\text{s.t.}\begin{cases}x_1+d_1^- -d_1^+=9\\x_2+d_2^- -d_2^+=8\\4x_1+6x_2+d_3^- -d_3^+=60\\12x_1+18x_2+d_4^- -d_4^+=252\\x_1,\ x_2,\ d_i^-,\ d_i^+\geqslant 0,\ i=1,2,3,4\end{cases}\tag{4.5}
$$

4.1.3 目标规划模型的一般形式

根据上面的讨论，我们可以得到目标规划的一般形式：

$$
\text{目标函数：}\min Z=\sum_{l=1}^{L}P_l\sum_{k=1}^{K}(\omega_{lk}^-d_k^-+\omega_{lk}^+d_k^+)
$$

$$
\text{满足约束条件：}\begin{cases}\sum_{j=1}^{n}c_{kj}x_j+d_k^- -d_k^+=g_k,\ k=1,2,\cdots,K\\\sum_{j=1}^{n}a_{ij}x_j\leqslant(=,\ \geqslant)b_i,\ i=1,2,\cdots,m\\x_j\geqslant 0,\ j=1,\cdots,n\\d_k^-,\ d_k^+\geqslant 0,\ k=1,2,3\end{cases}\tag{4.6}
$$

建立目标规划的数学模型时，需要确定目标值、优先等级、权系数等，它们都具有一定的主观性和模糊性，可以用专家评定法给以量化。

例 4.2 某单位拟进行调资，为实现人员覆盖以及薪资调整的合理性，领导在考虑本单位职工的升级调资方案时，依次遵守以下规定：

①不超过年工资总额 60 000 元；

②每级的人数不超过定编规定的人数；

③Ⅱ、Ⅲ级的升级面尽可能达到现有人数的 20%，且无越级提升；

④Ⅲ级不足编制的人数可录用新职工，且Ⅰ级的职工中有 10%要退休。

有关资料汇总于表 4.1 中，问：该领导应如何拟定一个满意的方案？

表 4.1

等级	工资额/(元·年$^{-1}$)	现有人数/人	编制人数/人
Ⅰ	2 000	10	12
Ⅱ	1 500	12	15
Ⅲ	1 000	15	15
合计	4 500	37	42

解：设 x_1、x_2、x_3 分别表示提升到Ⅰ、Ⅱ级和录用到Ⅲ级的新职工人数。对各目标确定的优先因子为：

P_1——不超过年工资总额 60 000 元；

P_2——每级的人数不超过定编规定的人数；

P_3——Ⅱ、Ⅲ级的升级面尽可能达到现有人数的 20%。

先分别建立各目标约束。

年工资总额不超过 60 000 元。

$$2\,000(10-10\times0.1+x_1)+1\,500(12-x_1+x_2)+1\,000(15-x_2+x_3)+d_1^- -d_1^+ =60\,000$$

每级的人数不超过定编规定的人数：

对Ⅰ级有 $10(1-0.1)+x_1+d_2^- -d_2^+ =12$；

对Ⅱ级有 $12-x_1+x_2+d_3^- -d_3^+ =15$；

对Ⅲ级有 $15-x_2+x_3+d_4^- -d_4^+ =15$；

Ⅱ、Ⅲ级的升级面不大于现有人数的20%，但尽可能多提。

对Ⅱ级有 $x_1+d_5^- -d_5^+ =12\times0.2$；

对Ⅲ级有 $x_2+d_6^- -d_6^+ =15\times0.2$；

目标函数：$\min Z=P_1d_1^+ +P_2(d_2^+ +d_3^+ +d_4^+)+P_3(d_5^- +d_6^-)$

例4.3 已知有三个产地给四个销地供应某种产品，产销地之间的供需量和单位运价如表4.2所示。有关部门在研究调运方案时依次考虑以下七项目标，并规定其相应的优先等级：

P_1——B_4 是重点保证单位，必须全部满足其需要；

P_2——A_3 向 B_1 提供的产量不少于100；

P_3——每个销地的供应量不小于其需要量的80%；

P_4——所定调运方案的总运费不超过最小运费调运方案的10%；

P_5——因路段的问题，尽量避免安排将 A_2 的产品运往 B_4；

P_6——给 B_1 和 B_3 的供应率要相同；

P_7——力求总运费最省。

建立目标规划模型。

表4.2

产地	销地				产量
	B_1	B_2	B_3	B_4	
A_1	5	2	6	7	300
A_2	3	5	4	6	200
A_3	4	5	2	3	400
销量	200	100	450	250	900/1 000

解

供应约束：

$$x_{11}+x_{12}+x_{13}+x_{14}\leqslant300$$
$$x_{21}+x_{22}+x_{23}+x_{24}\leqslant200$$
$$x_{31}+x_{32}+x_{33}+x_{34}\leqslant400$$

需求约束：

$$x_{11}+x_{21}+x_{31}+d_1^- -d_1^+ =200$$
$$x_{12}+x_{22}+x_{32}+d_2^- -d_2^+ =100$$
$$x_{13}+x_{23}+x_{33}+d_3^- -d_3^+ =450$$
$$x_{14}+x_{24}+x_{34}+d_4^- -d_4^+ =250$$

A_3 向 B_1 提供的产品量不少于100：

$$x_{31}+d_5^- - d_5^+ = 100$$

每个销地的供应量不小于其需求量的 80%：

$$x_{11}+x_{21}+x_{31}+d_6^- - d_6^+ = 200\times 0.8$$

$$x_{12}+x_{22}+x_{32}+d_7^- - d_7^+ = 100\times 0.8$$

$$x_{13}+x_{23}+x_{33}+d_8^- - d_8^+ = 450\times 0.8$$

$$x_{14}+x_{24}+x_{34}+d_9^- - d_9^+ = 250\times 0.8$$

调运方案的总运费不超过最小运费调运方案的 10%：

$$\sum_{i=1}^{3}\sum_{j=1}^{4} c_{ij}x_{ij} + d_{10}^- - d_{10}^+ = 2\,950(1 + 10\%)$$

因路段的问题，尽量避免安排将 A_2 的产品运往 B_4：

$$x_{24}+d_{11}{}^- - d_{11}{}^+ = 0$$

给 B_1 和 B_3 的供应率要相同：

$$(x_{11} + x_{21} + x_{31}) - \frac{200}{450}(x_{13} + x_{23} + x_{33}) + d_{12}^- - d_{12}^+ = 0$$

力求总运费最省：

$$\sum_{i=1}^{3}\sum_{j=1}^{4} c_{ij}x_{ij} + d_{13}^- - d_{13}^+ = 2\,950$$

目标函数为：

$$\min\ Z = P_1 d_4^- + P_2 d_5^- + P_3(d_6^- + d_7^- + d_8^- + d_9^-) + P_4 d_{10}^+ + P_5 d_{11}^+ + P_6(d_{12}^- + d_{12}^+) + P_7 d_{13}^+$$

在管理实践中，我们还常常遇到线性规划问题不可能都实现的目标，其存在相互矛盾的约束条件。例如：

$$\max\ Z = x_1 + x_2/2$$

$$\text{s.t.}\begin{cases} 3x_1 + 2x_2 \leqslant 12 \\ 5x_1 \leqslant 10 \\ x_1 + x_2 \geqslant 8 \\ -x_1 + x_2 \geqslant 4 \\ x_1,\ x_2 \geqslant 0 \end{cases}$$

该问题可行域为空的。这种情况处理的办法通常是将一些约束条件(例如后两个)看成是管理目标，使其尽可能达到为目标函数确定一个目标值 A，力求使目标函数值不小于 A。

4.2　目标规划的图解法

对只具有两个决策变量的目标规划的数学模型，我们可以用图解法来分析求解。通过图解示例，可以看到目标规划中优先因子，正、负偏差变量及权系数等的几何意义。

例 4.4　企业计划生产甲、乙两种产品，这些产品需要使用两种材料，要在两种不同设备上加工，工艺资料如表 4.3 所示。

表 4.3

资源	产品		现有资源
	产品甲	产品乙	
材料Ⅰ	3	0	12(kg)
材料Ⅱ	0	4	14(kg)
设备 A	2	2	12(h)
设备 B	5	3	15(h)
产品利润/(元・件$^{-1}$)	20	40	

企业安排生产计划，尽可能满足下列目标：

①力求使利润指标不低于 80 元；

②考虑到市场需求，甲、乙两种产品的生产量需保持 1∶1 的比例；

③设备 A 既要求充分利用，又尽可能不加班；

④设备 B 必要时可以加班，但加班时间尽可能少；

⑤材料不能超用。

解：设 x_1、x_2 分别为产品甲和产品乙的产量，目标规划数学模型为：

$$\min\ Z = P_1 d_1^- + P_2(d_2^- + d_2^+) + P_3(d_3^- + d_3^+) + P_4 d_4^+$$

$$\begin{cases} 3x_1 \leqslant 12 & (1) \\ 4x_2 \leqslant 16 & (2) \\ 20x_1 + 40x_2 + d_1^- - d_1^+ = 80 & (3) \\ x_1 - x_2 + d_2^- - d_2^+ = 0 & (4) \\ 2x_1 + 2x_2 + d_3^- - d_3^+ = 12 & (5) \\ 5x_1 + 3x_2 + d_4^- - d_4^+ = 15 & (6) \\ x_1,\ x_2,\ d_i^-,\ d_i^+ \geqslant 0 & (i = 1,\ 2,\ \cdots,\ 4) \end{cases}$$

下面用图解法来求解：

从图 4.1 中可以看出，平面直角坐标系的第一象限内，x，y 分别表示问题的决策变量 x_1 和 x_2。首先做出与各约束条件对应的直线，然后在这些直线旁分别标上 d_i^+，d_i^-，(i=1，2，3，4，5，6)。各直线可以沿 d_i^+，d_i^- 所示方向移动，使函数值变大、变小。

下面我们根据目标函数的优先因子来分析求解。首先必须满足两个绝对约束，可行域为矩形 OBEF。做目标约束时，首先考虑第一级具有 P_1 优先因子的目标的实现，在目标函数中要求实现 $\min\ P(d_1^-)$，取 $d_1^-=0$。图中阴影部分即表示出该最优解集合的所有点。

我们在第一级目标的最优解集合中找满足第二优先级要求 $\min\ P(d_2^-+d_2^+)$ 的最优解，取 $d_2^-=d_2^+=0$，阴影部分中线段 AB 即是满足第一、第二优先级要求的最优解集合。

第三优先级要求：$\min\ P(d_3^-+d_3^+)$，取 $d_3^-=d_3^+=0$，该解是点 C。

最后，考虑第四优先级要求 $\min\ P(d_4^-)$，根据图 4.1 可知，d_4^- 不可能取 0 值，我们取

使 d_4^- 最小的值仍为点 C。故最优解为 C 点 $x=3$，$y=3$。

即该企业的生产方案是产品甲、乙各生产 3 件，满足了前三项目标。

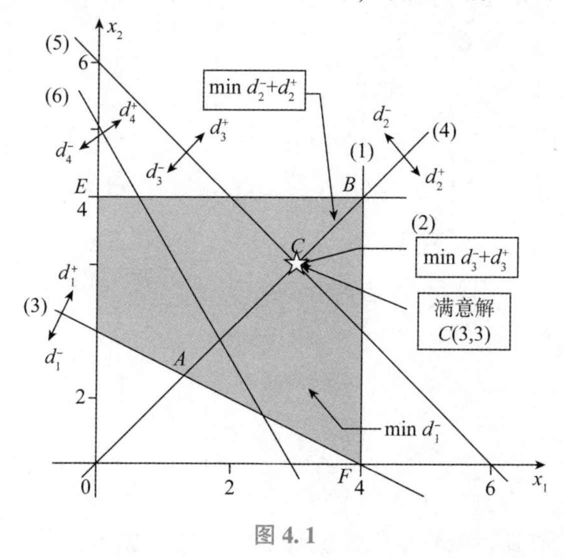

图 4.1

例 4.5　某电视机厂装配黑白和彩色两种电视机，每装配一台电视机需占用装配线 1 小时，装配线每周计划开动 40 小时。预计市场每周彩色电视机的销量是 24 台，每台可获利 80 元；黑白电视机的销量是 30 台，每台可获利 40 元。该厂确定的目标为：

第一优先级：充分利用装配线每周计划开动 40 小时；

第二优先级：允许装配线加班，但加班时间每周尽量不超过 10 小时；

第三优先级：装配电视机的数量尽量满足市场需要。因彩色电视机的利润高，取其权系数为 2。试建立此问题的目标规划模型，并求解黑白和彩色电视机的产量。

解：设 x_1，x_2 分别表示黑白和彩色电视机的产量。这个问题的目标规划模型为：

$$\text{目标函数：}\min Z = P_1 d_1^+ + P_2 d_2^+ + P_3(2d_3^- + d_4^-)$$

$$\text{满足约束条件：}\begin{cases} x_1 + x_2 + d_1^- - d_1^+ = 40 \\ x_1 + x_2 + d_2^- - d_2^+ = 50 \\ x_1 + d_3^- - d_3^+ = 24 \\ x_2 + d_4^- - d_4^+ = 30 \\ x_1,\ x_2,\ d_i^-,\ d_i^+ \geqslant 0,\ i = 1,\ 2,\ 3,\ 4 \end{cases}$$

考虑具有 P_1，P_2 的目标实现后，x_1，x_2 的取值范围为 ABCD。考虑 P_3 的目标要求时，因 d_3^- 的权系数大于 d_4^-，故先考虑 $\min P(d_3^-)$；这时 x_1，x_2 的取值范围缩小为 ABEF 区域。然后考虑 d_4^-。在 ABEF 中无法满足 $d_4^-=0$，因此只能在 ABEF 中取一点，使 d_4^- 尽可能小，这就是点 E。故点 E 为满意解。其坐标为(24，26)，即该厂每周应装配彩色电视机 24 台、黑白电视机 26 台，如图 4.2 所示。

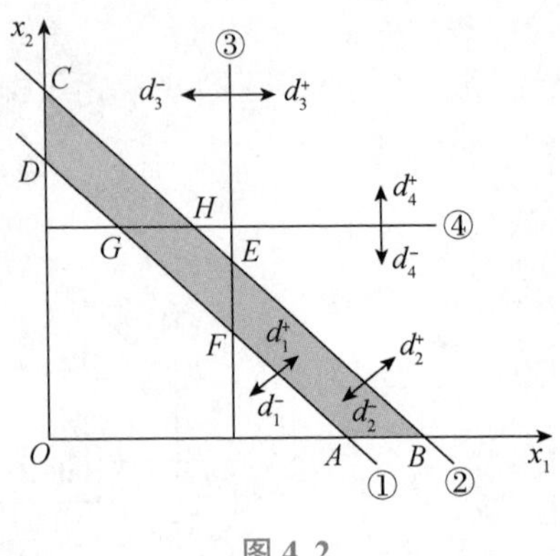

图 4.2

习题四

1. 简答题：

(1) 在目标规划中的目标规划与线性规划中的硬约束有什么不同？

(2) 是否在一切目标规划中都包含有绝对约束与目标约束？

(3) 偏差变量的含义是什么？

2. 工厂生产甲、乙两种产品，由 A、B 两组人员来生产。A 组人员熟练工人比较多，工作效率高，成本也高；B 组人员新手较多，工作效率比较低，成本也较低。例如，A 组只生产甲产品时，每小时生产 10 件，成本是 50 元。有关资料如表 4.4 所示。

表 4.4

项目	产品甲		产品乙	
	效率/(件·小时$^{-1}$)	成本/(元·件$^{-1}$)	效率/(件·小时$^{-1}$)	成本/(元·件$^{-1}$)
A 组	10	50	8	45
B 组	8	45	5	40
产品售价/(元·件$^{-1}$)	80		75	

两组人员每天正常工作时间都是 8 小时，每周 5 天。一周内每组最多可以加班 10 小时，加班生产的产品每件增加成本 5 元。

工厂根据市场需求、利润及生产能力确定了下列目标顺序：

P_1：每周供应市场甲产品 400 件，乙产品 300 件；

P_2：每周利润指标不低于 500 元；

P_3：两组都尽可能少加班，如必须加班由 A 组优先加班。

建立此生产计划的数学模型。

3. 某公司要将一批货从三个产地运到四个销地，产销地之间的供需量和单位运价如表 4.5 所示。现要制订调运计划，并依次满足以下目标：

P_1——B_1 的供应量不低于需要量；

P_2——其余销地的供应量不小于 85%；

P_3——A_3 向 B_3 提供的量不少于 200；
P_4——A_2 尽量少给 B_1；
P_5——给 B_2 和 B_3 的供应量尽可能保持平衡；
P_6——力求总运费最省。
建立目标规划模型。

表 4.5

产地	销地				产量
	B_1	B_2	B_3	B_4	
A_1	7	3	7	9	560
A_2	2	6	5	11	400
A_3	6	4	2	5	750
销量	320	240	480	380	

4. 用图解法解下列目标规划问题：

(1) $\min Z = P_1(d_1^- + d_1^+) + P_2(d_2^- + d_3^-)$

$$\text{s. t.}\begin{cases} 15x_1 + 25x_2 + d_1^- - d_1^+ = 600 \\ x_1 + 3x_2 + d_2^- - d_2^+ = 60 \\ x_1 + 3x_2 + d_3^- - d_3^+ = 40 \\ x_1,\ x_2 \geqslant 0,\ d_i^- \geqslant 0,\ d_i^+ \geqslant 0,\ i = 1,\ 2,\ 3 \end{cases}$$

(2) $\min Z = P_1(d_1^- + d_1^+) + P_2(2d_2^+ + d_3^+)$

$$\text{s. t.}\begin{cases} x_1 - 10x_2 + d_1^- - d_1^+ = 50 \\ 3x_1 + 5x_2 + d_2^- - d_2^+ = 20 \\ 8x_1 + 6x_2 + d_3^- - d_3^+ = 100 \\ x_1,\ x_2 \geqslant 0,\ d_i^- \geqslant 0,\ d_i^+ \geqslant 0,\ i = 1,\ 2,\ 3 \end{cases}$$

(3) $\min Z = P_1(2d_1^+ + d_2^-) + P_2 d_3^-$

$$\begin{cases} x_1 + 2x_2 \leqslant 6 \\ x_1 - x_2 + d_1^- - d_1^+ = 2 \\ -x_1 + 2x_2 + d_2^- - d_2^+ = 2 \\ x_2 + d_3^- - d_3^+ = 4 \\ x_1,\ x_2,\ d_i^-,\ d_i^+ \geqslant 0,\ i = 1,\ 2,\ 3 \end{cases}$$

(4) $\min Z = P_1(d_1^- + d_2^+) + P_2 d_3^- + P_3 d_4^-$

$$\begin{cases} x_1 + x_2 + d_1^- - d_1^+ = 40 \\ x_1 + x_2 + d_2^- - d_2^+ = 60 \\ x_1 + d_3^- - d_3^+ = 50 \\ x_2 + d_4^- - d_4^+ = 20 \\ x_1,\ x_2,\ d_i^-,\ d_i^+ \geqslant 0,\ (i = 1,\ 2,\ \cdots,\ 4) \end{cases}$$

5. 某工厂生产 A、B 两种型号的微型计算机。每种型号的微型计算机均需要经过两道工序Ⅰ、Ⅱ。已知每台微型计算机所需要的加工时间、销售利润及工厂每周最大加工能力数据如表 4.6 所示。

表 4.6

工序	A	B	每周最大加工能力
Ⅰ	4	6	150
Ⅱ	3	2	70
利润/(元·台$^{-1}$)	300	450	

工厂经营目标的期望值及优先级如下：

P_1：每周总利润不低于 10 000 元；

P_2：因合同要求，A 型机每周至少生产 10 台，B 型机每周至少生产 15 台；

P_3：由于条件限制且希望充分利用工厂的生产能力，工序Ⅰ的每周生产时间必须恰好为 150 小时，工序Ⅱ的每周生产时间可适当超过其最大加工能力(允许加班)。试建立此问题的目标规划模型。

6. 某商标的酒是用三种等级的酒兑制而成的。若这三种等级的酒日供应量和单位成本如表 4.7 所示。

表 4.7

等级	日供应量/kg	成本/(元·kg^{-1})
Ⅰ	1 500	6
Ⅱ	2 000	4.5
Ⅲ	1 000	3

设该种牌号的酒有三种商标(红、黄、蓝)，各种商标的酒对原料酒的混合比及售价如表 4.8 所示，决策者规定：首先必须严格按照规定比例兑制各商标的酒；其次是获利最大；再次是红商标的酒每天至少生产 2 000 kg。试列出数学模型。

表 4.8

商标	兑制要求	售价/(元·kg^{-1})
红	Ⅲ少于 10%，Ⅰ多于 50%	5.5
黄	Ⅲ少于 70%，Ⅰ多于 20%	5.0
蓝	Ⅲ少于 50%，Ⅰ多于 10%	4.8

第五章 整数规划

在线性规划问题中，最优解可能是整数，也可能不是整数，但在实际问题的解决过程中，往往要求方案必须是整数。如所求的解是安排上班的人数、按某个方案剪裁钢材的根数、生产机器的台数等。整数规划是一类要求变量取整数值的数学规划。

5.1 整数规划问题的提出

在上一章讨论的 LP 问题中，对决策变量只限于不能取负值的连续型数值，即可以是正分数或正小数。然而在许多经济管理的实际问题中，决策变量只有非负整数才有实际意义。对求整数最优解的问题，称为整数规划（Integer Programming，IP）。IP 问题数学模型的一般形式为：求一组变量 x_1，x_2，…，x_n，使

$$\max(\min)Z=\sum_{j=1}^{n}c_jx_j$$

$$\text{s.t.}\begin{cases}\sum_{j=1}^{n}a_{ij}x_{ij}\leqslant b_i \quad (i=1,2,\cdots,m)\\ x_j\geqslant 0，\text{且皆为整数或部分为整数}\end{cases} \tag{5.1}$$

人们对 IP 感兴趣，还因为有些经济管理中的实际问题的解必须满足如逻辑条件和顺序要求等一些特殊的约束条件。此时需引进逻辑变量（又称 0-1 变量），以“0”表示“非”，以“1”表示“是”。凡决策变量均是 0-1 变量的 IP 为 0-1 规划。

整数规划又可分为以下几类：

①纯整数规划（pure integer linear programming）或称为全整数线性规划（all integer linear programming）：所有的决策变量都为整数。

②混合整数规划（mixed integer linear programming）：仅一部分决策变量为整数。

③0-1 整数规划：决策变量取值仅限于 0 或 1。本章最后讲到的指派问题就是一个 0-1 规划问题。

严格来说，IP 问题是个非线性问题。这是因为 IP 问题的可行解集是由一些离散的非负整数组成，不是一个凸集。迄今为止，求解 IP 问题尚无统一的有效方法。

求解 IP 问题方法的思考：

①“舍入取整”法：即先不考虑整数性约束，而去求解其相应的 IP 问题(称为松驰问题)，然后将得到的非整数最优解用“舍入取整”的方法求得。这样能否得到整数最优解？不是！这是因为“舍入取整”的解一般不是原问题的最优解，甚至是非可行解。

但在处理个别实际问题时，如果允许目标函数值在某一误差范围内，有时也可采用“舍入取整”得到的整数可行解作为原问题整数最优解的近似。这样可节省求解的人力、物力和财力。

②完全枚举法：此法仅在决策变量很少的情况下才实际有效。对于变量稍多的 ILP 问题则几乎不可能。如在指派问题中，当 $n=20$，则有可行解 20！个，而 20！$>2\times10^{18}$，这在计算机上也是不可能实现的。

③求解 IP 问题常见的几种解法有：分枝定界解法、割平面解法、0-1 型整数规划的特殊解法等。

5.2 分枝定界解法

在求解整数线性规划时，如果可行域是有界的，首先容易想到的方法就是穷举变量的所有可行的整数组合，然后比较它们的目标函数值以定出最优解。对于小型的问题，变量数很少，可行的整数组合数也是很小时，这个方法是可行的，也是有效的。

分枝定界解法可用于解纯整数或混合的整数线性规划问题，在 20 世纪 60 年代初由兰德·多伊格和达金等人提出。由于这种方法灵活且便于用计算机求解，所以现在它已是解整数线性规划的重要方法。用分枝定界解法求解整数线性规划(最大化)问题的步骤为：

(1)设有最大化的整数线性规划问题 A，与它相应的线性规划为问题 B，从解问题 B 开始，可能得到以下情况之一：

① B 没有可行解，这时 A 也没有可行解，则停止。

② B 有最优解，并符合问题 A 的整数条件，B 的最优解即为 A 的最优解，则停止。

③ B 有最优解，但不符合问题 A 的整数条件，那么 B 的最优目标函数必是 A 的最优目标函数的上界，记它的目标函数值为 $\bar{Z}$，转下一步。

(2)而 A 的任意可行解的目标函数值将是 Z^* 的一个下界。用观察法找问题 A 的一个整数可行解，一般可取 $x_j=0$，$j=1, 2, \cdots, n$，这时 $Z=0$，试探，求得其目标函数值，并记作 $\underline{Z}$。以 Z^* 表示问题 A 的最优目标函数值；这时有

$$\underline{z} \leqslant z^* \leqslant \bar{z} \tag{5.2}$$

进行迭代。

第一步：分枝，在 B 的最优解中任选一个不符合整数条件的变量 x_j，其值为 b_j，以 $[b_j]$ 表示小于 b_j 的最大整数。构造两个约束条件

$$x_j \leqslant [b_j] \text{ 和 } x_j \geqslant [b_j]+1$$

将这两个约束条件，分别加入问题 B，求两个后继规划问题 B_1 和 B_2。不考虑整数条件求解这两个后继问题。

第二步：定界，以每个后继问题为一分枝标明求解的结果，与其他问题的解的结果中，找出最优目标函数值最大者作为新的上界 $\bar{Z}$。从已符合整数条件的各分枝中，找出目

标函数值为最大者作为新的下界 $\underline{Z}$，若无可行解，$\underline{Z}=0$。

第三步：比较与剪枝，各分枝的最优目标函数中若有小于 $\underline{Z}$ 者，则剪掉这枝(用打×表示)，即以后不再考虑了。若大于 $\underline{Z}$，且不符合整数条件，则重复第一步骤。一直到最后得到 $Z^* = \underline{Z}$ 为止，得最优整数解 x_j^*，$j=1, 2, \cdots, n$。

用分枝定界法可解纯整数线性规划问题和混合整数线性规划问题。它比穷举法优越。因为它仅在一部分可行解的整数解中寻求最优解，计算量比穷举法小。若变量数目很大，其计算工作量也是相当可观的。

例 5.1　用分枝定界法求解下列问题 A：

$$\max Z = 4x_1 + 3x_2$$
$$\begin{cases} 1.2x_1 + 0.8x_2 \leqslant 10 \\ 2x_1 + 2.5x_2 \leqslant 25 \\ x_1,\ x_2 \geqslant 0，\text{且均取整数} \end{cases}$$

解：先求解相应的线性规划为问题 B：

$$\max Z = 4x_1 + 3x_2$$
$$\begin{cases} 1.2x_1 + 0.8x_2 \leqslant 10 \\ 2x_1 + 2.5x_2 \leqslant 25 \\ x_1,\ x_2 \geqslant 0 \end{cases}$$

用图解法得到最优解 $\boldsymbol{X}=(3.57, 7.14)$，$Z_0=35.7$，如图 5.1 所示。

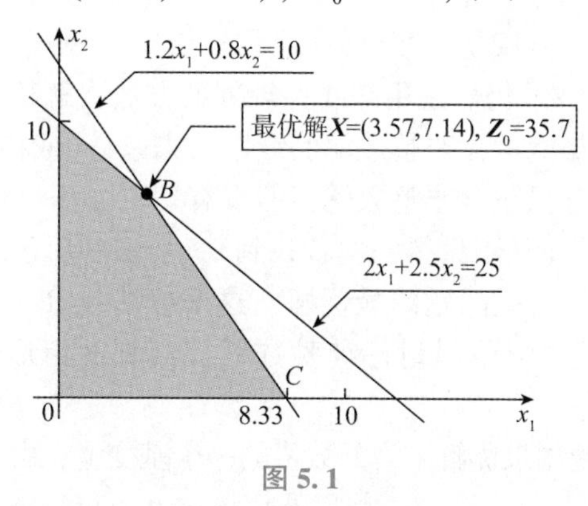

图 5.1

它不符合问题 A 的整数条件，以 Z_0 作为问题 A 的最优目标函数的上界，记为$Z_0=\overline{Z}$，取 $x_1=x_2=0$，即 $Z=0$，是问题 A 的一个整数解，作为下界，记作 $\underline{Z}$。这时有：

$$0 \leqslant Z^* \leqslant 35.7$$

在问题 B 的最优解中任选一个不符合整数条件的变量 $x_1=3.57$，在问题 B 中增加两个约束条件 $x_j \leqslant 3$ 和 $x_j \geqslant 4$，构造两个子问题 B_1 和 B_2，分别求解(见图 5.2)。

显然没有得到全部变量是整数的解。因 $Z_2>Z_1$，故将 $\overline{Z}$ 改为 35.5，那么最优解 Z^* 满足 $0 \leqslant Z^* \leqslant 35.5$。继续对问题 B_1 和 B_2 进行分解，因 $Z_2>Z_1$，故先分解 B_2 为两枝。增加条件 $x_2 \leqslant 6$ 者，称为问题 B_3；增加条件 $x_2 \geqslant 7$ 者，称为问题 B_4；在图 5.2 中再舍去 $x_2>6$ 与 $x_2<7$之间的可行域，再进行迭代。问题 B_4 无可行解，问题 B_3 的变量 $x_1=4.33$，非整数解

$Z_3=35.33$，可取为 $\overline{Z}=35.33$，于是 $0\leqslant Z^*\leqslant 35.33$。对问题 B_3 进行分解，得问题 B_5、B_6，它们的目标函数值均为整数，因 $Z_6=35>Z_5=34$，可以断定问题 B_6 的解 $x_1=x_2=5$，目标函数值 $Z_6=\underline{Z}=Z^*=35$(见图 5.3)。

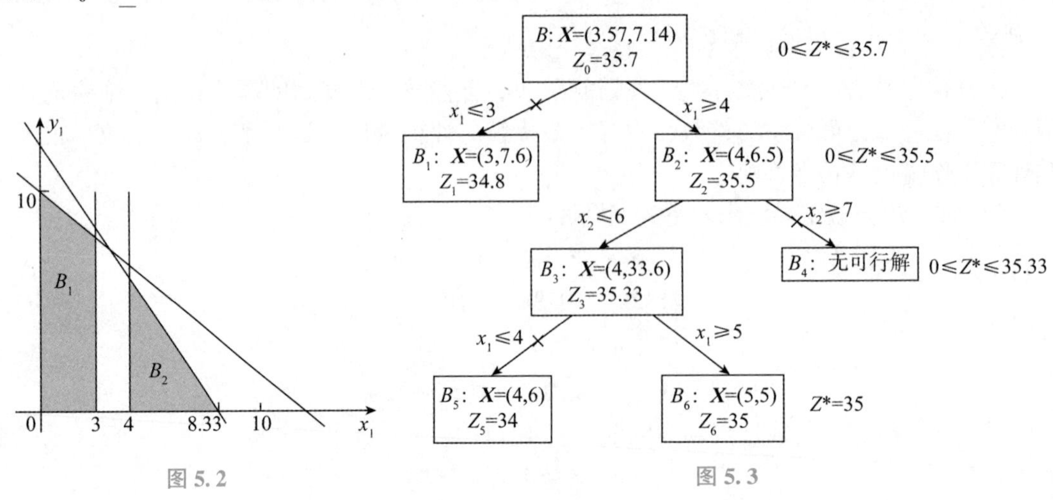

图 5.2　　　　图 5.3

5.3　割平面解法

整数线性规划问题的可行域是整数点集(或称格点集)，割平面解法的思路是：首先不考虑变量 x_i 是整数这一条件，仍然是用解线性规划的方法去解整数线性规划问题，若得到非整数的最优解，然后增加能割去非整数解的线性约束条件(或称为割平面)使得由原可行域中切割掉一部分，这部分只包含非整数解，但没有切割掉任何整数可行解。这个方法就是指出怎样找到适当的割平面(不见得一次就找到)，使切割后最终得到这样的可行域，它的一个有整数坐标的极点恰好是问题的最优解。这个方法是 R. E. Gomory 提出来的，所以又称为 Gomory 的割平面法。以下只讨论纯整数线性规划的情形，并举例说明。一般地，求一个切割方程的步骤为：

(1)令 x_i 是相应线性规划最优解中为分数值的一个基变量，由单纯形表的最终表得到：

$$x_i+\sum_k a_{ik}x_k=b_i,\ (i\in Q,\ Q\text{ 指构成及变量号码的集合}) \tag{5.3}$$

(2)将 b_i 和 α_{ik} 都分解成整数部分 N 与非负真分数 f 之和，即：

$$b_i=N_i+f_i,\ \text{其中 } 0<f_i<1$$
$$\alpha_{ik}=N_{ik}+f_{ik},\ \text{其中 } 0\leqslant f_{ik}<1 \tag{5.4}$$

而 N 表示不超过 b 的最大整数。例如：

若 $b=2.35$，则 $N=2$，$f=0.35$；

若 $b=-0.45$，则 $N=-1$，$f=0.55$。

代入式(5.4)得

$$x_i+\sum_k N_{ik}x_k-N_i=f_i-\sum_k f_{ik}x_k \tag{5.5}$$

(3)现在提出变量(包括松弛变量)为整数的条件(当然还有非负的条件)，

这时，上式由左边看必须是整数，但由右边看，因为 $0<f_i<1$，所以不能为正，即

$$f_i - \sum_k f_{ik}x_k \leqslant 0 \tag{5.6}$$

这就是一个切割方程。由式(5.3)、式(5.5)、式(5.6)可知：

① 切割方程式(5.6)真正进行了切割，至少把非整数最优解这一点割掉了。

② 没有割掉整数解，这是因为相应的线性规划的任意整数可行解都满足式(5.6)的缘故。

例 5.2　用割平面法求解下列 IP 问题

$$\max Z = 4x_1 + 3x_2$$

$$\begin{cases} 6x_1 + 4x_2 \leqslant 30 \\ x_1 + 2x_2 \leqslant 10 \\ x_1,\ x_2 \geqslant 0 \text{ 且为整数} \end{cases}$$

解：放宽变量约束，对应的松弛问题是：

$$\max Z = 4x_1 + 3x_2$$

$$\begin{cases} 6x_1 + 4x_2 \leqslant 30 \\ x_1 + 2x_2 \leqslant 10 \\ x_1,\ x_2 \geqslant 0 \end{cases}$$

加入松弛变量 x_3 及 x_4 后，用单纯形法求解，得到最优表 5.1。

表 5.1

$\boldsymbol{C}$			4	3	0	0
$\boldsymbol{C_B}$	$\boldsymbol{X_B}$	$\boldsymbol{B^{-1}b}$	x_1	x_2	x_3	x_4
4	x_1	5/2	1	0	1/4	−1/2
3	x_2	15/4	0	1	−1/8	3/4
σ_j			0	0	−5/8	−1/4

最优解 $\boldsymbol{X}^{(0)}=(5/2,\ 15/4)$，不是 IP 的最优解。由最终表中得到变量间的关系是：

$$x_1 + \frac{1}{4}x_3 - \frac{1}{2}x_4 = \frac{5}{2}$$

$$x_2 - \frac{1}{8}x_3 + \frac{3}{4}x_4 = \frac{15}{4}$$

将系数和常数项都分解成整数和非负真分数之和，移项以上两式为：

$$x_1 - x_4 - 2 = \frac{1}{2} - \left(\frac{1}{4}x_3 + \frac{1}{2}x_4\right)$$

$$x_2 - x_3 - 3 = \frac{3}{4} - \left(\frac{7}{8}x_3 + \frac{3}{4}x_4\right)$$

现考虑整数条件，要求 x_1、x_2 都是非负整数，于是由变量约束条件可知 x_3、x_4 也都是非负整数(这一点对以下推导是必要的，如不都是整数，则应在引入 x_3、x_4 之前乘以适当常数，使之都是整数)。从以上两式中任选一个，如选择第一行。在式子中从等式左边看是整数；等式右边也应是整数。但在等式右边的括号内是正数；所以等式右边必是非正数。就是说，右边的整数值最大是零。于是有：

$$x_1 - x_4 - 2 = \frac{1}{2} - \left(\frac{1}{4}x_3 + \frac{1}{2}x_4\right) \leqslant 0$$

即 $-x_3 - 2x_4 \leqslant -2$

这就得到一个切割方程(或称为切割约束)，将它作为增加约束条件，再解。

加入松弛变量 x_5 得到约束方程：

$$-x_3 - 2x_4 + x_5 = -2$$

将该式作为约束条件添加到表 5.1 的最终计算表中，用对偶单纯形法继续进行计算，如表 5.2 所示。

表 5.2

C			4	3	0	0	0
$\boldsymbol{C_B}$	$\boldsymbol{X_B}$	$\boldsymbol{B^{-1}b}$	x_1	x_2	x_3	x_4	x_5
4	x_1	5/2 日	1	0	1/4	−1/2	0
3	x_2	15/4	0	1	−1/8	3/4	0
0	x_5	−2	0	0	−1	[−2]	1
σj			0	0	−5/8	−1/4	0
4	x_1	3	1	0	1/2	0	−1/4
3	x_2	3	0	1	−1/2	0	3/8
0	x_4	1	0	0	1/2	1	−1/2
σ_j			0	0	−1/2	0	−1/8

最优解 $\boldsymbol{X}^{(1)} = (3, 3)$，最优值 $Z = 21$。所有变量为整数，$\boldsymbol{X}^{(1)}$ 就是 IP 的最优解。如果不是整数解，需要继续切割，重复上述计算过程。

Gomory 的割平面法自 1958 年被提出后，引起人们的广泛注意。由此方法形成的割的作用可从图 5.4 中看出，有以下特性：

①新加入的约束不会割去任何整数解，即原问题的所有整数解满足新的割约束。这一特点可以通过割约束的构成来说明。式(5.6)的右端的常数是一个小于 1 的数，而且右端所有变量的系数都为负，所以无论这些变量取何值，等式右端的值一定小于 1。保持等式的两边相等的必要条件是等式左端的值也要小于 1。对原问题的任何一个整数解，左端的整数部分的值一定是一个整数，且该整数必须小于 1。因此，原问题的所有整数解必然满足割约束。

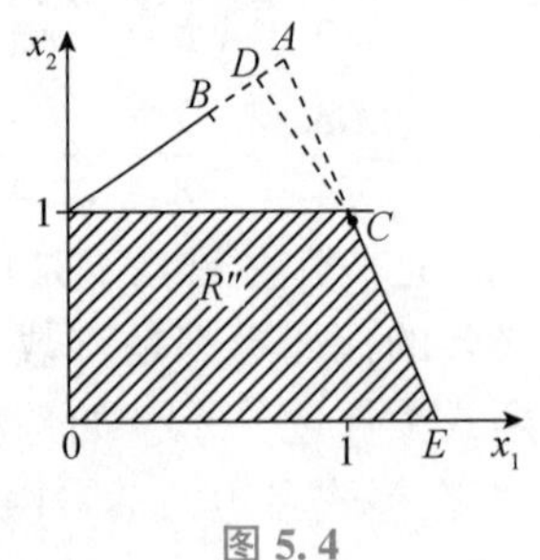

图 5.4

②线性规划松弛问题的最优解不满足新的割约束。在松弛问题的最优解中，非基变量一定都取零，而由非基变量构成的割约束(5.6)不允许所有非基变量同时为零，否则不等式无法满足。因此当前的最优解不能满足新加入的割约束，该解将从可行域中割去。

割平面法有很重要的理论意义，但在实际计算中不如分枝定界法效率高，原因就是经常遇到收敛很慢的情形。因此商业软件很少使用该方法。但若和其他方法(如分枝定界法)配合使用，也是有效的。

5.4　0-1 型整数规划

0-1 型整数规划是整数规划中的特殊情形，它的变量 x_i 仅取值 0 或 1。这时 x_i 称为 0-1 变量。在实际问题中，如果引入 0-1 变量就可以把有各种情况需要分别讨论的线型规划问题统一在一个问题中讨论了。

5.4.1　0-1 型整数规划的实际问题

例 5.3(投资场所的选择)　某公司拟在市东、西、南三区建立门市部。拟议中有 7 个位置(点)$A_i(i=1, 2, \cdots, 7)$可供选择。规定：

(1)在东区，由 A_1，A_2，A_3 三个点中至多选两个；

(2)在西区，由 A_4，A_5 两个点中至少选一个；

(3)在南区，由 A_6，A_7 两个点中至少选一个。

(4)如选用 A_i 点，设备投资估计为 b_i 元，每年可获利润估计为 c_i 元，但投资总额不能超过 B 元。问：应选择哪几个点可使年利润为最大？

解：设变量 $x_i(i=1, 2, \cdots, 7)$

$$\text{令 } x_i = \begin{cases} 1, & \text{当 } A_i \text{ 点被选用} \\ 0, & \text{当 } A_i \text{ 点没有被选用} \end{cases} \quad i = 1, 2, \cdots, 7$$

于是问题可列成：

$$\text{目标函数：} \max Z = \sum_{i=1}^{7} c_i x_i$$

$$\text{约束条件} \begin{cases} \sum_{i=1}^{7} b_i x_i \leqslant B \\ x_1 + x_2 + x_3 \leqslant 2 \\ x_4 + x_5 \geqslant 1 \\ x_6 + x_7 \geqslant 1 \\ x_i = \begin{cases} 0 \\ 1 \end{cases} \quad (i = 1, 2, \cdots, 7) \end{cases} \tag{5.7}$$

例 5.4(背包问题)　一个旅行者为旅行需要，要在背包里装一些物品。设有 n 种物品需携带，第 i 件物品的价值为 c_i，第 i 件物品的质量为 a_i 千克，但可携带物品中量最多为 b 千克。问：此人应如何携带物品使所起的作用(价值)最大？

解：设变量

$$x_i=\begin{cases}1, & \text{当第 } i \text{ 件物品装入背包}\\ 0, & \text{当第 } i \text{ 件物品没有装入背包}\end{cases} \quad i=1,\ 2,\ \cdots,\ n$$

则问题的数学模型为：

$$\max Z=\sum_{i=1}^{n} c_i x_i$$

$$\text{s. t.}\begin{cases}\sum_{i=1}^{n} a_i x_i \leqslant b_i\\ x_i=0 \text{ 或 } 1(i=1,\ 2,\ \cdots,\ n)\end{cases} \tag{5.8}$$

例 5.5（固定费用的问题） 某工厂为了生产某种产品，有几种不同的生产方式可供选择，如选定投资高的生产方式（选购自动化程度高的设备），由于产量大，因而分配到每件产品的变动成本就降低了；反之，如选定投资低的生产方式，将来分配到每件产品的变动成本可能增加，所以必须全面考虑。今设有三种方式可供选择，令

x_j 表示采用第 j 种方式时的产量；

c_j 表示采用第 j 种方式时每件产品的变动成本；

k_j 表示采用第 j 种方式时的固定成本。

解：为了说明成本的特点，暂不考虑其他约束条件。采用各种生产方式的总成本分别为：

$$P_j=\begin{cases}k_j+c_j x_j, & \text{当 } x_j>0\\ 0, & \text{当 } x_j=0\end{cases} \quad j=1,\ 2,\ 3$$

在构成目标函数时，为了统一在一个问题中讨论，现引入 0-1 变量 y_j，令：

$$y_j=\begin{cases}1, & \text{当采用第 } j \text{ 种生产方式，即 } x_j>0 \text{ 时}\\ 0, & \text{当不采用第 } j \text{ 种生产方式，即 } x_j=0 \text{ 时}\end{cases}$$

于是有：

$$\begin{aligned}&\min Z=(k_1y_1+c_1x_1)+(k_2y_2+c_2x_2)+(k_3y_3+c_3x_3)\\ &\text{s. t. } x_j \leqslant My_j \quad j=1,\ 2,\ 3\end{aligned} \tag{5.9}$$

其中，M 是个充分大的常数。式(5.9)说明，当 $x_j>0$ 时 y_j 必须为 1；当 $x_j=0$ 时只有 y_j 为 0 时才有意义。

5.4.2 0-1 型整数规划的解法

解 0-1 型整数线性规划最容易想到的方法，和一般整数线性规划的情形一样，就是穷举法，即检查变量取值为 0 或 1 的每一种组合，比较目标函数值以求得最优解，这就需要检查变量取值的 2^n 个组合。对于变量个数 n 较大（例如 $n>10$），这几乎是不可能的。因此常设计一些方法，只检查变量取值的组合的一部分，就能求得问题的最优解。这样的方法称为隐枚举法（implicit enumeration），分枝定界法也是一种隐枚举法。当然，对有些问题隐枚举法并不适用，所以有时穷举法还是必要的。

隐枚举法的步骤：

①找出任意一可行解，目标函数值为 Z_0。

②原问题求最大值时，则增加一个约束。

$$c_1x_1 + c_2x_2 + \cdots + c_nx_n \geq Z_0 \tag{5.10}$$

当求最小值时，上式改为小于等于约束。

③列出所有可能解，对每个可能解先检验式(5.9)，若满足再检验其他约束，若不满足式(5.10)，则认为不可行，若所有约束都满足，则认为此解是可行解，求出目标值。

④目标函数值最大(最小)的解就是最优解。

下面举例说明一种解0-1型整数规划的隐枚举法。

例5.6

$$\max Z = 3x_1 - 2x_2 + 5x_3$$

$$\text{s.t.}\begin{cases} x_1 + 2x_2 - x_3 \leq 2 & \text{(a)} \\ x_1 + 4x_2 + x_3 \leq 4 & \text{(b)} \\ x_1 + x_2 \leq 3 & \text{(c)} \\ 4x_1 + x_3 \leq 6 & \text{(d)} \\ x_1,\ x_2,\ x_3 = 0 \text{ 或 } 1 \end{cases}$$

解： 解题时先通过试探的方法找一个可行解，容易看出$(x_1, x_2, x_3)=(0, 0, 0)$就是合于(a)~(d)条件的，算出相应的目标函数值$Z=0$。

我们求最优解，对于最大值问题，当然希望$Z\geq 0$，于是增加一个约束条件：

$$3x_1-2x_2+5x_3\geq 0 \tag{e}$$

后加的条件称为过滤的条件(filtering constraint)。这样，原问题的线性约束条件就变成5个。用全部枚举的方法，3个变量共有$2^3=8$个解，原来4个约束条件，共需32次运算。现在增加了过滤条件(e)，如按下述方法进行，就可减少运算次数。将5个约束条件按(a)~(e)顺序排好(见表5.3)，对每个解，依次代入约束条件左侧，求出数值，看是否适合不等式条件，如某一条件不适合，同行以下各条件就不必再检查，因而就减少了运算次数。本例计算过程如表5.3所示，实际只做24次运算。

在计算过程中，若遇到Z值已超过条件(e)右边的值，应改变条件(e)，使右边为迄今为止最大者，然后继续做。例如，当检查点(0, 0, 1)时因$Z=5(>0)$，所以应将条件(e)换成：$3x_1-2x_2+5x_3\geq 5$。

这种对过滤条件的改进，更可以减少计算量。

表5.3

(x_1, x_2, x_3)	Z值	约束条件 a b c d	过滤条件e
(0, 0, 0)	0	√ √ √ √	$Z\geq 0$
(0, 0, 1)	5	√ √ √ √	$Z\geq 5$
(0, 1, 0)	−2		
(0, 1, 1)	3		
(1, 0, 0)	3		

续表

(x_1, x_2, x_3)	Z值	约束条件 a b c d	过滤条件 e
(1, 0, 1)	8	√ √ √ √	$Z \geqslant 8$
(1, 1, 0)	1		
(1, 1, 1)	6		

于是求得最优解$(x_1, x_2, x_3)=(1, 0, 1)$，$\max Z=8$。

注意：一般常重新排列 x_i 的顺序使目标函数中 x_i 的系数是递增(递减)的，在上例中，改写 $Z=3x_1-2x_2+5x_3=-2x_2+3x_1+5x_3$。因为-2，3，5 是递增的序，变量$(x_2, x_1, x_3)$也按下述顺序取值：(0，0，0)，(0，0，1)，(0，1，0)，(0，1，1)，…。这样，最优解容易比较早地发现。再结合过滤条件的改进，更可使计算简化。在上例中

$$\max Z = -2x_2 + 3x_1 + 5x_3$$

$$\text{s.t.}\begin{cases} 2x_2 + x_2 - x_3 \leqslant 2 & \text{(a)} \\ 4x_2 + x_1 + x_3 \leqslant 4 & \text{(b)} \\ x_2 + x_1 \leqslant 3 & \text{(c)} \\ 4x_1 + x_3 \leqslant 6 & \text{(d)} \\ -2x_2 + 3x_1 + 5x_3 \geqslant 0 & \text{(e)} \\ x_1,\ x_2,\ x_3 = 0 \text{ 或 } 1 \end{cases}$$

解题时按下述步骤进行(见表 5.4)：

表 5.4

(x_2, x_1, x_3)	Z值	约束条件 a b c d	过滤条件 e
(0, 0, 0)	0	√ √ √ √	$Z \geqslant 0$
(0, 0, 1)	5	√ √ √ √	$Z \geqslant 5$
(0, 1, 0)	3		
(0, 1, 1)	8	√ √ √ √	$Z \geqslant 8$
(1, 0, 0)	-2		
(1, 0, 1)	3		
(1, 1, 0)	1		
(1, 1, 1)	6		

改进过滤条件(e)换成：$-2x_2+3x_1+5x_3 \geqslant 5$，继续进行。再改进过滤条件，用 $2x_2+3x_1+5x_3 \geqslant 8$ 代替，再继续进行。至此，Z 值已不能改进，即得到最优解，解答如前，但计算已简化。

5.5　指派问题

指派问题是整数规划中的经典问题，其主要任务是为了使整体成本最小化(或整体收益最大化)，确定如何给选中的人员分派合适的工作。计算结果是能使整体目标最好的人员与工作的匹配集合。

5.5.1　指派问题的数学模型及其特点

(1)数学模型。在生活中经常遇到这样的问题：某单位需完成 n 项任务，恰好有 n 个人可承担这些任务。由于每人的专长不同，各人完成任务不同(或所费时间)，效率也不同。于是产生应指派哪个人去完成哪项任务，使完成 n 项任务的总效率最高(或所需总时间最少)的问题。这类问题称为指派问题或分派问题(assignment problem)。

一般指派问题的提法：假设有 n 个人和 n 项任务，c_{ij}表示第 i 人做第 j 项工作的费用。要求确定任何工作之间的一一对应的指派方案，使完成这 n 项任务的总费用最少。一般称矩阵 $\boldsymbol{C}=(c_{ij})_{n\times n}$为指派问题的系数矩阵，在实际问题中，根据 c_{ij}的具体意义，矩阵 $\boldsymbol{C}$ 可以有不同的含义，如费用、成本、时间等。

为建立指派问题的数学模型，引入 0-1 变量：

$$x_{ij}=\begin{cases}1, & \text{若指派第 } i \text{ 人做第 } j \text{ 项工作}\\ 0, & \text{若不指派第 } i \text{ 人做第 } j \text{ 项工作}\end{cases}$$

$$\min Z=\sum_{i=1}^{n}\sum_{j=1}^{n}c_{ij}x_{ij}$$

$$\text{s.t.}\begin{cases}\sum\limits_{i=1}^{n}x_{ij}=1 & (j=1,\ 2,\ \cdots,\ n)\\ \sum\limits_{j=1}^{n}x_{ij}=1 & (i=1,\ 2,\ \cdots,\ n)\\ x_{ij}=0\text{ 或 }1 & (i,\ j=1,\ 2,\ \cdots,\ n)\end{cases}\tag{5.11}$$

第一个约束条件表示每件工作必有且只有一个人做，第二个约束条件表示每个人必做且只做一件工作。

例 5.7　有一份中文说明书，需译成英、日、德、俄四种文字，分别记作 E、J、G、R。现有甲、乙、丙、丁四人，他们将中文说明书翻译成不同语种所需时间如表 5.5 所示。问：应指派何人去完成何工作使所需总时间最少？

表 5.5

人员	任务			
	E	J	G	R
甲	2	15	13	4
乙	10	4	14	15
丙	9	14	16	13
丁	7	8	11	9

解：设 $x_{ij}=\begin{cases}1, & 若指派第\ i\ 人做第\ j\ 项工作\\ 0, & 若不指派第\ i\ 人做第\ j\ 项工作\end{cases}$

因此，该问题的数学模型为：

$$\min Z = 2x_{11}+15x_{12}+13x_{13}+4x_{14}+10x_{21}+4x_{22}+14x_{23}+15x_{24}+\\9x_{31}+14x_{32}+16x_{33}+13x_{34}+7x_{41}+8x_{42}+11x_{43}+9x_{44}$$

$$\text{s. t.}\begin{cases}\sum_{i=1}^{n}x_{ij}=1 & (j=1,\ 2,\ 3,\ 4)\\ \sum_{j=1}^{n}x_{ij}=1 & (i=1,\ 2,\ 3,\ 4)\\ x_{ij}=0\ 或\ 1 & (i,\ j=1,\ 2,\ 3,\ 4)\end{cases}$$

(2)特点：

①给定一个指派问题时，必须给出系数矩阵 $\boldsymbol{C}=(c_{ij})_{n\times n}$ 且 $c_{ij}\geqslant 0$，因此必有最优解 $(\min Z=\sum_{i=1}^{n}\sum_{j=1}^{n}c_{ij}x_{ij}\geqslant 0)$，但可以不唯一。

②标准的指派问题是一类特殊的0-1规划问题，也是一种特殊的平衡的运输问题(看作每产地的产量均为1，每销地的销量均为1)，故可用多种相应的解法进行求解。但这些解法都没有充分利用指派问题的特殊性而有效地减少计算量。

③对于问题的每一个可行解，可用解矩阵

$$(x_{ij})=\begin{bmatrix}0 & 1 & \cdots & 0\\ 1 & 0 & \cdots & 0\\ & & \cdots & \\ 0 & 0 & \cdots & 1\end{bmatrix}$$

来表示，该解矩阵中各行各列的元素之和都是1。指派问题有 $n!$ 个可行解。

④指派问题的最优解性质：若从系数矩阵 $\boldsymbol{C}=(c_{ij})_{n\times n}$ 的某行(列)各元素中分别减去一个常数 k，得到新矩阵 $\boldsymbol{C}'=(c'_{ij})_{n\times n}$，则以 $\boldsymbol{C}$ 和 $\boldsymbol{C}'$ 为系数矩阵的两个指派问题有相同的最优解。该性质是成为匈牙利解法的关键。

5.5.2 指派问题的解法——匈牙利解法

匈牙利解法是由 Kuhn 于 1955 年在匈牙利数学家 Konig 工作的基础上提出的求解指派问题的一类特殊算法，习惯上称为匈牙利算法。

(1)匈牙利解法的基本思想是：对同一项工作(任务) j 来说，同时提高或降低每人相同的效率(常数 k_i)，不影响其最优指派；同样，对同一个人 i 来说，完成各项工作的效率都提高或降低相同的效率(常数 d_i)，也不影响其最优指派，因此可得到新的系数矩阵 $(c'_{ij})_{nxn}$——一个含有很多零元素的新系数矩阵，而最优解不变。

(2)匈牙利解法的一般步骤：

第一步：使指派问题的系数矩阵经变换，在各行各列中都出现零元素。

①从系数矩阵的每行元素减去该行的最小元素；

②再从所得系数矩阵的每列元素中减去该列的最小元素。

若某行(列)已有零元素，那就不必再减了。

第二步：进行试指派，以寻求最优解。为此，按以下步骤进行。

经第一步变换后，系数矩阵中每行每列都已有了零元素；但需找出 n 个独立的零元素。若能找出，就以这些独立零元素对应解矩阵 (x_{ij}) 中的元素为 1，其余为 0，这就得到最优解。当 n 较小时，可用观察法、试探法去找出 n 个独立 0 元素。若 n 较大时，就必须按一定的步骤去找，常用的步骤为：

①从只有一个 0 元素的行(列)开始，给这个 0 元素加圈，记作◎。这表示对这行所代表的人，只有一种任务可指派。然后划去◎所在列(行)的其他零元素，记作 Ø。这表示这列所代表的任务已指派完，不必再考虑别人了。

②给只有一个零元素列(行)的零元素加圈，记作◎；然后划去◎所在行的零元素，记作 Ø。

③反复进行①②两步，直到所有零元素都被圈出和划掉为止。

④若仍有没有加圈的零元素，且同行(列)的零元素至少有两个(表示对这个可以从两项任务中指派其一)。这可用不同的方案去试探。从剩有零元素最少的行(列)开始，比较这行各零元素所在列中零元素的数目，选择零元素少的那列的这个零元素加圈(表示选择性多的要“礼让”选择性少的)。然后划掉同行同列的其他零元素。可反复进行，直到所有零元素都已圈出和划掉为止。

⑤若◎元素的数目 m 等于矩阵的阶数 n，那么这个指派问题的最优解已得到。若 $m<n$，则转入下一步。

第三步：做最少的直线覆盖所有零元素，以确定该系数矩阵中能找到最多的独立元素数。为此按以下步骤进行：

①对没有画◎的行打√号；

②对已打√号的行中所有含 Ø 元素的列打√号；

③再对打有√号的列中含◎元素的行打√号；

④重复②③直到得不出新的打√号的行、列为止；

⑤对没有打√号的行画一横线，有打√号的列画一纵线，这就得到覆盖所有零元素的最少直线数。

令这个直线数为 l。若 $l<n$，说明必须再变换当前的系数矩阵，才能找到 n 个独立的零元素，为此转第四步：若 $l=n$，而 $m<n$，应回到第二步(4)，另行试探。

第四步：上一步中对矩阵进行变换的目的是增加零元素。为此在没有被直线覆盖的部分中找出最小元素。然后在打√行各元素中都减去这个最小元素，而在打√列的各元素都加上这个最小元素，以保证原来零元素不变。这样得到新系数矩阵(它的最优解和原问题相同)。若得到 n 个独立的 0 元素，则已得最优解，否则回到第三步重复进行。下面举例说明。

例 5.8 求解例 5.1 中的指派问题。

解：系数矩阵为：

$$\boldsymbol{C}=(c_{ij})=\begin{pmatrix}2 & 15 & 13 & 4\\10 & 4 & 14 & 15\\9 & 14 & 16 & 13\\7 & 8 & 11 & 9\end{pmatrix}$$

先分别从每行中减去最小元素，然后对每列也如此，即：

$$
\boldsymbol{C}=(c_{ij})=\begin{pmatrix}2 & 15 & 13 & 4\\10 & 4 & 14 & 15\\9 & 14 & 16 & 13\\7 & 8 & 11 & 9\end{pmatrix}\begin{matrix}\min\\2\\4\\9\\7\end{matrix}\rightarrow\begin{pmatrix}0 & 13 & 11 & 2\\6 & 0 & 10 & 11\\0 & 5 & 7 & 4\\0 & 1 & 4 & 2\end{pmatrix}\rightarrow\begin{pmatrix}0 & 13 & 7 & 0\\6 & 0 & 6 & 9\\0 & 5 & 3 & 2\\0 & 1 & 0 & 0\end{pmatrix}=(c'_{ij})
$$

$$
\begin{matrix}100 & 180 & \min\end{matrix}
$$

此时，$\boldsymbol{C}$ 中各行和各列都已出现零元素。为了确定其中的独立零元素，先给 c'_{22} 加圈，然后给 c'_{31} 加圈，划掉 c'_{11}，c'_{41}；再给 c'_{43} 加圈，划掉 c'_{44}；给 c'_{22} 加圈，最后给 c'_{14} 加圈，得到：

$$
\begin{pmatrix}\varnothing & 13 & 7 & \circledcirc\\6 & \circledcirc & 6 & 9\\\circledcirc & 5 & 3 & 2\\\varnothing & 1 & \circledcirc & \varnothing\end{pmatrix}
$$

可见 $m=n=4$，所以得最优解为：

$$
\boldsymbol{C}=(c_{ij})=\begin{pmatrix}0 & 0 & 0 & 1\\0 & 1 & 0 & 0\\1 & 0 & 0 & 0\\0 & 0 & 1 & 0\end{pmatrix}
$$

这表示，指定甲译出俄文，乙译出日文，丙译出英文，丁译出德文，所需总时间最少。

例 5.9 某汽车公司拟将四种新产品配置到四个工厂生产，四个工厂的单位产品成本(元/件)如表 5.6 所示，求最优生产配置方案。

表 5.6 元/件

工厂	产品			
	产品 1	产品 2	产品 3	产品 4
工厂 1	58	69	180	260
工厂 2	75	50	150	230
工厂 3	65	70	170	250
工厂 4	82	55	200	280

解：第一步：找出系数矩阵每行的最小元素，并分别从每行中减去最小元素；再找出每列的最小元素，然后分别从每列中减去，有：

$$
\boldsymbol{C}=(c_{ij})=\begin{pmatrix}58 & 69 & 180 & 260\\75 & 50 & 150 & 230\\65 & 70 & 170 & 250\\82 & 55 & 200 & 280\end{pmatrix}\begin{matrix}\min\\58\\60\\65\\55\end{matrix}\rightarrow\begin{pmatrix}0 & 11 & 122 & 202\\25 & 0 & 100 & 180\\0 & 5 & 105 & 185\\27 & 0 & 145 & 225\end{pmatrix}\rightarrow\begin{pmatrix}0 & 11 & 22 & 22\\25 & 0 & 0 & 0\\0 & 5 & 5 & 5\\27 & 0 & 45 & 45\end{pmatrix}=(c'_{ij})
$$

$$
\begin{matrix}100 & 180 & \min\end{matrix}
$$

第二步：确定独立 0 元素，得到：

$$\begin{pmatrix} \emptyset & 11 & 22 & 22 \\ 25 & \emptyset & \emptyset & \circledcirc \\ \circledcirc & 5 & 5 & 5 \\ 27 & \circledcirc & 45 & 45 \end{pmatrix}$$

可见 $m=3<n=4$，转入下一步。

第三步：用最少的直线覆盖所有“0”。先在第 1 行旁打√，接着可判断应在第 1 列下打√，接着在第 3 行旁打√。经检查不再能打√了。对没有打√行，画一直线以覆盖 0 元素，已打√的列画一直线以覆盖 0 元素。得：

$$\begin{pmatrix} \emptyset & 11 & 22 & 22 \\ 25 & \emptyset & \emptyset & \circledcirc \\ \circledcirc & 5 & 5 & 5 \\ 27 & \circledcirc & 45 & 45 \end{pmatrix}\begin{matrix} \surd \\ \\ \surd \\ \\ \end{matrix}$$
$$\surd$$

第四步：这里直线数等于 3(等于 4 时停止运算)，要进行对矩阵变换。对矩阵进行变换的目的是增加零元素。为此在没有被直线覆盖的部分中找出最小元素 $k=5$。然后在打√行各元素中都减去这最小元素，而在打√列的各元素都加上这个最小元素，以保证原来零元素不变。

按第二步，找出所有独立的零元素，得到矩阵：

$$\begin{pmatrix} 0 & 6 & 17 & 17 \\ 30 & 0 & 0 & 0 \\ 0 & 0 & 0 & 0 \\ 32 & 0 & 45 & 45 \end{pmatrix}$$

有两个最优方案：

$$\begin{pmatrix} \circledcirc & 6 & 17 & 17 \\ 30 & \emptyset & \circledcirc & \emptyset \\ \emptyset & \emptyset & \emptyset & \circledcirc \\ 32 & \circledcirc & 45 & 45 \end{pmatrix} \text{或} \begin{pmatrix} \circledcirc & 6 & 17 & 17 \\ 30 & \emptyset & \emptyset & \circledcirc \\ \emptyset & \emptyset & \circledcirc & \emptyset \\ 32 & \circledcirc & 45 & 45 \end{pmatrix}$$

$$\boldsymbol{X}^{(1)} = \begin{pmatrix} 1 & 0 & 0 & 0 \\ 0 & 0 & 1 & 0 \\ 0 & 0 & 0 & 1 \\ 0 & 1 & 0 & 0 \end{pmatrix}, \boldsymbol{X}^{(2)} = \begin{pmatrix} 1 & 0 & 0 & 0 \\ 0 & 0 & 0 & 1 \\ 0 & 0 & 1 & 0 \\ 0 & 1 & 0 & 0 \end{pmatrix}$$

第一种方案：第一个工厂加工产品 1，第二个工厂加工产品 3，第三个工厂加工产品 4，第四个工厂加工产品 2。

第二种方案：第一个工厂加工产品 1，第二个工厂加工产品 4，第三个工厂加工产品 3，第四个工厂加工产品 2。

单件产品总成本 $Z=58+150+250+55=513$。

当指派问题的系数矩阵，经过变换得到了同行和同列中都有两个或两个以上零元素时，可以任选一行(列)中某一个零元素，再划去同行(列)的其他零元素。这时会出现多重解。

5.5.3 非标准型指派问题

对于指派问题使用匈牙利法的条件是：模型目标函数求最小值以及效率 $cij \geq 0$。但是，在现实生活中经常会遇到各种非标准形式的指派问题，比如目标函数值求极大值以及不平衡指派问题，对于上述非标准型指派问题的处理方法是先将其转化为标准形式，然后用匈牙利解法来求解。

(1)目标函数求极大值。

例 5.10 某人事部门拟招聘四人任职四项工作，对他们综合考评的得分如下表(满分100分)，如何安排工作使总分最多。

$$\boldsymbol{C}=\begin{matrix}甲\\乙\\丙\\丁\end{matrix}\begin{bmatrix}85 & 92 & 73 & 90\\95 & 87 & 78 & 95\\82 & 83 & 79 & 90\\86 & 90 & 80 & 88\end{bmatrix}$$

目标函数值求最大的指派问题处理方法：设 m 为最大化指派问题系数矩阵 $\boldsymbol{C}$ 中最大元素。令矩阵 $\boldsymbol{B}=(m-\mathrm{c}_{ij})$，则以 $\boldsymbol{B}$ 为系数矩阵的最小化指派问题和原问题有相同的最优解。

解：$\boldsymbol{M}=95$，令 $m=(95-c_{ij})$，对原矩阵进行转化：

$$\boldsymbol{C}'=\begin{bmatrix}10 & 3 & 22 & 5\\0 & 8 & 17 & 0\\13 & 12 & 16 & 5\\9 & 5 & 15 & 7\end{bmatrix}$$

采用匈牙利解法对上述矩阵进行求解：

$$\boldsymbol{X}=\begin{bmatrix}0 & 1 & 0 & 0\\1 & 0 & 0 & 0\\0 & 0 & 0 & 1\\0 & 0 & 1 & 0\end{bmatrix}$$

即甲安排做第二项工作、乙做第一项、丙做第四项、丁做第三项，最高总分 $Z=92+95+90+80=357$。

(2)不平衡指派问题。不平衡指派问题的解决思路为，将其转化为平衡问题。

①工作与人员数不相等的情况，添加相应的工作或者人员，但是由于添加的工作或者人员为虚拟，因此其效率值均为0，构造新指派矩阵后采用匈牙利法进行求解即可。

例 5.11 设有3项任务T1、T2、T3，可以安排4个人M1、M2、M3、M4去完成，各人完成各项工作所费的时间⊂$\boldsymbol{C}$，问：应指派哪个人去完成哪项任务，所需总时间最少？

$$\boldsymbol{C}=\begin{bmatrix}2 & 15 & 13\\10 & 4 & 14\\9 & 14 & 16\\7 & 8 & 11\end{bmatrix}\rightarrow\boldsymbol{C}'=\begin{bmatrix}2 & 15 & 13 & 0\\10 & 4 & 14 & 0\\9 & 14 & 16 & 0\\7 & 8 & 11 & 0\end{bmatrix}\rightarrow\boldsymbol{C}''=\begin{bmatrix}0 & 11 & 2 & 0\\8 & 0 & 3 & 0\\7 & 10 & 5 & 0\\5 & 4 & 0 & 0\end{bmatrix}$$

此时系数矩阵中有四个独立的零元素。令矩阵中对应这四个独立0元素的元素取值为1，其他元素取值为0，即指派M1完成任务T1，M2完成任务T2，M4完成任务T3，而M3没有分配任务，所需要的总时间最少为：

$$\min Z = c_{11} + c_{22} + c_{43} = 2 + 4 + 11 = 17(\text{小时})。$$

②若某个人干多项工作，则可将该问题视为多个相同的几个“人”做同一件事的指派问题，效率系数和该人一样。

例 5.12　设有四项任务 T1、T2、T3、T4，可以安排三个人甲、乙、丙去完成，各人完成各项工作所费的时间 $\boldsymbol{C}$ 不同，其中工作能力最强的甲可以承担两项任务，乙、丙只能承担一项任务。问：应指派哪个人去完成哪项任务所需总时间最少？

$$\boldsymbol{C} = \begin{bmatrix} 2 & 15 & 13 & 4 \\ 10 & 4 & 14 & 15 \\ 9 & 14 & 16 & 13 \end{bmatrix} \rightarrow \boldsymbol{C}' = \begin{bmatrix} 2 & 15 & 13 & 4 \\ 10 & 4 & 14 & 15 \\ 9 & 14 & 16 & 13 \\ 2 & 15 & 13 & 4 \end{bmatrix} \rightarrow \boldsymbol{C}'' = \begin{bmatrix} 0 & 13 & 4 & 0 \\ 6 & 0 & 3 & 9 \\ 0 & 5 & 0 & 2 \\ 0 & 13 & 4 & 0 \end{bmatrix}$$

指派甲完成任务 T1 和 T4，乙完成任务 T2，丙完成任务 T3，所需要的总时间最少。

③若某个人不能干某项工作，则可将该人干该项工作的效率系数取为 m。这里我们就不举例子了。

习题五

1. 简答题：

(1) 为什么应用线性规划的单纯形法求出最优解后，用四舍五入法不能得到整数规划问题的最优解？

(2) 试叙述分枝定界法和割平面法的基本思路和主要步骤，二者有什么相同和不同？

(3) 指派问题是否可以用单纯形法或表上作业法求解？

2. 用分枝定界法求解：

(1) $\max Z = 3x_1 + 2x_2$

$$\begin{cases} 2x_1 + 3x_2 \leqslant 14 \\ 2x_1 + x_2 \leqslant 9 \\ x_1,\ x_2 \geqslant 0 \\ x_1,\ x_2 \text{ 为整数} \end{cases}$$

(2) $\max Z = x_1 + x_2$

$$\begin{cases} x_1 + \dfrac{9}{14}x_2 \leqslant \dfrac{51}{14} \\ -2x_1 + x_2 \leqslant \dfrac{1}{3} \\ x_1,\ x_2 \geqslant 0 \\ x_1,\ x_2 \text{ 为整数} \end{cases}$$

3. 用割平面法求解：

(1) $\max Z = x_1 + x_2$

$$\begin{cases} 2x_1 + x_2 \leqslant 6 \\ 4x_1 + 5x_2 \leqslant 20 \\ x_1,\ x_2 \geqslant 0 \\ x_1,\ x_2 \text{ 为整数} \end{cases}$$

(2) $\min Z = x_1 + x_2 - 4x_3$

$$\begin{cases} x_1 + x_2 + 2x_3 \leqslant 9 \\ x_1 + x_2 - x_3 \leqslant 2 \\ -x_1 + x_2 + x_3 \leqslant 4 \\ x_1,\ x_2,\ x_3 \geqslant 0 \text{ 且为整数} \end{cases}$$

4. 用隐枚举法解0-1规划:

(1) $\min Z = 4x_1 + 3x_2 + 2x_3$

$$\begin{cases} 2x_1 - 5x_2 + 3x_3 \leqslant 4 \\ 4x_1 + x_2 + 3x_3 \geqslant 3 \\ x_2 + x_3 \geqslant 1 \\ x_1,\ x_2,\ x_3 = 0 \text{ 或 } 1 \end{cases}$$

(2) $\max Z = 4x_1 - x_2 + x_3 + 3x_4$

$$\begin{cases} -x_1 + x_2 + 4x_3 + 5x_4 \leqslant 8 \\ 3x_1 - x_2 + 2x_3 - 2x_4 \leqslant 4 \\ x_1 + 3x_2 + 2x_3 + 4x_4 \leqslant 7 \\ x_1,\ x_2,\ x_3,\ x_4 = 0 \text{ 或 } 1 \end{cases}$$

5. 某公司用限额为150万元的资金，拟购进一批运输货车。经调查待选的货车有甲、乙、丙三种类型，其价格分别为6.7万元、5.0万元、3.5万元；估计年运输净利润分别为4.2万元、3.0万元、2.3万元。现该公司仅有30个汽车司机能开这几类货车，而维修保养能力不允许购买超过40台丙类货车，据估计甲、乙两类货车的维修保养工作量相当于丙类货车维修保养工作量的5/3倍和4/3倍。在上述条件下，为使年运输净利润达最大，应购买各类货车各多少台？试建立该问题的数学模型。(不要求求解)

6. 一辆货车的有效载重量是20吨，载货有效空间是8m×3.5m×2m。现有六件货物可供选择运输，每件货物的重量、体积及收入如表5.7所示。另外，在货物4和货物5中先运货物5，货物1和货物2不能混装，为使货物运输收入最大，建立数学模型。

表5.7

万元

地址	1	2	3	4	5	6	7	8	9	10	11	12
投资额	900	1 200	1 000	750	680	800	720	1 150	1 200	1 250	850	1 000
收益	400	500	450	350	300	400	320	460	500	510	380	400

7. 五项工作分给五个人去完成，组成分派问题，各人完成某项工作所需时间如表5.8所示，求完成所有工作总时间最小的方案。

表5.8

人员	工作				
	1	2	3	4	5
1	39	65	69	66	57
2	64	84	24	92	22
3	49	50	61	31	45
4	48	45	55	23	50
5	58	34	30	34	18

8. 用匈牙利解法求解下列最小值的指派问题:

(1) $\boldsymbol{C} = \begin{bmatrix} 12 & 6 & 9 & 15 \\ 20 & 12 & 18 & 26 \\ 35 & 18 & 10 & 25 \\ 6 & 10 & 15 & 20 \end{bmatrix}$

(2) $\boldsymbol{C} = \begin{bmatrix} 12 & 7 & 9 & 7 & 9 \\ 8 & 9 & 6 & 6 & 6 \\ 7 & 17 & 12 & 14 & 12 \\ 15 & 14 & 6 & 6 & 10 \\ 4 & 10 & 7 & 10 & 6 \end{bmatrix}$

9. 有四个工人，要指派他们分别完成四项工作，每人做各项工作所消耗的时间如表 5.9 所示。

表 5.9

工人	工作			
	A	B	C	D
甲	15	18	21	24
乙	19	23	22	18
丙	26	17	16	19
丁	19	21	23	17

问：指派哪个人去完成哪项工作，可使总的消耗时间为最少？

10. 某物流公司有四个快递员，要指派他们分别完成五项快递任务，每人送各项快递所消耗的时间如表 5.10 所示。

表 5.10

工人	任务				
	A	B	C	D	E
甲	10	11	4	2	8
乙	7	11	10	14	12
丙	5	6	9	12	14
丁	13	15	11	10	7

问：指派哪个人去完成哪项快递任务，可使总的消耗时间为最少？

第六章 动态规划

在线性规划和非线性规划中，决策变量都是以集合的形式被一次性处理的；然而，有时我们也会面对决策变量需分期分批处理的多阶段决策问题。所谓多阶段决策问题是指这样一类活动过程：它可以分解为若干个互相联系的阶段，在每一阶段分别对应着一组可供选取的决策集合，即构成过程的每个阶段都需要进行一次决策的决策问题。将各个阶段的决策综合起来构成一个决策序列，称为一个策略。显然，由于各个阶段选取的决策不同，对应整个过程可以有一系列不同的策略。多阶段的决策问题，就是要在所有可能采取的策略中选取一个最优的策略，以便得到最佳的效果。在多阶段决策问题中，有些问题对阶段的划分具有明显的时序性，动态规划的“动态”二字也由此而得名。

动态规划(dynamic programming)的主要创始人是美国数学家贝尔曼。20 世纪 40 年代末 50 年代初，当时在兰德公司从事研究工作的贝尔曼首先提出了动态规划的概念。1957 年贝尔曼出版了他的第一部著作《动态规划》。该著作成为当时唯一的进一步研究和应用动态规划的理论源泉。

动态规划在工程技术、经济管理等社会各个领域都有广泛的应用，并且获得了显著效果，是经济管理中一种重要的决策技术。许多规划问题用动态规划的方法来处理，常比线性规划或非线性规划更有效。特别是对于离散的问题，由于解析数学无法发挥作用，动态规划便成为一种非常有用的工具。

多阶段决策过程的特点是在每个阶段都要进行决策，最优策略是由若干相继进行的阶段决策构成的决策序列。由于前阶段的终止状态即是后阶段的初始状态，因此在确定阶段决策时不能只从本阶段的效应出发，必须通盘考虑、整体规划。

6.1 多阶段决策问题引例

在生产经营活动中，某些问题决策过程可以划分为若干相互联系的阶段，每个阶段需要做出决策，从而使整个过程取得最优。由于各个阶段不是孤立的，而是有机联系的，也就是说，本阶段的决策将影响过程下一阶段的发展，从而影响整个过程效果，所以决策者在进行决策时不能仅考虑选择的决策方案使本阶段最优，还应该考虑本阶段决策对最终目标产生的影响，从而做出对全局来讲是最优的决策。当每个阶段的决策确定以后，全部过程的决策就是这些阶段决策所组成的一个决策序列，所以多阶段决策问题也称为序贯决策问题。

多阶段决策问题中，各个阶段一般是按照时间、空间来划分的，随着时间、空间位置的变化而产生各个阶段的决策，从而形成决策序列，这就是动态的含义。在一些与时间无关的静态问题中(如非线性规划等)，可以人为地赋予时间的概念，使其成为一个多阶段决策问题，再用动态规划方法处理。

多阶段决策问题很多，现举例如下：

例 6.1(最短路问题) 线路网络如图 6.1 所示，要从 A 地到 E 地铺设管线，中间需要经过三个中间站，两点之间的连线上的数字表示距离，问：应该选择什么路线，使总距离最短？

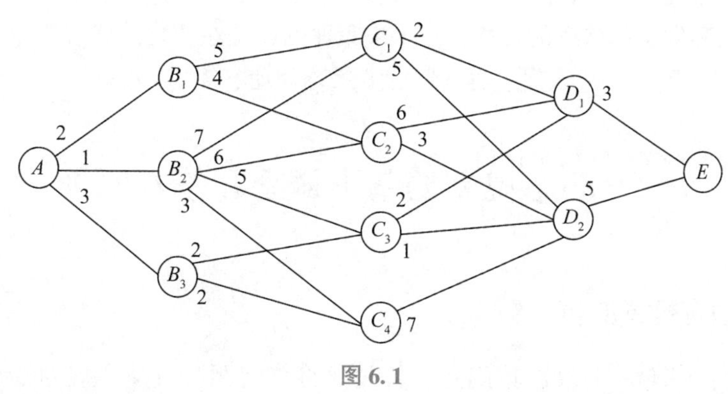

图 6.1

将该问题划分为四个阶段的决策问题，即第一阶段为从 A 到 $B_j(j=1,\ 2,\ 3)$，有三种决策方案可供选择；第二阶段为从 B_j 到 $C_j(j=1,\ 2,\ 3)$，也有三种方案可供选择；第三阶段为从 C_j 到 $D_j(j=1,\ 2)$，有两种方案可供选择；第四阶段为从 D_j 到 E，只有一种方案选择。如果用完全枚举法，则可供选择的路线有 $3\times3\times2\times1=18$(条)。这显然是一多阶段决策问题。

例 6.2(机器负荷问题) 某工厂有 100 台机器，拟分四个周期使用，在每一个周期有两种生产任务。据经验，把机器 x_1 台投入第一种生产任务，则在一个生产周期中将有 $1/3x_1$ 台机器报废；余下的机器全部投入第二种生产任务，则有 1/10 的机器报废，如果干第一种生产任务每台机器可以收益 10(千元)，干第二种生产任务每台机器可以收益 7(千元)，问：怎样分配机器使总收益最大？

这也是一个多阶段决策问题，显然可以将全过程分为四个阶段(一个周期为一个阶段)，每个阶段开始确定投入高低负荷下的完好机器数，而且上一阶段的决策必然影响到下一阶段的生产状态，决策的目标是使产品的总收益产量达到最大。

例 6.3(生产存储问题) 工厂生产某种产品，每单位(千件)的成本为 1(千元)，每次开工的固定成本为 3(千元)，工厂每季度的最大生产能力为 6(千件)。经调查，市场对该产品的需求量第一、二、三、四季度分别为 2，3，2，4(单位都为千件)。如果工厂在第一、二季度将全年的需求都生产出来，自然可以降低成本(少付固定成本费)，但是对于第三、四季度才能上市的产品需付存储费，每季度每千件的存储费为 0.5(千元)。还规定年初和年末这种产品均无库存。试制订一个生产计划，即安排每个季度的产量，使一年的总费用(生产成本和存储费)最少。

此外，还有投资决策问题、采购问题、设备更新问题等，它们都具有多阶段决策问题的特征，都可以用动态规划方法求解。具体解法在下面讨论。

以上几个问题虽然具体意义各不相同，但也具有一些共同的特点，即都可以看成一个多阶段决策问题，具体可用下列状态转移图 6.2 来描述。关于图 6.2 的含义我们将在下面说明。

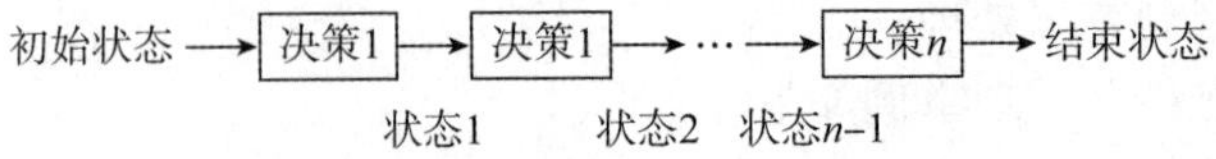

初始状态 → 决策1 → 决策1 → … → 决策n → 结束状态

状态1　状态2　状态n−1

图 6.2

在多阶段决策问题中，各阶段采取的决策，一般来说是与时间、空间有关的，决策依赖当前状态，又随即引起状态的转移，一个决策序列就是在变化的状态中产生出来的，故有“动态”的含义，因此，把处理这类问题的方法称为动态规划方法。

6.2　动态规划的基本概念和基本原理

6.2.1　动态规划的基本概念

运用动态规划求解多阶段决策问题，首先要将该问题写成动态规划模型，再进行求解，动态规划模型中用到的概念及符号如下：

(1)阶段(stage)。阶段是过程中需要做出决策的决策点。描述阶段的变量称为阶段变量，常用 k 来表示。阶段的划分一般是根据时间和空间的自然特征来进行的，但要便于将问题的过程转化为多阶段决策的过程。对于具有 N 个阶段的决策过程，其阶段变量 $k=1$，2，…，N。例如，例 6.1 中，从 A 到 E 可以划分为四个阶段，第一阶段 $k=1$，从 A 到 B(B 有三种选择：B_1，B_2，B_3)；第二阶段 $k=2$，从 B 到 C(C 有四种选择：C_1，C_2，C_3，C_4)；第三阶段 $k=3$，从 C 到 D(D 有两种选择：D_1，D_2)；第四阶段 $k=4$，从 D 到 E。

(2)状态(state)。状态表示每个阶段开始所处的自然状况或客观条件，它描述了研究问题过程的状况。状态既反映前面各阶段系列决策的结局，又是本阶段决策的一个出发点和依据；它是各阶段信息的传递点和结合点。各阶段的状态通常用状态变量 S_k 来加以描述。作为状态应具有这样的性质：如果某阶段状态给定后，则该阶段以后过程的发展不受此阶段以前各阶段状态的影响。换句话说，过程的历史只能通过当前的状态来影响未来，当前的状态是以往历史的一个总结。这个性质称为无后效性或健忘性。描述状态的变量称为状态变量，常用 S_k 表示第 k 阶段的状态变量。状态变量 S_k 的取值集合称为状态集合，第 k 阶段的状态集合记为 S_k，例如，例 6.1 中，第一阶段状态为 A；第二阶段有三个状态：B_1，B_2，B_3；第三阶段有四个状态：C_1，C_2，C_3，C_4；第四阶段有两个状态：D_1，D_2。各阶段状态集合分别为：

$$S_1=\{A\},\ S_2=\{B_1,\ B_2,\ B_3\},\ S_3=\{C_1,\ C_2,\ C_3,\ C_4\},\ S_4=\{D_1,\ D_2\}$$

这里状态的选取应当满足无后效性：系统从某个阶段往后的发展演变，完全由系统本阶段所处的状态及决策所决定，与系统以前的状态及决策无关。也就是说，过去的历史只能通过当前的状态去影响未来的发展，当前的状态是过去历史的一个完整总结。只有具有无后效性的多阶段决策过程才适合用动态规划方法求解。

例 6.1 中，当某个阶段已经选定某个点时，这个点以后的管线铺设只与该点有关，而与该点以前的管线铺设无关，所以满足无后效性。

(3)决策(decision)。当各阶段的状态选定以后，可以做出不同的决定(或选择)，从而确定下一个阶段的状态，这种决定(或选择)称为决策。表述决策的变量称为决策变量，常用 $u_k(S_k)$ 表示第 k 阶段当状态为 s_k 时的决策变量。实际问题中，决策变量的取值往往限制在某一范围内，此范围称为允许决策集合，常用 $D_k(S_k)$ 表示第 k 阶段从状态 S_k 出发的允许决策集合，显然 $u_k(S_k) \in D_k(S_k)$。

例如，例 6.1 中，第二阶段若从 B_2 出发，可以选择 C_1，C_2，C_3，C_4，即允许决策集合为：$D_2(B_2)=\{C_1, C_2, C_3, C_4\}$；当决定选择 C_3 时，可以表示为：$u_2(B_2)=C_3$。

(4)策略(policy)与子策略(sub-policy)。当各个阶段的决策确定以后，各阶段的决策形成一个决策序列，称此决策序列为一个策略。使系统达到最优效果的策略称为最优策略。在 n 阶段决策过程中，从第 k 阶段到终止状态的过程，称为 k 后部子过程(或称为 k 子过程)，k 后部子过程相应的决策序列称为 k 后部子过程策略，简称子策略，记为 $p_{k,n}(s_k)$，即：

$$p_{k,n}(s_k)=\{u_k(s_k),\ u_{k+1}(s_{k+1}),\ \cdots,\ u_n(s_n)\} \tag{6.1}$$

当 $k=1$ 时，即由第一阶段某个状态出发做出的决策序列称为全过程策略，简称策略，记为 $p_{1,n}(s_1)$，即：

$$p_{1,n}(s_1)=\{u_1(s_1),\ u_2(s_2),\ \cdots,\ u_n(s_n)\} \tag{6.2}$$

(5)状态转移方程(state transfer equation)。动态规划中，本阶段的状态往往是上一个阶段状态和上一个阶段决策作用的结果。设第 k 阶段状态为 s_k，做出的决策为 $u_k(s_k)$，则第 $k+1$ 阶段的状态 s_{k+1} 随之确定，它们之间的关系可以表示为：

$$s_{k+1}=T_k(s_k,\ u_k) \tag{6.3}$$

这种表示从第 k 阶段到第 $k+1$ 阶段状态转移规律的方程称为状态转移方程，它反映了系统状态转移的递推规律。例如例 6.1 中，上一阶段的决策就是下一阶段的状态，所以状态转移方程为：

$$s_{k+1}=u_k(s_k) \tag{6.4}$$

状态转移方程是建立动态规划数学模型的难点之一。

(6)指标函数。指标函数有阶段指标函数和过程指标函数之分。阶段指标函数是对应某一阶段决策的效率度量；过程指标函数是用来衡量所实现过程优劣的数量指标，是定义在全过程(策略)或后续子过程(子策略)上的一个数量函数，从第 k 个阶段起的一个子策略所对应的过程指标函数常用 $V_{k,n}$ 表示，即：

$$V_{k,n}=V_{k,n}(s_k,\ u_k,\ s_{k+1},\ \cdots,\ s_{n+1}) \tag{6.5}$$

当 $k=1$ 时，$V_{1,n}$ 表示初始状态为 s_1，采用策略 $p_{1,n}$ 时的指标函数值。

$$V_{1,n}=V_{1,n}(s_1,\ u_1,\ s_2,\ \cdots,\ s_{n+1})$$

动态规划数学模型的指标函数应该具有可分离性，并满足递推关系，即：

$$V_{k,n}(s_k, u_k, s_{k+1}, \cdots, s_{n+1}) = \varphi_k[s_k, u_k, V_{k+1,n}(s_{k+1}, \cdots, s_{n+1})] \quad (6.6)$$

在阶段 k 状态为 s_k，决策为 $u_k(s_k)$ 时得到的反映第 k 阶段的数量指标 $v_k(s_k, u_k)$ 称为 k 阶段的指标函数。

常见的指标函数形式有两种：

①任一后部子过程的指标函数是它所包含的各阶段指标的和，即：

$$V_{k,n}(s_k, u_k, \cdots, s_{n+1}) = \sum_{j=k}^{n} v_j(s_j, u_j) \quad (6.7)$$

写成递推关系：

$$V_{k,n}(s_k, u_k, \cdots, s_{n+1}) = v_k(s_k, u_k) + V_{k+1,n}(s_{k+1}, u_{k+1}, \cdots, s_{n+1}) \quad (6.8)$$

②任一后部子过程的指标函数是它所包含的各阶段指标的积，即：

$$V_{k,n}(s_k, u_k, \cdots, s_{n+1}) = \prod_{j=k}^{n} v_j(s_j, u_j) \quad (6.9)$$

写成递推关系：

$$V_{k,n}(s_k, u_k, \cdots, s_{n+1}) = v_k(s_k, u_k) \cdot V_{k+1,n}(s_{k+1}, u_{k+1}, \cdots, s_{n+1}) \quad (6.10)$$

(7)最优指标函数。从第 k 个阶段起的最优子策略所对应的过程指标函数称为最优指标函数。指标函数的最优值记为 $f_k(s_k)$，它表示从第 k 阶段状态 s_k 出发，采取最优策略 $p_{k,n}^*(s_k)$ 到第 n 阶段的终止状态时的最佳指标函数值，即：

$$f_k(s_k) = \underset{\{u_k, \cdots, u_n\}}{\text{opt}} V_{k,n}(s_k, u_k, \cdots, s_{n+1}) \quad (6.11)$$

opt 是英文 optimization（优化）的缩写，根据问题的性质取 max 或 min。

当 $k=1$ 时，$f_1(s_1)$ 就是从初始状态 s_1 出发到终止状态的最优函数。在不同的问题中，指标函数可以是利润、成本、距离、产品质量或资源消耗等。在最短路线问题中，第 k 阶段的指标函数 $v_k(s_k, u_k)$ 通常也用 $d_k(s_k, u_k)$ 表示。

例如，例 6.1 中，$d_2(B_2, C_3)$ 表示第二阶段中由点 B_2 到点 C_3 的距离，$f_k(s_k)$ 表示从第 k 阶段点 s_k 到终点 E 的最短距离，$f_1(A)$ 就是所求从 A 到 E 的最短距离。

6.2.2 动态规划的基本原理

(1)动态规划的最优化原理。

在第一节的例 6.1 中，我们显然可以看出这样一个事实：如果从 A 点到 E 点的最优路线在第 k 阶段经过某一结点 s_{k_i}（例如 D_1），则最优路线中从 s_{k_i} 到 E 的后半部分，必然也是从 s_{k_i} 到 E 的最优路线。也就是说，如果最优策略 $p_{k,n}^*$ 所确定的路线，在第 k 阶段经过状态 s_{k_i}，则 $p_{k,n}^*$ 中在第 k 阶段以后的子策略 $p_{k,n}^*$，必然也是以 s_{k_i} 为起始状态的后部子过程的最优策略（以后为了简便计算，也常用 s_k 来表示第 k 阶段的某一状态，而略去下标 i）。这就是贝尔曼最优化原理："不管在此最优策略上的各状态以前的状态和决策如何，对该状态来说，以后的所有决策必定构成最优子策略。"反之，若在每个阶段均把距离当前结点最近的结点作为该阶段的决策结果，由此得到的路径未必是最短的。类似地，若将生活中的每一个选择都看成能否尽快实现人生目标的分叉点，那么根据眼前利益做出的决策，常会因小失大。

因此，最优策略的任一子策略都是最优的。对最短路问题来说即为从最短路上的任一点到终点的部分道路(最短路上的子路)也一定是从该点到终点的最短路(最短子路)。根据这个原理，对于多阶段决策过程最优化问题，可以通过逐段逆推求后部子过程最优策略的方法，来求得全过程的最优策略。

(2)动态规划的基本思想。

①将多阶段决策问题按照空间或时间顺序划分成相互联系的阶段，即把一个大问题分解成一族同类型的子问题，选取恰当的状态变量和决策变量，写出状态转移方程，定义最优指标函数，写出递推关系式和边界条件。

②从边界条件开始，由后向前逐段递推寻找最优，在每一个阶段的计算中都要用到前一阶段的最优结果，依次进行，求得最后一个子问题的最优解就是整个问题的最优解。

③在多阶段决策过程中，确定阶段 k 的最优决策时，不是只考虑本阶段最优，而是要考虑本阶段及其所有后部子过程的整体最优，也就是说，它是把当前效益和未来效益结合起来考虑的一种方法。

6.3　动态规划模型的建立与求解

6.3.1　动态规划的两类基本方程

(1)逆推基本方程。在动态规划方法逆推求解时，以第 k 阶段的任一状态 $s_k \in S_k$ 为起始状态的后部子过程的最优策略，$p_{k,n}^{*}(s_k)$ 是问题(以第一种类型的指标函数为例)：

$$\text{s.t.}\begin{cases}\text{opt}V_{k,n}(s_k, p_{k,n}(s_k)) = \sum_{j=k}^{n} v_j(s_j, x_j) \\ p_{k,n}(s_k) \in P_{k,n}(s_k)\end{cases} \tag{6.12}$$

的解。其中 $P_{k,n}(s_k)$ 是以 s_k 为起始状态的后部允许策略集合。又因：

$$V_{k,n}(s_k, p_{k,n}(s_k)) = \sum_{j=k}^{n} v_j(s_j, x_j) = v_k(s_k, x_k) + \sum_{j=k+1}^{n} v_j(s_j, x_j)$$

其中：

$$\begin{cases}p_{k,n}(s_k) = \{x_k, p_{k+1,n}(s_{k+1})\} \\ s_{k+1} = T_k(s_k, x_k)\end{cases} \tag{6.13}$$

假定对于任意的 $s_{k+1} \in S_{k+1}$，已求出其后部最优策略 $p_{k+1,n}^{*}(s_{k+1})$：

$$\text{opt}\{v_k(s_k, x_k) + V_{k+1,n}(s_{k+1}, p_{k+1,n}^{*}(s_{k+1}))\}$$

$$\text{s.t.}\begin{cases}x_k \in D_k(s_k) \\ s_{k+1} = T_k(s_k, x_k)\end{cases} \tag{6.14}$$

记 $f_k(s_k)$ 是以 s_k 为起始的后部子过程的最优值函数，则问题(6.13)又可写成：

$$\begin{cases} f_k(s_k) = \text{opt}\{v_k(s_k, x_k) + f_{k+1}(s_{k+1})\} \\ s_{k+1} = T_k(s_k, x_k) \\ f_{n+1}(s_{n+1}) = 0 \end{cases} \tag{6.15}$$

由问题(6.14)解出 x_k^*，则 $\{x_k, p_{k+1,n}(s_{k+1})\}$ 就是所求的 $p_{k,n}^*(s_k)$。因此，原问题就归结为求解问题(6.14)。

式(6.13)是一个递推方程，称为动态规划的基本方程。其递推过程是从 $k=n$ 开始，逐段向前逆推，直到求出 $f_1(s_1)$ 和 x_1^*，就得到全过程的最优策略和指标函数的最优值。递推开始时，要用到终端边界条件，这里取 $f_{n+1}(s_{n+1})=0$。

当指标函数 V_k 为阶段指标函数的连乘形式时，即 $V_k = \prod_{i=k}^{n} v_i(s_k, x_k)$，则动态规划的基本方程可写成：

$$\text{s.t.}\begin{cases} f_k(s_k) = \underset{x_k \in D_k(s_k)}{\text{opt}} \{v_k(s_k, x_k) \cdot f_{k+1}(s_{k+1})\} \\ s_k \in S_k(k=n, n-1, \cdots, 2, 1) \\ s_{k+1} = T_k(s_k, x_k) \\ f_{n+1}(s_{n+1}) = 1 \end{cases} \tag{6.16}$$

(2)顺推基本方程。动态规划的解法有逆推和顺推法两种，一般逆推方法用得比较多。但对于一些可用逆推的，也可以用顺推方法求解。

假定阶段序数 k 和决策变量 x_k 的定义不变，而改变状态变量 s_k 的定义，即将第一阶段的初始状态记作 s_0，则这时的状态转移是由 s_k，x_k 去决定 s_{k-1}。

故状态转移方程为 $s_{k-1} = T'_k(s_k, x_k)$

第 k 阶段的允许决策集合记为 $D'_k(s_k)$。于是可得到顺推方法的基本方程为：

$$\text{s.t.}\begin{cases} f_k(s_k) = \underset{x_k \in D'_k(s_k)}{\text{opt}} \{v_k(s_k, x_k) + f_{k-1}(s_{k-1})\} \\ s_{k-1} = T'_k(s_k, x_k) \\ f_0(s_0) = 0 \end{cases} \tag{6.17}$$

递推过程是从 $k=1$ 开始，逐段向前逆推，直到求出 $f_n(s_n)$ 和 x_n^*，就得到全过程的最优策略和指标函数的最优值。

当指标函数 V_k 为阶段指标函数的连乘形式时，我们可以类似地写出顺推方法的基本方程：

$$\text{s.t.}\begin{cases} f_k(s_k) = \underset{x_k \in D'_k(s_k)}{\text{opt}} \{v_k(s_k, x_k) \cdot f_{k-1}(s_{k-1})\} \\ s_k \in S_k(k=n, n-1, \cdots, 2, 1) \\ s_{k-1} = T'_k(s_k, x_k) \\ f_0(s_0) = 1 \end{cases} \tag{6.18}$$

6.3.2 建立动态规划数学模型的步骤

(1)划分阶段。划分阶段是运用动态规划求解多阶段决策问题的第一步，在确定多阶段特性后，按时间或空间先后顺序，将过程划分为若干相互联系的阶段。对于静态问题要人为地赋予“时间”概念，以便划分阶段。

(2)正确选择状态变量 s_k。选择变量既要能确切描述过程演变又要满足无后效性，而且各阶段状态变量的取值能够确定。一般地，状态变量的选择是从过程演变的特点中寻找。

(3)确定决策变量 u_k 及允许决策集合 $D_k(s_k)$。通常选择所求解问题的关键变量作为决策变量，同时要给出决策变量的取值范围，即确定允许决策集合。

(4)确定状态转移方程。根据 k 阶段状态变量 s_k 和决策变量 $u_k(s_k)$ 写出 $k+1$ 阶段状态变量 s_{k+1}，即 $s_{k+1}=T_k(s_k, u_k)$，状态转移方程应当具有递推关系。

(5)确定阶段指标函数和最优指标函数，建立动态规划基本方程。阶段指标函数$v_k(s_k, u_k)$是指第 k 阶段的收益，最优指标函数$f_k(s_k)$是指从第 k 阶段状态 s_k 出发到第 n 阶段末所获得收益的最优值，最后写出动态规划基本方程。

以上五步是建立动态规划数学模型的一般步骤。由于动态规划模型与线性规划模型不同，动态规划模型没有统一的模式，建模时必须根据具体问题具体分析，只有通过不断实践总结，才能较好掌握建模方法与技巧。

逆序解法是求解动态规划问题的一般常用方法，即由 $k=n$ 递推至 $k=1$ 得到问题的最优解。下面通过举例阐述动态规划建模及求解。

例 6.4 结合例 1 的最短路线问题来阐述动态规划的逆推解法。

求解最短路线问题，可以从最后一段开始，由后向前逐步递推，逐段求各点到终点的最短路线，每段都要用到上一步得到的最短路线，一直到求出从始点到终点的最短路线。下面求解例 6.1。

由递推方程
$$\begin{cases} f_k(s_k)=\min\{d_k(s_k, u_k)+f_{k+1}(s_{k+1})\} & k=4, 3, 2, 1 \\ f_5(s_5)=0 \end{cases}$$

$k=4$ 时(见表 6.1)：

表 6.1

s_k	x_k	$v_k(s_k, x_k)$	$v_k(s_k, x_k)+f_{k+1}(s_{k+1})$	f_k	$P_{k,n}^*$
D_1	$D_1\to E$	3	3+0=3	3	$D_1\to E$
D_2	$D_2\to E$	5	5+0=5	5	$D_2\to E$

$k=3$ 时(见表 6.2)：

表 6.2

s_k	x_k	$v_k(s_k, x_k)$	$v_k(s_k, x_k)+f_{k+1}(s_{k+1})$	f_k	$P_{k,n}^*$
C_1	$C_1\to D_1$ $C_1\to D_2$	2 5	2+3=5 5+5=5	5	$C_1\to D_1\to E$
C_2	$C_2\to D_1$ $C_2\to D_2$	6 3	6+3=9 3+5=8	8	$C_2\to D_2\to E$

续表

s_k	x_k	$v_k(s_k, x_k)$	$v_k(s_k, x_k)+f_{k+1}(s_{k+1})$	f_k	$P_{k,n}^*$
C_3	$C_3\to D_1$ $C_3\to D_2$	2 1	2+3=5 1+5=6	5	$C_3\to D_1\to E$
C_4	$C_4\to D_2$	7	7+5=5	12	$C_4\to D_2\to E$

$k=2$ 时(见表 6.3)：

表 6.3

s_k	x_k	$v_k(s_k, x_k)$	$v_k(s_k, x_k)+f_{k+1}(s_{k+1})$	f_k	$P_{k,n}^*$
B_1	$B_1\to C_1$ $B_1\to C_2$	5 4	5+5=10 4+8=12	10	$B_1\to C_1\to D_1\to E$
B_2	$B_1\to C_1$ $B_1\to C_2$ $B_1\to C_3$ $B_1\to C_4$	7 6 5 3	7+5=12 6+8=14 5+5=10 3+12=15	10	$B_2\to C_3\to D_1\to E$
B_3	$B_1\to C_3$ $B_1\to C_4$	2 2	2+5=7 2+12=14	7	$B_3\to C_3\to D_1\to E$

$k=1$ 时(见表 6.4)：

表 6.4

s_k	x_k	$v_k(s_k, x_k)$	$v_k(s_k, x_k)+f_{k+1}(s_{k+1})$	f_k	$P_{k,n}^*$
A_1	$A\to B_1$ $A\to B_2$ $A\to B_3$	2 1 3	2+10=12 1+10=11 3+7=10	10	$A\to B_3\to C_3\to D_1\to E$

得到最优路线为：$A\to B_3\to C_3\to D_1\to E$。

上述计算最短路线的过程也可以直接在图上用标号法表示出来，如图 6.3 所示，结点上方方格内数字表示该点到 E 点的最短距离。各点到 E 点之间的连线表示最短路线，这种直接在图上求解的方法称为标号法，这种方法的最大优点是不仅可以得到从点 A 到点 E 的最短路，而且得到中间任意一点到 E 点的最短路，即得到一组最优解，这对于许多实际问题来讲是很有意义的。

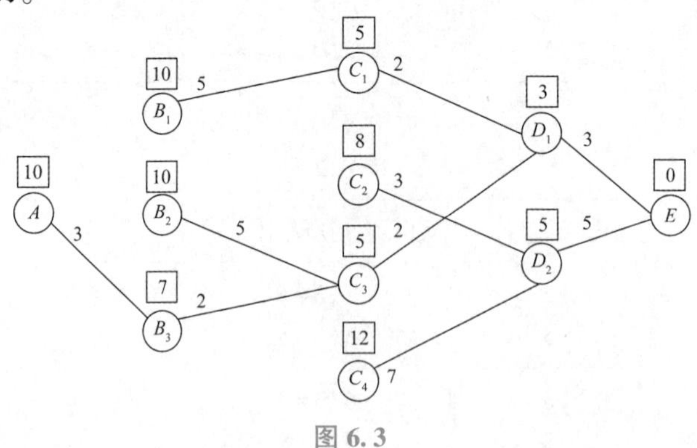

图 6.3

如果规定从 A 点到 E 点为顺行方向，则由 E 点到 A 点为逆行方向，图6.3是由 E 点开始，由后向前标号，这种以 A 为始端、E 为终端，从 E 到 A 的解法称为逆序解法。

标号也可以由 A 点开始，从前向后标号，如图6.4所示，这种以 E 为始端，A 为终端，从 A 到 E 的解法称为顺序解法。方格内数字表示该点到 A 点的最短距离。连接 A 点和该点的折线表示该点到起点 A 的最短路线。

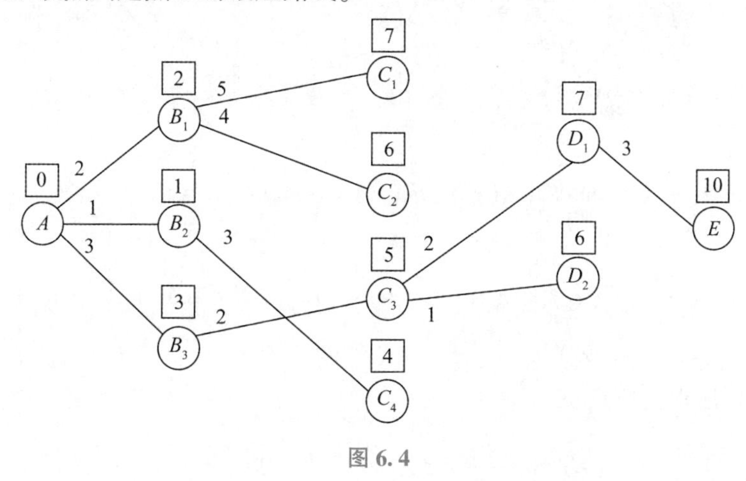

图6.4

6.4　动态规划和静态规划的关系

动态规划与静态规划(线性和非线性规划等)研究的对象本质上都是在若干约束条件下的函数极值问题。两种规划在很多情况下原则上可以相互转换。

动态规划可以看作求决策 u_1，u_2，…，u_n 使指标函数 $V_{1n}(x_1, u_1, u_2, \cdots, u_n)$ 达到最优(最大或最小)的极值问题，状态转移方程、端点条件以及允许状态集、允许决策集等是约束条件，原则上可以用非线性规划方法求解。

一些静态规划只要适当引入阶段变量、状态、决策等就可以用动态规划方法求解。下面用例子说明。

例6.5　用动态规划方法解下列非线性规划问题：

$$\max Z = x_1 \cdot x_2^2 \cdot x_3$$

$$\begin{cases} x_1 + x_2 + x_3 \leqslant c \\ x_i \geqslant 0 \quad i = 1, 2, 3 \end{cases}$$

解：解决这一类静态规划问题，需要人为地赋予时间概念，从而将该问题转化为多阶段决策过程。

按问题的变量个数划分阶段，把它看作一个三阶段决策问题，$k=1, 2, 3$；

设状态变量为 s_1，s_2，s_3，s_4，并记 $s_1 \leqslant c$；

取问题中的变量 x_1，x_2，x_3 为决策变量；

状态转移方程为：$s_3 = x_3$，$s_3 + x_2 = s_2$，$s_2 + x_1 = s_1 \leqslant c$；

允许决策集合为：$x_3=s_3$，$0 \leqslant x_2 \leqslant s_2$，$0 \leqslant x_1 \leqslant s_1$。

各阶段指标函数为：$v_1(x_1)=x_1$，$v_2(x_2)=x_2^2$，$v_3(x_3)=x_3$，各指标函数以乘积方式结合，最优指标函数$f_k(s_k)$表示从第k阶段初始状态s_k出发到第三阶段所得到的最大值，则动态规划基本方程为：

$$\begin{cases} f_k(s_k) = \max\limits_{x_k \in D_k(s_k)} [v_k(x_k) \cdot f_{k+1}(s_{k+1})] \quad k=3,2,1 \\ f_4(s_4) = 1 \end{cases}$$

用逆序解法由后向前依次求解：

$k=3$时，

$$f_3(s_3) = \max_{x_3 \in D_3(s_3)} [v_3(x_3) \cdot f_4(s_4)] = \max_{x_3=s_3}(x_3) = s_3 \quad x_3^* = s_3$$

$k=2$时，

$$f_2(s_2) = \max_{x_2 \in D_2(s_2)} [v_2(x_2) \cdot f_3(s_3)] = \max_{0 \leqslant x_2 \leqslant s_2} (x_2^2 \cdot s_3) = \max_{0 \leqslant x_2 \leqslant s_2} [x_2^2 \cdot (s_2 - x_2)]$$

令$h_2(s_2, x_2) = {x_2}^2(s_2 - x_2)$

用经典解析法求极值点：

$$\frac{\mathrm{d}h_2}{\mathrm{d}x_2} = 2x_2s_2 - 3x_2^2 = 0$$

解得：$x_2 = \frac{2}{3}s_2 \quad x_2=0$（舍）

$$\frac{\mathrm{d}^2h_2}{\mathrm{d}x_2^2} = 2s_2 - 6x_2 \quad \left.\frac{\mathrm{d}^2h_2}{\mathrm{d}x_2^2}\right|_{x_2=\frac{2}{3}s_2} = -2s_2 < 0$$

所以$x_2 = \frac{2}{3}s_2$是极大值点。

$$f_2(s_2) = \left(\frac{2}{3}s_2\right)^2\left(s_2 - \frac{2}{3}s_2\right) = \frac{4}{27}s_2^3 \qquad x_2^* = \frac{2}{3}s_2$$

$k=1$时，

$$f_1(s_1) = \max_{x_1 \in D_1(s_1)} [v_1(x_1) \cdot f_2(s_2)] = \max_{0 \leqslant x_1 \leqslant s_1}\left(x_1 \cdot \frac{4}{27}s_2^3\right) = \max_{0 \leqslant x_1 \leqslant s_1}\left[x_1 \cdot \frac{4}{27}(s_1 - x_1)^3\right]$$

令$h_1(s_1, x_1) = x_1 \cdot \frac{4}{27}(s_1 - x_1)^3$

$$\frac{\mathrm{d}h_1}{\mathrm{d}x_1} = \frac{4}{27}(s_1 - x_1)^3 + x_1\frac{12}{27}(s_1 - x_1)^2(-1) = 0$$

解得：$x_1 = \frac{1}{4}s_1 \quad x_1 = s_1$（舍）

$$\frac{\mathrm{d}^2h_1}{\mathrm{d}x_1^2} = \frac{12}{27}(s_1 - x_1)^2(-1) - \frac{12}{27}(s_1 - x_1)^2 + \frac{24}{27}x_1(s_1 - x_1) = \frac{24}{27}(s_1 - x_1)(2x_1 - s_1)$$

$$\left.\frac{d^2h_1}{dx_1^2}\right|_{x_1=\frac{1}{4}s_1} = -\frac{9}{27}s_1^2 < 0$$

所以 $x_1=\frac{1}{4}s_1$ 是极大值点。

$$f_1(s_1)=\frac{1}{4}s_1\cdot\frac{4}{27}\left(s_1-\frac{1}{4}s_1\right)^3=\frac{1}{64}s_1^4\qquad x_1^*=\frac{1}{4}s_1$$

由于 s_1 未知，所以对 s_1 再求极值：

$$\max_{0\leqslant s_1\leqslant c}f_1(s_1)=\max_{0\leqslant s_1\leqslant c}\left(\frac{1}{64}s_1^4\right)$$

显然 $s_1=c$ 时，$f_1(s_1)$ 取得最大值 $f_1(s_1)=\frac{1}{64}c^4$。

反向追踪得各阶段最优决策及最优值：

$$s_1=c\qquad x_1^*=\frac{1}{4}s_1=\frac{1}{4}c\qquad f_1(s_1)=\frac{1}{64}c^4$$

$$s_2=s_1-x_1^*=\frac{3}{4}c\qquad x_2^*=\frac{2}{3}s_2=\frac{1}{2}c\qquad f_2(s_2)=\frac{4}{27}s_2^3=\frac{1}{16}c^3$$

$$s_3=s_2-x_2^*=\frac{1}{4}c\qquad x_3^*=s_3=\frac{1}{4}c\qquad f_3(s_3)=s_3=\frac{1}{4}c$$

所以最优解为：$x_1^*=\frac{1}{4}c$，$x_2^*=\frac{1}{2}c$，$x_3^*=\frac{1}{4}c$，$z^*=\frac{1}{64}c^4$。

例 6.6　用动态规划方法解下列非线性规划问题：

$$\max Z=x_1^2\cdot x_2\cdot x_3^3$$

$$\begin{cases}x_1+x_2+x_3\leqslant 6\\ x_j\geqslant 0\quad j=1,\ 2,\ 3\end{cases}$$

解：按变量个数将原问题分为三个阶段，阶段变量 $k=1，2，3$。

选择 x_k 为决策变量。

状态变量 s_k 表示第 k 阶段至第 3 阶段决策变量之和。

取小区间长度 $\Delta=1$，小区间数目 $m=6/1=6$，状态变量 s_k 的取值点为：

$$\begin{cases}s_k=0,\ 1,\ 2,\ 3,\ 4,\ 5,\ 6\quad k\geqslant 2\\ s_1=6\end{cases}$$

状态转移方程：$s_{k+1}=s_k-x_k$。

允许决策集合：$D_k(s_k)=\{x_k\mid 0\leqslant x_k\leqslant s_k\}\quad k=1，2，3$

x_k，s_k 均在分割点上取值。

阶段指标函数分别为：$g_1(x_1)=x_1{}^2$，$g_2(x_2)=x_2$，$g_3(x_3)=x_3{}^3$，最优指标函数 $f_k(s_k)$ 表示从第 k 阶段状态 s_k 出发到第 3 阶段所得到的最大值，动态规划的基本方程为：

$$\begin{cases}f_k(s_k)=\max\limits_{0\leqslant x_k\leqslant s_k}\left[g_k(x_k)\cdot f_{k+1}(s_{k+1})\right]\quad k=3,\ 2,\ 1\\ f_4(s_4)=1\end{cases}$$

$k=3$ 时，

$$f_3(s_3)=\max_{x_3=s_3}(x_3^3)=s_3^3$$

s_3 及 x_3 取值点较多，计算结果以表格形式给出，如表 6.5~表 6.7 所示。

表 6.5

s_3 \ x_3 (f)	x_3							$f_3(s_3)$	x_3^*
	0	1	2	3	4	5	6		
0	0							0	0
1		1						1	1
2			8					8	2
3				27				27	3
4					64			64	4
5						125		125	5
6							216	216	6

表 6.6

s_2 \ x_2 (f)	$x_2f_3(s_2-x_2)$							$f_2(s_2)$	x_2^*
	0	1	2	3	4	5	6		
0	0							0	0
1	0	1×0						0	0，1
2	0	1×1	2×0					1	1
3	0	1×8	2×1	3×0				8	1
4	0	1×27	2×8	3×1	4×0			27	1
5	0	1×64	2×27	3×8	4×1	5×0		64	1
6	0	1×125	2×64	3×27	4×8	5×1	6×0	128	2

表 6.7

s_1 \ x_1 (f)	$x_1^2f_2(s_1-x_1)$							$f_1(s_1)$	x_1^*
	0	1	2	3	4	5	6		
6	0	1×64	4×27	9×8	16×1	25×0	36×0	108	2

由表 6.7 知，$x_1^*=2$，$s_1=6$，则 $s_2=s_1-x_1^*=6-2=4$，查表 6.6 得：$x_2^*=1$，则 $s_3=s_2-x_2^*=4-1=3$，查表 6.5 得：$x_3^*=3$，所以最优解为：$x_1^*=2$，$x_2^*=1$，$x_3^*=3$，$f_1(s_1)=108$。

上面讨论的问题仅有一个约束条件。对具有多个约束条件的问题，同样可以用动态规划方法求解，但这时是一个多维动态规划问题，解法上比较烦琐一些。

6.5　动态规划在经济管理中的应用(1)

动态规划应用十分广泛，本节通过几个具体实例展示它在管理领域的应用。

6.5.1　资源分配问题

假设有一种资源，数量为 a，将其分配给 n 个使用者，分配给第 i 个使用者数量 x_i 时，相应的收益为 $g_i(x_i)$，问：如何分配使得总收入最大？该问题的数学模型为：

$$\max Z = g_1(x_1) + g_2(x_2) + \cdots + g_n(x_n)$$

$$\begin{cases} x_1 + x_2 + \cdots + x_n = a \\ x_i \geqslant 0 \quad i = 1, 2, \cdots, n \end{cases} \tag{6.19}$$

式(6.19)是一个静态规划问题，应用动态规划方法求解时人为赋予时间概念，将其看作是一个多阶段决策问题。

按变量个数划分阶段，$k=1, 2, \cdots, n$；

设决策变量 $u_k=x_k$，表示分配给第 k 个使用者的资源数量；

设状态变量为 s_k，表示分配给第 k 个至第 n 个使用者的总资源数量；

状态转移方程：$s_{k+1}=s_k-x_k$，其中 $s_1=a$；

允许决策集合：$D_k(s_k)=\{x_k \mid 0\leqslant x_k\leqslant s_k\}$；

阶段指标函数：$v_k(s_k, u_k)=g_k(x_k)$ 表示分配给第 k 个使用者数量 x_k 时的收益；

最优指标函数 $f_k(s_k)$ 表示以数量 s_k 的资源分配给第 k 个至第 n 个使用者所得到的最大收益，则动态规划基本方程为：

$$\begin{cases} f_k(s_k) = \max\limits_{0\leqslant x_k\leqslant s_k} [g_k(x_k) + f_{k+1}(s_{k+1})] \quad k = n, n-1, \cdots, 1 \\ f_{n+1}(s_{n+1}) = 0 \end{cases}$$

由逆序算法，$f_1(a)$ 即为所求问题的最大收益。

例 6.7　某公司打算在 3 个不同的地区设置 4 个销售点，根据市场部门估计，在不同地区设置不同数量的销售点每月可得到的利润如表 6.8 所示。试问：在各地区如何设置销售点可使每月总利润最大？

表 6.8

地区	销售点				
	0	1	2	3	4
1	0	16	25	30	32
2	0	12	17	21	22
3	0	10	14	16	17

解：如前所述，建立动态规划数学模型：

将问题分为 3 个阶段，$k=1, 2, 3$；

决策变量 x_k 表示分配给第 k 个地区的销售点数；

状态变量为 s_k 表示分配给第 k 个至第 3 个地区的销售点总数；

状态转移方程：$s_{k+1}=s_k-x_k$，其中 $s_1=4$；

允许决策集合：$D_k(s_k)=\{x_k \mid 0\leqslant x_k\leqslant s_k\}$；

阶段指标函数：$g_k(x_k)$表示 x_k 个销售点分配给第 k 个地区所获得的利润；

最优指标函数$f_k(s_k)$表示将数量为 s_k 的销售点分配给第 k 个至第 3 个地区所得到的最大利润，动态规划基本方程为：

$$\begin{cases} f_k(s_k)=\max\limits_{0\leqslant x_k\leqslant s_k}[g_k(x_k)+f_{k+1}(s_k-x_k)] & k=3,2,1 \\ f_4(s_4)=0 \end{cases}$$

数值计算如表 6.9~表 6.11 所示。

表 6.9

s_k	x_k	$g_k(s_k, x_k)$	$g_k(s_k, x_k)+f_{k+1}(s_{k+1})$	f_{k+}	最优决策 x_k^*
0	0	0	0+0=0	0	0
1	1	10	10+0=10	10	1
2	2	14	14+0=14	14	2
3	3	16	16+0=16	16	3
4	4	17	17+0=17	17	4

表 6.10

s_k	x_k	$g_k(s_k, x_k)$	$g_k(s_k, x_k)+f_{k+1}(s_{k+1})$	f_{k+}	最优决策 x_k^*
0	0	0	0+0=0	0	0
1	0	0	0+10=10	12	1
	1	12	12+0=12		
2	0	0	0+14=14	22	1
	1	12	12+10=12		
	2	17	17+0=17		
3	0	0	0+16=16	27	2
	1	12	12+14=26		
	2	17	17+10=27		
	3	21	21+0=21		
4	0	0	0+17=17	31	2，3
	1	12	12+16=28		
	2	17	17+14=31		
	3	21	21+10=31		
	4	22	22+0=22		

表 6.11

s_k	x_k	$g_k(s_k, x_k)$	$g_k(s_k, x_k)+f_{k+1}(s_{k+1})$	f_{k+}	最优决策 x_k^*
4	0	0	0+31=31	47	2
	1	16	16+27=43		
	2	25	25+22=47		
	3	30	30+12=42		
	4	32	32+0=32		

所以最优解为：$x_1^*=2$，$x_2^*=1$，$x_3^*=1$，$f_1(4)=47$，即在第 1 个地区设置 2 个销售点，第 2 个地区设置 1 个销售点，第 3 个地区设置 1 个销售点，每月可获利润 47。

这个例子是决策变量取离散值的一类分配问题，在实际问题中，相类似的问题还有设备或人力资源的分配问题等。在资源分配问题中，还有一种决策变量为连续变量的资源分配问题，见下面例子。

例 6.8　(机器负荷问题)某种机器可在高低两种不同的负荷下进行生产，设机器在高负荷下生产的产量(件)函数为 $g_1=8x$，其中，x 为投入高负荷生产的机器数量，年度完好率 $\alpha=0.7$(年底的完好设备数等于年初完好设备数的 70%)；在低负荷下生产的产量(件)函数为 $g_2=5y$，其中 y 为投入低负荷生产的机器数量，年度完好率 $\beta=0.9$。假定开始生产时完好的机器数量为 1 000 台，试问：每年应如何安排机器在高、低负荷下的生产，才能使 5 年生产的产品总量最多?

解：设阶段 k 表示年度($k=1, 2, 3, 4, 5$)；状态变量 S_k 为第 k 年度初拥有的完好机器数量[同时也是第 $(k-1)$ 年度末时的完好机器数量]。决策变量 x_k 为第 k 年度分配高负荷下生产的机器数量，于是 S_k-x_k 为该年度分配在低负荷下生产的机器数量。这里的 S_k 和 x_k 均为连续变量，它们的非整数值可以这样理解：如 $S_k=0.6$ 就表示一台机器在第 k 年度中正常工作时间只占全部时间的 60%；$x_k=0.3$ 就表示一台机器在第 k 年度中只有 30%的工作时间在高负荷下运转。状态转移方程为：

$$S_{k+1}=\alpha x_k+\beta(S_k-x_k)=0.7x_k+0.9(S_k-x_k)=0.9S_k-0.2x_k$$

允许决策集合：

$$D_k(S_k)=\{x_k \mid 0\leqslant x_k\leqslant S_k\}$$

设阶段指标 $Q_k(S_k, x_k)$ 为第 k 年度的产量，则：

$$Q_k(S_k, x_k)=8x_k+5(S_k-x_k)=5S_k+3x_k$$

过程指标是阶段指标的和，即：

$$Q_{k,5}=\sum_{j=k}^{5}Q_j$$

令最优值函数 $f_k(S_k)$ 表示从资源量 S_k 出发，采取最优子策略所生产的产品总量，因而有逆推关系式：

$$f_k(S_k)=\max_{x_k\in D_k(S_k)}\{5S_k+3x_k+f_{k+1}(0.9S_k-0.2x_k)\}$$

边界条件 $f_6(S_6)=0$。

当 $k=5$ 时：

$$f_5(S_5)=\max_{0\leqslant x_5\leqslant S_5}\{5S_5+3x_5+f_6(S_6)\}=\max_{0\leqslant x_5\leqslant S_5}\{5S_5+3x_5\}$$

因 $f_5(S_5)$ 是关于 x_5 的单调递增函数，故取 $x_5^*=S_5$，相应有 $f_5(S_5)=8S_5$。

当 $k=4$ 时：

$$\begin{aligned} f_4(S_4) &= \max_{0 \leq x_4 \leq S_4} \{5S_4 + 3x_4 + f_5(0.9S_4 - 0.2x_4)\} \\ &= \max_{0 \leq x_4 \leq S_4} \{5S_4 + 3x_4 + 8(0.9S_4 - 0.2x_4)\} \\ &= \max_{0 \leq x_4 \leq S_4} \{12.2S_4 + 1.4x_4\} \end{aligned}$$

因$f_4(S_4)$是关于x_4的单调递增函数，故取$x_4^* = S_4$，相应有$f_4(S_4) = 13.6S_4$；依次类推，可求得：

当$k = 3$时：$x_3^* = S_3$，$f_3(S_3) = 17.5S_3$；

当$k = 2$时：$x_2^* = 0$，$f_2(S_2) = 20.8S_2$；

当$k = 1$时：$x_1^* = 0$，$f_1(S_1 = 1\ 000) = 23.7S_1 = 23\ 700$。

计算结果表明最优策略为：$x_1^* = 0$，$x_2^* = 0$，$x_3^* = S_3$，$x_4^* = S_4$，$x_5^* = S_5$；即前两年将全部设备都投入低负荷生产，后三年将全部设备都投入高负荷生产，这样可以使5年的总产量最大，最大产量是23 700件。

有了上述最优策略，各阶段的状态也就随之确定了，即按阶段顺序计算出各年年初的完好设备数量。

$$\begin{aligned} &S_1 = 1\ 000 \\ &S_2 = 0.9S_1 - 0.2x_1 = 0.9 \times 1\ 000 - 0.2 \times 0 = 900 \\ &S_3 = 0.9S_2 - 0.2x_2 = 0.9 \times 900 - 0.2 \times 0 = 810 \\ &S_4 = 0.9S_3 - 0.2x_3 = 0.9 \times 810 - 0.2 \times 810 = 567 \\ &S_5 = 0.9S_4 - 0.2x_4 = 0.9 \times 567 - 0.2 \times 567 = 397 \\ &S_6 = 0.9S_5 - 0.2x_5 = 0.9 \times 397 - 0.2 \times 397 = 278 \end{aligned}$$

上面所讨论的过程始端状态S_1是固定的，而终端状态S_6是自由的，实现的目标函数是5年的总产量最高。

6.5.2 生产与存储问题

在生产和经营管理中，经常遇到要合理地安排生产(或购买)与库存问题，达到既要满足社会的需要，又要尽量降低成本费用的目的，因此，正确制定生产(后采购)策略，确定不同时期的生产量(或采购量)和库存量，以使总的生产成本费用和库存费用之和最小，这就是生产与存储问题的最优目标。

(1)生产计划问题。

例6.9(生产—库存问题) 某工厂要对一种产品制订今后四个时期的生产计划，据估计在今后4个时期内，市场对该产品的需求量分别为2、3、2、4单位，假设每批产品固定成本为3 000元，若不生产为0，每单位产品成本为1 000元，每个时期最大生产能力不超过6个单位，每期期末未出售产品，每单位需付存储费500元，假定第1期初和第4期末库存量均为0，问：该厂如何安排生产与库存，可在满足市场需求的前提下总成本最小？

解：以每个时期作为一个阶段，该问题分为4个阶段，$k=1, 2, 3, 4$；

决策变量x_k表示第k阶段生产的产品数；

状态变量s_k表示第k阶段初的库存量；

以d_k表示第k阶段的需求，则状态转移方程：$s_{k+1} = s_k + x_k - d_k$；$k=4, 3, 2, 1$；由于期初及期末库存为0，所以$s_1 = 0$，$s_5 = 0$。

允许决策集合 $D_k(s_k)$ 的确定：当 $s_k \geqslant d_k$ 时，x_k 可以为 0；当 $s_k<d_k$ 时，至少应生产 d_k-s_k，故 x_k 的下限为 $\max(0, d_k-s_k)$，每期最大生产能力为 6，x_k 最大不超过 6，由于期末库存为 0，x_k 还应小于本期至 4 期需求之和减去本期的库存量，$\sum_{j=k}^{4} d_j - s_k$，所以 x_k 的上限为 $\min(\sum_{j=k}^{4} d_j - s_k, 6)$，故有：

$$D_k(s_k)=\{x_k \mid \max(0, d_k-s_k) \leqslant x_k \leqslant \min(\sum_{j=k}^{4} d_j - s_k, 6)\}$$

阶段指标函数 $r_k(s_k, x_k)$ 表示第 k 期的生产费用与存储费用之和：

$$r_k(s_k, x_k)=\begin{cases}0.5s_k & x_k=0\\ 3+x_k+0.5s_k & x_k=1, 2, 3, 4, 5, 6\end{cases}$$

最优指标函数 $f_k(s_k)$ 表示第 k 期库存为 s_k 到第 4 期期末的生产与存储最低费用，动态规划基本方程为：

$$\begin{cases}f_k(s_k)=\min\limits_{x_k \in D_k(s_k)}[r_k(s_k, x_k)+f_{k+1}(s_{k+1})] & k=4, 3, 2, 1\\ f_5(s_5)=0\end{cases}$$

先求出各状态允许状态集合及允许决策集合，如表 6.12 所示。

表 6.12

s_1	0						
$D_1(s_1)$	{2, 3, 4, 5, 6}						
s_2	0	1	2	3	4		
$D_2(s_2)$	{3, 4, 5, 6}	{2, 3, 4, 5, 6}	{1, 2, 3, 4, 5, 6}	{0, 1, 2, 3, 4, 5, 6}	{0, 1, 2, 3, 4, 5}		
s_3	0	1	2	3	4	5	6
$D_3(s_3)$	{2, 3, 4, 5, 6}	{1, 2, 3, 4, 5}	{0, 1, 2, 3, 4}	{0, 1, 2, 3}	{0, 1, 2}	{0, 1}	{0}
s_4	0	1	2	3	4		
$D_4(s_4)$	{4}	{3}	{2}	{1}	{0}		

由基本方程计算各阶段策略，结果如表 6.13～表 6.16 所示。

表 6.13

s_4	x_4	$r_4(s_4, x_4)=\begin{cases}0.5s_4 & x_4=0\\ 3+x_4+0.5s_4 & x_4\neq 0\end{cases}$	s_5	$f_5(s_5)$	$f_4(s_4)$
0	4*	7	0	0	7*
1	3*	6.5	0	0	6.5*
2	2*	6	0	0	6*
3	1*	5.5	0	0	5.5*
4	0*	2	0	0	2*

表 6.14

s_3	x_3	$r_3(s_3, x_3) = \begin{cases} 0.5s_3 & x_3 = 0 \\ 3 + x_3 + 0.5s_3 & x_3 \neq 0 \end{cases}$	$s_4 = s_3 + x_3 - 2$	$f_4(s_4)$	$f_3(s_3)$
0	2	5	0	7	12
	3	6	1	6.5	12.5
	4	7	2	6	13
	5	8	3	5.5	13.5
	6^*	9	4	2	11^*
1	1	4.5	0	7	11.5
	2	5.5	1	6.5	12
	3	6.5	2	6	12.5
	4	7.5	3	5.5	13
	5^*	8.5	4	2	10.5^*
2	0^*	1	0	7	8^*
	1	5	1	6.5	11.5
	2	6	2	6	12
	3	7	3	5.5	12.5
	4	8	4	2	10
3	0^*	1.5	1	6.5	8^*
	1	5.5	2	6	11.5
	2	6.5	3	5.5	12
	3	7.5	4	2	9.5
4	0^*	2	2	6	8^*
	1	6	3	5.5	11.5
	2	7	4	2	9
5	0^*	2.5	3	5.5	8^*
	1	6.5	4	2	8.5
6	0^*	3	4	2	5^*

表 6.15

s_2	x_2	$r_2(s_2, x_2) = \begin{cases} 0.5s_2 & x_2 = 0 \\ 3 + x_2 + 0.5s_2 & x_2 \neq 0 \end{cases}$	$s_3 = s_2 + x_2 - 3$	$f_3(s_3)$	$f_2(s_2)$
0	3	6	0	11	17
	4	7	1	10.5	17.5
	5^*	8	2	8	16^*
	6	9	3	8	17
1	2	5.5	0	11	16.5
	3	6.5	1	10.5	17
	4^*	7.5	2	8	15.5^*
	5	8.5	3	8	16.5
	6	9.5	4	8	17.5

续表

s_2	x_2	$r_2(s_2, x_2)=\begin{cases}0.5s_2 & x_2=0\\ 3+x_2+0.5s_2 & x_2\neq 0\end{cases}$	$s_3=s_2+x_2-3$	$f_3(s_3)$	$f_2(s_2)$
2	1	5	0	11	16
	2	6	1	10.5	16.5
	3*	7	2	8	15*
	4	8	3	8	16
	5	9	4	8	17
	6	10	5	8	18
3	0*	1.5	0	11	12.5*
	1	5.5	1	10.5	16
	2	6.5	2	8	14.5
	3	7.5	3	8	15.5
	4	8.5	4	8	16.5
	5	9.5	5	8	17.5
	6	10.5	6	5	15.5
4	0*	2	1	10.5	12.5*
	1	6	2	8	14
	2	7	3	8	15
	3	8	4	8	16
	4	9	5	8	17
	5	10	6	5	15

表 6.16

s_1	x_1	$r_1(s_1, x_1)=\begin{cases}0.5s_1 & x_1=0\\ 3+x_1+0.5s_1 & x_1\neq 0\end{cases}$	$s_2=x_1-2$	$f_2(s_2)$	$f_1(s_1)$
0	2	5	0	16	21
	3	6	1	15.5	21.5
	4	7	2	15	22
	5*	8	3	12.5	20.5*
	6	9	4	12.5	21.5

逆向追踪可得：$x_1^*=5$，$s_2=3$，$x_2^*=0$，$s_3=0$，$x_3^*=6$，$s_4=4$，$x_4^*=0$，即第 1 时期生产 5 个单位，第 3 时期生产 6 个单位，第 2、4 时期不生产，可使总费用最小，最小费用为 20.5 千元。

例 6.10(库存—销售问题)　设某公司计划在 1—4 月从事某种商品经营。已知仓库最多可存储 600 件这种商品，已知 1 月初存货 200 件，根据预测知 1—4 月各月的单位购货成本及销售价格如表 6.17 所示，每月只能销售本月初的库存，当月进货供以后各月销售，问：如何安排进货量和销售量，使该公司 4 个月获得利润最大(假设 4 月底库存为零)？

表 6.17

月份	购货成本 C/元	销售价格 P/元
1	40	45
2	38	42
3	40	39
4	42	44

解：按月划分阶段，$k=1，2，3，4$；

状态变量 s_k 表示第 k 月初的库存量，$s_1=200$，$s_5=0$；

决策变量：x_k 表示第 k 月售出的货物数量，y_k 表示第 k 月购进的货物数量；

状态转移方程：$s_{k+1}=s_k+y_k-x_k$；

允许决策集合：$0\leqslant x_k\leqslant s_k$，$0\leqslant y_k\leqslant 600-(s_k-x_k)$；

阶段指标函数为：$p_kx_k-c_ky_k$ 表示 k 月份的利润，其中 p_k 为第 k 月的单位销售价格，c_k 为第 k 月的单位购货成本；

最优指标函数 $f_k(s_k)$ 表示第 k 月初库存为 s_k 时从第 k 月至第 4 月末的最大利润，则动态规划基本方程为：

$$\begin{cases} f_k(s_k)=\max\limits_{\substack{0\leqslant x_k\leqslant s_k\\ 0\leqslant y_k\leqslant 600-(s_k-x_k)}}[p_kx_k-c_ky_k+f_{k+1}(s_{k+1})] & k=4，3，2，1\\ f_5(s_5)=0 \end{cases}$$

$k=4$ 时，

$$f_4(s_4)=\max\limits_{\substack{0\leqslant x_4\leqslant s_4\\ 0\leqslant y_4\leqslant 600-(s_4-x_4)}}(44x_4-42y_4)=44s_4 \quad x_4^*=s_4 \quad y_4^*=0$$

$k=3$ 时，

$$\begin{aligned} f_3(s_3)&=\max\limits_{\substack{0\leqslant x_3\leqslant s_3\\ 0\leqslant y_3\leqslant 600-(s_3-x_3)}}[39x_3-40y_3+f_4(s_4)]\\ &=\max\limits_{\substack{0\leqslant x_3\leqslant s_3\\ 0\leqslant y_3\leqslant 600-(s_3-x_3)}}[39x_3-40y_3+44(s_3+y_3-x_3)]\\ &=\max\limits_{\substack{0\leqslant x_3\leqslant s_3\\ 0\leqslant y_3\leqslant 600-(s_3-x_3)}}(44s_3-5x_3+4y_3) \end{aligned}$$

为求出使 $44s_3-5x_3+4y_3$ 最大的 x_3，y_3，须求解线性规划问题：

$$\max Z=44s_3-5x_3+4y_3$$
$$\begin{cases} x_3\leqslant s_3\\ -x_3+y_3\leqslant 600-s_3\\ x_3,\ y_3\geqslant 0 \end{cases}$$

只有两个变量 x_3，y_3，可用图解法，也可用单纯形法求解，取得最优解，$x_3^*=0$，$y_3^*=600-s_3$，$f_3(s_3)=40s_3+2\ 400$。

$k=2$ 时，

$$f_2(s_2)=\max_{\substack{0\leqslant x_2\leqslant s_2\\0\leqslant y_2\leqslant 600-(s_2-x_2)}}[42x_2-38y_2+f_3(s_3)]$$

$$=\max_{\substack{0\leqslant x_2\leqslant s_2\\0\leqslant y_2\leqslant 600-(s_2-x_2)}}[42x_2-38y_2+40(s_2+y_2-x_2)+2\,400]$$

$$=\max_{\substack{0\leqslant x_2\leqslant s_2\\0\leqslant y_2\leqslant 600-(s_2-x_2)}}(40s_2+2x_2+2y_2+2\,400)$$

类似地，求得：$x_2^*=s_2$，$y_2^*=600$，$f_2(s_2)=42s_2+3\,600$

$k=1$ 时，

$$f_1(s_1)=\max_{\substack{0\leqslant x_1\leqslant s_1\\0\leqslant y_1\leqslant 600-(s_1-x_1)}}[45x_1-40y_1+f_2(s_2)]$$

$$=\max_{\substack{0\leqslant x_1\leqslant s_1\\0\leqslant y_1\leqslant 600-(s_1-x_1)}}[45x_1-40y_1+42(s_1+y_1-x_1)+3\,600]$$

$$=\max_{\substack{0\leqslant x_1\leqslant s_1\\0\leqslant y_1\leqslant 600-(s_1-x_1)}}(42s_1+3x_1+2y_1+3\,600)$$

类似地，求得：$x_1^*=s_1$，$y_1^*=600$，$f_1(s_1)=45s_1+4\,800=13\,800$

逆向追踪得各月最优购货量及销售量：

$x_1^*=s_1=200$ $\quad$ $y_1^*=600$；

$x_2^*=s_2=s_1+y_1^*-x_1^*=600$ $\quad$ $y_2^*=600$；

$x_3^*=0$ $\quad$ $y_3^*=600-s_3=600-(s_2+y_2^*-x_2^*)=0$

$x_4^*=s_4=(s_3+y_3^*-x_3^*)=600$ $\quad$ $y_4^*=0$

即 1 月销售 200 件，进货 600 件，2 月销售 600 件，进货 600 件，3 月销售量及进货量均为 0，4 月销售 600 件，不进货，可获得最大总利润 13 800 元。

(2)存储控制问题。由于供给与需求在时间上存在差异，需要在供给与需求之间构建存储环节以平衡这种差异。存储物资需要付出资本占用费和保管费等，过多的物资储备意味着浪费；而过少的储备又会影响需求造成缺货损失。存储控制问题就是要在平衡双方的矛盾中，寻找最佳的采购批量和存储量，以期达到最佳的经济效果。

例 6.11 某鞋店销售一种雪地防潮鞋，以往的销售经历表明，此种鞋的销售季节是从 10 月 1 日至 3 月 31 日。下个销售季节各月的需求预测值如表 6.18 所示。

表 6.18 双

月份	10	11	12	1	2	3
需求	40	20	30	40	30	20

该鞋店的此种鞋完全从外部生产商进货，进货价每双 4 美元。进货批量的基本单位是箱，每箱 10 双。由于存储空间的限制，每次进货不超过 5 箱。对应不同的订货批量，进价享受一定的数量折扣，具体数值如表 6.19 所示。

表 6.19

进货批量/箱	1	2	3	4	5
数量折扣/%	4	5	10	20	25

假设需求是按一定速度均匀发生的，订货不需时间，但订货只能在月初办理一次，每次订货的采购费(与采购数量无关)为 10 美元。月存储费按每月月底鞋的存量计，每双 0.2 美元。由于订货不需时间，所以销售季节外的其他月份的存储量为“0”。试确定最佳的进货方案，以使总的销售费用最小。

解：阶段：将销售季节 6 个月中的每个月作为一个阶段，即 $k=1, 2, \cdots, 6$。

状态变量：第 k 阶段的状态变量 S_k 代表第 k 个月初鞋的存量。

决策变量：决策变量 x_k 代表第 k 个月的采购批量。

状态转移律：$S_{k+1}=S_k+x_k-d_k$（d_k 是第 k 个月的需求量）。

边界条件：$S_1=S_7=0$，$f_7(S_7)=0$。

阶段指标函数：$r_k(S_k, x_k)$ 代表第 k 个月所发生的全部费用，即与采购数量无关的采购费 C_k、与采购数量成正比的购置费 G_k 和存储费 Z_k. 其中：

$$C_k=\begin{cases}0, & x_k=0\\10, & x_k>0\end{cases};\quad G_k=p_x\times x_k;\quad Z_k=0.2(S_k+x_k-d_k)$$

最优指标函数：最优指标函数具有如下递推形式：

$$\begin{aligned}f_k(S_k)&=\min_{x_k}\{C_k+G_k+Z_k+f_{k+1}(S_{k+1})\}\\&=\min_{x_k}\{C_k+G_k+0.2(S_k+x_k-d_k)+f_{k+1}(S_k+x_k-d_k)\}\end{aligned}$$

当 $k=6$ 时(3 月)，计算结果如表 6.20 所示。

表 6.20

S_6	0	10	20
x_6	20	10	0
$f_6(S_6)$	86	48	0

当 $k=5$ 时(2 月)，计算结果如表 6.21 所示。

表 6.21

S_5	x_5						x_5^*	$f_5(S_5)$
	0	10	20	30	40	50		
0				204	188	164	50	164
10			172	168	142		40	142
20		134	136	122			30	122
30	86	98	90				0	86
40	50	52					0	50
50	4						0	4

当 $k=4$ 时(1 月)，计算结果如表 6.22 所示。

表 6.22

S_4	x_4							
	0	10	20	30	40	50	x_4^*	$f_4(S_4)$
0					302	304	40	302
10				282	282	286	30、40	282
20			250	262	264	252	20	250
30		212	230	244	230	218	10	212
40	164	192	212	210	196	170	0	164
50	144	174	178	176	152		0	144
60	126	140	144	132			0	126

当 $k=3$ 时(12 月)时，计算结果如表 6.23 所示。

表 6.23

S_3	x_3							
	0	10	20	30	40	50	x_3^*	$f_3(S_3)$
0				420	422	414	50	414
10			388	402	392	384	50	384
20		350	370	372	362	332	50	332
30	302	332	340	342	310	314	0	302
40	284	302	310	290	292	298	0	284

当 $k=2$ 时(11 月)，计算结果如表 6.24 所示。

表 6.24

S_2	x_2							
	0	10	20	30	40	50	x_2^*	$f_2(S_2)$
0			500	504	474	468	50	468
10		462	472	454	446	452	40	446

当 $k=1$ 时(10 月)，计算结果如表 6.25 所示。

表 6.25

S_1	x_1							
	0	10	20	30	40	50	x_1^*	$f_1(S_1)$
0					606	608	40	606

利用状态转移律，按上述计算的逆序可推算出最优策略：10 月采购 4 箱(40 双)，11 月采购 5 箱(50 双)，12 月不采购，1 月采购 4 箱(40 双)，2 月采购 5 箱(50 双)，3 月不采购。最小的销售费用为 606 美元。

6.5.3 设备更新问题

在工业和交通运输企业中，经常碰到设备陈旧或部分损坏需要更新的问题。从经济上来分析，一种设备应该用多少年后进行更新为最恰当，即更新的最佳策略应该如何，从而使在某一时间内的收入达到最大(或总费用达到最小)。

现以一台机器为例，随着使用年限的增加，机器的使用效率降低，收入减少，维修费用增加。而且机器使用年限越长，它本身的价值就会减少，因而更新时所需的净支出费用就越多。

设 $I_j(t)$ 为在第 j 年机器役龄为 t 年的一台机器运行所得的收入；

$O_j(t)$ 为在第 j 年机器役龄为 t 年的一台机器运行所需的运行费用；

$C_j(t)$ 为在第 j 年机器役龄为 t 年的一台机器更新时所需更新净费用；

α 为折扣因子 $(0 \leqslant \alpha \leqslant 1)$，表示一年以后的单位收入的价值视为现年的 α 单位；

T 表示在第一年开始时，正在使用的机器的役龄；

n 表示计划的年限总数；

$g_i(t)$ 表示在第 j 年开始使用一个役龄为 t 年的机器时，从第 j 年至第 n 年内的最佳收入；

$x_j(t)$ 表示给出 $g_i(t)$ 时，在第 j 年开始时的决策(保留或更新)。

为了写出递推关系式，先从两方面分析问题。若在第 j 年开始时购买了新机器，则从第 j 年至第 n 年得到的总收入应等于在第 j 年中由新机器所获得的收入，减去在第 j 年中运行的费用，减去在第 j 年开始时役龄为 t 年的机器的更新净费用，加上在第 $j+1$ 年开始使用役龄为 1 年的机器从第 $j+1$ 年至第 n 年的最佳收入；若在第 j 年开始时继续使用役龄为 t 年的机器，则从第 j 年至第 n 年得到的总收入应等于在第 j 年由役龄为 t 年的机器得到的收入，减去在第 j 年中役龄为 t 年的机器的运行的费用，加上在第 $j+1$ 年开始使用役龄为 $t+1$ 年的机器从第 $j+1$ 年至第 n 年的最佳收入。然后，比较它们的大小，选取大的，并相应得出更新还是保留的决策。

将上面这段话用数学形式表述，即得到动态规划的递推公式：

$$g_j(t)=\max\begin{Bmatrix} R: I_j(0)-O_j(0)-C_j(t)+\alpha g_{j+1}(1) \\ K: I_j(t)-O_j(t)+\alpha g_{j+1}(t+1) \end{Bmatrix},$$

$$(j=1,2,\cdots,n;\ t=1,2,\cdots,j-1,j+T-1)$$

$$g_{n+1}(t)=0$$

其中，K 表示保留使用；R 表示更新机器。

对于 $g_1(t)$ 来说，允许的 t 值只能 T，因为当进入计划过程时，机器必然已使用了 T 年。

应指出的是：这里研究的设备更新问题，是以役龄作为状态变量，决策是保留和更新两种情况。但它可推广到多维情形，如还考虑对使用的机器进行大维修作为一种决策，那时所需的费用和收入，不仅取决于机器的购置年限，还要考虑上次大修后的时间。因此，必须使用两个状态变量来描述系统的状态。其过程与此类似。

例 6.12　假设 $n=5$，$\alpha=1$，$T=1$，其有关数据如表 6.26 所示。试制定 5 年中的设备更新策略，使 5 年内的总收入达到最大。

表 6.26

XM \ JL \ N	第一年					第二年				第三年			第四年		第五年	前期				
	0	1	2	3	4	0	1	2	3	0	1	2	0	1	0	1	2	3	4	5
收入	22	21	20	18	16	27	25	24	22	29	26	24	30	28	32	18	16	16	14	14
运行费用	6	6	8	8	10	5	6	8	9	5	6	6	4	5	4	8	8	9	9	10
更新费用	27	29	32	34	37	29	31	34	36	31	32	33	32	33	34	32	34	36	36	38

解：先解释符号的意思。因第 j 年开始时役龄为 t 年的机器，其制造年代应为 $j-t$ 年，因此，$I_5(0)$ 为第五年新产品的收入，故 $I_5(0)=32$，$I_3(2)$ 为第一年的产品其机龄为 2 年的收入，故 $I_3(2)=20$。同理，$O_5(0)=4$，$O_3(2)=8$，而 $C_5(1)$ 是第五年机龄为 1 年的机器（应为第四年的产品）的更新费用，故 $C_5(1)=33$；同理 $C_5(2)=33$，$C_3(1)=31$。其余依次类推。当 $j=5$ 时，由于设 $T=1$，故从第 5 年开始计算，机器使用了 1 年、2 年、3 年、4 年、5 年，则递推关系式为：

$$g_5(t)=\max\begin{Bmatrix}R:\ I_5(0)-O_5(0)-C_5(t)+1\cdot g_6(1)\\ K:\ I_5(t)-O_5(t)+1\cdot g_6(t+1)\end{Bmatrix}$$

因此，$g_5(1)=\max\begin{Bmatrix}R:\ 32-4-33+0=-5\\ K:\ 28-5+0=23\end{Bmatrix}=23$，$x_5(1)=K$

$$g_5(2)=\max\begin{Bmatrix}R:\ 32-4-33+0=-5\\ K:\ 24-6+0=18\end{Bmatrix}=18,\quad x_5(2)=K$$

同理：$g_5(3)=13$，$x_5(3)=K$；$g_5(4)=6$，$x_5(4)=K$；$g_5(5)=4$，$x_5(5)=K$。

当 $j=4$ 时，则递推关系式为：

$$g_4(t)=\max\begin{Bmatrix}R:\ I_4(0)-O_4(0)-C_4(t)+g_5(1)\\ K:\ I_4(t)-O_4(t)+g_5(t+1)\end{Bmatrix}$$

$$g_4(1)=\max\begin{Bmatrix}R:\ 30-4-32+23=17\\ K:\ 26-5+18=39\end{Bmatrix}=39,\quad x_4(1)=K$$

同理：$g_4(2)=29$，$x_4(2)=K$；$g_4(3)=16$，$x_4(3)=K$；$g_4(4)=13$，$x_4(4)=R$。

当 $j=3$ 时，则递推关系式为：

$$g_3(t)=\max\begin{Bmatrix}R:\ I_3(0)-O_3(0)-C_3(t)+g_4(1)\\ K:\ I_3(t)-O_3(t)+g_4(t+1)\end{Bmatrix}$$

故：$g_3(1)=48$，$x_3(1)=K$；$g_3(2)=31$，$x_3(2)=R$；$g_3(3)=27$，$x_3(3)=R$。

当 $j=2$ 时，则递推关系式为：

$$g_2(t)=\max\begin{Bmatrix}R:\ I_2(0)-O_2(0)-C_2(t)+g_3(1)\\ K:\ I_2(t)-O_2(t)+g_3(t+1)\end{Bmatrix}$$

故：$g_2(1)=46$，$x_2(1)=K$；$g_2(2)=36$，$x_2(2)=R$。

当 $j=1$ 时，则递推关系式为：

$$g_1(t)=\max\begin{Bmatrix}R:\ I_1(0)-O_1(0)-C_1(t)+g_2(1)\\ K:\ I_1(t)-O_1(t)+g_2(t+1)\end{Bmatrix}$$

故：$g_1(1)=46$，$x_1(1)=K$。

最后，根据上面的计算过程反推之，可求得最优策略，如表6.27所示，相应的最佳收入为46单位。

表6.27

年	机龄	最佳策略
1	1	K
2	2	R
3	1	K
4	2	K
5	3	K

6.6 动态规划在经济管理中的应用(2)

本节通过介绍背包问题、复合系统工作可靠性问题进一步展示动态规划方法在管理领域的应用。

6.6.1 背包问题

有人携带背包上山，其可携带物品的重量限度为 a 千克，现有 n 种物品可供选择，设第 i 种物品的单件重量为 a_i 千克，其在上山过程中的价值是携带数量 x_i 的函数 $c_i(x_i)$，问：应如何安排携带各种物品的数量使总价值最大？这就是背包问题，类似的货物装载问题、下料问题都等同于背包问题。

背包问题的数学模型为：

$$\max Z = c_1(x_1) + c_2(x_2) + \cdots + c_n(x_n)$$

$$\begin{cases} a_1x_1 + a_2x_2 + \cdots + a_nx_n \leqslant a \\ x_i \geqslant 0 \text{ 且为整数 } (i=1,2,\cdots,n) \end{cases}$$

下面用动态规划方法求解：

按照装入物品的种类划分阶段，$k=1,2,\cdots,n$。

状态变量 s_k 表示装入第 k 种至第 n 种物品的总重量。

决策变量 x_k 表示装入第 k 种物品的件数。

状态转移方程为：$s_{k+1}=s_k-a_kx_k$。

允许决策集合为：

$$D_k(s_k)=\left\{x_k \,\middle|\, 0 \leqslant x_k \leqslant \left[\frac{s_k}{a_k}\right],\ x_k \text{ 为整数}\right\}$$

其中，$\left[\dfrac{s_k}{a_k}\right]$ 表示不超过 $\dfrac{s_k}{a_k}$ 的最大整数。

阶段指标函数 $c_k(x_k)$ 表示第 k 阶段装入第 k 种商品 x_k 件时的价值。

最优指标函数 $f_k(s_k)$ 表示第 k 阶段装入物品总重量为 s_k 时的最大价值，动态规划基本方程为：

$$\begin{cases} f_k(s_k) = \max\limits_{x_k=0,1,\cdots,[\frac{s_k}{a_k}]} [c_k(x_k) + f_{k+1}(s_{k+1})] & k = n, n-1, \cdots, 1 \\ f_{n+1}(s_{n+1}) = 0 \end{cases}$$

例 6.13　某工厂生产三种产品，各产品重量与利润关系如表 6.28 所示，现将此三种产品运往市场销售，运输能力总重量不超过 6 吨，问：如何安排运输使总利润最大？

表 6.28

种类	1	2	3
单位重量/吨	2	3	4
单位利润/元	80	130	180

解：设 x_i 为装载第 i 种货物的件数，$i=1, 2, 3$，该问题数学模型为：

$$\max Z = 80x_1 + 130x_2 + 180x_3$$

$$\begin{cases} 2x_1 + 3x_2 + 4x_3 \leqslant 6 \\ x_i \geqslant 0 \text{ 且为整数 } (i = 1, 2, 3) \end{cases}$$

按前述方法建立动态规划模型。

$k=3$ 时，

$$f_3(s_3) = \max\limits_{x_3=0,1,\cdots,[\frac{s_3}{4}]} (180x_3)$$

计算结果如表 6.29 所示：

表 6.29

s_3 \ x_3 \ f	$c_3(x_3)$		$f_3(s_3)$	x_3^*
	0	1		
0, 1, 2, 3	0		0	0
4, 5, 6	0	180	180	1

$k=2$ 时，

$$f_2(s_2) = \max\limits_{x_2=0,1,\cdots,[\frac{s_2}{3}]} [130x_2 + f_3(s_3)]$$

$$= \max\limits_{x_2=0,1,\cdots,[\frac{s_2}{3}]} [130x_2 + f_3(s_2 - 3x_2)]$$

计算结果如表 6.30 所示：

表 6.30

s_2 \ x_2 \ f	$c_2(x_2)+f_3(s_2-3x_2)$			$f_2(s_2)$	x_2^*
	0	1	2		
0, 1, 2	0+0			0	0
3	0+0	130+0		130	1

续表

s_2 \ x_2 \ f	$c_2(x_2)+f_3(s_2-3x_2)$			$f_2(s_2)$	x_2^*
	0	1	2		
4，5	0+180	130+0		180	0
6	0+180	130+0	260+0	260	2

$k=1$ 时，

$$f_1(s_1)=\max_{x_1=0,\ 1,\ 2,\ 3}\left[80x_1+f_2(s_2)\right]$$

$$=\max_{x_1=0,\ 1,\ 2,\ 3}\left[80x_1+f_2(s_1-2x_1)\right]$$

计算结果如表 6.31 所示：

表 6.31

s_1 \ x_1 \ f	$c_1(x_1)+f_2(s_1-2x_1)$				$f_1(s_1)$	x_1^*
	0	1	2	3		
6	0+260	80+180	160+0	240+0	260	0，1

反向追踪得最优方案Ⅰ：$x_1^*=0$，$x_2^*=2$，$x_3^*=0$；最优方案Ⅱ：$x_1^*=1$，$x_2^*=0$，$x_3^*=1$ 最大总利润为 260 元。

6.6.2 复合系统工作可靠性问题

某个机器工作系统由 n 个部件串联而成，其中只要有一个部件失效，则整个系统不能正常工作，因此为了提高系统工作的可靠性，在设计时，每个主要部件上都装有备用元件，一旦某个主要部件失效，备用元件会自动投入系统工作，显然备用元件越多，系统工作可靠性越大，但是备用元件越多，系统的成本、重量、体积相应增大，工作精度降低，因此在上述限制条件下，应选择合理的备用元件数，使整个系统的工作可靠性最大。

设第 $i(i=1,\ 2,\ \cdots,\ n)$ 个部件上装有 u_i 个备用元件，正常工作的概率为 $p_i(u_i)$，则整个系统正常工作的可靠性为 $P=\prod_{i=1}^{n}p_i(u_i)$，装第 i 个部件的费用为 c_i，重量为 w_i，要求总费用不超过 c，总重量不超过 w，则静态规划数学模型为：

$$\max P=\prod_{i=1}^{n}p_i(u_i)$$

$$\begin{cases}\sum\limits_{i=1}^{n}c_iu_i\leqslant c\\ \sum\limits_{i=1}^{n}w_iu_i\leqslant w\\ u_i\geqslant 0\text{ 且为整数 } i=1,\ 2,\ \cdots,\ n\end{cases}$$

下面用动态规划方法求解：

按部件个数划分阶段，$k=1, 2, \cdots, n$。

决策变量 u_k 表示部件 k 上的备用元件数。

状态变量 x_k 表示从第 k 个到第 n 个部件的总费用，y_k 表示从第 k 个到第 n 个部件的总重量。

状态转移方程为：

$$x_{k+1}=x_k-c_k u_k$$
$$y_{k+1}=y_k-w_k u_k$$

允许决策集合为：

$$D_k(x_k, y_k)=\left\{u_k \middle| 0 \leqslant u_k \leqslant \min\left(\left[\frac{x_k}{c_k}\right], \left[\frac{y_k}{w_k}\right]\right),\ \text{且 } u_k \text{ 为整数}\right\}$$

阶段指标函数为 $p_k(u_k)$，表示第 k 个部件的正常工作概率。

最优指标函数 $f_k(x_k, y_k)$ 表示由状态 x_k，y_k 出发，从部件 k 到部件 n 的系统工作最大可靠性，则动态规划基本方程为：

$$\begin{cases} f_k(x_k, y_k)=\max\limits_{u_k \in D_k(x_k, y_k)}\left[p_k(u_k) \cdot f_{k+1}(x_{k+1}, y_{k+1})\right] & k=n, n-1, \cdots, 1 \\ f_{n+1}(x_{n+1}, y_{n+1})=1 \end{cases}$$

$f_1(c, w)$ 即为整个系统工作的最大可靠性。

例 6.14　某厂设计的一种电子设备由三种元件 A、B、C 串联而成，已知三种元件的价格及可靠性如表 6.32 所示，要求设计中使用元件的总费用不超过 10 万元，问：如何设计使设备的可靠性达到最大(不考虑重量限制)？

表 6.32

元件	单价/万元	单件可靠性
A	2	0.7
B	3	0.8
C	1	0.6

解：如前所述建立动态规划数学模型：

按元件种类划分为 3 个阶段，$k=1, 2, 3$；

决策变量 x_k 表示第 k 个部件配备的元件数；

状态变量 s_k 表示从第 k 阶段到第 3 阶段配备元件的总费用。

状态转移方程为：

$$s_{k+1}=s_k-c_k x_k$$

其中，c_k 表示第 k 种部件的元件单价。

允许决策集合为：

$$D_k(s_k)=\left\{x_k \middle| 0 \leqslant x_k \leqslant \left[\frac{s_k}{c_k}\right],\ \text{且 } x_k \text{ 为整数}\right\}$$

以 p_k 表示第 k 个部件中的 1 个元件的正常工作概率，假定部件 k 的 x_k 个元件是并联的，则 $(1-p_k)^{x_k}$ 为 x_k 个元件均不正常工作的概率，$f_k(s_k)$ 表示由状态 s_k 开始从第 k 个到

第 3 个部件的设备最大可靠性。

$k=3$ 时，

$$f_3(s_3)=\max_{x_3\in D_3(s_3)}\left[1-(1-p_3)x_3\right]$$
$$=\max_{x_3\in D_3(s_3)}(1-0.4^{x_3})$$

由于 A、B 至少要购置 1 件，用于购置 C 的最高金额为 $s_3=10-2-3=5$(万元)，计算结果如表 6.33 所示。

表 6.33

s_3 \ x_3 \ f	$1-0.4^{x_3}$					$f_3(s_3)$	x_3^*
	1	2	3	4	5		
1	0.6					0.6	1
2		0.84				0.84	2
3			0.936			0.936	3
4				0.974		0.974	4
5					0.99	0.99	5

$k=2$ 时，

$$f_2(s_2)=\max_{x_2\in D_2(s_2)}\{[1-(1-p_2)^{x_2}]\cdot f_3(s_3)\}$$
$$=\max_{x_2\in D_2(s_2)}\{(1-0.2^{x_2})\cdot f_3(s_2-3x_2)\}$$

计算结果如表 6.34 所示：

表 6.34

s_2 \ x_2 \ f	$(1-0.2^{x_2})\cdot f_3(s_2-3x_2)$		$f_2(s_2)$	x_2^*
	1	2		
4	0.8×0.6=0.48		0.48	1
5	0.8×0.84=0.672		0.672	1
6	0.8×0.936=0.749		0.749	1
7	0.8×0.974=0.779	0.96×0.6=0.576	0.779	1
8	0.8×0.99=0.792	0.96×0.84=0.806	0.806	2

$k=1$ 时，

$$f_1(s_1)=\max_{x_1\in D_1(s_1)}\{[1-(1-p_1)^{x_1}]\cdot f_2(s_2)\}$$
$$=\max_{x_1\in D_1(s_1)}\{(1-0.3^{x_1})\cdot f_2(s_1-2x_1)\}$$

计算结果如表 6.35 所示：

表 6.35

f / x_1 / s_1	$(1-0.3^{x_1})\cdot f_2(s_1-2x_1)$			$f_1(s_1)$	x_1^*
	1	2	3		
10	0.7×0.806≈0.564	0.91×0.749≈0.682	0.973×0.48≈0.467	0.682	2

逆向追踪得：$x_1^*=2$，$s_2=6$，$x_2^*=1$，$s_3=3$，$x_3^*=3$，即 A 元件用 2 个，B 元件用 1 个，C 元件用 3 个，最高可靠性为 0.682。

习题六

1. 简答题：

(1)解释下列概念：(a)状态；(b)决策；(c)最优策略；(d)状态转移方程；(e)指标函数和最优值函数。

(2)试述动态规划方法的基本思想，动态规划基本方程的结构及方程中各个符号的含义及正确写出动态规划基本方程的关键因素。

(3)建立动态规划模型时应注意哪几点？它们在模型中的作用是什么？

(4)试述动态规划方法与逆推解法和顺推解法之间的联系及应注意之处。

(5)对静态规划的模型(如线性规划、非线性规划、整数规划等)，一般可以采用动态规划的方法求解，对此你能否评说一下各自的优缺点？

2. 计算如图 6.5、图 6.6 所示的从 A 到 E 的最短路线及其长度(单位：km)：

(1)

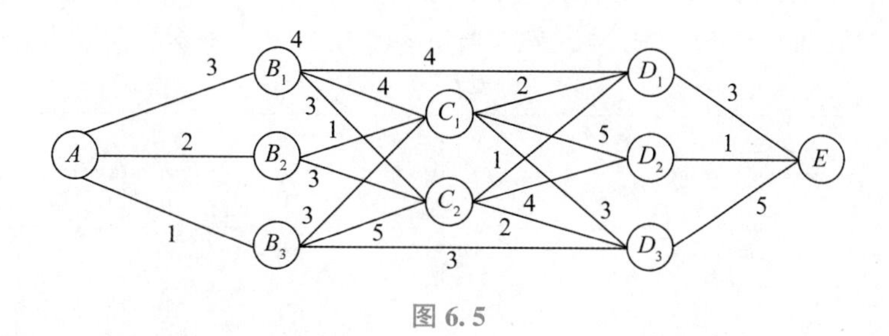

图 6.5

(2)

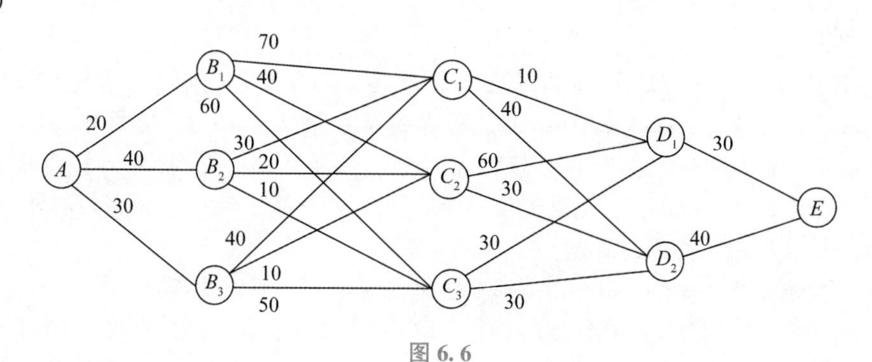

图 6.6

3. 用动态规划方法求解下列问题：

(1) $\max Z = x_1 \cdot x_2 \cdot x_3$

$$\begin{cases} x_1 + x_2 + x_3 \leqslant a \\ x_j \geqslant 0 \quad (j = 1,\ 2,\ 3) \end{cases}$$

(2) $\max Z = 4x_1 + 9x_2 + 2x_3^2$

$$\begin{cases} x_1 + x_2 + x_3 = 10 \\ x_j \geqslant 0 \quad (j = 1,\ 2,\ 3) \end{cases}$$

(3) $\min Z = x_1^3 + x_2^2 + x_3$

$$\begin{cases} x_1 + x_2 + x_3 \geqslant 6 \\ x_j \geqslant 0 \quad (j = 1,\ 2,\ 3) \end{cases}$$

(4) $\max Z = 3x_1(2 - x_1) + 2x_2(2 - x_2)$

$$\begin{cases} x_1 + x_2 \leqslant 3 \\ x_1,\ x_2 \geqslant 0 \text{且为整数} \end{cases}$$

4. 某公司拟投资600万元对下属四个工厂进行技术改造，各工厂改造后的利润与投资额大小关系如表6.36所示，要求确定各厂投资额，使总利润最大。

表 6.36

投资额/万元	工厂1	工厂2	工厂3	工厂4
0	0	0	0	0
1	40	40	50	50
2	100	80	120	80
3	130	100	170	100
4	160	110	200	120
5	170	120	220	130
6	170	130	230	140

5. 有600万元用于三个工厂的更新改造，投资数以百万元为单位取整数。已知工厂2的投资不超过300万元，工厂1和工厂3的投资均不少于100万元，也不超过400万元。各工厂改造后的利润如表6.37所示，要求确定各厂投资额，使总利润最大。

表 6.37

投资额/万元	工厂1	工厂2	工厂3
0	—	0	—
100	3	5	4
200	6	10	8
300	11	12	11
400	14	—	15

6. 设某机器可在高、低不同负荷下生产。若机器在高负荷下生产，则产品的年产量 a 和投入生产的机器数量 x 的关系为 $a=8x$，机器的年折损率 $\beta=0.3$，若机器在低负荷下生产，则产品年产量 b 和投入生产的机器数量 x 的关系为 $b=5x$，机器的年折损率 $\alpha=0.1$。设开始时有完好机器1 000台，要求制订一个四年计划，每年年初分配完好机器在不同负荷下工作，使四年总产量达到最大。

7. 某工厂有100台机器，拟分四个周期使用，在每一个周期有两种生产任务，据经验，投入第一种生产任务的机器在一个周期中将有1/3的报废率，每台机器可收益10万元；剩下的机器全部投入第二种生产任务，报废率1/10，每台机器的收益7万元。问：如何分配机器使总收益最大？

8. 某厂准备连续3个月生产A产品，每月初开始生产。A的生产成本费用为x^2，其中x是A产品当月的生产数量。仓库存货成本费是每月每单位为1元。估计3个月的需求量分别为$d_1=100$，$d_2=110$，$d_3=120$。现设开始时第一个月月初存货$s_0=0$，第三个月的月末存货$s_3=0$。试问：每月的生产数量应是多少才使总的生产和存货费用为最小？

9. 某厂生产一种产品，该产品在未来4个月的销售量估计如表6.38所示。该产品的生产准备费为每批500元，每件的生产费用为1元，每件的存储费为每月1元，假定1月初的存货为100件，5月初的存货为0，求该厂在这4个月内的最优生产计划。

表6.38

月份	1	2	3	4
销售量/百件	4	5	3	2

10. 设有一个外贸公司计划在1至4月从事某种商品的经营。已知它的仓库最多可存储1 000件这种商品，该公司开业时有存货500件，根据预测，该种商品从1至4月进价和售价如表6.39所示。问：如何安排进货量和销售量，使该公司获得最大利润(假设四月底库存为零)？

表6.39

月份	1	2	3	4
进价/(百元·件$^{-1}$)	10	9	11	15
售价/(百元·件$^{-1}$)	12	9	13	17

11. 设某台新设备的年效益及年均维修费、更新净费用如表6.40所示。试确定今后5年内的更新策略，使总收益最大。(设$a=1$)

表6.40

项目	役龄					
	0	1	2	3	4	5
年效益/万元	5	4.5	4	3.75	3	2.5
年均维修费/万元	0.5	1	1.5	2	2.5	3
更新净费用/万元	0.5	1.5	2.2	2.5	3	3.5

12. 某人外出旅游，需将5种物品装入包裹，包裹容量有限，总重量不能超过13千克，物品的单件重量及价值如表6.41所示。试问：如何装这些物品使总价值最大？

表6.41

物品	A	B	C	D	E
单件重量/kg	7	5	4	3	1
单件价值/元	9	4	3	2	0.5

13. 某厂设计一种电子设备，由三种元件D_1，D_2，D_3组成，已知这三种元件的价格和可靠性如表6.42所示。要求在设计中所使用元件的费用不超过105元，试问：应如何设计使设备的可靠性达到最大(不考虑重量的限制)？

表 6.42

元件	单价/元	可靠性
D_1	30	0. 9
D_2	15	0. 8
D_3	20	0. 5

第七章 图与网络分析

7.1 图的基本概念

在现实生活与生产实践中，有很多问题都可以用图与网络问题来描述。如在企业管理中，如何制订订单管理计划和设备购置计划，使收益最大或费用最小；在组织生产中，如何使工序衔接好，才能使生产任务既快又好；在交通运输中，如何使调运物资数量最多、费用最小等；这些问题都可以借助图与网络得以解决。图论(theory of graphs 或 graph theory)是运筹学的一个重要分支，是建立和处理离散数学模型的一个重要工具。事实上，图论是有许多现代应用的古老题目，例如用计算机网络的图模型来确定两台计算机是否由通信线路所连接，两部电话机之间是否有电话线连接；用图模型来标识生态环境里不同物种的竞争；用图模型来表示体育项目中的比赛结果；用图论来计算航线里两个城市之间航班的不同组合数目；还可以用图来安排学生的考试时间和分配电视台的频道。随着科学技术的发展，需要用图论来解决问题的领域越来越多，图论的应用也更加广泛，目前图论已经成为解决管理科学、运筹学等自然与社会科学问题的有力工具。

7.1.1 引例

例 7.1 哥尼斯堡七桥问题 哥尼斯堡城中有一条河，河上有七座桥连接着两岸和河中的两个小岛，如图 7.1 所示。问题是一个人能否从一点出发，经过每座桥一次且仅一次，回到原出发点。数学家欧拉给出的答案是否定的，他将两岸和两个小岛用四个点表示，桥用线表示。由此得到一个图，如图 7.2 所示，这样就把此问题归结为一笔画线问题，即能否一笔画成这个图形，而线不重复。

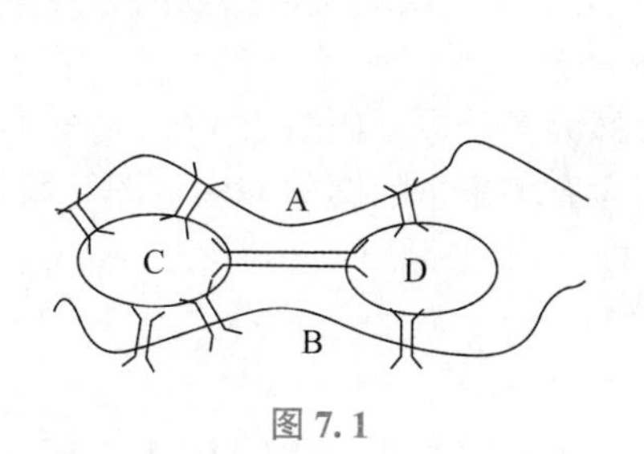

图 7.1

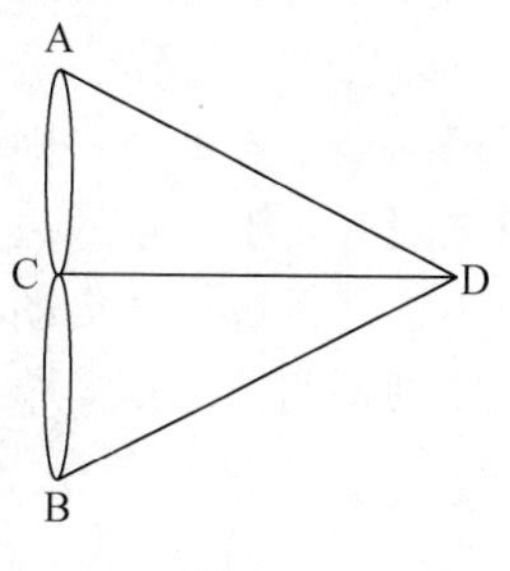

图 7.2

例 7.2　人员分派问题。某公司分派 6 个工人做 6 项工作，已知每个人都胜任几项工作，试问：能否把所有工人分派做一件他所能胜任的工作？可将工人和工作用点表示，若某工人能胜任某项工作，则在相应两个点之间用线连接。这样可画出图来表示每个工人和其所胜任的工作情况，如图 7.3 所示。从图中很容易找出满足要求的一种分派，如图 7.4 所示。

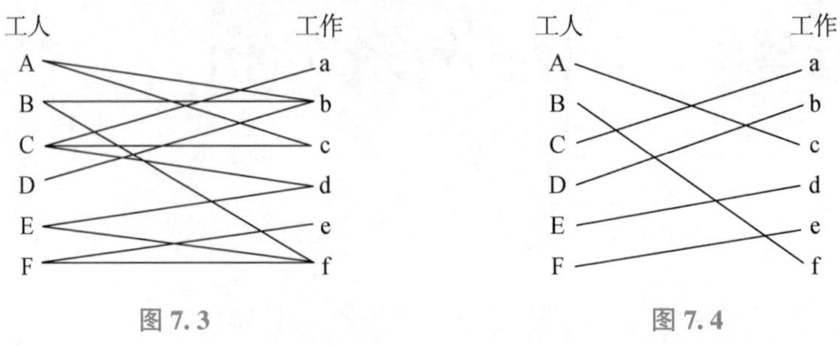

图 7.3　　　图 7.4

从上面几个例子，可以看出许多实际问题都可以利用图来帮助解决，这样的例子还有很多，例如，城市之间的交通网络、电路网络、物资调配问题，等等。目前图论被广泛地应用于物理、化学、控制论、信息论、计算机科学、管理科学等各领域。

我们这里所说的图与平面几何中的图及工程图不同，这里只注意图中的点。点与点之间是否有边相连，至于点的位置及连线的画法，都是无关紧要的。

7.1.2　图的定义

图是由点的集合 $V=\{v_1, v_2\cdots, v_n\}$ 和边的集合 $E=\{e_1, e_2, \cdots, e_m\}$ 所构成的，记为 $G=(V, E)$。v_i 称为图的顶点，e_j 称为图的边。

有些图的边带有方向，这样的图称为有向图，称这样的边为弧，记为 $e=(u, v)$。而边不带方向的图称为无向图，记这样的边为 $e=[u, v]$。

图 7.5 是一个无向图，图 7.6 是一个有向图。

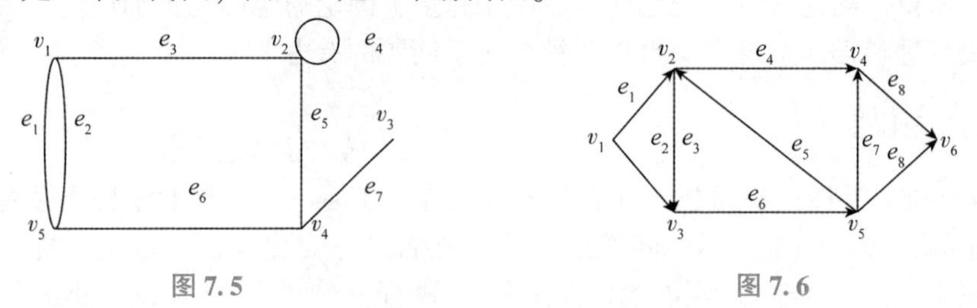

图 7.5　　　图 7.6

在一个图中，若 $e=(u, v)$（或 $e=[u, v]$），称 u 和 v 是 e 的端点，并称 e 与 u 和 v 是关联的，而称结点 u 与 v 是邻接的。若两条边关联于同一个结点，则称两边是邻接的。当 $e=(u, v)$ 是有向边时，又称 u 是 e 的始点，v 是 e 的终点。无边关联的结点称为孤立点；若一条边关联的两个结点重合，则称此边为环。

若两顶点之间有多于一条的边，则这些边称为多重边。如图 7.5 中，e_4 是环，e_1，e_2 是多重边。一个不含平行边和环的图称简单图。含有多重边的图称为多重图。我们这里所说的图，如果不特别指明，都是简单图。

7.1.3　点的度

在一个图中，以点 v 为端点的边的条数称为点 v 的度，记为 $d(v)$，如在图 7.7 中，

$d(v_1)=3$，$d(v_3)=1$。称度为 1 的顶点为悬挂点。悬挂点的关联边称为悬挂边。度为奇数的顶点称为奇点，度为偶数的顶点称为偶点，如图 7.5 中，v_3 是悬挂点，v_2 是偶点，v_1，v_3，v_4，v_5 都是奇点。对于有向图中，顶点的度分为出度和入度，顶点的出度是以此顶点为始点的边数，入度是以此顶点为终点的边数。如在图 7.6 中，点 v_3 的出度和入度分别为 1 和 2，分别记为 $d^+(v_3)=1$，$d^-(v_3)=2$。

定理　在一个图中，顶点度数的总和等于边数的 2 倍。

推论 1　在一个图中，顶点度数的总和是偶数。

推论 2　任一图中，奇点的个数必为偶数。

7.1.4　完全图和子图

设 $G=\langle V, E\rangle$ 是无向简单图，若每一对结点之间都有边相连，则称 G 为完全图，具有 n 个结点完全图记作 K_n。如图 7.7 是一个 5 个顶点的完全图。显然，n 个顶点的完全图的边数应为 $C_n^2=\frac{1}{2}n(n-1)$。

设 $G=<V, E>$ 为有向简单图，若每对结点间均有一对方向相反的边相连，则称 G 为(有向)完全图，具有 n 个结点的有向完全图记作 D_n。图 7.8 所示为一个 3 个顶点的完全图。有向完全图的边数为 $|E(D_n)|=n(n-1)$。

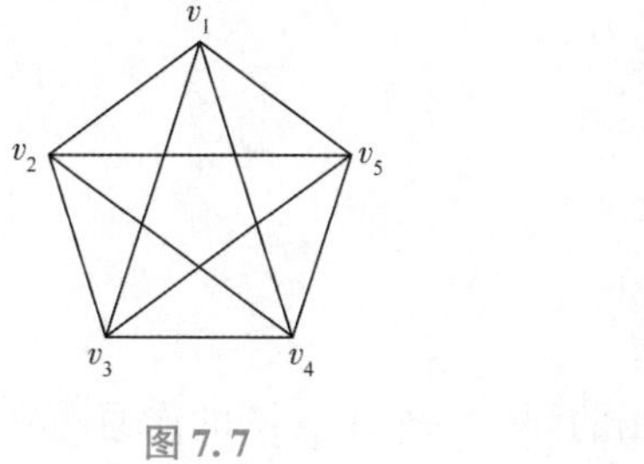

图 7.7

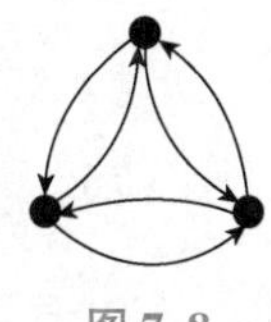

图 7.8

设 $G=\langle V, E\rangle$，$G'=\langle V', E'\rangle$ 是两个图。若 $V'\subseteq V$，且 $E'\subseteq E$，则称 G' 是 G 的子图。记作 $G'\subseteq G$。若 $V'\subset V$ 或 $E'\subset E$，则称 G' 是 G 的真子图。

若 $V=V'$ 且 $E'\subseteq E$，则称 G' 是 G 的支撑子图(spanning subgraph)。例如，图 7.9 和图 7.10 分别是子图和支撑子图。

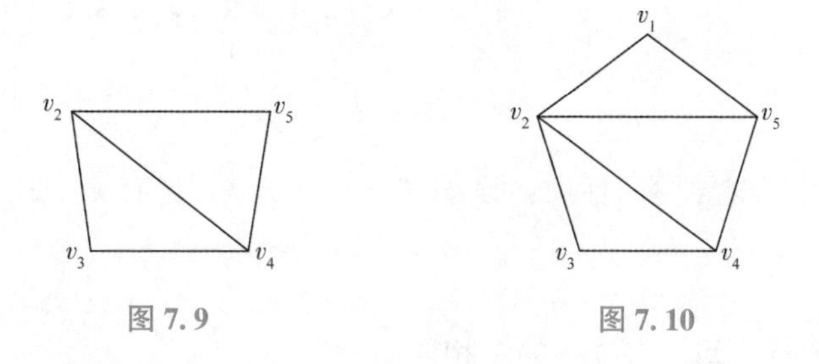

图 7.9　　　　图 7.10

7.1.5　图的连通性

给定一个无向图 $G=(V, E)$，从图中结点 v_0 到 v_n 的一条链是图的一个点、边的交错序列 $(v_0e_1v_1e_2v_2\cdots v_{n-1}e_nv_n)$，其中，$e_i=[v_{i-1}, v_i]$ $(i=1, 2, \cdots, n)$，v_0，v_n 称为链的端

点。当 $v_0=v_n$ 则称此链为圈。若在 $(v_0e_1v_1e_2v_2\cdots v_{n-1}e_nv_n)$ 链中，顶点 v_0，v_1，…，v_n 都是不同的则称为初等链，链中所含的边数称为链的长度。若在圈中，v_0，v_1，…，v_n 都不相同，则称其为初等圈。若圈中的边都是不同的，则称其为简单圈。以后，除非特别指明，我们说到链或圈均指初等链或初等圈。例如在图 7.7 中，$(v_1, v_2, v_3, v_5, v_2, v_4)$ 是一条链，但不是初等链，$(v_1, v_2, v_5, v_3, v_4)$ 是一条初等链，$(v_1, v_2, v_3, v_4, v_5, v_3, v_1)$ 是一个圈，但不是初等圈，$(v_1, v_2, v_3, v_4, v_1)$ 是一个初等圈。

有向图中，链和圈习惯称为路和回路，如在图 7.6 中，$(v_1, v_2, v_3, v_5, v_2, v_4)$ 为一条路，(v_1, v_2, v_4) 为一条初等路，(v_2, v_3, v_5, v_2) 为一初等回路。

一个图中，任意两个顶点都有链(路)相连，则称为连通图；否则称为不连通图，每一个连通部分，称为图的连通分图。例如，图 7.11 所示的图 G_1 是连通图；图 G_2 是一个非连通图。

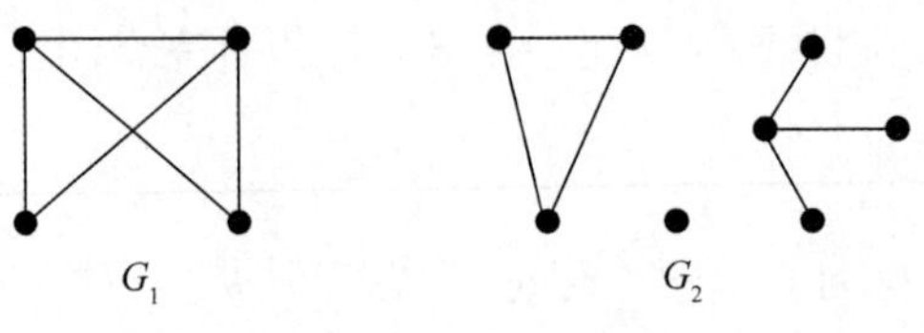

图 7.11

7.2 树

7.2.1 树的定义和性质

树是一类结构简单而又十分有用的图。一个不含圈的连通图称为树，如图 7.12 所示。

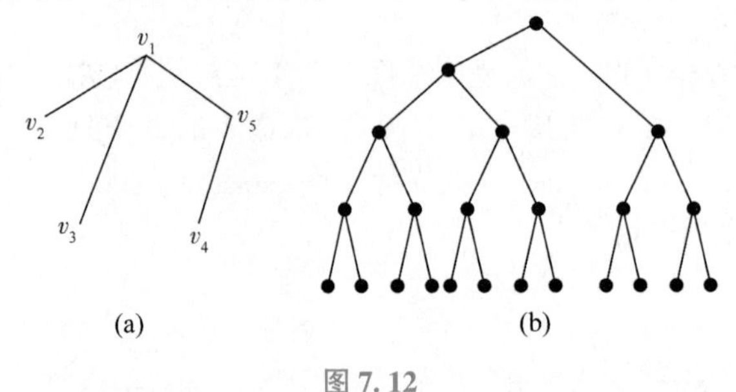

图 7.12

由树的定义，可以推导树的性质：设图 $T=(V, E)$，含有 n 个顶点，则下列命题是等价的：

①T 是树。

②T 的任意两顶点之间，有唯一的链相连。

③T 连通且有 $n-1$ 条边。

④T 无圈且有 $n-1$ 条边。

⑤T 无圈但添加一条边得唯一一圈。

⑥T 连通但去掉一条边则不连通。

7.2.2　图的最小支撑树

设 T 是图 G 的一个支撑子图，若 T 是一树，则称 T 是 G 的一个支撑树。

给定图 $G=(V, E)$，对于 G 的每一条边，可赋予一个实数 $w(e)$，称为边 e 的权，图 G 连同它边上的权称为赋权图。赋权图在图论的应用中经常出现。根据实际问题的需要，权可以有不同的实际含义，它可以表示距离、流量、时间、费用等。

给定图 $G=(V, E)$，设 $T=(V, E')$ 是 G 的一个支撑树，定义树 T 的权为：

$$w(T)=\sum_{e \in E'} w(e)$$

即支撑树 T 上所有边的权的总和。图 G 的最小支撑树就是图 G 中权最小的支撑树。

求图 G 的最小支撑树的方法是建立在求图 G 的支撑树基础上，只需在求图 G 的支撑树的算法再加适当限制。因此，求最小支撑树方法常用的方法有如下两种：避圈法、破圈法。

破圈法，在构造过程中，总保持支撑子图的连通性，而逐步去掉子图中的圈。避圈法，在构造过程中，总保持支撑子图的无圈性，而逐步使支撑子图成为连通图。

例 7.3　分别用破圈法、避圈法求图 7.13 的最小支撑树。

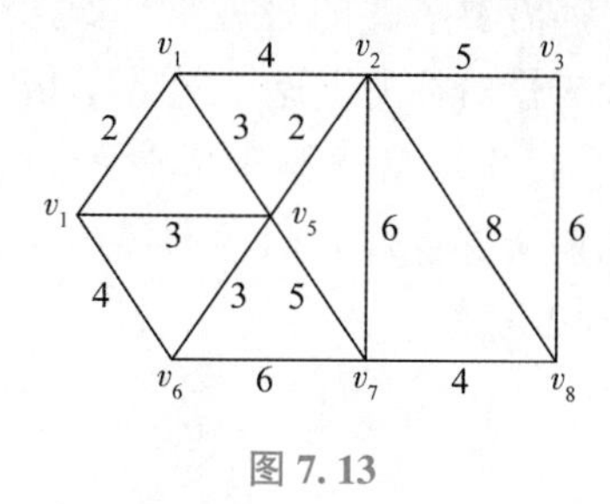

图 7.13

解：破圈法：

①从圈 v_1，v_2，v_5，v_1 中，去掉权最大边 (v_1, v_2)；

②从圈 v_1，v_4，v_5，v_1 中，去掉权最大边 (v_1, v_5)；

③从圈 v_4，v_5，v_6，v_4 中，去掉权最大边 (v_4, v_6)；

④从圈 v_5，v_6，v_7，v_5 中，去掉权最大边 (v_6, v_7)；

⑤从圈 v_2，v_3，v_8，v_2 中，去掉权最大边 (v_2, v_8)；

⑥从圈 v_2，v_3，v_8，v_7，v_2 中，去掉权最大边 (v_3, v_8)；

⑦从圈 v_2，v_5，v_7，v_2 中，去掉权最大边 (v_2, v_7)。

最后得到最小支撑树，如图 7.14 所示，其权为 24。

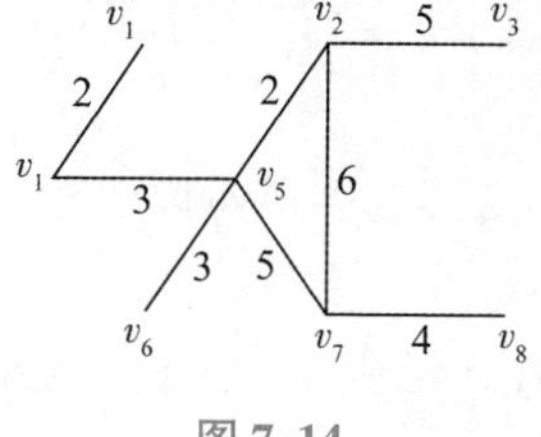

图 7.14

避圈法：从图中依次选取不构成圈且权最小的边，直到得到一个图 G 的支撑树。此支撑树就是图 G 的最小支撑树，如图 7.15 所示。

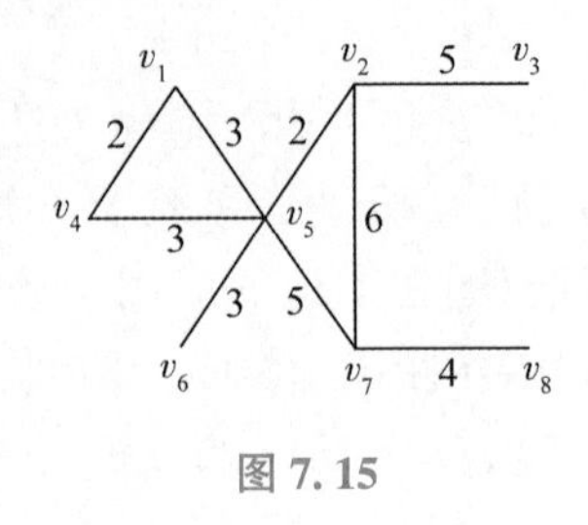

图 7.15

从上例可知，一个图的最小支撑树不唯一。

7.3 最短路问题

最短路问题是运筹学中的一个经典问题，从起点到终点，要经过许多的中间点。最短路问题，一般来说，就是从给定的赋权图中，寻找两点之间权最小的链(链的权即链中所有边的权之和)。许多优化问题都需要求图的最短路，如选址、管道铺设、设备更新、整数规划等问题。20 世纪 60 年代初管梅谷先生运用运筹学指导工农业生产生活，为了优化送信的路径，提高送信的效率，提出了被国际运筹学教材赋予中国之名的“中国邮路问题”。“中国邮路问题”现已成为遍历路径规划问题的经典模型。由于所求问题不同，需要使用不同的方法。下面我们介绍常用的算法。

7.3.1 Dijkstra 算法

Dijkstra 算法是求赋权有向图中某两点之间最短路的算法。实际上，它可以求某一点到其他各点的最短路。它是 Dijkstra 于 1959 年提出的，目前被认为是求非负权最短路的最好的算法。

Dijkstra 算法的基本思想是基于以下原理：若 v_s，v_l，…，v_j 是 v_s 到 v_j 的最短路，v_i 是此路中某一点，则 v_s，v_l，…，v_i 必是从 v_s 到 v_i 的最短路。此算法的基本步骤是采用标号法，给图 G 每一个顶点一个标号。标号分两种：一种是 T 标号，一种是 P 标号。T 标号也称临时标号，它表示从 v_s 到这一点的最短路长度的一个上界，P 标号也称固定标号，它表示从 v_s 到这一点的最短路的长度(这里最短路长度是指这条路上个边权的和)。算法每一步都把某点的 T 标号改变为 P 标号。当终点得到 P 标号，算法结束。若要求某点到其他各点的最短路，则最多经过 $n-1$ 步算法结束。设 l_{ij} 表示边 (v_i, v_j) 的权，则 Dijkstra 算法步骤如下：

①给始点 v_1 以 P 标号 $P(0)$，给其他各点 v_j 以 T 标号 $T(d_j)$，其中，$d_j=l_{1j}$，（若 v_j 与 v_1 不相邻，则令 $l_{1j}=+\infty$ ）。

②在所有 T 标号点中，若 v_k 的 T 标号最小，则把 v_k 的 T 标号改为 P 标号。若最小的 T 标号不止一个，则可任取一个改为 P 标号。

③修改所有 T 标号 $T(d_j)$；$d_j=\min\{d_j, d_k+l_{kj}\}$。

④当终点或全部顶点都得到 P 标号，算法结束，否则返回②。

例 7.4 求图 7.16 中 v_1 到 v_8 的最短路。

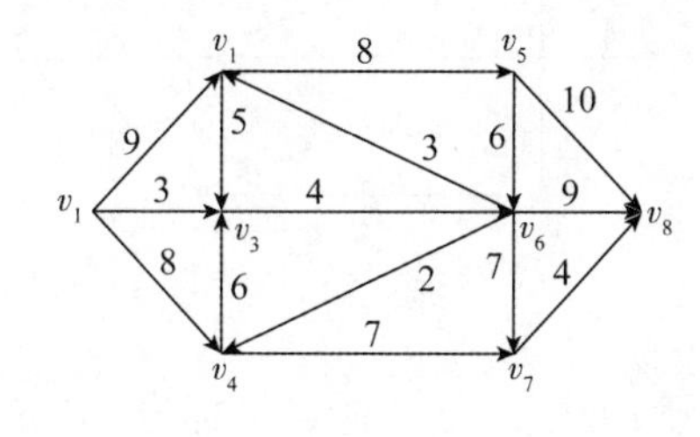

图 7.16

解：①首先给 v_1 以 P 标号 $P(0)$，给其他点 T 标号，$T(d_2)=T(9)$，$T(d_3)=T(3)$，$T(d_4)=T(8)$，$T(d_5)=T(+\infty)$，$T(d_6)=T(+\infty)$，$T(d_7)=T(+\infty)$，$T(d_8)=T(+\infty)$。

②在所有 T 标号中，v_3 的 T 标号最小，把 v_3 的 T 标号改为 P 标号，$P(d_3)=P(3)$。修改所有 T 标号，$d_6=\min\{d_6, d_3+l_{36}\}=\min\{+\infty, 3+4\}=7$，其他点的 T 标号不变。

③在所有 T 标号中，v_6 的 T 标号最小，把 v_6 的 T 标号改为 P 标号，$P(d_6)=P(7)$。修改所有 T 标号，$d_7=\min\{d_7, d_6+l_{67}\}=\min\{+\infty, 7+7\}=14$，$d_8=\min\{d_8, d_6+l_{68}\}=\min\{+\infty, 7+9\}=16$。

④在所有 T 标号中，v_4 的 T 标号最小，把 v_4 的 T 标号改为 P 标号，$P(d_4)=P(8)$。修改所有 T 标号，$d_7=\min\{d_7, d_4+l_{47}\}=\min\{14, 8+7\}=14$。

⑤在所有 T 标号中，v_2 的 T 标号最小，把 v_2 的 T 标号改为 P 标号，$P(d_2)=P(9)$。修改所有 T 标号，$d_5=\min\{d_5, d_2+l_{25}\}=\min\{+\infty, 9+8\}=17$。

⑥在所有 T 标号中，v_7 的 T 标号最小，把 v_7 的 T 标号改为 P 标号，$P(d_7)=P(14)$。修改所有 T 标号。

⑦在所有 T 标号中，v_8 的 T 标号最小，把 v_8 的 T 标号改为 P 标号，$P(d_8)=P(16)$。

⑧最后只有一个 T 标号 $T(d_5)$，把它改为 P 标号，$P(d_5)=P(17)$。计算全部结束，计算结果如图 7.17 所示，v_1 到 v_8 的最短路为 (v_1, v_3, v_6, v_8)，其长度为 16，同时得到 v_1 到其余各点的最短路。

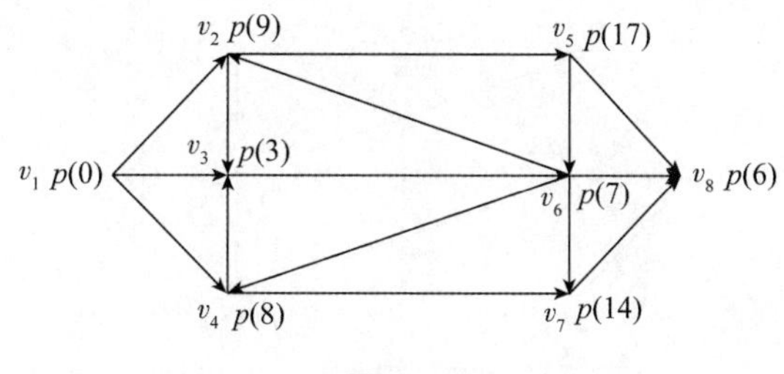

图 7.17

Dijkstra 算法同样可用于求无向图的最短路。

例 7.5 求图 7.18 中 v_1 到其他各点的最短路。

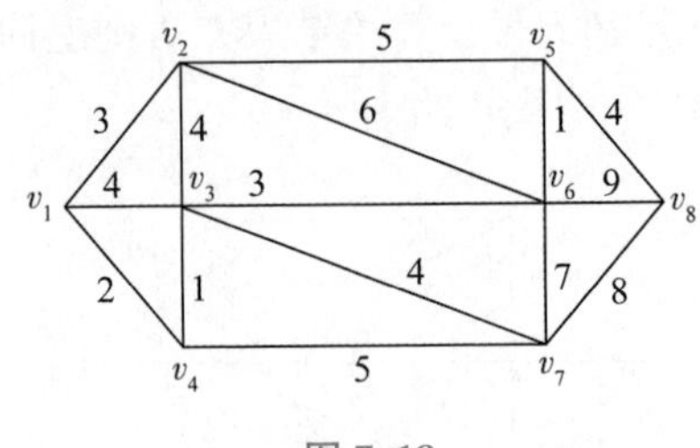

图 7.18

解：①首先给 v_1 以 P 标号 $P(0)$，给其他点 T 标号，$T(d_2)=T(3)$，$T(d_3)=T(4)$，$T(d_4)=T(2)$，v_5，v_6，v_7，v_8 的 T 标号均为 $+\infty$。

②在所有 T 标号中，v_4 的 T 标号最小，把 v_4 的 T 标号改为 P 标号，$P(d_4)=P(2)$。修改所有 T 标号，$d_3=\min\{d_3,\ d_4+l_{43}\}=\min\{4,\ 2+1\}=3$，$d_7=\min\{d_7,\ d_4+l_{47}\}=\min\{+\infty,\ 2+5\}=7$，其他点 T 标号不变。

③在所有 T 标号中，T 标号最小的点有 v_2，v_3。可先把其中的 v_2 的 T 标号改为 P 标号，$P(d_2)=P(3)$。修改所有 T 标号，$d_5=\min\{d_5,\ d_2+l_{25}\}=\min\{+\infty,\ 3+5\}=8$，$d_6=\min\{d_6,\ d_2+l_{26}\}=\min\{+\infty,\ 3+6\}=9$，其他点 T 标号不变。

④在所有 T 标号中，v_3 的 T 标号最小，把 v_3 的 T 标号改为 P 标号，$P(d_3)=P(3)$。修改所有 T 标号，$d_6=\min\{d_6,\ d_3+l_{36}\}=\min\{9,\ 3+3\}=6$，$d_7=\min\{d_7,\ d_3+l_{37}\}=\min\{7,\ 3+4\}=7$，其他点 T 标号不变。

⑤在所有 T 标号中，v_6 的 T 标号最小，把 v_6 的 T 标号改为 P 标号，$P(d_6)=P(6)$。修改所有 T 标号，$d_5=\min\{d_5,\ d_6+l_{65}\}=\min\{8,\ 6+1\}=7$，$d_7=\min\{d_7,\ d_6+l_{67}\}=\min\{7,\ 6+7\}=7$，$d_8=\min\{d_8,\ d_6+l_{68}\}=\min\{+\infty,\ 6+9\}=15$。

⑥在所有 T 标号中，v_7，v_5 的 T 标号最小，把 v_7 的 T 标号改为 P 标号，$P(d_7)=p(7)$。修改所有 T 标号，v_5，v_8 的 T 标号都不需要改变。

⑦在 v_5，v_8 的 T 标号中，v_5 的 T 标号最小，把 v_5 的 T 标号改为 P 标号，$P(d_5)=P(8)$。修改 v_8 的 T 标号，$d_8=\min\{d_8,\ d_5+l_{58}\}=\min\{15,\ 7+4\}=11$。

⑧最后只有一个 T 标号 $T(d_8)$，把它改为 P 标号 $P(d_8)=P(11)$。

计算结果如图 7.19 所示。

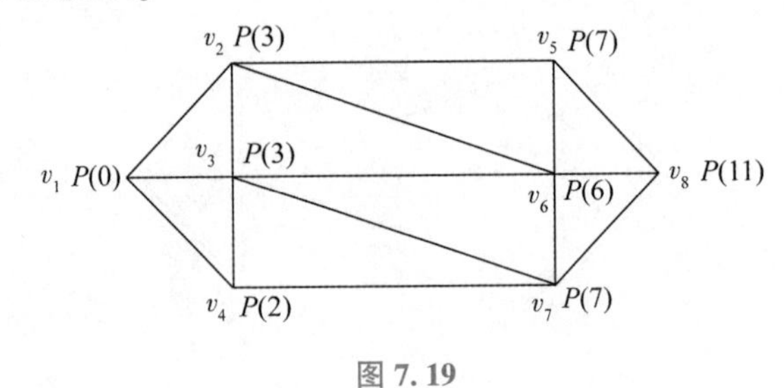

图 7.19

7.3.2 矩阵算法

用 Dijkstra 算法只能计算从图中某一点到其他点的最短距离，如果要计算各点之间的最短距离就需要对每个点分别计算，而用矩阵算法则可以同时求出所有各点间的最短距离。通过下面例子介绍该算法。

例 7.6 利用矩阵算法求网络图 7.20 中各点间的最短距离。

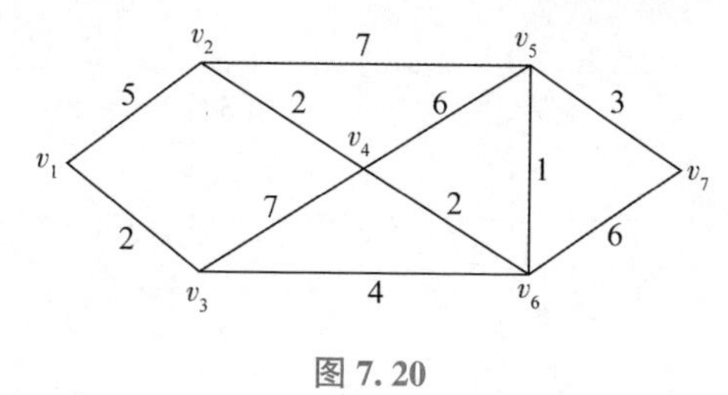

图 7.20

解：设 d_{ij}表示图中两相邻点 i 与 j 的距离，若 i 与 j 不相邻，令 $d_{ij}=\infty$，显然 $d_{ii}=0$。建立距离矩阵：

$$\begin{pmatrix} d_{11} & d_{12} & d_{13} & d_{14} & d_{15} & d_{16} & d_{17} \\ d_{21} & d_{22} & d_{23} & d_{24} & d_{25} & d_{26} & d_{27} \\ d_{31} & d_{32} & d_{33} & d_{34} & d_{35} & d_{36} & d_{37} \\ d_{41} & d_{42} & d_{43} & d_{44} & d_{45} & d_{46} & d_{47} \\ d_{51} & d_{52} & d_{53} & d_{54} & d_{55} & d_{56} & d_{57} \\ d_{61} & d_{62} & d_{63} & d_{64} & d_{65} & d_{66} & d_{67} \\ d_{71} & d_{72} & d_{73} & d_{74} & d_{75} & d_{76} & d_{77} \end{pmatrix} = \begin{pmatrix} 0 & 5 & 2 & \infty & \infty & \infty & \infty \\ 5 & 0 & \infty & 2 & 7 & \infty & \infty \\ 2 & \infty & 0 & 7 & \infty & 4 & \infty \\ \infty & 2 & 7 & 0 & 6 & 2 & \infty \\ \infty & 7 & \infty & 6 & 0 & 1 & 3 \\ \infty & \infty & 4 & 2 & 1 & 0 & 6 \\ \infty & \infty & \infty & \infty & 3 & 6 & 0 \end{pmatrix}$$

从上述距离矩阵可以看出从 i 点到 j 点的直接距离，但从 i 到 j 的最短距离不一定就是从 i 点直接到 j 点。如上述问题中，从 $v_1 \to v_2$ 的最短距离应该是：

$\min\{d_{1r}+d_{r2}\}=\min\{d_{11}+d_{12},\ d_{12}+d_{22},\ d_{13}+d_{32},\ d_{14}+d_{42},\ d_{15}+d_{52},\ d_{16}+d_{62},\ d_{17}+d_{72}\}$

因此构造一个新的矩阵 $\boldsymbol{D}^{(1)}$，令 $\boldsymbol{D}^{(1)}$ 中每一个元素为：$d_{ij}^{(1)}=\min\{d_{ir}+d_{rj}\}$，则矩阵 $\boldsymbol{D}^{(1)}$给出了网络中任意两点之间直接到达及经由一个中间点时的最短距离。再构造矩阵 $\boldsymbol{D}^{(2)}$，$d_{ij}^{(2)}=\min\{d_{ir}^{(1)}+d_{rj}^{(1)}\}$。依次类推构造矩阵 $\boldsymbol{D}^{(k)}$，$d_{ij}^{(k)}=\min\{d_{ir}^{(k-1)}+d_{rj}^{(k-1)}\}$。

设 p 是图中顶点数，则计算停止的 k 值按下式计算：

$$k-1<\frac{\lg(p-1)}{\lg 2}\leqslant k$$

该例中 $\frac{\lg(p-1)}{\lg 2}=\frac{\lg 6}{\lg 2}\approx 2.6$，故 $k=3$。所以有：

$$\boldsymbol{D}^{(1)}=\begin{pmatrix} 0 & 5 & 2 & 7 & 12 & 6 & \infty \\ 5 & 0 & 7 & 2 & 7 & 4 & 10 \\ 2 & 7 & 0 & 6 & 5 & 4 & 10 \\ 7 & 2 & 6 & 0 & 3 & 2 & 8 \\ 12 & 7 & 5 & 3 & 0 & 1 & 3 \\ 6 & 4 & 4 & 2 & 1 & 0 & 4 \\ \infty & 10 & 10 & 8 & 3 & 4 & 0 \end{pmatrix} \quad \boldsymbol{D}^{(2)}=\begin{pmatrix} 0 & 5 & 2 & 7 & 7 & 6 & 10 \\ 5 & 0 & 7 & 2 & 5 & 4 & 8 \\ 2 & 7 & 0 & 6 & 5 & 4 & 8 \\ 7 & 2 & 6 & 0 & 3 & 2 & 6 \\ 7 & 5 & 5 & 3 & 0 & 1 & 3 \\ 6 & 4 & 4 & 2 & 1 & 0 & 4 \\ 10 & 8 & 8 & 6 & 3 & 4 & 0 \end{pmatrix}$$

上述 $\boldsymbol{D}^{(2)}$ 中的元素给出了各点间的最短距离，但是并没有给出具体是经过了哪些中间点才得到的这个最短距离，如果要知道中间点具体是什么，需要在计算过程中进行记录。

例 7.7(设备更新问题) 某企业使用一台设备，在每年年初，都要决定是否更新。若购置新设备，要付购买费用；若继续使用旧设备，则支付维修费用。试制订一个 5 年更新计划，使总支出最少。若已知设备在各年的购买费及不同机器役龄时的残值和维修费用，如表 7. 1 所示：

表 7. 1

项目	第 1 年	第 2 年	第 3 年	第 4 年	第 5 年
购买费用/元	11	12	13	14	14
机器役龄/年	0~1	1~2	2~3	3~4	4~5
维修费用/元	5	6	8	11	18
残值/元	4	3	2	1	0

解：把这个问题化为最短路问题

用 v_i 表示第 i 年初购进一台新设备，虚设一个点 v_6 表示第 5 年年底；用弧(v_i, v_j)表示第 i 年年初购的设备一直使用到第 j 年年初(第 j-1 年年底)；弧(v_i, v_j)旁的数字表示第 i 年年初购进设备，一直使用到第 j 年年初所需支付的购买、维修的全部费用。这样设备更新问题就变为：求图 7. 21 从 v_1 到 v_6 的最短路。

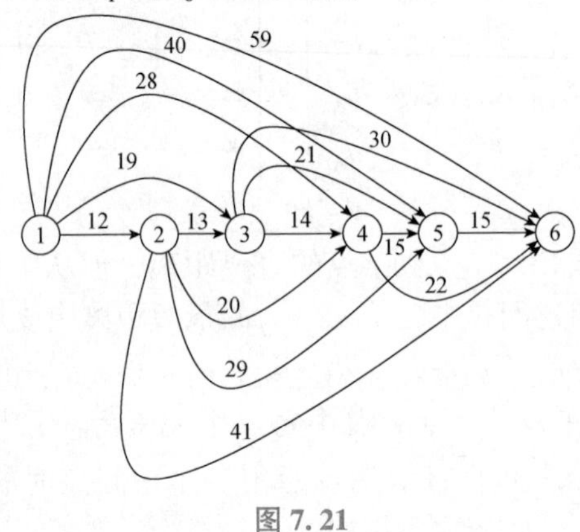

图 7. 21

用标号法得到图 7. 22。

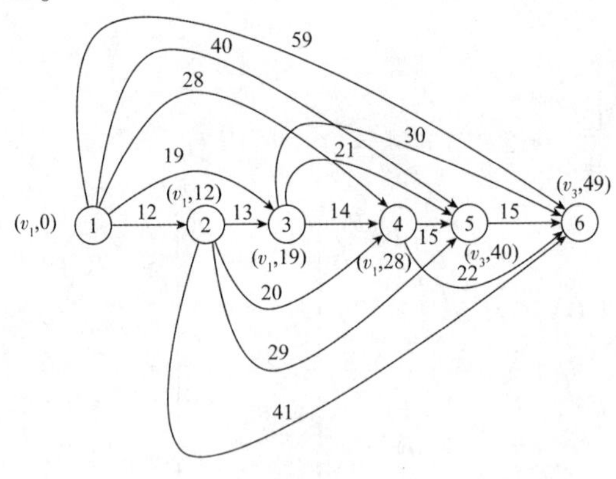

图 7. 22

计算结果表明 $v_1 \to v_3 \to v_6$ 为最短路，路长为 49。即在第 1 年、第 3 年年初各购买一台新设备为最优决策，这时 5 年的总费用为 49。

7.4　最大流问题

给定一个有向图 $G=(V, E)$，每条边 (v_i, v_j) 给定一个非负数 c_{ij}，称为边 (v_i, v_j) 容量。假设 G 中只有一个入度为零的点 v_s 称为发点，只有一个出度为零的点 v_t 称为收点，其余点称为中间点，这样的有向图称为网络图，记为 $G=(V, E, C)$。

例如，图 7.23 就是一个网络图，表示从油田到炼油厂的输油管道网。如果 v_s 表示油田，v_t 表示炼油厂，边上的数字表示该管道的最大输油能力，中间点表示输油泵站。试问如何安排各管道输油量，才能使从 v_s 到 v_t 输油量最大？

这就是本节所要介绍的最大流问题。

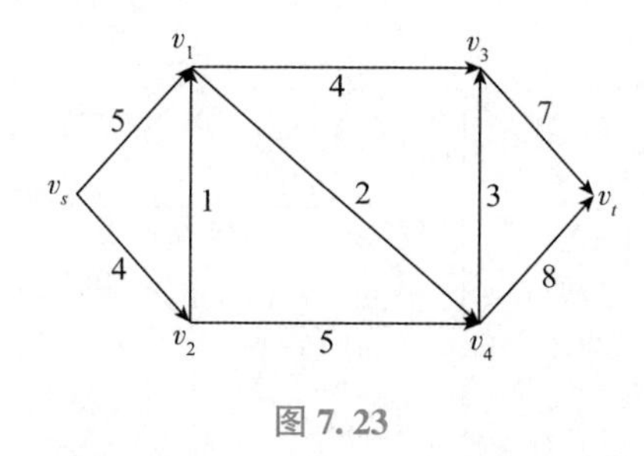

图 7.23

最大流问题在实际中有广泛的应用，例如，交通网络中最大运货量，通信系统中信息传输量，以及运筹学中的运输问题、匹配问题都可化为最大流问题来解决。

下面我们分别介绍最大流问题的基本理论和求解最大流问题的基本算法。

7.4.1　基本概念

给定一个容量网络 $G=(V, E, C)$，所谓网络 G 上的流，是指每条边 (v_i, v_j) 上确定的一个数 $f(v_i, v_j)$，简记为 f_{ij}，称集合 $f=\{f_{ij}\}$ 为网络 G 上的一个流。

如果网络 G 表示一个输油管道网，则 C_{ij} 表示管道输油能力，而 f_{ij} 表示管道当前的实际流量，因此应有 $0 \leqslant f_{ij} \leqslant c_{ij}$，即管道中的流量不能超过该管道的最大通过能力(即管道的容量)。对网络 G 上的中间点表示一个转送泵站，因此对中间点运出的总量与运进的总量应当相等。而对于发点的净流出量和收点的净流入量必相等，并且就是该运输方案的总输送量。

容量网络 $G=(V, E, C)$ 中的一个流 $f=\{f_{ij}\}$ 满足下列条件，称 f 为可行流。

①容量限制条件：对 G 中每条边 (v_i, v_j)，有 $0 \leqslant f_{ij} \leqslant c_{ij}$。

②平衡条件：对于中间点 v_i，有 $\sum_j f_{ij} - \sum_k f_{ki} = 0$(即流出量=流入量)。

对于收点 v_t 与发点 v_s，有 $\sum_i f_{si} = \sum_k f_{kt} = W$(即从 v_s 的净输出量与 v_t 的净输入量相等)。W 称为可行流 f 的流量。

可行流总是存在的，当所有边的流量 $f_{ij}=0$ 时，就得到一个可行流，它的流量 $W=0$。最大流问题就是在容量网络中，寻找流量最大的可行流。

对于容量网络 G 给定一个可行流 $f=\{f_{ij}\}$，当 $f_{ij}=c_{ij}$ 时，称边 (v_i, v_j) 为饱和边，当 $f_{ij}<$

c_{ij}时，称边(v_i, v_j)为非饱和边，当$f_{ij}=0$时，称边(v_i, v_j)为零流边，当$f_{ij}>0$时，称边(v_i, v_j)为非零流边。

例如，在图 7.24 中，其边上的两个数字分别表示边的容量和流量，即(c_{ij}, f_{ij})。(v_2, v_5)为饱和边，(v_s, v_1)为非饱和边，并且(v_2, v_5)，(v_s, v_1)均为非零流边，(v_3, v_5)是零流边。

设μ是网络G中一条连接发点v_s和收点v_t的链。我们规定μ的正方向从v_s到v_t，则链μ上的边被分为两类：一类是边的方向与链的正方向一致，称它们为前向边，前向边的全体记为μ^+。另一类边与链的正方向相反，称它们为后向边，后向边的全体记为μ^-。

例如，图 7.24 中，在连接v_s和v_t的链$\mu=\{v_s, v_1, v_2, v_5, v_t\}$中，$(v_s, v_1)$，$(v_2, v_5)$，$(v_5, v_t)$为前向边，$(v_1, v_2)$为后向边。即$\mu^+=\{(v_s, v_1), (v_2, v_5), (v_5, v_t)\}$，$\mu^-=\{(v_1, v_2)\}$。

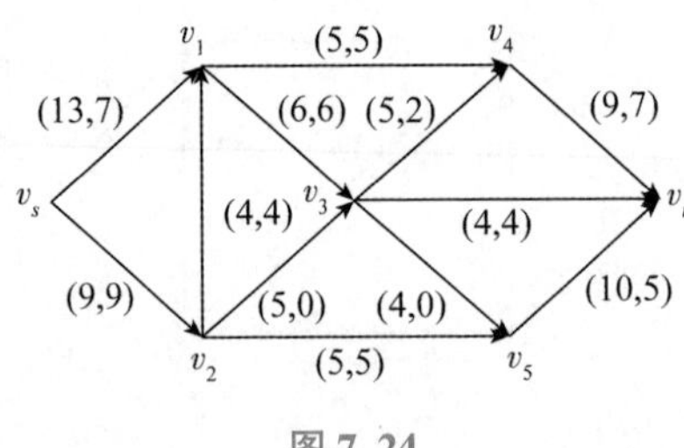

图 7.24

设f是网络G上的一个可行流，μ是从v_s到v_t的一条链，若对μ上的任意一条边(v_i, v_j)有：

若$(v_i, v_j)\in\mu^+$，则$0\leqslant f_{ij}<c_{ij}$，即μ^+中每一边是非饱和边；

若$(v_i, v_j)\in\mu^-$，则$0<f_{ij}\leqslant c_{ij}$，即μ^-中每一边是非零流边；

则称μ是一条增广链。

例如，图 7.24 中，链$\mu=\{v_s, v_1, v_2, v_3, v_5, v_t\}$就是一条增广链，因为$\mu^+=\{(v_s, v_1), (v_2, v_3), (v_3, v_5), (v_5, v_t)\}$中的边均为非饱和边，而$\mu^-=\{(v_1, v_2)\}$中的边为非零流边。

对于给定的网络$G=(V, E, C)$，设$S, T\subset V$，并且$S\cup T=V$，$S\cap T=\varnothing$，$V_s\in S$，$V_s\in T$，以 S 中点为始点，以T中点为终点的边的集合，称为G的割集，记为(S, T)。割集(S, T)中所有边的容量之和称为割集(S, T)的容量，记为$C(S, T)$，即

$$C(S, T)=\sum_{(v_i, v_j)\in(S, T)} c_{ij}$$

例如，图 7.24 中，设$S_1=\{v_s\}$，$T_1=\{v_1, v_2, v_3, v_4, v_5, v_t\}$，则$(S_1, T_1)=\{(v_s, v_1), (v_s, v_2)\}$，其容量为$C(S_1, T_1)=22$。

设$S_2=\{(v_s, v_1)\}$，$T_2=\{v_2, v_3, v_4, v_5, v_t\}$则$(S_2, T_2)=\{(v_s, v_2), (v_1, v_2), (v_1, v_4)\}$，其容量为$C(S_2, T_2)=20$。

如果从网络G中去掉割集(S, T)中的边，从v_s就没有路可以到达v_t。对于网络G，它有许多割集，我们可以找到容量最小割集。而网络G的最大流量一定不会超过容量最小割集的容量，称网络G中容量最小的割集为G的最小割集。如果把网络G看成各种粗细不同的管道网，而最小割集就相当于管道网中最细管道部分的总和。

7.4.2　最大流最小割集定理

由上面例子可知，如果找到网络 G 的一个可行流，其流量等于网络 G 的最小割集容量，则该可行流一定是最大流。下面最大流最小割集定理就是要说明这一点。

定理 2　可行流 f^* 是最大流当且仅当 G 中不存在关于 f^* 的增广链。

定理 3　在任意一个容量网络中，最大流的流量等于最小割集的容量。

7.4.3　求最大流的标号算法

由上面定理 2 可知可行流 f 是否是最大流，关键看网络 G 中是否存在关于可行流 f 的增广链，并为我们提供了寻找增广链的方法及改进可行流 f 的方法。寻找关于可行流 f 的增广链可按下面介绍的标号法来实现。

求网络 G 的最大流的标号法分为两步：第一步是标号过程，通过标号寻找增广链；第二步是调整过程，沿增广链调整可行流 f 的流量。

设 f 是网络 G 上的可行流（初始可行流可取零流 $f=\{f_{ij}=0\}$）。

(1) 标号过程。

①首先给发点 v_s 标号 $(0,\ +\infty)$。

②选择一个已标号的顶点 v_i，对所有与 v_i 相邻而没有标号的顶点 v_j 按下列规则处理。

(a) 若 $(v_i,\ v_j)\in E$，并且 $f_{ij}<c_{ij}$，则给顶点 v_j 以标号 $(i,\ \delta_j)$，其中，$\delta_j=\min\{\delta_i,\ c_{ij}-f_{ij}\}$。

(b) 若 $(v_j,\ v_i)\in E$，并且 $f_{ij}>0$，则给顶点 v_j 以标号 $(i,\ \delta_j)$，其中 $\delta_j=\min\{\delta_i,\ f_{ji}\}$。

重复过程②，可能出现两种结果：其一是终点 v_t 得到标号，说明存在一条增广链，则转到调整过程，其二是终点 v_t 不能获得标号，说明不存在增广链，这时可行流 f 即为最大流。

(2) 调整过程。

首先按终点 v_t 及其他顶点的第一个标号，用反向追踪法在网络中找出增广链。例如设终点 v_t 的第一个标号为 k，则 $(v_k,\ v_t)$ 是增广链上的边，然后根据 v_k 的第一个标号，找到下一个顶点，即若 v_k 的第一个标号为 j，则 $(v_j,\ v_k)$（或者 $(v_k,\ v_j)$）是增广链上的边，直到用此方法找到 v_s 为止。这时就得到一条从 v_s 到 v_t 的增广链 μ。最后按下式修改可行流 f。

$$令\ f'_{ij}=\begin{cases} f_{ij}+\delta_t, & (v_i,\ v_j)\in\mu^+ \\ f_{ij}-\delta_t, & (v_i,\ v_j)\in\mu^- \\ f_{ij}, & (v_i,\ v_j)\notin\mu \end{cases}$$

调整结束后，去掉所有标号，返回标号过程重新进行标号过程。

例 7.8　用标号法求图 7.24 中从 v_s 到 v_t 的最大流。

解：(1) 标号过程。

①首先给发点 v_s 标以 $(0,\ +\infty)$。

②检查与 v_s 相邻的顶点 v_1，v_2，因为 $(v_s,\ v_1)\in E$，并且 $f_{s1}=7<c_{s1}=13$，所以 v_1 可以获得标号 $(v_s^+,\ \delta_1)$，其中，$\delta_1=\min\{+\infty,\ 13-7\}=6$。因为 $(v_s,\ v_2)\in E$，但 $f_{s2}=$

c_{s2}，所以 v_2 不能标号。

③检查与 v_1 相邻且没有标号的顶点 v_2，v_3，v_4。因为 $(v_2, v_1) \in E$，并且 $f_{21} > 0$，所以 v_2 可以获得标号 (v_1^-, δ_2)，其中，$\delta_2 = \min\{\delta_1, f_{21}\} = \min\{6, 4\} = 4$。因为 $(v_1, v_3) \in E$，$(v_1, v_4) \in E$，但 $f_{13} = c_{13}$，$f_{14} = c_{14}$，所以 v_3，v_4 都不能标号。

④检查与 v_2 相邻且没有标号的顶点 v_3，v_5，因为 $(v_2, v_3) \in E$ 并且 $f_{23} = 0 < c_{23} = 5$，所以 v_3 可以获得标号 (v_2^+, δ_3)，其中，$\delta_3 = \min\{\delta_2, c_{23} - f_{23}\} = \{4, 5\} = 4$，而 v_5 不能标号。

⑤检查与 v_3 相邻且没有标号的顶点 v_4，v_5，v_t。因为 $(v_3, v_4) \in E$，并且 $f_{34} = 2 < c_{34} = 5$，所以 v_4 可以获得标号；因为 $(v_3, v_t) \in E$，但 $f_{3t} = c_{3t}$，所以 v_t 不能标号。因为 $(v_3, v_5) \in E$，并且 $f_{35} = 0 < c_{35} = 4$，所以 v_5 可以获得标号 (v_3^+, δ_5)，其中，$\delta_5 = \min\{\delta_3, c_{35} - f_{35}\} = \min\{4, 4\} = 4$。为减少迭代次数，应选择 δ_1 与 δ_t' 两者较大的标号，我们选择使用这个标号。

⑥由于与 v_5 相邻且没有标号的顶点为 v_t，所以 v_t 的标号应取 $(v_5^+, 4)$，如图 7.25 所示。

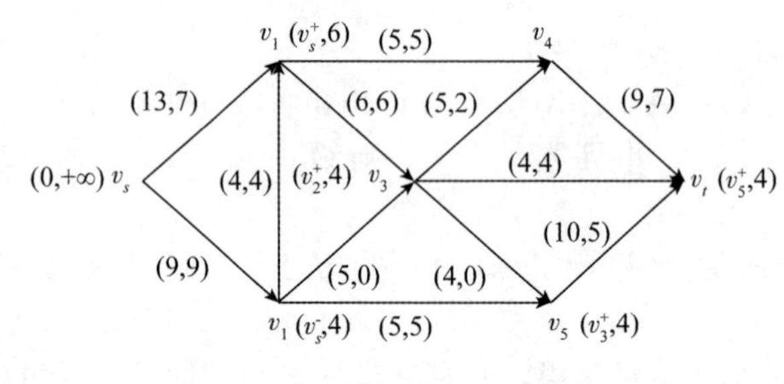

图 7.25

由于 v_t 得到标号，说明存在从 v_s 到 v_t 的增广链，所以标号过程结束，转入调整过程。

(2)调整过程。

由于 v_t 的第一个标号为5，得到顶点 v_5，由 v_5 的第一个标号为3，得到顶点 v_3，由 v_3 的第一个标号为2，得到顶点 v_2，由 v_2 的第一标号为1，得到顶点 v_1，由 v_1 的第一个标号为 s，得到顶点 v_s，由此得到关于可行流 f 的增广链 $\mu = \{v_s, v_1, v_2, v_3, v_5, v_t\}$，其中 (v_s, v_1)，(v_2, v_3)，(v_3, v_5)，(v_5, v_t) 为前向边，而 (v_2, v_1) 为后向边，由于 $\delta_t = 4$，所以调整量为4，调整增广链 μ 上的流量如下：

$$f'_{s1} = f_{s1} + \delta_t = 7 + 4 = 11$$

$$f'_{21} = f_{21} - \delta_t = 4 - 4 = 0$$

$$f'_{23} = f_{23} + \delta_t = 0 + 4 = 4$$

$$f'_{35} = f_{35} + \delta_t = 0 + 4 = 4$$

$$f'_{5t} = f_{5t} + \delta_t = 5 + 4 = 9$$

调整过程结束，调整后的可行流如图 7.26 所示。

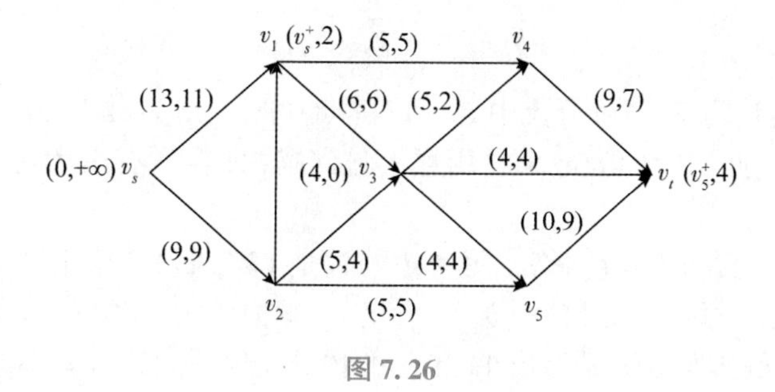

图 7.26

重新开始标号过程，顶点 v_s 标号为 $(0+\infty)$，顶点 v_1 标号为 $(v_s^+,\ 2)$，与 v_s，v_1 相邻的顶点 v_2，v_3，v_4 都不满足标号条件，所以标号过程结束，这时 v_t 没有得到标号，如图 7.26 所示，由此可知，不存在从 v_s 到 v_t 的增广链，所以图 7.26 中的可行流就是最大流，其流量 $W=f_{s1}+f_{s2}=11+9=20$。

用标号法在求得最大流的同时，可得到一个最小割集，从图 7.26 可知，标号点的集合为 $S=\{v_s,\ v_1\}$，未标号点的集合为 $\bar{S}=\{v_2,\ v_3,\ v_4,\ v_5,\ v_t\}$，此时割集为 $(S,\ \bar{S})=\{(v_1,\ v_4),\ (v_1,\ v_3),\ (v_s,\ v_2)\}$，割集容量为 $C(S,\ \bar{S})=c_{14}+c_{13}+c_{s2}=5+6+9=20$，与最大流的流量相等。

求最大流的标号法只适用于只有一个收点和一个发点的网络。但有些问题给出的网络具有多个收点和多个发点，如图 7.27 中，网络 G 有两个发点 v_1，v_2，两个收点 v_7，v_8。我们可以添加两个新顶点 v_s，v_t，连接有向边 $(v_s,\ v_1)$，$(v_s,\ v_2)$，$(v_7,\ v_t)$，$(v_8,\ v_t)$，得到新的网络 G'。G' 为只有一个发点、一个收点的网络，新添加的边的容量为 ∞，如图 7.28 所示，求解 G' 的最大流问题即可得到 G 的解。

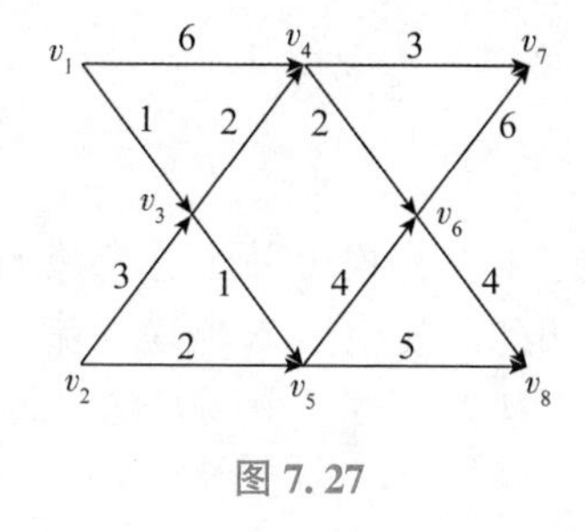

图 7.27

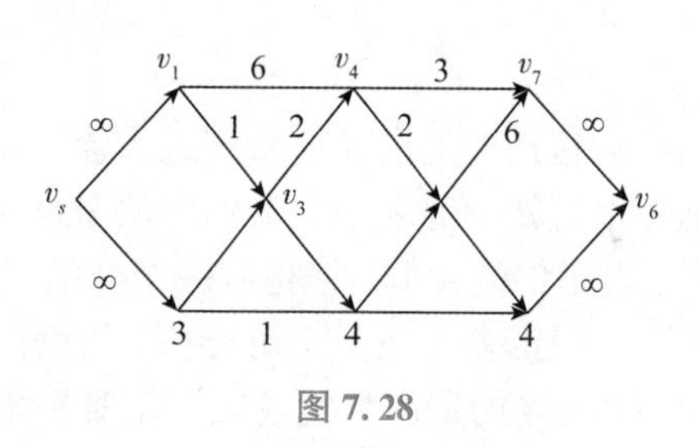

图 7.28

7.5 最小费用最大流问题

上一节讨论的寻求网络最大流问题，只考虑了流的流量，而没有考虑流的费用，在许多实际问题中，费用的因素是很重要的。例如，交通运输问题中，往往要求在完成运输任务的前提下，寻求一个使总的运输费用最小的运输方案。本节介绍的最小费用最大流问题就是要解决这类问题。

给定容量网络 $G=(V,\ E,\ C)$，每条边 $(v_i,\ v_j)$ 除了已给出容量 c_{ij} 外，还给出了单位流量的费用 $b_{ij}\geqslant 0$，记为 $G=(V,\ E,\ C,\ B)$。求一个流量为 W 的可行流 $f=\{f_{ij}\}$，使其费用

$$b(f)=\sum_{(v_i,\ v_j)\in E} b_{ij}f_{ij}$$

达到最小(在所有流量为 W 的可行流中)。称这样的可行流 f 为最小费用流。特别是当要求可行流为最大流时，此问题即为最小费用最大流问题(即在所有最大可行流中，求出费用最小的可行流)。

例如，图 7.29 是一个容量网络，每条边的数是 $(b_{ij},\ c_{ij})$，而图 7.30 和图 7.31 给出的可行流都是最大流[每条边的数是 $(b_{ij},\ c_{ij},\ f_{ij})$]。但图 7.30 中费用为 71，而图 7.31 中费用为 59，可见，虽然发点都是运出 11 单位的物资，但不同的流有不同的总费用。

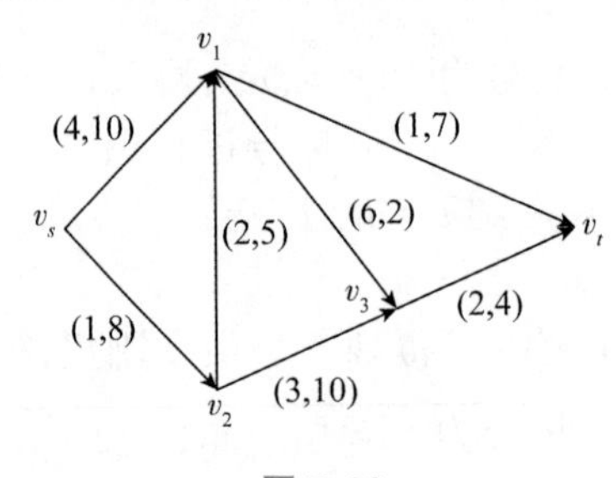

图 7.29

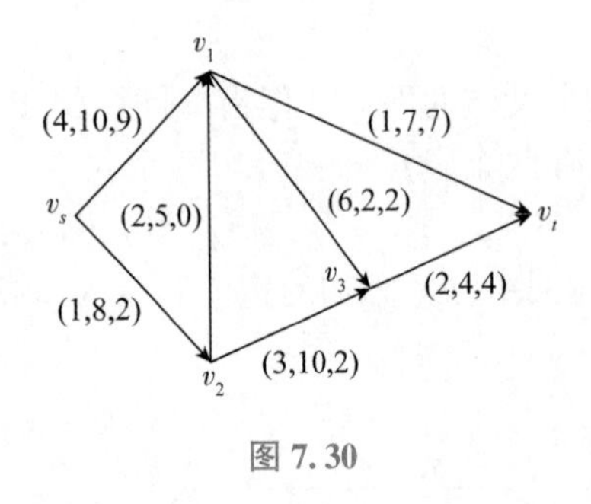

图 7.30

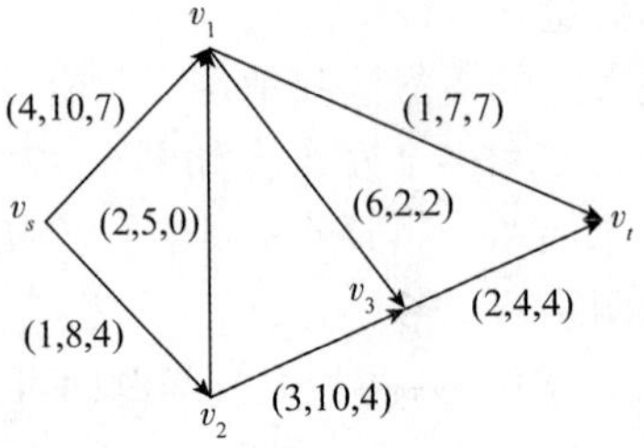

图 7.31

下面我们讨论如何求最小费用最大流。

从上一节可知，寻求最大流的方法是从某个可行流 f 出发，找出关于这个流的一条增广链 μ，沿着增广链 μ 调整 f 得到一个新的可行流 f'，如此反复直到求出最大流。现在我们分析一下，当沿着一条关于可行流 f 的增广链 μ，调整量为 δ 时，得到新的可行流 f' 的费用与原可行流 f 的费用变化情况，不难看出：

$$\begin{aligned} b(f')-b(f) &= \sum_E b_{ij}f'_{ij}-\sum_E b_{ij}f_{ij} \\ &= \delta\Big(\sum_{(v_i,\ v_j)\in\mu^+} b_{ij}-\sum_{(v_i,\ v_j)\in\mu^-} b_{ij}\Big) \end{aligned}$$

我们把 $b(\mu)=\sum_{\mu^+} b_{ij}-\sum_{u^-} b_{ij}$ 称为链 μ 的费用。

可以证明，若 f 是流量为 $W(f)$ 的最小费用流，而 μ 是关于 f 的从 v_s 到 v_t 的所有增广链中费用最小的增广链，则 f 沿着增广链 μ 调整量为 δ，得到新可行流 f'，一定是流量为 $W(f)+\delta$ 的可行流中费用最小的可行流。

设 W^* 是网络 G 的最大流的流量，而 f 是网络 G 中，流量为 $W(f)<W^*$ 的最小费用流。由上面分析可知，若要求 G 的最小费用最大流，关键问题是寻找关于 f 的最小费用增广链，如果找到关于 f 的最小费用增广链 μ，然后沿增广链 μ 调整 f，调整量为 δ 时，得到

流量为 $W(f)+\delta$ 的最小费用流 f'。如此反复最后就可以求得流量为 W^* 的最小费用流。显然，开始可取零流 $f=\{0\}$，作为流量为零的最小费用流。

现在需要解决如何求关于可行流 f 的最小费用增广链这个问题。首先我们注意到，若 μ 是从 v_s 到 v_t 关于 f 的增广链，那么它的费用为 $\sum\limits_{\mu^+} b_{ij}-\sum\limits_{\mu^-} b_{ij}$。因而如果把 μ^- 中的边 (v_i, v_j) 反向，并且令它的权是 $-b_{ij}$，而 μ^+ 中的方向不变，并且它的权是 b_{ij}，这样就把求从 v_s 到 v_t 关于 f 的增广链问题转换成求最短路的问题。其次，我们分析一下哪些边可能在某一条增广链 μ 的 μ^+ 中，哪些边可能在 μ^- 中。

设给了一个可行流 f，网络 G 中的边无非是如下三种类型之一：

（Ⅰ）$f_{ij}=0$，则边 (v_i, v_j) 只可能在 μ^+ 中；

（Ⅱ）$f_{ij}=c_{ij}$，则边 (v_i, v_j) 只可能在 μ^- 中；

（Ⅲ）$0<f_{ij}<c_{ij}$，则边 (v_i, v_j) 可能出现在 μ^+ 中，也可能出现在 μ^- 中。

基于上面的分析，我们可以构造一个辅助有向图 $L(f)$，它的顶点与 G 的顶点一样，它的边则根据 f 的情况来确定，考虑 G 中的边 (v_i, v_j)。

若 (v_i, v_j) 是（Ⅰ）型边，则在 $L(f)$ 中连接边 (v_i, v_j)，并令其权 $L(v_i, v_j)=b_{ij}$。

若 (v_i, v_j) 是（Ⅱ）型边，则在 $L(f)$ 中连接边 (v_j, v_i)，并令其权 $L(v_j, v_i)=-b_{ij}$

若 (v_i, v_j) 是（Ⅲ）型边，则在 $L(f)$ 中连接两条边 (v_i, v_j) 和 (v_j, v_i)，并令它们的权分别为 $L(v_i, v_j)=b_{ij}$，$L(v_j, v_i)=-b_{ij}$。

于是寻求 G 中关于 f 的最小费用增广链，就等价于在 $L(f)$ 中寻求从 v_s 到 v_t 的最短路。

现在我们归纳一下求最小费用最大流的这种方法的步骤：

①取零流为初始可行流，即 $f^{(0)}=\{0\}$。

②若有 $f^{(k-1)}$，其流量 $W(f^{(k-1)})<W^*$，构造网络 $L(f^{(k-1)})$。

③在网络 $L(f^{(k-1)})$ 中，求从 v_s 到 v_t 的最短路。若不存在最短路，则 $f^{(k-1)}$ 已是 G 的最小费用最大流。若存在最短路，则在原网络 G 中得到相应的增广链 μ，在增广链 μ 上对 $f^{(k-1)}$ 进行调整，调整量为：$\delta=\min[\min\limits_{\mu^+}(c_{ij}-f_{ij}^{(k-1)}), \min\limits_{\mu^-} f_{ij}^{(k-1)}]$。得到新的可行流 $f^{(k)}$，若 $f^{(k)}$ 的流量 $W(f^{(k)})=W^*$，则 $f^{(k)}$ 就是 G 的最小费用最大流，否则对 $f^{(k)}$ 重复上述过程。

例 7.9　求图 7.29 所示网络的最小费用最大流。

解： 首先取 $f^{(0)}=\{0\}$ 为初始可行流。构造网络图 $L(f^{(0)})$，如表 7.2 所示。用 Dijkstra 算法求得 $L(f^{(0)})$ 中，从 v_s 到 v_t 的最短路为 $\{v_s, v_2, v_1, v_t\}$。在网络 G 中相应的增广链 $\mu=\{v_s, v_2, v_1, v_t\}$ 上，对 $f^{(0)}$ 进行调整，调整量 $\delta=5$，得到可行流 $f^{(1)}$。

构造网络图 $L(f^{(1)})$，如表 7.2 所示，由于边上有负权，所以不能用 Dijkstra 算法求最短路。可用逐次逼近法，求得最短路为 $\{v_s, v_1, v_t\}$。在网络 G 中相应的增广链上进行调整，得到可行流 $f^{(2)}$。

构造网络图 $L(f^{(2)})$，如表 7.2 所示，用逐次逼近法，求得最短路为 $\{v_s, v_2, v_3, v_t\}$。在网络 G 中相应的增广链上进行调整，得到可行流 $f^{(3)}$。

构造网络图 $L(f^{(3)})$，如表 7.2 所示，求得最短路为 $\{v_s, v_1, v_2, v_3, v_t\}$。在网络 G 中相应的增广链上进行调整，得到可行流 $f^{(4)}$。

构造网络图 $L(f^{(4)})$，如表 7.2 所示，这时在其上没有从 v_s 到 v_t 的路，所以可行流 $f^{(4)}$ 就是 G 的最小费用最大流，其流量为 11，费用为 55。

表 7.2

K	$L(f^{(k-1)})$	$f^{(k)}$
1	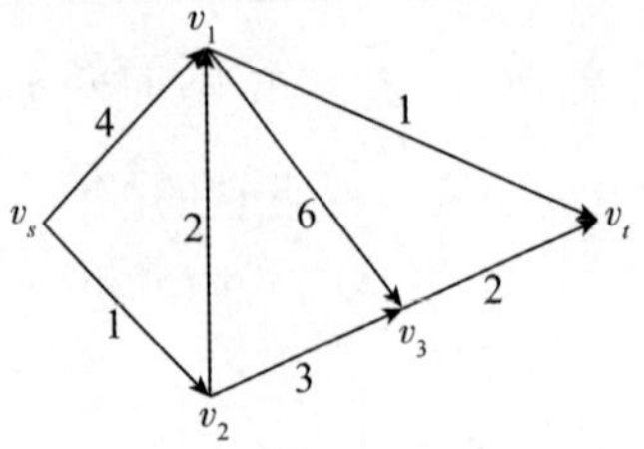 v_1 4 1 v_s 2 6 v_t 1 2 v_3 3 v_2	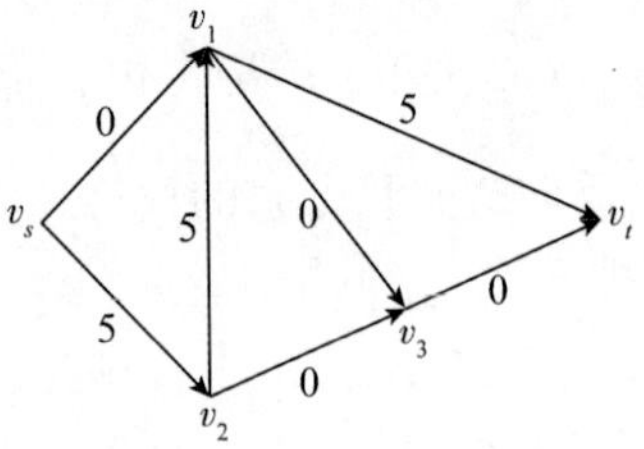 v_1 0 5 v_s 5 0 v_t 5 0 v_3 0 v_2
2	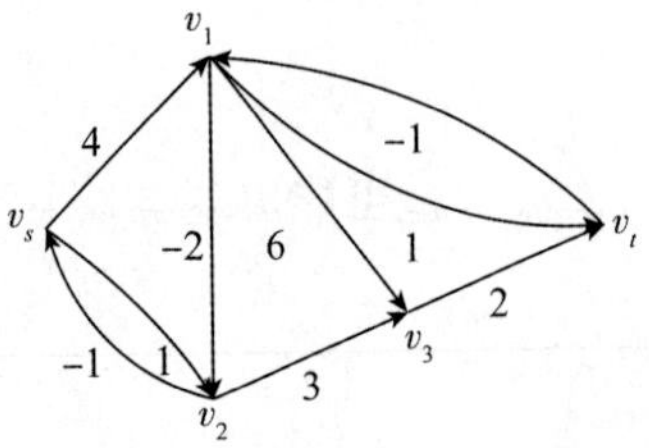 v_1 4 −1 v_s −2 6 1 v_t 2 v_3 −1 1 3 v_2	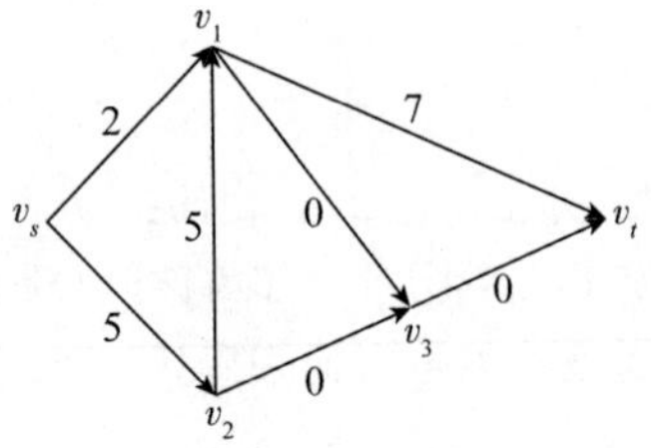 v_1 2 7 v_s 5 0 v_t 5 0 v_3 0 v_2
3	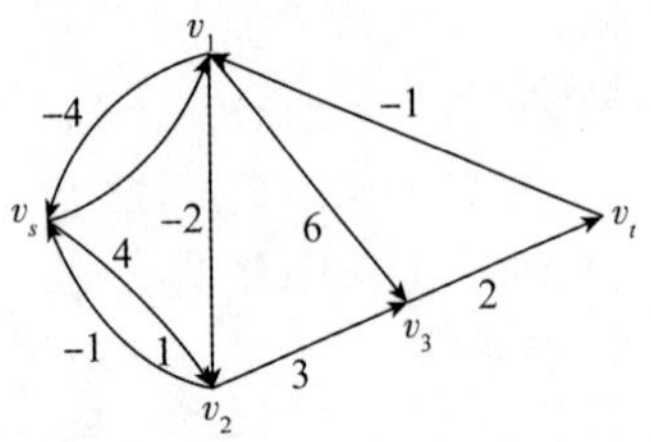 v_1 −4 −1 v_s −2 6 4 v_t 2 v_3 −1 1 3 v_2	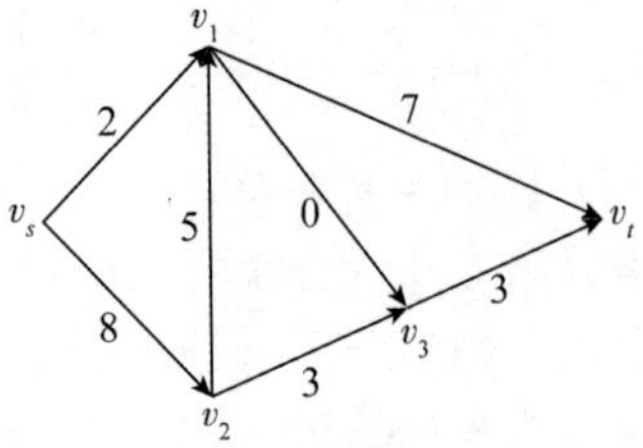 v_1 2 7 v_s 5 0 v_t 8 3 v_3 3 v_2
4	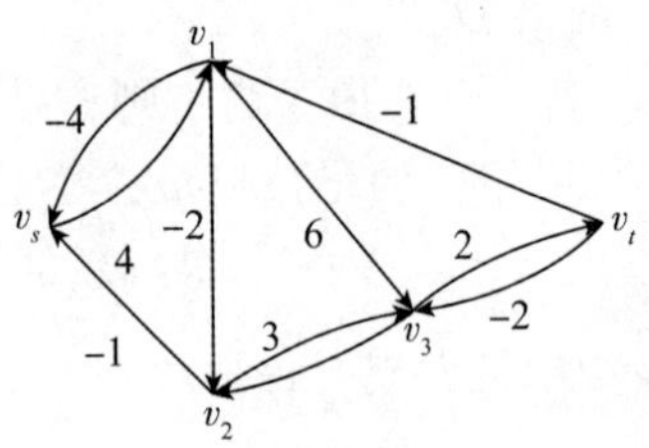 v_1 −4 −1 v_s −2 6 4 2 v_t 3 v_3 −2 −1 v_2	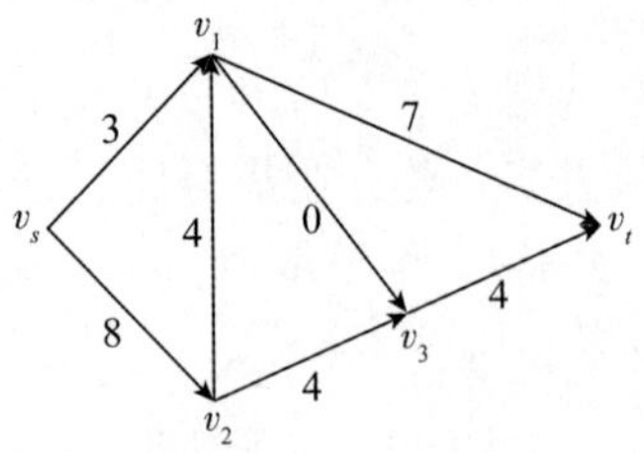 v_1 3 7 v_s 4 0 v_t 8 4 v_3 4 v_2
5	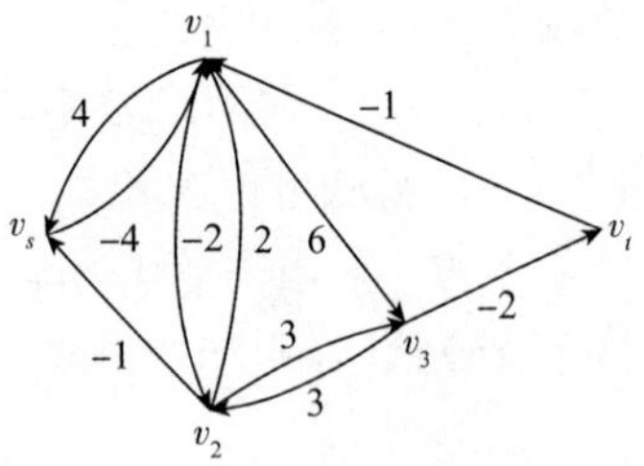 v_1 4 −1 v_s −4 −2 2 6 v_t 3 v_3 −2 −1 3 v_2	$f^{(4)}$ 是最小费用最大流

习题七

1. 简答题

(1)解释下列各组名词，并说明相互间的联系和区别：(a)点，相邻，关联边；(b)环，多重边，简单图；(c)链；(d)圈；(e)回路；(f)结点的度，悬挂点，悬挂边，孤立点；

(g)连通图，连通分图，支撑子图；(h)有向图，无向图，赋权图。

(2)试述树、图的支撑树及最小支撑树的概念定义，以及它们在实际问题中的应用。

(3)什么是增广链？为什么只有不存在关于可行流 f^* 的增广链时，f^* 即为最大流？

(4)试述什么是割集、割量以及最大流最小割量定理，为什么用 Ford—Fulkerson 标号法在求得最大流的结果，同时得到一个最小割集？

(5)简述最小费用最大流的概念以及求取最小费用最大流的基本思想和方法。

2. (1)图 G 的度序列为 2，2，3，3，4，则边数 m 是多少？

(2) 3，3，2，3；5，2，3，1，4 能成为图的度序列吗？为什么？

(3)图 G 有 12 条边，度数为 3 的结点有 6 个，其余结点度均小于 3，问图 G 中至少有几个结点？

3. 证明在 $n(n \geqslant 2)$ 个人的集体中，总有两个人在此团体中恰有相同个数的朋友。

4. 证明在 9 座工厂之间，不可能每座工厂只与其他 3 座工厂有业务联系，也不可能只有 4 座工厂与偶数个工厂有业务联系。

5. 已知 9 个人 v_1，v_2，…，v_9，其中 v_1 和 2 个人握过手，v_2，v_3，v_4，v_5 各和 3 个人握过手，v_6 和 4 个人握过手，v_7，v_8 各和 5 个人握过手，v_9 和 6 个人握过手。证明这 9 个人中一定可以找出 3 个人互相握过手。

6. 有甲、乙、丙、丁、戊、己 6 名运动员报名参加 A、B、C、D、E、F 6 个项目比赛，表 7.3 中打√的是运动员报名参加的比赛项目。问：6 个项目比赛顺序如何安排能做到每名运动员不连续参加两项比赛？

表 7.3

	A	B	C	D	E	F
甲				√		√
乙	√	√		√		
丙			√		√	
丁	√				√	
戊		√			√	
己		√		√		

7. 分别用破圈法和避圈法求图 7.32 中各图的最小支撑树。

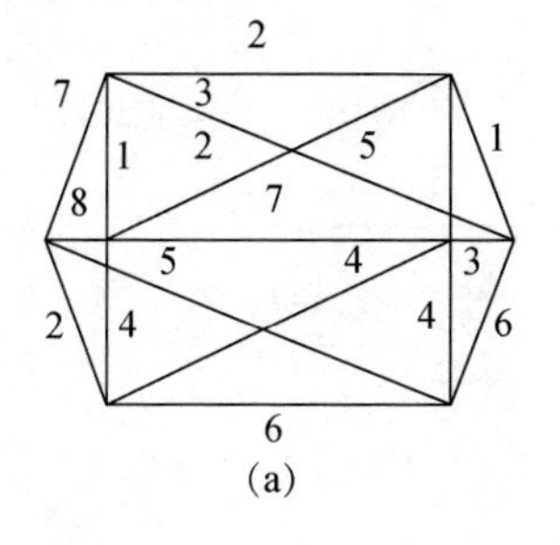

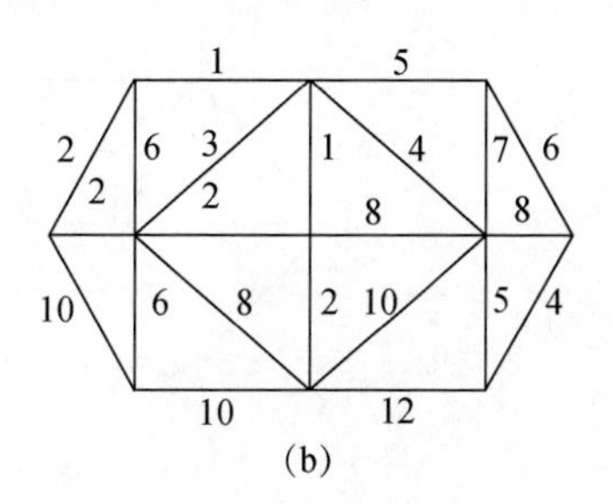

图 7.32

8. 求图 7.33 中各图从 v_1 到各点的最短路。

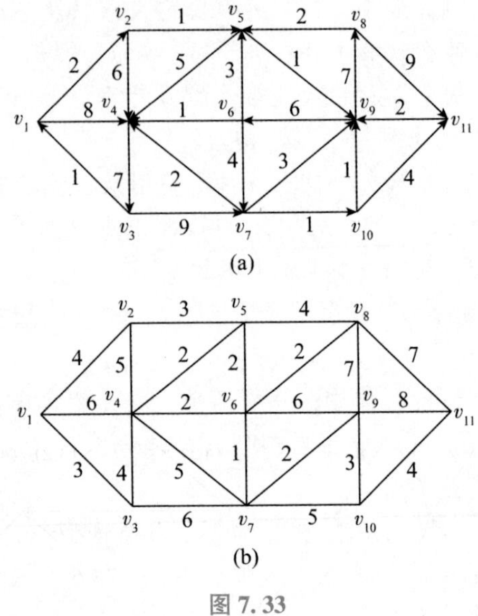

图 7.33

9. 某公司职员因工作需要购置了一台摩托车，他可以连续使用或于任一年年末将旧车卖掉换一辆较新的车，表 7.4 中列出了于 i 年年末购置或更新的车至第 j 年年末的各项费用的累计(含更新所需费用，运行费及维修费)，试据此确定该人最佳的更新策略，使从第 1 年年末到第 5 年年末的各项费用的累计和为最小。

表 7.4

i	j			
	2	3	4	5
1	0.4	0.54	0.98	1.37
2		0.43	0.62	0.81
3			0.48	0.71
4				0.49

10. 用逐次逼近法求图 7.34 中从 v_1 到各点的最短路。

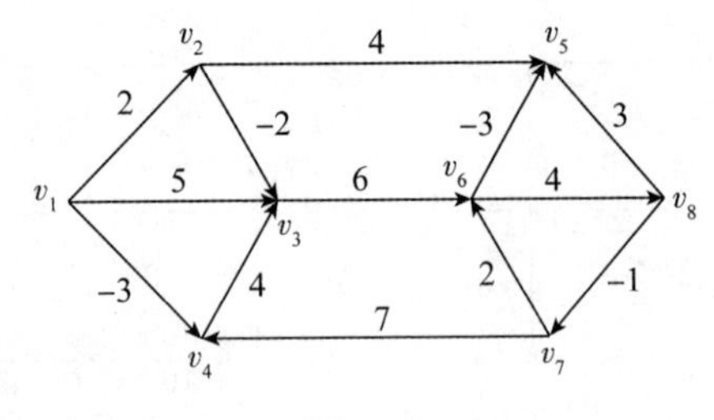

图 7.34

11. 已知有 6 个村子，相互间道路的距离如图 7.35 所示，拟合建一所小学，已知 A 处有小学生 50 人，B 处 40 人，C 处 60 人，D 处 20 人，E 处 90 人，F 处 90 人，问：小学应建在哪一个村子使学生上学最方便(走的总路程最短)?

12. 在图 7.36 所示的网络中，①确定所有的截集；②求最小截集的容量；③证明指出的流是最大流。

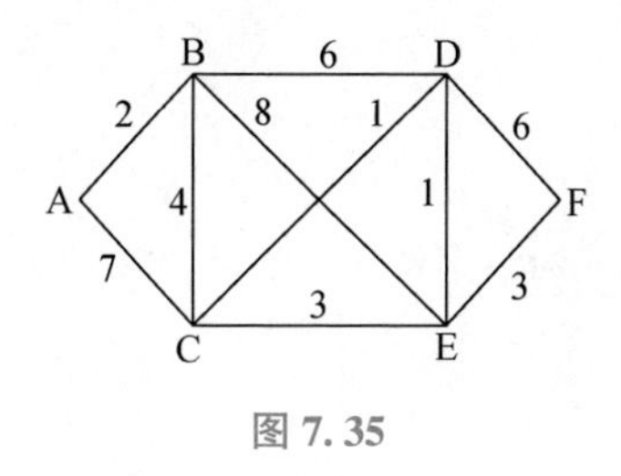

图 7.35

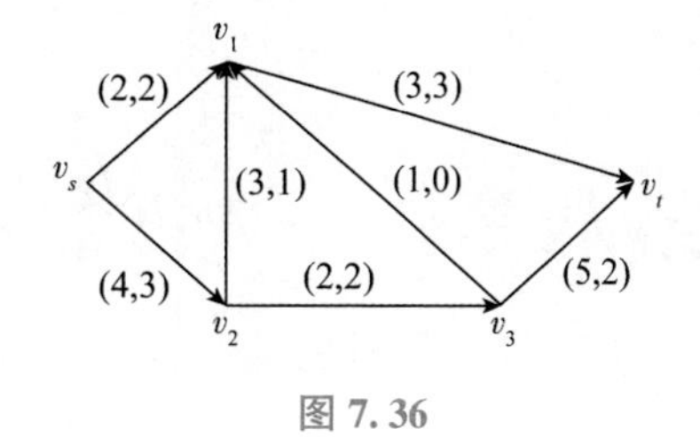

图 7.36

13. 求图 7.37 中各图从 v_S 到 v_t 的最大流。

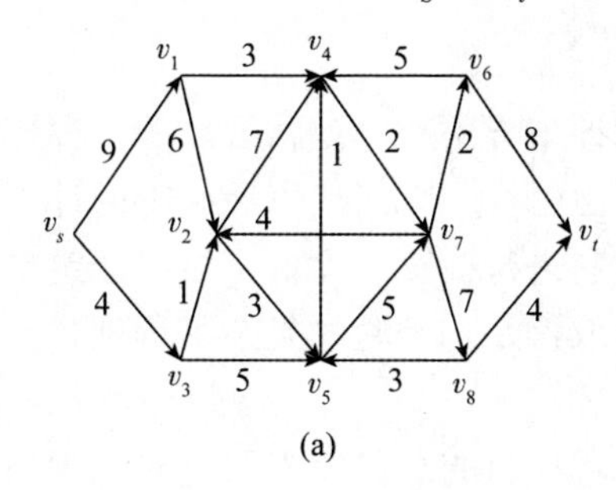

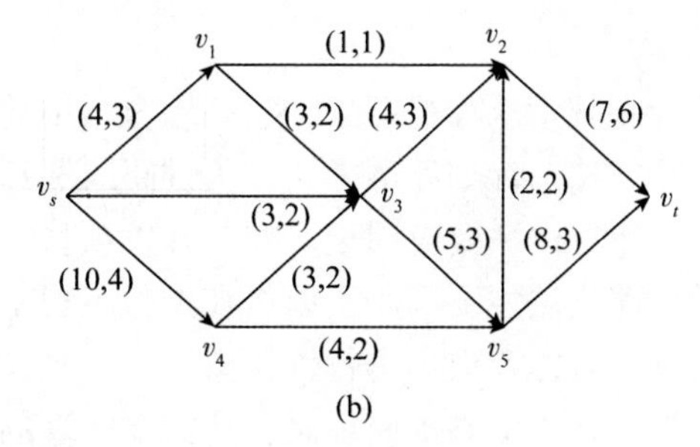

图 7.37

14. 两家工厂 x_1 和 x_2 生产同一种商品，商品通过图 7.38 表示的网络送到市场 y_1，y_2，y_3，求从工厂到市场所能运送的最大总质量。

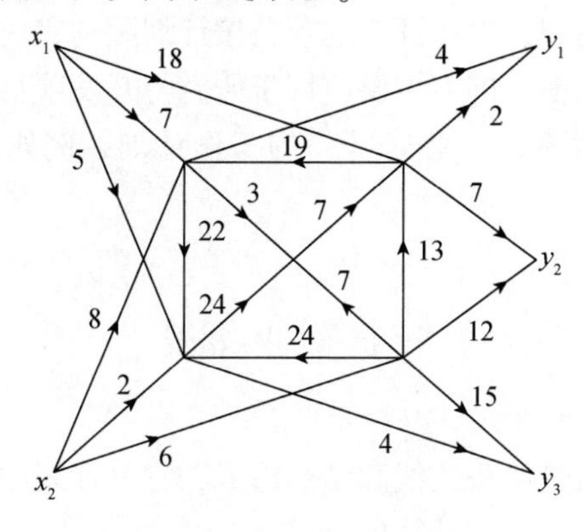

图 7.38

15. 邮递员投递区域及街道分布如图 7.39 所示，图中数字为街道长度，⊕为邮局所在地，试为邮递员设计一条最佳的投递线路。

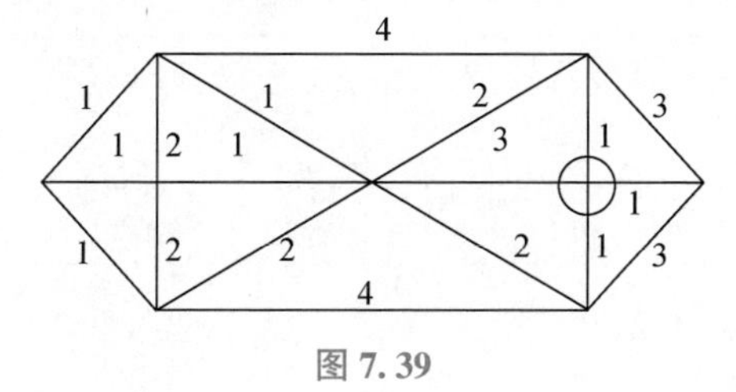

图 7.39

第八章 网络计划技术

网络计划技术也称统筹法，它是综合运用计划评审方法和关键路线法的一种比较先进的计划管理方法。计划评审方法和关键路线法都是20世纪50年代发展起来的计划管理方法。计划评审方法主要应用于研究与开发项目，对它进行核算、评价，然后选定最优计划方案。关键路线法主要应用于以往在类似工程中已取得一定经验的复杂工程项目，对它的进度、工期、资源及成本进行优化。

网络计划技术的基本原理是：从需要管理的工程项目的总进度着眼，对工程项目中各项工作所需要的时间因素，按照工作的先后顺序和相互关系做出网络图，以反映工程的全貌。然后进行时间参数计算，找出计划中的关键工作和关键路线，对工程的各项工作所需的人力、财力、物力，通过改善网络计划做出合理安排，得到最优方案。在计划的实施过程中，进行有效的监督与控制，以保证工程项目按计划顺利完成。

网络计划技术的应用范围很广，主要应用于研究与开发项目，特别适用于生产技术复杂、工作项目繁多且联系紧密的一些跨部门的工作计划，例如新产品试制、大型工程项目、设备维修等计划。

8.1 网络图

网络图又称箭线圈，由带箭头的线和结点组成，它是计划项目的各个组成部分内在逻辑关系的综合反映，是进行计划和计算的基础。

下面我们通过一个实例说明网络图的一些概念和绘制方法。设要研制一种机器设备，其各个工序与所需时间及它们之间的相互关系如表8.1所示。

表8.1

工序	工序代号	紧前工序	所需时间/天
产品设计	a	–	60
外购配套件	b	a	45
下料锻件	c	a	10
工装制造1	d	a	20

续表

工序	工序代号	紧前工序	所需时间/天
木模、铸件	e	a	20
机械加工 1	f	c	18
工装制造 2	g	d	30
机械加工 2	h	d，e	15
机械加工 3	k	g	25
装配调试	i	b，f，h，k	35

在网络图中，箭线代表工序。工序是指为了完成工程项目，在工艺技术和组织管理上相对独立的工作或活动。一项工程由若干个工序组成。工序需要一定的人力、物力等资源和时间。结点表示一个事项。事项是一个或若干个工序的开始或结束，是相邻工序在时间上的分界点。结点用圆圈和里面的数字表示，数字表示结点的编号。

8.1.1 绘制网络图的规则

例如，根据表 8.1 可以绘制出机器设备研制过程的网络图，如图 8.1 所示。网络图是由箭线、结点和线路三部分组成。把表示各个工序的箭线按照工序先后顺序及逻辑关系，由左至右排列，画成网络图，再给结点统一编号，结点 1 表示整个计划的开始，网络图中最大的数码结点表示计划结束。结点编号可不连续，但对于一个工序来讲，其开始所对应结点的编号要小于结束所对应结点的编号。箭线的方向表示工序前进方向，从箭尾到箭头表示一个工序的开始到结束的过程。工序需要消耗一定的资源，占用一定的时间。有些自然过程虽然不消耗资源，但要占用时间。如混凝土浇灌后的凝结过程，在网络图中也要用工序反映出来。网络图中的线路是指从网络的始点开始，顺着箭线的方向，中间经过互相连接的结点和箭线，到网络终点为止的一条连线。在一条线路上，把各个工序的时间加起来，就是该线路的总作业时间。从始点到终点可以有不同的线路，其中总作业时间最长的线路就称为关键路线，它决定完成网络图上所有作业需要的最短时间。

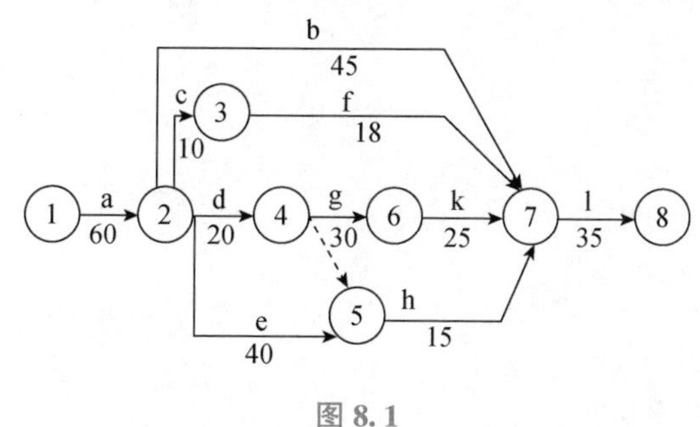

图 8.1

在绘制网络图时，还要注意以下规则：

①网络图中只能有一个总的开始事项，一个总的结束事项。一般是从左到右，从上到下的顺序绘制，例如图 8.1 中结点 1 表示总的开始事项，结点 8 表示总的结束事项。

②网络图中不允许出现回路和缺口。在网络图中，除总的开始事项和总的结束事项之外，其他各个结点的前后都应有箭线连接，即图中不能有缺口，使网络从始点经任何线路

都可以到达终点。例如图 8.2 是错误的。网络图中不能有回路的要求是表明某些工序之间不能出现循环现象，否则，使组成回路的工序永远不能结束，工程永远不能完工，例如图 8.3 是错误的。

③两个结点之间不允许有两个工序，即一个工序用确定的两个相关事项表示，如图 8.4 是错误的，而应画成如图 8.5 的形式。

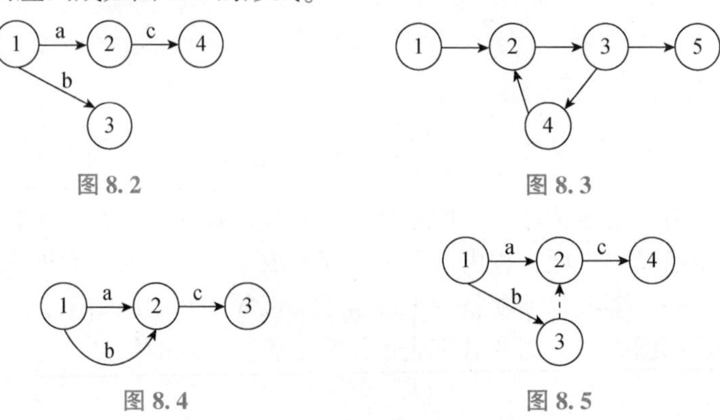

图 8.2　　图 8.3

图 8.4　　图 8.5

④必须正确表示工序之间的前后关系。各工序之间前后关系及它们在网络图上的表达方式有如下几种：

(a)工序 a 结束之后才可以开始工序 b 和 c。则称工序 a 是工序 b 和 c 的紧前工序，其画法如图 8.6 所示。

(b)工序 c 的紧前工序为 a 和 b，其画法如图 8.7 所示。

(c)工序 c 和 d 均以 a 和 b 为紧前工序；其画法如图 8.8 所示。

(d)工序 c 的紧前工序为 a，而工序 d 的紧前工序为 a 和 b，其画法如图 8.9 所示。

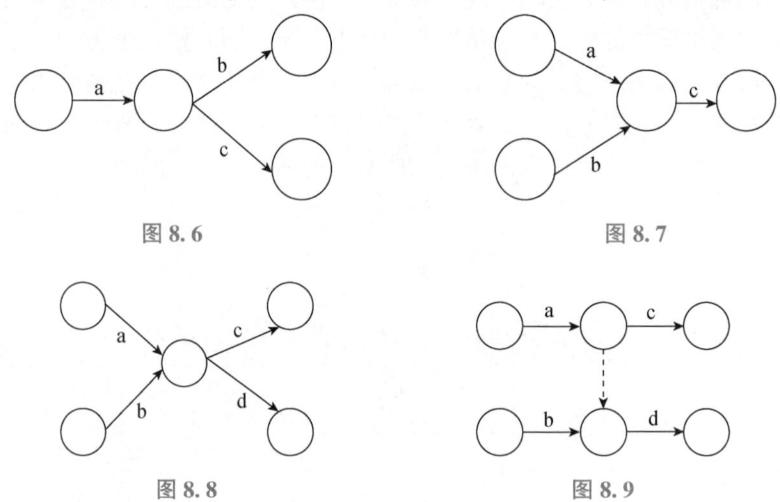

图 8.6　　图 8.7

图 8.8　　图 8.9

绘完网络图，在检查它是否正确地反映各工序前后关系时，要对每一个工序检查它的紧前工序，例如工序 d 的紧前工序为 a，b，c。则 a，b，c 的结束事项必须是 d 的开始事项。

⑤合理使用虚工序。为了正确反映各工序之间的前后关系，有时需要引进虚工序。虚工序是虚设的工序，它不消耗资源，不占用时间，通常用虚箭线来表示。虚工序的引进有

三种情况：

(a)一种是如果两个工序有相同的开始事项和结束事项，但绘图规则要求两个事项之间只能有一个工序。这可以引用虚工序，如图 8.5 中引入的虚工序，就是为了避免图 8.4 中的情况。

(b)另一种是为了正确反映工序之间的前后关系，有时必须引进虚工序，如图 8.9 中的虚工序。

(c)再有一种是为了两件或两件以上的工作交叉进行。例如制造一大型设备，往往不需要设备零部件全部生产完成后，再进行组装，而是可以按组装的顺序把零部件生产分成几个阶段，这样可以使生产零部件与组装交叉作业。例如零部件制造分成 a_1，a_2，a_3 三个阶段，组装分成 b_1，b_2，b_3 三个阶段，为了正确表示它们之间的前后关系也需引入虚工序，如图 8.10 所示。

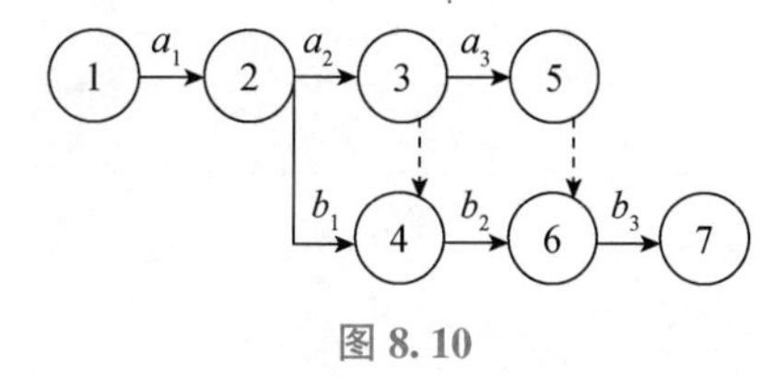

图 8.10

⑥绘制网络图时，尽量避免箭线交叉。第一次绘出的网络图，往往由于布局不合理会出现箭线交叉。为了网络图层次分明、美观清晰，要对布局进行调整，例如图 8.11 可调整成图 8.12。

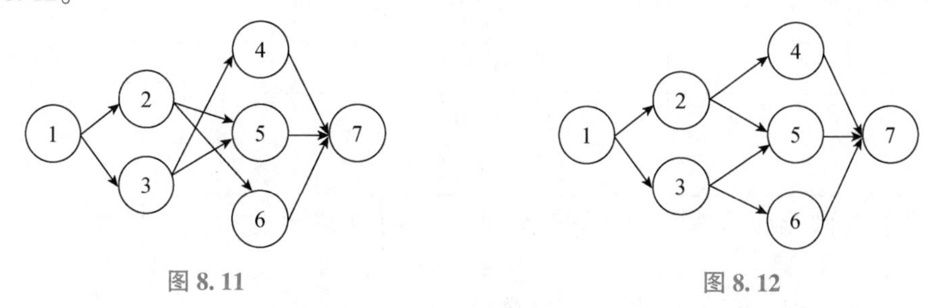

图 8.11　　图 8.12

⑦为了检查结点编号是否满足所有箭线始点的编号小于终点的编号，可以按下面方法检查修改。

(a)首先给没有箭线进入的结点编号为 1，然后去掉结点 1 及以它为始点的箭线。

(b)在剩下的图中，给没有箭线进入的结点按从上到下的顺序编号。重复这一过程直到网络终点为止。

8.1.2 网络图的绘制

在绘制网络图之前，要对整个计划项目进行任务分解。任务分解的目的就是要分清整个计划项目是由哪些具体工作任务或工序构成，并确定各项工作之间的先后次序关系及制约关系，列出工作项目表，如表 8.1 所示。任务分解可粗可细，主要根据工作需要而定。对于大型复杂的工程项目，任务分解可以是多层次的。必须由最高领导层控制的总网络图，任务的分解当然不可能很细，它只能分解成几个大的项目。按所属的大单位进行分工协作，每个大单位分管的项目，又可编制分网络图。

分解任务的原则，主要是分工要清、职责要明，即要防止分工过细、网络图过于繁复，又要防止分工不清、互相扯皮的现象。具体说来应注意以下几点：

①工作的性质不同或由不同单位执行的工作应分开。

②同一单位进行的工作，工作时间先后不衔接的要分开。

③不要遗漏占用时间，不消耗资源，但影响工程完工日期的工作。

任务分解是一项很重要的工作。网络图编制的好坏与它有很大的关系。编制网络计划的人员，要尽量熟悉业务，了解工程项目的各个组成部分，要注意和专业工程技术人员、管理人员和工人等进行深入细致的交流、磋商，不断修改，才能正确地反映出各项任务的内在联系和完成任务所需的时间。

例 8.1　根据表 8.2 的资料绘制网络图。

表 8.2

工作	紧前工序	工作时间/周
A	无	2
B	无	3
C	A，B	4
D	B	1
E	A	5
F	C	3
G	E，F	2
H	D，F	7
I	G，H	6
J	I	5

第一步：先画出没有紧前工作的 A、B，它们有共同的始点，其编号为 1，如图 8.13 所示。

在表 8.2 中，划去已画入网络图的工作 A、B。

第二步：在 A 后面，画出紧前工作为 A 的工作 E；在 B 后面，画出紧前工作为 B 的工作 D；给新增的结点编号为 3、5。在 A 与 B 的后面，画出紧前工作为 A、B 的工作 C。注意这时需引进虚工作，给新增的结点编号 7，如图 8.14 所示。

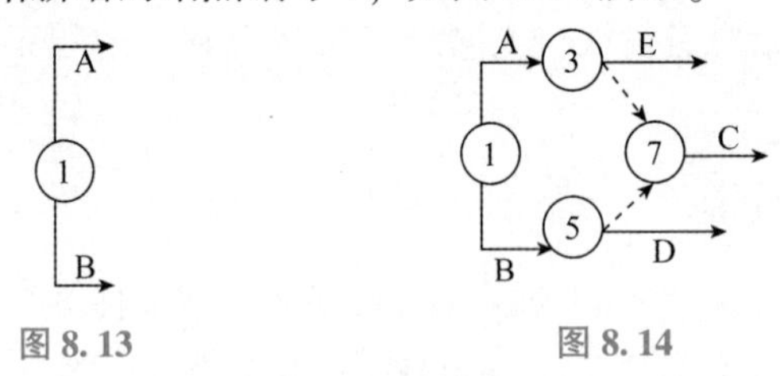

图 8.13　　图 8.14

注意：在每一步中，若某工作只以已划去的一项工作为紧前工作，则应先画此工作。例如这一步先画 D、E，它们只有一个紧前工作，然后画 C。

在表 8.2 中，划去已画入网络的工作 C、D、E。

第三步：查表 8.2，仅以已划去工作为紧前工作的工作只有 F，将 F 画在工作 C 之后，给新增的结点编号为 5，如图 8.15 所示。

在表 8.2 中，划去工作 F。

第四步：查表 8.2，尚未画入网络，并且仅以已画入网络的工作为紧前工作的，只有 G、H 这两项工作。在 E、F 后面画上 G，在 D、F 后面画上 H。注意这里需要引入虚工作，给新增的结点编号为 11、13、15，如图 8.16 所示。

在表 8.2 中，划去工作 G、H。

最后，第五步，第六步分别画上工作 I 和 J。绘图结束。整个网络图如图 8.17 所示。

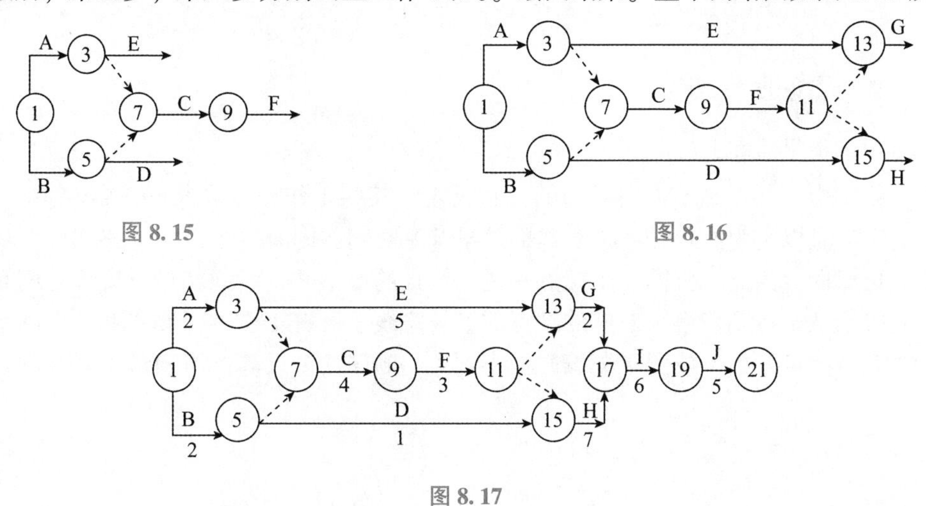

图 8.15　　图 8.16

图 8.17

8.2　网络时间参数的计算

绘制网络图的一个重要目的是计算出完成整个项目的工期，为项目优化、调整及执行提供明确的时间概念。下面介绍网络图中各种时间参数的计算。

8.2.1　工作时间 $t(i,\ j)$

工作时间是指在一定的生产技术条件下，完成一项工作或一道工序所需的时间，用 $t(i,\ j)$ 表示。

工作时间确定的精确与否，对编制出的网络图的好坏，有很大关系。因此对于工作时间的确定，应和专业人员密切合作，进行周密的分析和研究，给出比较准确的工作时间。确定工作时间，大致有以下两种方法：

①单一时间估计法：就是在估计各项工作的工作时间时，只确定一个时间值。它一般用在具备工作定额和劳动定额的工作中，或者虽然没有工时定额，但有有关工作的统计资料，也可利用统计资料通过分析来确定工作时间。

②三种时间估计法：对于开发研制性的项目，往往没有类似工作时间资料可供参考，对工作时间不确定因素较多的情况下，难以准确估计时，可以采用三种时间估计法来确定工作时间。三种时间分别为：

ⓐ最乐观时间，即在顺利情况下，完成工作所需要的最少时间，记为 a；

ⓑ最保守时间，即在不顺利情况下，完成工作所需要的最多时间，记为 b；

ⓒ最可能时间，即在正常情况下，完成工作所需要的时间，记为 m。

利用上述三种时间，每项工作的期望工时可估计为：

$$t(i, j)=\frac{a+4m+b}{6} \tag{8.1}$$

其方差为：

$$\sigma^2=\left(\frac{b-a}{6}\right)^2 \tag{8.2}$$

8.2.2 事项时间参数

①事项的最早时间 $t_E(j)$ 。

在网络图中，结点是不占用时间的，它只表示某些工作开始和某些工作完成。事项 j 的最早时间就是以它为始点的各项工作的最早开始时间，同时也是以它为终点的各项工作的最早完成时间。因此，就同一个结点来说，结点的最早开始时间和最早完成时间是同一时间，它等于从始点到该事项对应的结点的最长路线上所有工作的时间总和。事项最早时间的计算是从始点开始，按照事项编号从小到大的顺序逐个计算。事项最早时间的计算公式如下：

$$\begin{cases} t_E(1)=0 \\ t_E(j)=\max\limits_i\{t_E(i)+t(i, j)\} \end{cases} \tag{8.3}$$

其中，$t_E(i)$ 是与事项 j 相邻的各紧前事项的最早时间。$t_E(1)=0$ 表示项目总的开始时间为零，$\max\{t_E(i)+t_E(i, j)\}$ 表示以结点 j 为终点的工作（即箭线）不止一个时间，应取工作的最早完成时间中最晚的时间，作为事项 j 的最早时间，这是由于一项工作必须在它所有紧前工作都完成后才能开始。

②事项的最迟时间 $t_L(i)$ 。

事项 i 的最迟时间就是在不影响项目总工期条件下，以它为终点的各工作的最迟完成时间，或以它为始点的工作最迟开始时间。对于同一个结点来说，最迟完成时间和最迟开始时间是相同的，它等于从事项 i 到结束事项最长路线上所有工作的时间总和。对于整个项目终点的最早完成时间作为项目的总工期，所以事项最迟时间计算公式为：

$$\begin{cases} t_L(n)=\text{总工期（或 } t_L(n)\text{）} \\ t_L(i)=\min\limits_j\{t_L(j)-t(i, j)\} \end{cases} \tag{8.4}$$

其中，$t_L(j)$ 为与事项 i 相邻的各紧后事项的最迟时间。$\min\{t_N(j)-t(i, j)\}$ 表示以结点 i 为始点的工作不止一个时间，应取工作的最迟开始时间中最早的时间，作为事项 i 的最迟时间。事项最迟时间的计算是从项目的终点开始，按编号由大到小的顺序逐个由后向前计算。

8.2.3 工作时间参数

①工作最早开始时间与工作最早完成时间。

一个工作 (i, j) 的最早开始时间用 $t_{ES}(i, j)$ 表示。任何一件工作都必须在其所有紧前工作全部完成后才能开始。工作 (i, j) 的最早完成时间用 $t_{EF}(i, j)$ 表示。工作最早开始时间加上工作时间就是工作的最早完成时间。它们的计算公式为：

$$\begin{cases} t_{ES}(1, j) = 0 \\ t_{ES}(i, j) = t(i) = \max\limits_{k}\{t_{ES}(k, i) + t(k, i)\} \\ t_{EF}(i, j) = t_{ES}(i, j) + t(i, j) = t_E(i) + t(i, j) \end{cases} \tag{8.5}$$

工作最早开始时间的计算也是从整个项目始点出发，按工作先后次序逐个计算。

②工作最迟完成时间与工作最迟开始时间。

一个工作 (i, j) 的最迟完成时间用 $t_{LF}(i, j)$ 表示。它表示工作 (i, j) 在不影响整个项目如期完成的前提下的最迟完成时间。工作最迟完成时间是它的各紧后工作最迟开始时间中最早的。工作的最迟开始时间是它的最迟完成时间减去工作时间。它们的计算公式为：

$$\begin{cases} t_{LF}(i, n) = \text{总工期(或 } t_{EF}(i, n)) \\ t_{LS}(i, j) = t_{LF}(i, j) - t(i, j) \\ t_{LF}(i, j) = t_L(j) = \min\limits_{k}\{t_{LS}(j, k)\} \end{cases} \tag{8.6}$$

工作最迟完成时间的计算也是从整个项目终点出发，按工作后先次序从后向前计算。

8.2.4 时差

工作时差是工作可机动或富裕的时间。

①工作总时差。

在不影响整个项目总工期的条件下，工作 (i, j) 可以推迟开工的时间，叫作工作的总时差，用 $R(i, j)$ 表示，其计算公式为：

$$\begin{aligned} R(i, j) &= t_{LF}(i, j) - t_{EF}(i, j) \\ &= t_{LS}(i, j) - t_{ES}(i, j) \\ &= t_L(j) - t_E(i) - t(i, j) \end{aligned} \tag{8.7}$$

即工作 (i, j) 的总时差等于它的最迟完成时间与最早完成时间之差；或者等于它的最迟开始时间与最早开始时间之差。工序总时差越大，表明该工序在整个网络中的机动时间越大，可以在一定范围内将该工序的人力、物力资源调剂到关键工序上去，以达到缩短整个工期的目的。

②工作单时差。

工作单时差是指在不影响紧后工作的最早开始时间条件下，此工作可以推迟其开工的时间，用 $r(i, j)$ 表示，其计算公式为：

$$r(i, j) = t_{ES}(j, k) - t_{EF}(i, j) = t_E(j) - t_E(i) - t(i, j), \tag{8.8}$$

即工作单时差等于其紧后工作的最早开始时间与本工作的最早完成时间之差。

③关键路线。

定义：总时差为零的工作，其开始时间既不能提前也不能错后，由这些工作组成的路线就是关键路线，这些工作就是关键工作。

性质：任何一个网络计划图都有关键路线；是该图时间最长的线路。

关键路线可能不止一条，但它们各自的持续时间总量相等，即为项目的工期。

任何一个关键工作的延迟都会导致整个项目工期的延迟。如果缩短所有关键路线的持续时间，就会缩短项目工期；反之，则会延长整个项目的总工期。

如果缩短关键路线上某项关键工作的持续时间，可能会使得关键路线发生变化。

8.2.5 时间参数的图上计算法

我们仍以例 8.1 为例说明网络时间参数的图上计算法。

(1)计算事项的时间参数。

事项的最早时间从整个项目的开始事项 1 开始，利用式(8.3)，按编号从小到大逐个计算。

$$t_E(1)=0,\ t_E(3)=0+2=2,\ t_E(2)=0+3=3,\ t_E(4)=\max\{2+0,\ 3+0\}=3$$
$$t_E(5)=3+4=7,\ t_E(6)=7+3=10,\ t_E(7)=\max\{2+5,\ 10+0\}=10$$
$$t_E(8)=\max\{3+1,\ 10+0\}=10,\ t_E(9)=\max\{2+10,\ 10+7\}=17$$
$$t_E(10)=17+6=23,\ t_E(11)=23+5=28.$$

然后计算事项的最迟时间，从整个项目的结束事项 11 开始，利用式(8.4)，按编号从大到小逐个计算。如果整个项目工期给定，则结束事项的最迟时间就等于给定的工期，否则就取其最早时间 28。

$$t_L(11)=28,\ t_L(10)=28-5=22,\ t_L(9)=23-6=17,\ t_L(8)=17-7=10,$$
$$t_L(7)=17-2=15,\ t_L(6)=\min\{15-0,\ 10-0\}=10,\ t_L(5)=10-3=7,$$
$$t_L(4)=7-4=3,\ t_L(3)=\min\{15-5,\ 3-0\}=3,$$
$$t_L(2)=\min\{3-0,\ 10-1\}=3,\ t_L(1)=\min\{3-2,\ 3-3\}=0$$

(2)工作时间参数的计算。

由式(8.5)可知，工作最早开始时间就等于其开始事项的最早时间。即 $t_{ES}(i,\ j)=t_E(i)$ 。以方格形式标在工序开始点的上面。工作最早完成时间就等于工作最早开始时间加上工作时间，即 $t_{EF}(i,\ j)=t_{ES}(i,\ j)+t(i,\ j)=t_E(i)+t(i,\ j)$ ，例如图 8. 18 中，$t_{ES}(3,\ 7)=t_E(3)=2$，$t_{EF}(3,\ 7)=t_E(3)+t(3,\ 7)=2+5=7$。

由式(8.6)可知，工作最迟完成时间就等于其结束事项的最迟时间，即 $t_{LF}(i,\ j)=t_L(j)$ 。以三角形式标在工序开始点的上面。工作最迟开始时间就等于工作最迟完成时间减去工作时间，即 $t_{LS}(i,\ j)=t_{LF}(i,\ j)-t(i,\ j)=t_L(j)-t(i,\ j)$ 。例如，图 8.18 中，$t_{LF}(3,\ 7)=t_L(7)=15$，$t_{LS}(3,\ 7)=t_L(7)-t(3,\ 7)=15-5=10$。

因为在网络图上，已经标出了工作的最早开始时间和最迟完成时间，根据这些参数很容易计算出最早完成时间、最迟开始时间，所以这些时间参数可以不在图上标出。

(3)工作总时差和工作单时差。

由式(8.7)可知，工作总时差等于它的最迟完成时间与最早完成时间之差，或者等于它的最迟开始时间与最早开始时间之差。它也可以用事项时间参数和工作时间表示。同理，工作单时差也可用事项时间参数和工作时间表示。即：

$$R(i,\ j)=t_L(j)-t_E(i)-t(i,\ j) \tag{8.9}$$
$$r(i,\ j)=t_E(j)-t_E(i)-t(i,\ j) \tag{8.10}$$

例如图 8.18 中，$R(3,\ 7)=15-2-5=8$，$r(3,\ 7)=10-2-5=3$。工作总时差、工作单时差可以利用图上的参数计算出来。

总时差为零的工作是关键工作。由关键工作组成的路线，即为关键路线。例 8.1 的各时间参数及关键路线如图 8.18 所示，其中粗红线为关键路线。

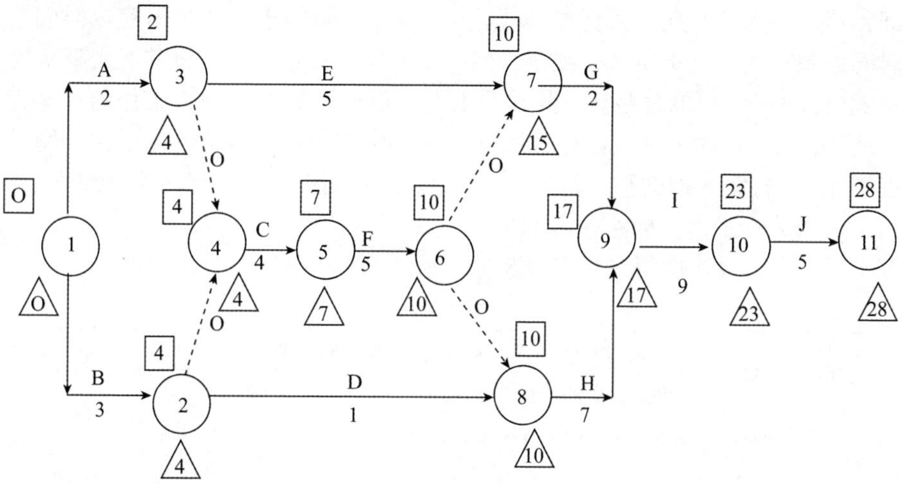

图 8.18

标出关键路线，可以使我们在执行计划过程中，抓住重点工作。非关键工作的总时差不等于零。在人力、物力资源紧张的情况下，可以适当调整其开工时间，而不会影响整个工期。利用关键路线法可以使得领导及管理人员制定出科学合理的项目实施计划，通过分析，可以对关键工作采取必要的调整措施，提出科学、合理、有预见性的建议与决策。既能有效地利用人力、物力和财力，又能按时完成预期的任务和目标。

例如，图 8.18 中，工作 E 的总时差 $R(3,\ 7)=8$，这表明工作 E 的开工时间有 8 周的余地可供利用，即从工作 E 的最早开始时间算起，在这以后的 8 周内的任何时间，工作 E 开工都不会影响整个工期。但也要注意，一般情况下，不要把总时差用尽，否则其紧后工作就没有时差可以利用。例如工作 E 如果拖后 8 周开工，它的完工时间正是它的最迟完成时间，其紧后工作 G 的开工时间正是 G 的最迟开始时间，所以工作 G 已经没有机动时间可以利用了。因此，一般情况下，尽量只使用工作的单时差，在单时差范围内拖延开工时间，既不会影响整个工期，也不会影响紧后工作的最早开始时间。所以使用时差调整工作时应尽量先用工作单时差。

8.2.6　时间参数的表上计算法

在网络图上直接计算各时间参数，其优点是简便直观。但缺点是图上数字标注过多，不够清晰。再者，如果工作数目比较多，网络图比较复杂时，容易遗漏和出错。为避免这些缺点，常采用表格计算法，并把时间参数列于表中。

表格计算法的表格形式如表 8.3 所示。在表格中工作排列应严格按照箭尾事项编号由小到大的顺序进行。箭尾事项相同的工作，按其箭头事项由小到大排列。由于表格中只列出各项工作，而没有列出事项，所以表格计算法只计算工作时间参数。

将以总起点 1 为始点的各工作最早开始时间填为零。然后从上到下逐个计算工作最早开始时间。表格中第 4 列和第 5 列相加，就得到工作最早完成时间，将其填入第 6 列。按式(8.6)计算工作最迟完成时间，填入第 7 列。整个网络图终点的最迟完成时间就等于最早完成时间。

然后从下到上逐个计算工作最迟完成时间。表格的第 7 列减第 4 列，就得到工作最迟开始时间，将其填入第 8 列。根据式(8.7)，工作总时差等于工作最迟完成时间与工作最早完成时间之差，在表格中第 7 列减第 6 列，就得到工作总时差，将其填入第 9 列。

根据式(8.8)，工作单时差等于其紧后工作的最早开始时间与本工作的最早完成时间之差。因此工作(i, j)的单时差计算方法是：从表中找出以j为始点的工作，用其第 5 列的数减去工作(i, j)第 6 列的数，就是工作(i, j)的单时差，将其填入第 10 列。工作总时差为零的工作为关键工作，标注在第 11 列。

例 8.1 用表上计算法所得结果如表 8.3 所示。

表 8.3

工作名称	箭尾结点	箭头结点	工作时间 $t(i, j)$	最早开始时间 $t_{ES}(i, j)$	最早完成时间 $t_{EF}(i, j)$	最迟完成时间 $t_{LF}(i, j)$	最迟开始时间 $t_{LS}(i, j)$	总时差 $R(i, j)$	单时差 $r(i, j)$	关键工作
1	2	3	4	5	6	7	8	9	10	11
A	1	3	2	0	2	3	1	1	0	
B	1	5	3	0	3	3	0	0	0	√
虚工作 1	3	7	0	2	2	3	3	1	1	
虚工作 2	5	7	0	3	3	3	3	0	0	√
C	7	9	4	3	7	7	3	0	0	√
D	5	15	1	3	4	10	9	6	6	
E	3	13	5	2	7	15	10	8	3	
F	9	11	3	7	10	10	7	0	0	√
虚工作 3	11	13	0	10	10	15	15	5	0	
虚工作 4	11	15	0	10	10	10	10	0	0	√
G	13	17	2	10	12	17	15	5	5	
H	15	17	7	10	17	17	10	0	0	√
I	17	19	6	17	23	23	17	0	0	√
J	19	21	5	23	28	28	23	0	0	

8.2.7 概率型网络图的时间参数计算

对于概率型网络图，按式(8.1)和式(8.2)计算出工作时间期望值$t(i, j)$和方差σ_{ij}^2后，可按确定型网络图的方法计算有关时间参数及总工期。由于工作时间是期望值，所以项目的总工期也是个期望值。假定各工作的工作时间是相互独立的随机变量，当关键路线上工作较多时，可以认为总工期是服从正态分布的随机变量，其期望值和方差分别为：

$$E(T_E) = \sum_{(i, j) \in P} t(i, j), \tag{8.11}$$

$$D(T_E) = \sum_{(i, j) \in P} \sigma_{ij}^2, \tag{8.12}$$

式中，P为关键路线上的工作集合。

为了保证项目在指定的工期内完成，需要求在给定工期 T_S 内完成的概率，它可按下式计算：

$$\begin{aligned} P(T \leqslant T_S) &= \int_{-\infty}^{T_S} N(T_E, D(T_E))\,\mathrm{d}t \\ &= \int_{-\infty}^{X} N(0, 1)\,\mathrm{d}t \\ &= \Phi\left[\frac{T_S - E(T_E)}{\sqrt{D(T_E)}}\right] \end{aligned} \tag{8.13}$$

其中，$X = \dfrac{T_S - E(T_E)}{\sqrt{D(T_E)}}$，$N(T_E, D(T_E))$ 是以 T_E 为均值、以 $D(T_E)$ 为均方差的正态分布，$N(0, 1)$ 是以 0 为均值以 1 为均方差的标准正态分布。

例 8.2　已知某工程项目各工作的 a、m、b 值（单位为天），如表 8.4 所示。试求总工期的期望值和方差，以及工期在 50 天内完成的概率。

表 8.4

工作名称	紧前工作	a	m	b
A	—	2	5	8
B	A	6	7	8
C	A	6	9	12
D	A	8	8	8
E	B	3	12	21
F	B C	1	4	7
G	D F	5	14	17
H	E G	3	6	9
I	H	3	8	11

解：绘制出所给项目网络图，如图 8.19 所示。应用式（8.1）和式（8.2）计算出各项工作的工作时间期望值和方差，标在网络图上对应边的旁边，第一个为 $t(i, j)$，第二个为 σ_{ij}^2。通过计算找到关键路线，如图 8.19 中的双线所示。利用式（8.11）和式（8.12）可得：$E(T_E) = 5 + 9 + 4 + 13 + 6 + 8 = 45$，$D(T_E) = 1 + 1 + 1 + 4 + 1 + 1 = 9$。

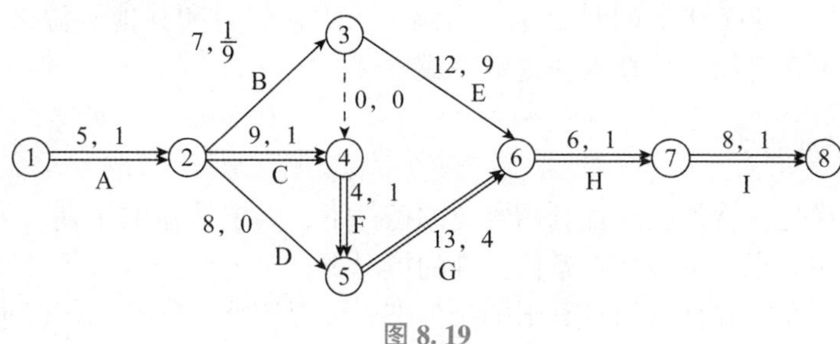

图 8.19

由式（8.13）可计算出工期在 50 天内完成的概率：

$$P(T \leqslant 50) = \int_{-\infty}^{\frac{50-45}{3}} N(0,\ 1)\mathrm{d}t = 0.95$$

即此项目在50天内完成的概率为0.95。

8.3 网络计划的优化

对于一个计划项目，通过绘制网络图及计算时间参数，可以得到项目的总工期和关键路线。这只是得到一个初步的网络计划。而一个计划项目的总工期或每一项工作的工作时间受人力、物力等资源的影响。在人力、物力等资源有限的条件下，计划项目实施的某些时段，某些资源可能会出现短缺，这样有些工作就可能不能按以往经验所确定的时间完成，从而影响整个项目的总工期。再者，对一个计划项目，还要考虑降低成本，所以对一个计划项目要从工期、资源配置、成本等方面综合分析，以求得最佳效果。利用关键路线法可以对项目实施进行动态管理与控制。根据项目需要，可以随着项目的推进每隔一段时间对各项工作的实际、预计结束时间进行统计并推算项目的完成时间，进而分析关键工作是否发生变化、对还未开展的工作将产生什么影响。还可以合理利用非关键工作的总时差(total float)，在不影响项目周期的情况下调整其耗费的人力、物力、财力等资源，使资源得到更有效的利用。

网络计划优化就是要对计划方案做进一步的改进和调整，以求得能够最合理和最有效地利用人力、物力、财力，并达到周期最短、成本最低的目的。但是目前还没有一个能考虑各种因素使项目达到最优的比较实用的方法。一般只是抓住项目中主要矛盾，分别考虑使工期最短的时间优化问题；在资源有限的条件下争取工期最短的时间与资源优化问题；兼顾成本与工期的时间与成本优化问题。

8.3.1 时间优化

时间优化就是在人力、物力、财力等资源有保证的条件下，力争使项目工期最短。时间优化的主要方法有：

①尽量采用先进技术和设备，提高工作效率，缩短工作时间。

②对于一些工作，尽可能组织平行工作或交叉工作，尤其是对关键路线上的串联工作，尽可能采用平行工作或交叉工作的方式进行。例如，一批零件加工可分成若干小批，每小批完成之后，就开始下一道工序，使两道工序平行进行，以达到缩短工期的目的。

③充分利用非关键工作上的时差，适当调配人力、物力和其他资源来支援关键工作，缩短关键工作的工作时间，使总工期提前完成。

8.3.2 时间与资源优化

时间与资源优化，就是在合理利用资源的条件下，寻求最短的工期。为此，计划编制人员必须根据资源的限制条件，在条件允许的情况下，对工作安排进行合理调整，以适应资源的供给状况。在资源日供给量有限的条件下，需要调整工作开始时间或工作时间，使资源日需求量尽量均衡，并在此基础上，达到使项目工期最短的目的。

为使资源需求均衡，调整工作的原则如下：

①在资源分配时，尽量满足关键工作和时差较小的工作的需求，保证关键工作按时完成。

②利用非关键工作的时差错开各工作使用资源的时间，避免资源使用上的骤增、骤减。

下面以人力资源有限为例，介绍资源均衡工作的一般方法。

某一计划项目网络图如图 8. 20 所示，箭线上面的数字为该项工作每天所需人数，箭线下面的数字为该项工作的工作时间。图中带有时间坐标和每天所需人数的动态曲线，虚线为非关键工作的总时差。

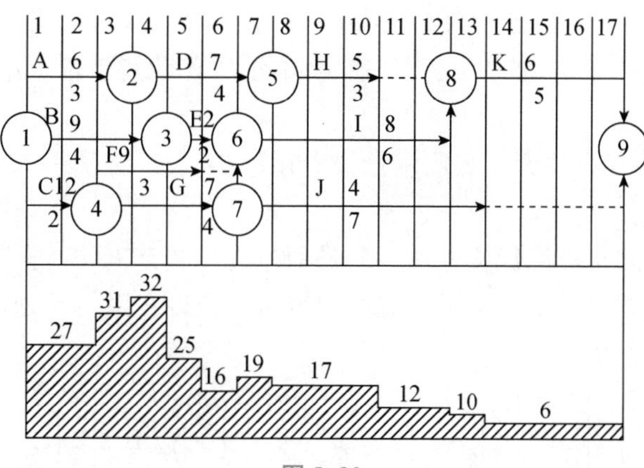

图 8. 20

已知现有工作人员数量为 22 人，从图 8. 20 中可以看出人员需求不均衡，某些时段人员需求超出现有人数。因此，需对工作进行调整，使人员需求尽量均衡，且每天人员需求不超过现有人数。

具体方法是：按人员的日需求量所划分的时段从始点向终点进行调整。第一个时段为第 1、2 两天，需求量为 27 人，超过现有人员数量。因此，要对这个时段内的三项工作进行调整，这三项工作的时差，按从小到大的顺序为：工作(1，3)的总时差为 0，工作(1，4)的总时差为 1，工作(1，2)的总时差为 2。显然工作(1，3)是关键工作，应首先满足它对人员的需求，而不应推迟，工作(1，4)的总时差为 1，它最多可推迟 1 天，而工作(1，2)的总时差为 2，对工作(1，2)推迟两天，这时第 1、2 两天只剩两项工作，它们的人员需求量共为 21 人，现有人员可以满足其需求。第一步调整结果如图 8. 21 所示。

从图 8. 21 可以看到，第 2 时段为第 3、4 两天，需求量为 31 人，超过现有人员数量。因此，要对这个时段内的四项工作进行调整。工作(1，3)、(1，2)的总时差为 0，工作(4，6)的总时差为 1，工作(4，7)的总时差为 4。可以考虑把工作(4，7)推迟 2 天，这时第 3、4 两天只剩三项工作。它们的人员需求量为 24 人，仍然超过现有人员数量，所以还必须推迟工作(4，6)。但工作(4，6)只有 1 天时差，若将工作(4，6)推迟 2 天，就会使整个工期推迟 1 天。当工作(4. 6)推迟两天时，工作(4，7)就不需要推迟，这时第 3、4 两天只有(1，2)、(1，3)、(4，7)三项工作。它们的人员需求量为 22 人，现有人员可以满足其需求。第二步调整结果如图 8. 22 所示。

从图 8. 22 可以看出，第 5、6 两天人员需求量分别为 24 人、25 人，仍然超过现有人员数量。因此，还需对工作进行调整，第 5 天有四项工作；工作(4，6)的时差为 0，工作(3，6)的时差为 1，工作(1，2)的时差为 1，工作(4，7)的时差为 5，工作(4，7)的时差最大。首先分析是否可以调整工作(4，7)。由于工作(4，7)的始点不是在第 5 天，如果工作只推迟 1 天，就需要中断工作(4，7)。但是一般工作最好不要中断，所以要推迟工作(4，7)，就要从第 6 天开始，这就是说工作(4，7)整体推迟 3 天。但这就可能造成人员需求前松后紧，增加后面的调整难度。对于工作(1，2)要调整 1 天也会出现中断。所以先不考虑调整工作(4，7)和(1，2)。对于工作(3，6)可以推迟 1 天，这时第 5 天只剩下工作(1，2)、(4，6)、(4，7)。它们的人员需求量为 22 人，现有人员可以满足其需求。这时第 6 天有四项工作，其中工作(2，5)可以推迟 1 天，使第 6 天只剩下工作(3，6)、(4，6)、(4，7)。它们的人员需求量为 18 人，现有人员可以满足其需求。第三步调整结果如图 8.23 所示。

从图 8.23 可以看出，每天人员需求量没有超过 22 人，它是一个可行方案，工期比原来的方案增加 1 天。

上面所给出的时间与资源优化方法，只是通过逐步调整工作，得到一个较好的可行方案，而不一定是最佳方案。由于求最佳方案很困难，所以在网络计划优化中，经常采用这类寻求较好方案的近似法。

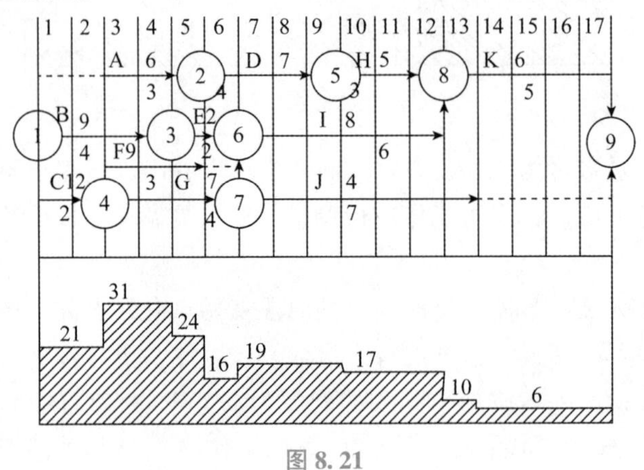

图 8.21

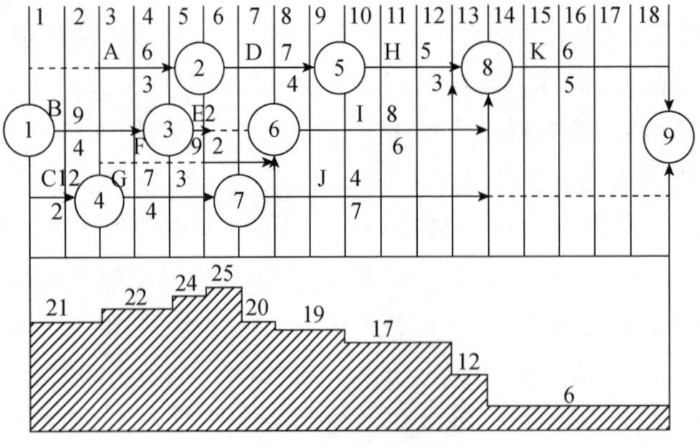

图 8.22

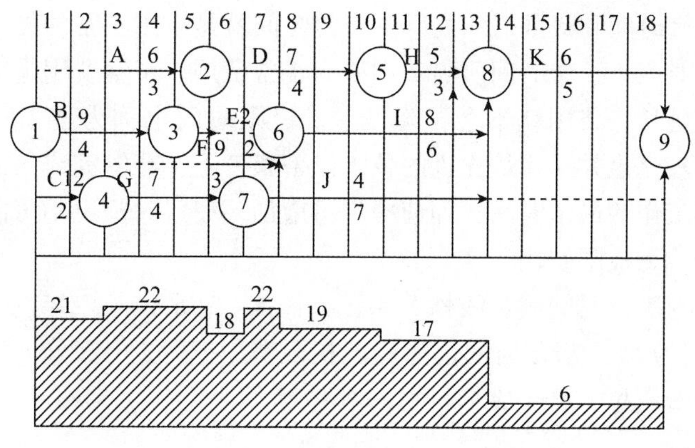

图 8.23

8.3.3 时间与成本优化

一个工程项目不仅要考虑尽量缩短工程工期，还要考虑降低工程成本。时间与成本优化就是根据工程项目的不同要求，对工期和成本两个目标，在重点保证一个目标的前提下，兼顾另一个目标。因此时间与成本优化有两类问题：一类问题是工期紧迫，要求在工期最短的条件下，寻求成本较低的方案；另一类问题是资金紧张，而工期不十分紧迫，要求在成本最低的条件下，寻求工期较短的方案。

项目成本一般包括直接费用和间接费用两部分。直接费用是指构成产品或工程实体的基本材料费用，是产品或工程进行中的工作人员的工资，生产产品或施工所需的机器设备的折旧费等。间接费用是指不能按产品或工程直接计算的费用，它包括管理人员的工资、管理费用、办公费用、采购费等。间接费用一般按工期长短或项目的直接费用大小分摊。

一般情况下，要缩短工期就会使直接费用增加，如采用加班办法，就要付加班费；采用先进技术和设备，就要增加设备费用。而对间接费用而言，缩短工期会使间接费用降低。这是由于工期缩短就可在一定时间内完成更多的项目，这使得每一项目分摊的间接费用降低了。

直接费用、间接费用与工期的关系如图 8.24 所示。从图 8.24 可以看出，存在一个点(工期)，它所对应的总成本最低，则这一个点所表示的工期即为最优工期。

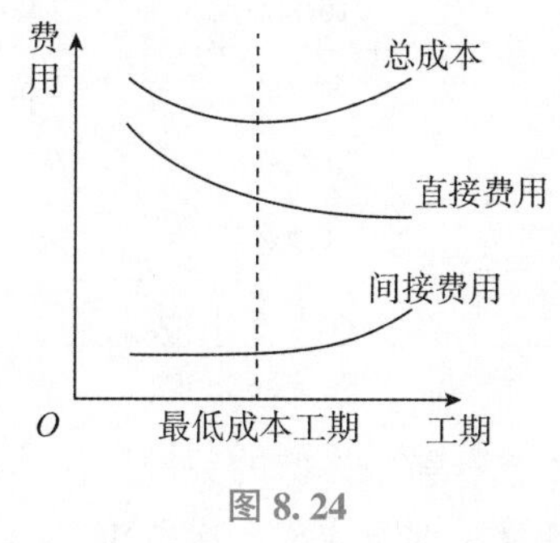

图 8.24

在总成本中直接费用所占的比重比较大，所以时间与成本优化的重点放在分析工期与直接费用的关系上。关于工期与直接费用的分析是以每项工作为基础的。完成每项工作的时间，一般处于正常时间和极限时间之间。正常时间就是采用正常的技术方法，能够完成该项工作的时间。对应于正常时间所需费用称为正常费用。正常费用是完成该工作的最低费用。如果工期再延长，费用就不会再降低了。极限时间也称为赶工时间，它是指在人力、物力、财力比较充足并采用最先进的技术设备条件下，能够完成该工作的时间，即极限时间是完成该项工作的最短时间，即使费用再增加，完成时间也不可能再缩短了。对应于极限时间的费用称为极限费用。

假设直接费用与工作时间满足线性关系，如图 8.25 所示。工作 (i, j) 的正常时间记为 E_{ij}，正常费用记为 F_{ij}，极限时间记为 e_{ij}，极限费用记为 f_{ij}。工作 (i, j) 每缩短一个单位时间所需增加的费用称为赶工成本斜率，用 g_{ij} 表示：

$$g_{ij} = \frac{f_{ij} - F_{ij}}{E_{ij} - e_{ij}}$$

下面通过例子来说明时间与成本优化的方法。

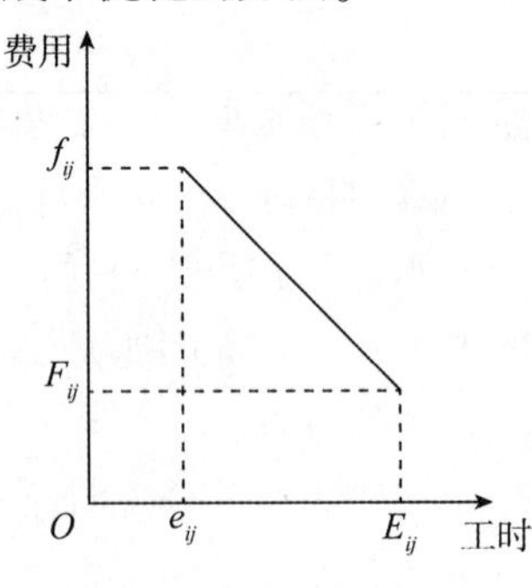

图 8.25

设有某项工程，其各项工作的正常时间、极限时间及相应的费用如表 8.5 所示。

表 8.5

工作	正常时间/周	极限时间/周	正常费用/元	极限费用/元	赶工成本斜率/(元·周$^{-1}$)
①→②	1	1	5 000	5 000	不能赶工
②→③	3	2	5 000	12 000	7 000
②→④	7	4	11 000	17 000	2 000
③→④	5	3	10 000	12 000	1 000
③→⑤	8	6	8 500	12 500	2 000
④→⑤	4	2	8 500	16 500	4 000
⑤→⑥	1	1	5 000	5 000	不能赶工

其网络图如图 8.26 所示。按正常时间计算出总工期为 14 周。关键路线如图 8.26 所示。时间与成本优化的方法是：

①从关键路线中，找出赶工成本斜率最低的关键工作，确定其可缩短的时间。

②按新的工作时间，重新计算关键路线和直接费用。

重复上面过程，直到工期不能再缩短为止。

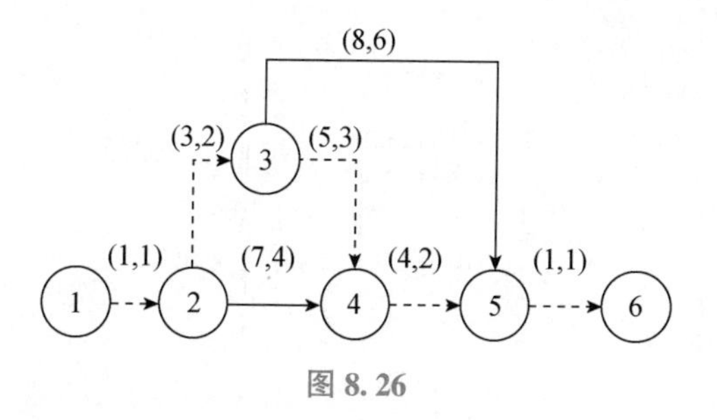

图 8.26

根据上述方法，从图 8.26 看出，关键路线上关键工作(3，4)赶工成本斜率最低。由于工作(2，4)和(3，5)均有 1 周时差，在其他工作不需要赶工的情况下，工作(3，4)可赶工 1 周，赶工后的网络图如图 8.27 所示。图 8.26 称为第一方案，图 8.27 称为第二方案。第一方案的直接费用为 53 000 元。由于工作(3，4)赶工 1 周，增加费用 1 000 元，所以第二方案工期为 13 周，直接费用为 54 000 元。从图 8.27 可以看出，每项工作均为关键工作。为了进一步缩短工期，可寻求第三方案。这时必须让工作(2，4)、(3，4)、(3，5)同时赶工 1 周或者让工作(2，3)、(2，4)同时赶工 1 周，总工期才能缩短 1 周。由于工作(2，4)、(3，4)、(3，5)同时赶工 1 周，费用增加 5 000 元，而工作(2，3)、(2，4)同时赶工 1 周，费用增加 9 000 元，所以应选择工作(2，4)、(3，4)、(3，5)同时赶工 1 周，作为第三方案，其网络图如图 8.28 所示。第三方案工期为 12 周，直接费用为 59 000元。

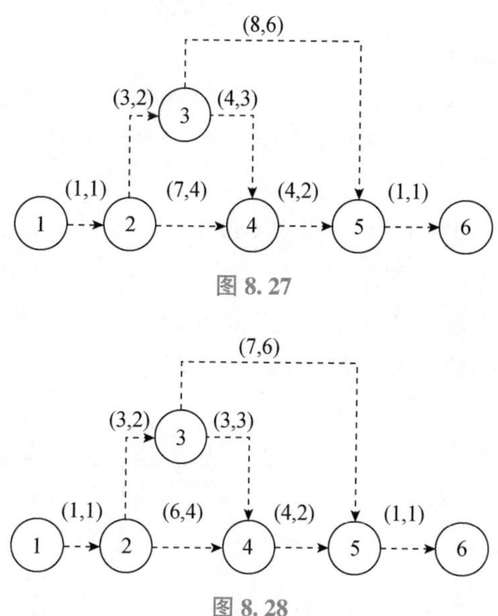

图 8.27

图 8.28

从图 8.28 可以看出，为了进一步缩短工期，必须让工作(2，3)、(2，4)同时赶工 1 周或者让工作(3，5)、(4，5)同时赶工 1 周。由于工作(2，3)、(2，4)同时赶工 1 周，费用增加 9 000 元，而工作(3，5)、(4，5)同时赶工 1 周，费用增加 6 000 元，所以应选择工作(3，5)、(4，5)同时赶工 1 周，作为第四方案，其网络图如图 8.29 所示。第四方案工期为 11 周，直接费用为 65 000 元。

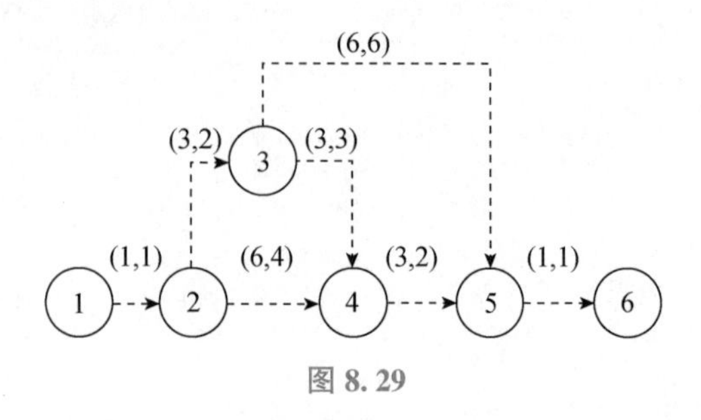

图 8.29

从图 8.29 可以看出，为了进一步缩短工期，必须让工作(2，3)、(2，4)同时赶工 1 周，得到第五方案，其网络图如图 8.30 所示。第五方案工期为 10 周，直接费用为 74 000 元。

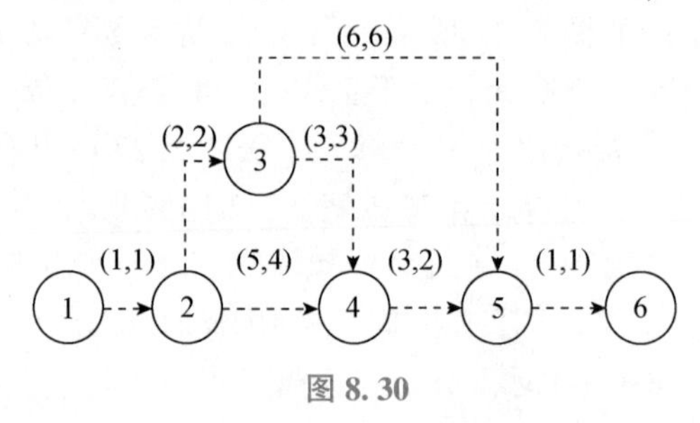

图 8.30

从图 8.30 可以看出，虽然工作(2，4)和(4，5)还可以赶工，但其他工作已达到极限时间，都不能赶工了，所以工作(2，4)和(4，5)再赶工已经不能使工期缩短了，因此第五方案已是整个工期最短的方案了。

当网络图工作较多且关键路线不只一条时，靠观察来确定让哪些工作赶工，既能缩短工期又能使直接费用增加最小的方案比较困难，这时可以用求最小割集的方法来解决，其方法如下：

在网络图中保留所有关键工作，去掉非关键工作。对于可以赶工的工作，用赶工成本斜率作为其容量。对于不可赶工的工作，其容量取 $+\infty$。用求最大流标号法求出最小割集，最小割集中的边所对应的工作就是应赶工的工作。例如，图 8.31 就是以图 8.28 为基础，按上述方法求得的最大流，其中最小割集为｛(3，5)，(4，5)｝。这个结果与上面观察结果一致。

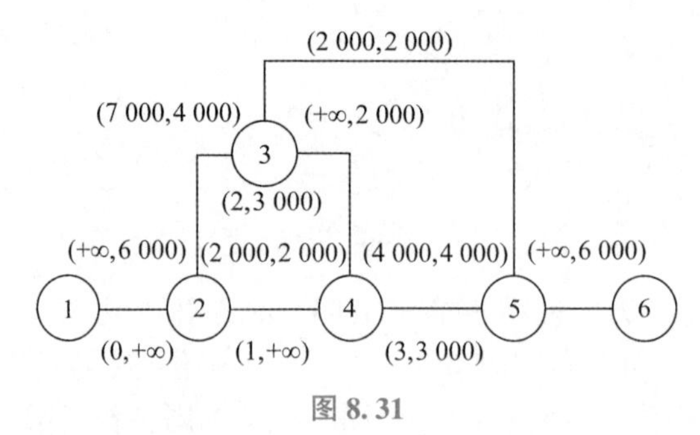

图 8.31

时间与成本优化的另一类问题是求成本最低的工期。例如，上面例子中如果工程正常工期的间接费用为 30 000 元，工作每缩短 1 周，间接费用可节省 2 000 元，求最低成本工期。由表 8.6 可以看出应选第二方案。

表 8.6

方案	直接费用/元	间接费用/元	总成本/元	工期/周
一	53 000	30 000	83 000	14
二	54 000	28 000	82 000	13
三	59 000	26 000	85 000	12
四	65 000	24 000	90 000	11
五	74 000	22 000	96 000	10

习题八

1. 思考题：

(1) 如果某项工作出现延期，项目是否会延期？

(2) 如果想要压缩项目工期，应该采用怎样的方法？

2. 根据表 8.7~表 8.10 所列的工作明细表，绘制网络图。

表 8.7

工作	紧前工作
A	—
B	—
C	A，B
D	A，B
E	B
F	D，E
G	C，F
H	D，E
I	G，H

表 8.8

工作	紧前工作
A	—
B	—
C	A，B
D	A，B
E	B
F	C
G	C
H	D，E，F

表 8.9

工作	紧前工作
A	—
B	—
C	—
D	A，B
E	B
F	B
G	F，C
H	B
I	E，H
J	E，H
K	C，D，F，J
L	K
M	G，I，L

表 8.10

工作	紧前工作
A	—
B	A
C	B
D	A
E	B，D
F	C，E
G	—
H	G
I	H
J	D，G
K	E，H，J
L	F，I，K

3. 设有如图 8.32、图 8.33 的网络图，计算各结点的最早时间与最迟时间，各工作的最早开始、最早完成、最迟开始、最迟完成时间，计算各工作的总时差与单时差，找出关键路线。

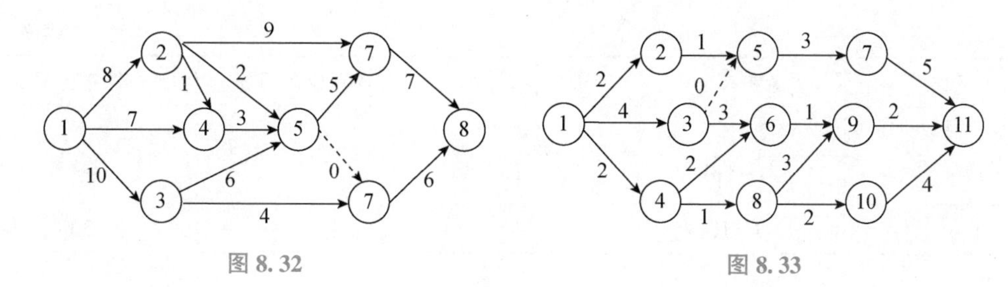

图 8.32　　　　图 8.33

4. 根据表 8.11 所列工作明细表，绘制网络图，并计算各种时间参数，确定关键路线。

表 8.11

工作	工作时间	紧前工作
A	18	—
B	6	—
C	15	A
D	21	A
E	27	B
F	15	B
G	24	—
H	13	D，E
I	6	D，E
J	15	C，D，E
K	6	I，Q
L	3	I，Q
M	12	L，H，F，G
N	5	P，K，M
P	3	J

5. 已知某计划项目的资料如表 8.12 所示

表 8.12

工作	紧前工作	最乐观时间 a	最可能时间 m	最保守时间 b
A	—	7	7	7
B	—	6	7	9
C	—	8	10	15
D	B，C	9	10	12
E	A	6	7	8
F	D，E	15	20	27
G	D，E	18	20	24

续表

工作	紧前工作	最乐观时间 a	最可能时间 m	最保守时间 b
H	C	4	5	7
I	G，F	4	5	7
J	I，H	7	10	30

要求：

(1)画出网络图；

(2)求出每项工作的期望值和方差；

(3)求出项目完工期的期望值和方差；

(4)该计划项目在60天内完成的概率是多少？

6. 已知某项工程各项工作的工作时间及每天需要的人力资源如表8.13所示。

表8.13

工作	紧前工作	工作时间	需用人数
A	—	1	7
B	—	3	4
C	—	3	5
D	—	4	5
E	A	2	6
F	B	4	5
G	B	3	4
H	D，E	5	3
I	C	5	5
J	F	6	4
K	G，H	6	4

若人力资源限制每天只有15人，求此条件下工期最短的施工方案。

7. 设有一项工程，各项工作的有关资料如表8.14所示，求出当工期缩短时，直接费用增长最少的各个方案。

表8.14

工作	紧前工作	正常时间/天	极限时间/天	正常费用/元	极限费用/元
A	—	6	4	6 000	7 200
B	—	8	8	2 000	2 000
C	A	5	4	3 000	4 400
D	A	6	3	4 000	7 000
E	C，B	5	2	3 000	4 200
F	D，E	4	2	3 000	6 000

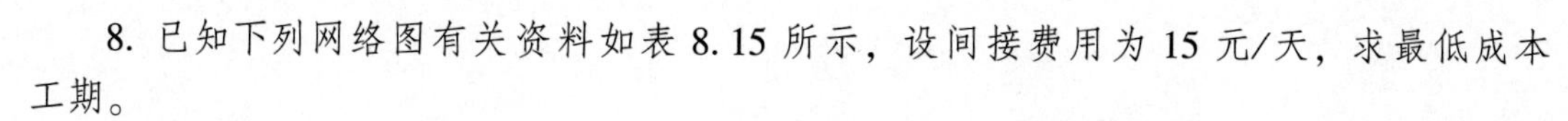

8. 已知下列网络图有关资料如表 8.15 所示，设间接费用为 15 元/天，求最低成本工期。

表 8.15

工作	正常时间/天	极限时间/天	正常费用/元	极限费用/元
①→②	6	4	100	120
②→③	9	5	200	280
②→④	3	2	80	110
③→④	0	0	0	0
③→⑤	7	5	150	180
④→⑥	8	3	250	375
④→⑦	2	1	120	170
⑤→⑧	1	1	100	100
⑥→⑧	4	3	180	200
⑦→⑧	5	2	130	220

第九章 排队论

排队是日常生活中经常遇到的现象，如顾客到商店去买东西，病人到医院去看病，当收银员、医生的数量满足不了顾客或病人及时服务的需要时，就出现了排队的现象。出现这样的排队现象，使人感到厌烦，但由于顾客到达人数(即顾客到达率)和服务时间的随机性，可以说排队现象又是不可避免的，当然，增加服务设施(如收银员、医生)能减少排队现象，但这样会因为供大于求使设施常常空闲，导致浪费，这通常不是一个最经济的解决问题的办法。作为管理人员，我们要做的就是研究排队问题，把排队时间控制到一定的限度内，在服务质量的提高和成本的降低之间取得平衡，找到最适当的解。

排队论就是解决这类问题的一门科学，它被广泛地用于解决诸如交通枢纽的堵塞与疏导、医院挂号难、故障机器的停机待修、水库的存储调节等有形无形的排队现象的问题。排队模型对于提升服务质量、提升人民生活质量有重要的作用。

9.1 随机服务系统与过程

随机服务系统可以表述为一个随机聚散服务系统，如图 9.1 所示。

聚（输入）→ 服务机构 → 散（输出）

图 9.1

任一排队系统都是一个随机聚散服务系统。这里，“聚”表示顾客的到达，“散”表示顾客的离去，所谓随机性则是排队系统的一个普遍特点，是指顾客的到达情况(如相继到达时间间隔)与每个顾客接受服务的时间往往是事先无法确切知道的，或者说是随机的。一般来说，排队论所研究的排队系统中，顾客相继到达时间间隔和服务时间这两个量中至少有一个是随机的，因此，排队论又称为随机服务系统理论。

9.1.1 排队系统的描述

实际中的排队系统各有不同，但概括起来都由三个基本部分组成：输入过程、排队及排队规则和服务机制，分别说明如下。

(1)输入过程。输入过程说明顾客按怎样的规律到达系统，需要从三个方面来刻画一个输入过程：

①顾客总体(顾客源)数：可以是有限的，也可以是无限的。

②到达方式：是单个到达还是成批到达。

③顾客(单个或成批)相继到达时间间隔的分布：这是刻画输入过程的最重要的内容。排队论中经常用到的有以下几种：

定长分布(D)：顾客相继到达时间间隔为确定的，如产品通过传送带进入包装箱就是定长分布的例子。

泊松流(M)：如果顾客到达系统的时间是随机的，有一个顾客到达的概率与某一时刻 t 无关，但与时间的间隔长度有关，即在较长时间间隔里有一个顾客到达的概率较大，并且当时间间隔 Δt 充分小时，有一个顾客到达的概率与 Δt 的长度成正比例，并在充分小的时间间隔里有两个顾客同时到的概率极小，可以忽略不计。这些特征正好满足了泊松分布的三个条件，也就是说顾客到达过程形成了泊松流。

运用泊松概率分布函数，知道在单位时间里有 x 个顾客到达的概率：

$$P(x)=\frac{\lambda^{x}e^{-\lambda}}{x!}$$

λ 为单位时间平均到达的顾客数，此时顾客相继到达时间间隔为独立的，服从参数为 λ 的负指数分布。

(2)排队及排队规则。

①排队。排队分为有限排队和无限排队两类，有限排队是指排队系统中的顾客数是有限的，即系统的空间是有限的，当系统被占满时，后面再来的顾客将不能进入系统；无限排队是指系统中顾客数可以是无限的，队列可以排到无限长，顾客到达系统后均可进入系统排队或接受服务，这类系统又称为等待制排队系统。对有限排队系统，可进一步分为两种：

损失制排队系统：这种系统是指排队空间为零的系统，实际上是不允许排队。当顾客到达系统时，如果所有服务台均被占用，则自动离去，并不再回来，称这部分顾客被损失掉了。例如某些电话系统即可看作损失制排队系统。

混合制排队系统：该系统是等待制和损失制系统的结合，一般是指允许排队，但又不允许队列无限长下去。

②排队规则。当顾客到达时，若所有服务台都被占用且又允许排队，则该顾客将进入队列等待。服务台对顾客进行服务所遵循的规则通常有：

先来先服务(FCFS)：即按顾客到达的先后对顾客进行服务，这是最普遍的情形。

后来先服务(LCFS)：在许多库存系统中会出现这种情形，如钢板存入仓库后，需要时总是将最上面的取出；又如在情报系统中，后来到达的信息往往更加重要，应首先加以分析和利用。

具有优先权的服务(PS)：服务台根据顾客的优先权进行服务，优先权高的先接受服务，如病危的患者应优先治疗，加急的电报电话应优先处理等。

(3)服务机制。排队系统的服务机制主要包括：服务员的数量及其连接形式(串联或并联)；顾客是单个还是成批接受服务；服务时间的分布。在这些因素中，服务时间的分布更为重要一些，故进一步说明如下。常见的服务时间分布有：

定长分布(D)：每个顾客接受服务的时间是一个确定的常数。

负指数分布(M)：服务时间是指顾客从开始接受服务到服务完成所花费的时间，由于每位顾客要办的业务都不一样，又存在很多影响服务机构的服务时间的随机因素，服务时间也是一个随机变量，一般来说，负指数概率分布能较好地描述一些排队系统里的服务时间的概率分布情况。在负指数概率分布里，服务时间小于或等于时间长度 t 的概率：

$$P(\text{服务时间} \leq t) = 1 - e^{-\mu t}$$

这里的 μ 为单位时间里被服务完的平均顾客数。

9.1.2 排队系统的符号表示

根据输入过程、排队规则和服务机制的变化对排队模型进行描述或分类，可给出很多排队模型。为了方便对众多模型的描述，D. G. 肯达尔提出了一种目前在排队论中被广泛采用的“肯达尔记号”，其一般形式为：

$$X/Y/Z/A/B/C$$

其中，X 表示顾客相继到达时间间隔的分布；Y 表示服务时间的分布；Z 表示服务台的个数；A 表示系统的容量，即可容纳的最多顾客数；B 表示顾客源的数目；C 表示服务规则。例如，$M/M/1/\infty/\infty/FCFS$ 表示了一个顾客的到达时间间隔服从相同的负指数分布、服务时间为负指数分布、单个服务台、系统容量为无限(等待制)、顾客源无限、排队规则为先来先服务的排队模型。在排队中，一般约定如下：如果肯达尔记号中略去后3项时，即是指 $X/Y/Z/\infty/\infty/FCFS$ 的情形。例如，$M/M/1/\infty/\infty/FCFS$ 可表示为 $M/M/1$；$M/M/c/N$ 则表示一个顾客相继到达时间间隔服从相同的负指数分布、服务时间为负指数分布、c 个服务台、系统容量为 N、顾客源无限、先来先服务的排队系统。

9.1.3 排队系统的主要数量指标和记号

研究排队系统的目的是通过了解系统运行的状况，对系统进行调整和控制，使系统处于最优运行状态。因此，首先需要弄清系统的运行状况。描述一个排队系统运行状况的主要数量指标有：

①在系统里没有顾客的概率，即所有服务设施空闲的概率，记为 P_0。

②排队的平均长度，即排队的平均顾客数，记为 L_q。

③在系统里的平均顾客数，它包括排队的顾客数和正在被服务的顾客数，记为 L_s。

④一位顾客花在排队上的平均时间，记为 W_q。

⑤一位顾客花在系统里的平均逗留时间，它包括排队时间和被服务的时间，记为 W_s。

⑥顾客到达系统时，得不到及时服务，必须排队等待服务的概率，记为 P_w。

⑦在系统里正好有 n 个顾客的概率，这 n 个顾客包括排队的和正在被服务的顾客，这个概率记为 P_n。

9.2 单服务台负指数分布排队系统分析

在本节中将讨论输入过程是服从泊松分布过程、服务时间服从负指数分布单服务台的排队系统。现将其分为：

①标准的 $M/M/1$ 模型；

②系统容量有限，即 $M/M/1/N/\infty$；

③顾客源有限，即 $M/M/1/\infty/m$。

9.2.1 标准的 M/M/1 模型

排队模型 $M/M/1/\infty/\infty$ 中，第一位的 M 表示顾客到达过程服从泊松分布，第二位的 M 表示服务时间服从负指数分布(因为当服务时间服从负指数分布时，单位时间里完成服务的顾客数即服务率就服从泊松分布，故第二位也用 M 来表示)，第三位的 1 表示单通道即一个服务台，第四位的∞表示排队的长度无限制，第五位的∞表示顾客的来源无限制，可以把这个模型简记 $M/M/1$。在这个模型中排队规则为排单队，先到先服务，如图 9.2 所示。

顾客到达 → ○ ○ ○ [服务台] → 顾客离去

图 9.2

下面将给出求得 $M/M/1$ 的数量指标的公式，鉴于这些公式的理论推导比较烦琐，省略推导过程不讲，感兴趣的读者可查阅参考文献[1]。

设 λ 为单位时间的顾客平均到达率，μ 为单位时间的平均服务率，假设 $\lambda<\mu$，也就是 $\frac{\lambda}{\mu}<1$，如果没有这个条件，队列的长度将无限地增加，服务机构根本没有能力处理所有到达的顾客，称 $\rho=\frac{\lambda}{\mu}$ 为服务强度。则 $M/M/1$ 的数量指标的公式有：

①在系统中没顾客的概率：

$$P_0=1-\frac{\lambda}{\mu} \tag{9.1}$$

②平均排队的顾客数：

$$L_q=\frac{\lambda^2}{\mu(\mu-\lambda)} \tag{9.2}$$

③在系统里的平均顾客数：

$$L_s=L_q+\frac{\lambda}{\mu} \tag{9.3}$$

④一位顾客花在排队上的平均时间：

$$W_q=\frac{L_q}{\lambda} \tag{9.4}$$

⑤一位顾客在系统里的平均逗留时间：

$$W_s=W_q+\frac{1}{\mu} \tag{9.5}$$

⑥顾客到达系统时，得不到及时服务，必须排队等待服务的概率：

$$P_w=\frac{\lambda}{\mu} \tag{9.6}$$

⑦在系统里正好有 n 个顾客的概率：

$$P_n = \left(\frac{\lambda}{\mu}\right)^n P_0 \tag{9.7}$$

例 9.1　某修理店只有一个修理工，来修理的顾客到达过程为泊松分布，平均 4 人/小时；修理时间服从负指数分布，平均需要 6 分钟。试求：①修理店空闲的概率；②店内有 3 个顾客的概率；③店内至少有 1 个顾客的概率；④在店内的平均顾客数；⑤每位顾客在店内的平均逗留时间；⑥等待服务的平均顾客数；⑦每位顾客平均等待服务时间。

解：本题可以看成一个 $M/M/1$ 排队问题，其中：

$$\lambda = 4(\text{人}/\text{小时}),\ \mu = 10(\text{人}/\text{小时})$$

①修理店空闲的概率：

$$P_0 = 1 - \frac{\lambda}{\mu} = 1 - \frac{2}{5} = 0.6$$

②店内有 3 个顾客的概率：

$$P_3 = \left(\frac{\lambda}{\mu}\right)^3 P_0 = \left(\frac{2}{5}\right)^3 \times 0.6 = 0.038$$

③店内至少有 1 个顾客的概率，即顾客必须等待的概率：

$$P_w = 1 - P_0 = \frac{\lambda}{\mu} = \frac{2}{5} = 0.4$$

④在店内的平均顾客数：

$$L_s = L_q + \frac{\lambda}{\mu} = \frac{\lambda^2}{\mu(\mu - \lambda)} + \frac{\lambda}{\mu} = \frac{\lambda}{\mu - \lambda} = \frac{4}{10 - 4} = 0.67(\text{人})$$

⑤每位顾客在店内的平均逗留时间：

$$W_s = W_q + \frac{1}{\mu} = \frac{L_q}{\lambda} + \frac{1}{\mu} = \frac{0.268}{4} + \frac{1}{10} = 0.167(\text{小时}) = 10(\text{分钟})$$

⑥等待服务的平均顾客数：

$$L_q = \frac{\lambda^2}{\mu(\mu - \lambda)} = \frac{4^2}{10(10 - 4)} = 0.268(\text{人})$$

⑦每位顾客平均等待服务时间：

$$W_q = \frac{L_q}{\lambda} = \frac{0.268}{4} = 0.067(\text{小时}) = 4(\text{分钟})$$

9.2.2　系统容量有限，即 $M/M/1/N/\infty$

如果系统的最大容量为 N，因为这是一个服务台，所以排队的顾客最多为 $N-1$，在某时刻一顾客到达时，如果系统中已有 N 个顾客，那么这个顾客就被拒绝进入系统。

由于所考虑的排队系统中最多只能容纳 N 个顾客（等待位置只有 $N-1$ 个），因而有：

$$\lambda_n = \begin{cases} \lambda, & n = 0, 1, \cdots, N - 1 \\ 0, & n \geqslant N \end{cases}$$

另　$\rho = \dfrac{\lambda}{\mu}$

①系统中没有顾客的概率：

$$P_0=\begin{cases}\dfrac{1-\rho}{1-\rho^{N+1}},\ \rho\neq 1\\ \dfrac{1}{N+1},\ \rho=1\end{cases}\tag{9.8}$$

②在系统中的平均顾客数：

$$L_s=\begin{cases}\dfrac{\rho}{1-\rho}-\dfrac{(N+1)\rho^{N+1}}{1-\rho^{N+1}},\ \rho\neq 1\\ \dfrac{N}{2},\ \rho=1\end{cases}\tag{9.9}$$

③平均的排队顾客数：

$$L_q=\begin{cases}\dfrac{\rho}{1-\rho}-\dfrac{\rho(1+N\rho^N)}{1-\rho^{N+1}},\ \rho\neq 1\\ \dfrac{N(N-1)}{2(N+1)},\ \rho=1\end{cases}\tag{9.10}$$

④有效到达率：

因为当系统中顾客数小于 N 时，顾客进入系统率为 λ； 当系统中顾客数等于 N 时，顾客进入系统的概率为 0，所以单位时间内进入系统的顾客平均数即有效到达率为：

$$\lambda_e=\lambda(1-P_N)+0P_N=\lambda(1-P_N)\tag{9.11}$$

⑤一位顾客花在排队上的平均时间：

$$W_q=\frac{L_q}{\lambda(1-P_N)}\tag{9.12}$$

⑥一位顾客在系统中平均逗留时间：

$$W_s=\frac{L_s}{\lambda(1-P_N)}=\frac{L_q}{\lambda(1-P_N)}+\frac{1}{\mu}\tag{9.13}$$

⑦在系统里有 n 个顾客的概率：

$$P_n=\rho^nP_0,\ n\leqslant N\tag{9.14}$$

例 9.2　某理发店只有一个理发师，且店里最多可容纳 4 名顾客，设顾客按泊松流到达，平均每小时 5 人，理发时间服从负指数分布，平均每 15 分钟可为 1 名顾客理发，试求该系统的有关指标。

解：该系统可以看成一个 $M/M/1/4/\infty$ 排队系统，其中：

$$\lambda=5\text{ 人/小时},\mu=\frac{60}{15}=4\text{ 人/小时},\rho=\frac{5}{4}>1,\ N=4$$

$$P_0=\frac{1-\rho}{1-\rho^{N+1}}=\frac{1-\dfrac{5}{4}}{1-\left(\dfrac{5}{4}\right)^5}\approx 0.122$$

顾客的损失率为：

$$P_4=\rho^4P_0=1.25^4\times 0.122\approx 0.298$$

有效到达率为：

$$\lambda_e = \lambda(1 - P_4) = 5 \times (1 - 0.298) = 3.51\ (\text{人/小时})$$

系统中平均顾客数由式(9.9)得：

$$L_s = \frac{1.25}{1 - 1.25} - \frac{(4 + 1) \times 1.25^5}{1 - 1.25^5} = 2.44\ (\text{人})$$

系统中平均的排队顾客数由式(9.10)得：

$$L_q = \frac{1.25}{1 - 1.25} - \frac{1.25 \times (1 + 4 \times 1.25^4)}{1 - 1.25^5} = 1.56\ (\text{人})$$

平均逗留时间：

$$W_s = \frac{L_s}{\lambda_e} = \frac{2.44}{3.51} = 0.696\ (\text{小时})$$

平均排队时间：

$$W_q = \frac{L_q}{\lambda_e} = \frac{1.56}{3.51} = 0.44\ (\text{小时})$$

9.2.3 顾客源有限，即 $M/M/1/\infty/m$

现以最常见的机器因故障停机待修的问题来说明。设共有 m 台机器(顾客总体)，机器因故障停机表示“到达”，待修的机器形成队列，修理工人是服务员。为简单起见，设各个顾客到达的到达率都是相同的 λ（在这里 λ 的含义是每台机器单位运转时间内发生故障的概率或平均次数)，这时在系统外的顾客平均数为 $m - L_s$，对系统的有效到达率 λ_e 应是：

$$\lambda_e = \lambda(m - L_s)$$

对于顾客源有限的 $M/M/1/\infty/m$ 模型，排队系统的数量指标有：

$$P_0 = \frac{1}{\sum_{i=0}^{m} \frac{m!}{(m-i)!}\left(\frac{\lambda}{\mu}\right)^i} \tag{9.15}$$

$$P_n = \frac{m!}{(m-n)!}\left(\frac{\lambda}{\mu}\right)^n P_0 \quad (1 \leqslant n \leqslant m) \tag{9.16}$$

$$L_s = m - \frac{\lambda}{\mu}(1 - P_0) \tag{9.17}$$

$$L_q = L_s - (1 - P_0) \tag{9.18}$$

$$W_s = \frac{m}{\mu(1 - P_0)} - \frac{1}{\lambda} \tag{9.19}$$

$$W_q = W_s - \frac{1}{\mu} \tag{9.20}$$

例 9.3 某车间有 5 台机器，每台机器的连续运转时间服从负指数分布，平均连续运转时间 15 分钟，有一个修理工，每次修理的时间服从负指数分布，平均每次 12 分钟。求：

①修理工空闲的概率；

②5 台机器都出现故障的概率；

③出故障的平均台数；

④等待修理的平均台数；

⑤平均停工时间；

⑥平均等待修理时间；

⑦评价这些结果。

解：$m=5$，$\lambda=\frac{60}{15}=4$(台/小时)，$\mu=\frac{60}{12}=5$(台/小时)，$\frac{\lambda}{\mu}=0.8$。

① $P_0=\left[\frac{5!}{5!}(0.8)^0+\frac{5!}{4!}(0.8)^1+\frac{5!}{3!}(0.8)^2+\frac{5!}{2!}(0.8)^3+\frac{5!}{1!}(0.8)^1+\frac{5!}{0!}(0.8)^0\right]^{-1}=0.0073$。

② $P_5=\frac{5!}{0!}(0.8)^5P_0=0.287$。

③ $L_s=5-\frac{1}{0.8}(1-0.0073)=3.76$(台)。

④ $L_q=3.76-(1-0.0073)=2.77$(台)。

⑤ $W_s=\frac{5}{5(1-0.0073)}-\frac{1}{4}=0.757$(小时)$=45$(分钟)。

⑥ $W_q=45-12=33$(分钟)。

⑦机器停工时间过长，修理工几乎没有空闲时间，应当提高服务率，减少修理时间，或增加工人减少机器停工时间。

9.3 多服务台负指数分布排队系统的分析

现在讨论单队、并列的多服务台(服务台数 c)的情形，仍可分为以下三种情形：

①标准的 $M/M/c$ 模型；

②系统容量有限($M/M/c/N/\infty$)；

③有限顾客源($M/M/c/\infty/m$)，

本节只讨论标准的 $M/M/c$ 模型，如图 9.3 所示。另两种情形请参阅参考文献[1]。

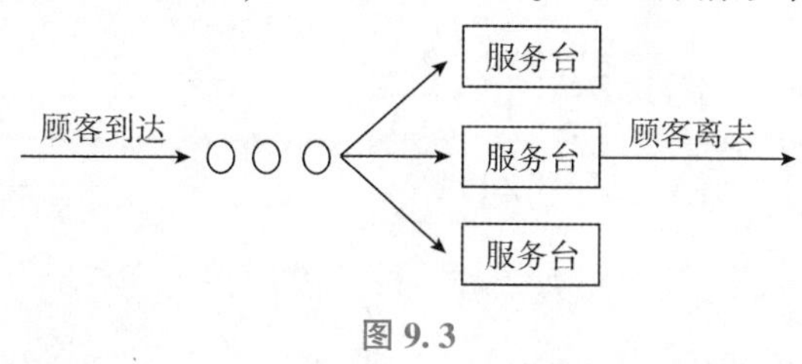

图 9.3

关于标准的 $M/M/c$ 模型，各种特征的规定与标准的 $M/M/1$ 模型的规定相同。另外规定，各服务台的工作是相互独立的且平均服务率相同，即 $\mu_1=\mu_2=\cdots=\mu_c=\mu$。于是当

∩≥C时，整个服务机构的平均服务率为 $c\mu$；当 $n < c$ 时，整个服务机构的平均服务率为 $n\mu$。另 $\rho = \dfrac{\lambda}{c\mu}$，只有当$\dfrac{\lambda}{c\mu} < 1$时才不会排成无限长的队列，称它为这个系统的服务强度或称服务机构的平均利用率。

标准的 $M/M/c$ 排队系统的数量指标有：

$$P_0 = \left[\sum_{k=0}^{c-1} \frac{1}{k!}\left(\frac{\lambda}{\mu}\right)^k + \frac{1}{c!} \cdot \frac{1}{1-\rho} \cdot \left(\frac{\lambda}{\mu}\right)^c\right]^{-1} \tag{9.21}$$

$$P_n = \begin{cases} \dfrac{1}{n!}\left(\dfrac{\lambda}{\mu}\right)^n P^0 & (n \leqslant c) \\ \dfrac{1}{c!\ c^{n-c}}\left(\dfrac{\lambda}{\mu}\right)^n P_0 & (n > c) \end{cases} \tag{9.22}$$

$$L_s = L_q + \frac{\lambda}{\mu} \tag{9.23}$$

$$L_q = \sum_{n=c+1}^{\infty}(n-c)P_n = \frac{(c\rho)^c \rho}{c!\ (1-\rho)^2}P_0 \tag{9.24}$$

$$W_q = \frac{L_q}{\lambda},\ W_s = \frac{L_s}{\lambda} \tag{9.25}$$

例 9.4 某售票所有三个窗口，顾客的到达服从泊松过程，平均到达率每分钟 $\lambda = 0.9$ 人，服务(售票)时间服从负指数分布，平均服务率每分钟 $\mu = 0.4$ 人/分钟。求：

(1)整个售票所空闲的概率；

(2)平均队长；

(3)平均等待时间和逗留时间；

(4)顾客到达后必须等待的概率。

解 现设顾客到达后排成一队，依次向空闲的窗口购票。这就是一个 $M/M/c$ 型的系统，其中 $c = 3$，$\dfrac{\lambda}{\mu} = 2.25$，$\rho = \dfrac{\lambda}{c\mu} = \dfrac{2.25}{3}(<1)$ 符合要求的条件，代入公式得：

①整个售票所空闲的概率：

$$P_0 = \frac{1}{\dfrac{(2.25)^0}{0!} + \dfrac{(2.25)^1}{1!} + \dfrac{(2.25)^2}{2!} + \dfrac{(2.25)^3}{3!} \cdot \dfrac{1}{1-(2.25/3)}} \approx 0.0748$$

②平均队长：

$$L_q = \frac{\left(3 \times \dfrac{2.25}{3}\right)^3 \cdot \dfrac{2.25}{3}}{3!\ (1/4)^2} \times 0.0748 \approx 1.7$$

$$L_s = L_q + \frac{\lambda}{\mu}3.95$$

③平均等待时间和逗留时间：

$$W_q = \frac{1.7}{0.9} \approx 1.89(\text{分钟})$$

$$W_s = 1.89 + \frac{1}{0.4} = 4.39(\text{分钟})$$

顾客到达后必须等待(即系统中顾客数已有3人，即各服务台都没有空闲)的概率

$$P(n \geqslant 3) = 1 - P_0 - P_1 - P_2 = 1 - 0.0748 - 0.1683 - 0.189 \approx 0.57$$

9.4　一般服务时间排队模型

9.4.1　$M/G/1/\infty/\infty$ 型排队系统

这种模型表示单服务台顾客泊松到达、任意服务时间的排队模型。仍设 λ 为平均到达率，μ 为平均服务率，可知平均服务时间变为 $\frac{1}{\mu}$，再设服务时间的均方差为 σ，这样可以得到 $M/G/1$ 系统的数量指标。

①系统中没有顾客的概率：

$$P_0 = 1 - \frac{\lambda}{\mu} \tag{9.26}$$

②排队的平均顾客数：

$$L_q = \frac{\lambda^2\sigma^2 + (\lambda/\mu)^2}{2(1 - \lambda/\mu)} \tag{9.27}$$

③在系统中的平均顾客数：

$$L_s = L_q + \frac{\lambda}{\mu} \tag{9.28}$$

④一位顾客花在排队上的平均时间：

$$W_q = \frac{L_q}{\lambda} \tag{9.29}$$

⑤一位顾客在系统里的平均逗留时间：

$$W_s = W_q + \frac{1}{\mu} \tag{9.30}$$

⑥顾客到达系统时，得不到及时服务，必须排队等待服务的概率：

$$P_w = \frac{\lambda}{\mu} \tag{9.31}$$

例9.5　某杂货店只有一名售货员，已知顾客到达过程服从泊松分布，已知平均到达率为每小时20人，不清楚这个系统的服务时间服从什么分布。但从统计分析知道售货员平均服务一名顾客的时间为2分钟，服务时间的均方差为1.5分钟。试分析这个排队系统的数量指标。

解：这是一个 $M/G/1$ 的排队系统，其中：

$$\lambda = \frac{20}{60} = 0.333(\text{人/分钟}),\ \frac{1}{\mu} = 2(\text{分钟}),\ \mu = 0.5(\text{人/分钟}),\ \sigma = 1.5(\text{分钟})$$

从式(9.26)到式(9.31)计算得：

$$P_0 = 1 - \frac{0.333}{0.5} = 0.334$$

$$L_q = \frac{(0.3333)^2(1.5)^2 + (0.6666)^2}{2(1-0.6666)} = 1.04(\text{人})$$

$$L_s = 1.04 + 0.6666 = 1.71(\text{人})$$

$$W_q = \frac{1.04}{0.3333} = 3.12(\text{分钟})$$

$$W_s = 3.12 + 2 = 5.12(\text{分钟})$$

$$P_w = \frac{\lambda}{\mu} = 0.667$$

从这些数量指标，可以看出这家杂货店的服务水平不高，经营者可以根据内部和外部的情况分析来决定是否要再增加一个售货员。

9.4.2 $M/D/1/\infty/\infty$ 型排队系统

$M/D/1/\infty/\infty$ 模型是单服务台泊松到达、定长服务时间的排队模型，是 $M/G/1$ 的一种特殊情况，这种模型在一些自动控制的生产设备和装配线常常出现。因为服务时间是常量，也就是均方差等于零，式(9.26)到式(9.31)对该模型仍适用，只是将 $\sigma = 0$ 代入即可。

例 9.6　某汽车自动冲洗服务营业部，冲洗每辆车所需时间是 6 分钟，到此洗车的顾客到达过程服从泊松流，每小时平均到达 6 辆，求该排队系统的数量指标。

解：这是一个 $M/D/1$ 排队模型，其中，$\lambda = 6$ 辆/小时，$\mu = 10$ 辆/小时

$$P_0 = 1 - \frac{\lambda}{\mu} = 0.4$$

$$L_q = \frac{(\lambda/\mu)^2}{2(1-\lambda/\mu)} = \frac{0.6^2}{2(1-0.6)} = 0.45(\text{辆})$$

$$L_s = L_q + \frac{\lambda}{\mu} = 0.45 + 0.6 = 1.05(\text{辆})$$

$$W_q = \frac{L_q}{\lambda} = \frac{0.45}{6} = 0.075(\text{小时})$$

$$W_s = W_q + \frac{1}{\mu} = 0.075 + 0.1 = 0.175(\text{小时})$$

$$P_w = \frac{\lambda}{\mu} = 0.6$$

9.5 排队系统的优化

本节用一个例子说明排队系统的优化问题。

例 9.7　某储蓄所的顾客平均到达率 $\lambda = 0.6$ 人/分钟，平均服务率 $\mu = 0.8$ 人/分钟，求该排队系统的数量指标。

解：

$$P_0 = 1 - \frac{0.6}{0.8} = 0.25$$

$$L_q = \frac{\lambda^2}{\mu(\mu - \lambda)} = 2.25(\text{人})$$

$$L_s = L_q + \frac{\lambda}{\mu} = 2.25 + 0.75 = 3(\text{人})$$

$$W_q = \frac{L_q}{\lambda} = \frac{2.25}{0.6} = 3.75(\text{分钟})$$

$$W_s = W_q + \frac{1}{\mu} = 3.75 + 1.25 = 5(\text{分钟})$$

$$P_w = \frac{\lambda}{\mu} = 0.75$$

系统中有 n 个顾客的概率如表 9.1 所示。

表 9.1

系统里的顾客数	概率	系统里的顾客数	概率
0	0.25	4	0.079 1
1	0.187 5	5	0.059 3
2	0.140 6	6	0.044 5
3	0.105 5	7 或 7 个以上	0.133 5

从以上的数据知道储蓄所这个排队系统并不尽如人意，到达窗口的顾客有 75%的概率要排队等待，排队的长度平均为 2.25 人，排队的平均时间为 3.75 分钟，是平均服务时间 1.25 分钟的 3 倍，而且在储蓄所里有 7 个或更多的顾客的概率为 13.35%，这个概率太高了。该储蓄所因此必须提高服务水平，必须改进这个排队系统。

要提高服务水平，减少顾客在系统里的平均逗留时间，即减少顾客的平均排队时间和平均服务时间，一般可采用两种措施：第一，减少服务时间，提高服务率；第二，增加服务台即增加服务窗口。储蓄所认为这两种方法都可以考虑，储蓄所对这两种方法做了如下分析。

如采取第一种方法，不增加服务窗口，而增加新型点钞机，建立储户管理信息系统，可以缩短储蓄所每笔业务的服务时间，使每小时平均服务的顾客数目从原来的 48 人提高到 60 人，即每分钟平均服务的顾客数从 0.8 人提高到 1 人，这时 λ 仍然为 0.6，μ 为 1，此时系统的数量指标如表 9.2 所示。

表 9.2

系统里没顾客的概率	0.4
排队的平均顾客人数	0.9 人
系统里的平均顾客数	1.5 人
一位顾客平均排队时间	1.5 分钟
一位顾客平均逗留时间	2.5 分钟
顾客到达系统必须等待排队的概率	0.6
系统里有 7 个或更多顾客的概率	0.027 9

从表 9.2 可以看到由于把服务率从 0.8 提高到 1，其排队系统有了很大的改进，顾客平均排队时间从 3.75 分钟减少到 1.5 分钟，顾客平均逗留时间从 5 分钟减少到 2.5 分钟，在系统里有 7 个人或超过 7 个人的概率有大幅度下降，从 13.35%下降到 2.79%。

如果采用第二种方法，再开设一个服务窗口，排队的规则为每个窗口排一个队，先到先服务，并假设顾客一旦排了一个队，就不能再换到另一个队上去(譬如，当把这个服务台设在另一个地点，上述的假设就成立了)。这种处理方法就是把顾客分流，把一个排队系统分成两个排队系统，每个系统中有一个服务台，每个系统的服务率仍然为 0.8，但由于进行了到分流，到达率只有原来的一半了，$\lambda = 0.3$ 人/分钟，这时可求得每一个排队系统的数量指标，如表 9.3 所示。

表 9.3

系统里没顾客的概率	0.625
平均排队的顾客人数	0.225 人
系统里的平均顾客数	0.6 人
一位顾客平均排队时间	0.75 分钟
一位顾客平均逗留时间	2.0 分钟
顾客到达系统必须等待排队的概率	0.375
系统里有 7 个或更多顾客的概率	0.007 4

比较表 9.1 和表 9.3 可以看出，采用第二种方法服务水平有了很大的提高，采用第二种方法顾客平均排队时间减少到 0.75 分钟，顾客平均逗留时间减少到 2 分钟，第二种方法的排队系统为两个 $M/M/1$ 的排队系统。如果在第二种方法中把排队的规则变一下，在储蓄所里只排一个队，这样的排队系统就变成了 $M/M/2$ 排队系统，此时系统的数量指标优化，读者可以自己做一下。

一般情况下，提高服务水平可减少顾客的等待费用(损失)，却常常增加了服务机构的成本，在进行排队服务系统优化时要权衡服务成本与等待成本之间的分配，优化的目标之一就是使总费用之和为最小，并确定达到最优目标值的服务水平。

将一个排队系统的单位时间的总费用 TC 定义为服务机构的单位时间的费用之和与顾客在排队系统里逗留单位时间的费用之和，并有：

$$TC = c_w L_s + c_s c$$

其中，c_w 为一个顾客在排队系统里逗留一个单位时间所付出的费用；L_s 为在系统里的顾客数；c_s 为每个服务台单位时间的费用；c 为服务台数。

如果在例 9.7 中，$c_s = 18$ 元，$c_w = 10$ 元，对于 $M/M/1$ 模型，$L_s = 3$，$c = 1$，得：

$$TC = c_w L_s + c_s c = 10 \times 3 + 18 \times 1 = 48(\text{元} / \text{小时})$$

而 $M/M/2$ 模型，$L_s = 0.872\,7$，$c = 2$，得：

$$TC = c_w L_s + c_s c = 10 \times 0.872\,7 + 18 \times 2 = 44.73(\text{元} / \text{小时})$$

习题九

1. 思考题:

(1)排队论主要研究的问题是什么?

(2)试述排队模型的种类及各部分的特征。

(3)肯达尔符号 $X/Y/Z/A/B/C$ 中的各字母分别代表什么意义?

(4)理解平均到达率、平均离去率、平均服务时间和顾客到达间隔时间等概念。

(5)试述队长和排队长、等待时间和逗留时间、忙期和闲期等概念及它们之间的联系与区别。

(6)如何对排队系统进行优化(服务率、服务台数量)?

2. 某修理店只有一个修理工,来修理的顾客到达的人数服从 Poisson 分布,平均每小时 4 人;修理时间服从负指数分布,每次服务平均需要 6 分钟。求:

(1)修理店空闲的概率;

(2)店内有 3 个顾客的概率;

(3)店内至少有一个顾客的概率;

(4)店内平均顾客数;

(5)顾客在店内的平均逗留时间;

(6)等待服务的平均顾客数;

(7)平均等待修理的时间。

3. 在上题中,如果顾客平均到达率增加到每小时 12 人,仍为泊松流,服务时间不变,这时增加了一个工人,求:

(1)说明增加工人的原因;

(2)增加工人后店内的空闲概率;

(3)有 2 个顾客或更多个顾客(即繁忙)的概率;

(4)店内平均顾客数;

(5)顾客在店内平均逗留时间;

(6)等待服务的顾客平均数;

(7)顾客平均等待修理时间。

4. 某修理部有一名电视修理工,来此修理电视的顾客为泊松流,平均间隔时间为 20 分钟,修理时间服从负指数分布,平均时间为 15 分钟。求:

(1)顾客不需要等待的概率。

(2)修理部内要求维修电视的平均顾客数。

(3)要求维修电视的顾客的平均逗留时间。

(4)如果顾客逗留时间超过 1.5 小时,则需要增加维修人员或设备。问:顾客到达率超过多少时,需要考虑此问题?

5. 某公用电话亭只有一台电话机,来打电话的顾客为泊松流,平均每小时到达 20 人。当电话亭中已有 n 人时,新到来打电话的顾客将有 $n/4$ 人不愿等待而自动离去。已知顾客打电话的时间服从负指数分布,平均用时 3 分钟。

(1)画出此排队系统的状态转移速度图;

(2)导出此排队系统各状态发生概率之间的关系式,并求出各状态发生的概率;

(3) 求打电话顾客的平均逗留时间。

6. 一个理发店有 3 名理发员，顾客到达服从泊松分布，平均到达时间间隔为 15 秒钟；理发时间服从负指数分布，平均理发时间为 0.5 分钟。求：

(1) 理发店内无顾客的概率；

(2) 有 n 个顾客在理发店内的概率；

(3) 理发店内顾客的平均数和排队等待的平均顾客数；

(4) 顾客在理发店内的平均逗留时间和平均等待时间。

7. 一个小型的平价自选市场只有一个收款出口，假设到达收款出口的顾客流为泊松流，平均每小时为 30 人，收款员的服务时间服从负指数分布，平均每小时可服务 40 人。

(1) 计算这个排队系统的数量指标 P_O，L_q，L_s，W_q，W_s。

(2) 顾客对这个排队系统抱怨花费的时间太多，该市场为了改进服务准备对以下两个方案进行选择。

第一个方案：在收款出口，除了收款员外还专雇一名包装员，这样可使每小时的服务人数从 40 人提高到 60 人。

第二个方案：增加一个收款出口，使排队系统变成 $M/M/2$ 系统，每个收款出口的服务人数仍为 40 人。

请对这两个排队系统进行评价，并做出选择。

8. 某单位电话交换台有一部 300 门内线的总机，已知在上班时间，有 30% 的内线分机平均每 30 分钟要一次外线电话，70% 的分机在平均每隔 1 小时要一次外线电话，又知从外单位打来的电话的呼唤率平均 30 秒一次，设通话平均时间为 2 分钟，以上时间都属负指数分布。如果要求外线电话接通率为 95% 以上，该交换台应设置多少条外线？

第十章　存储论

存储论(inventory)是定量方法和技术最早应用的领域之一，是研究存储问题的科学，是运筹学的重要分支。早在1915年人们就开始了对存储论的研究。在人们的正常生产和生活中，经常需要最合理、最经济的存储。例如，水库的蓄水问题，若蓄水过少，遇上干旱，将影响水电站运行、农田灌溉及水运交通；若蓄水过多，遇上洪涝，将会产生水灾，影响流域的安全。再如，工厂的原材料存储问题，若原材料存储过少，则生产过程可能中断；若原材料存储过多，则可能造成资金和资源的积压浪费。存储论常以存储策略的经济性作为管理的目标，因此其基本研究方法是进行费用分析。存储论主要解决存储策略问题，即如下两个问题：

①每次补充的数量；

②补充的间隔。

10.1　存储论概述

10.1.1　存储问题

存储问题是人们最熟悉又最需要研究的问题之一。例如，工厂存储的原材料、在制品等，存储太少，不足以满足生产的需要，将使生产过程中断；存储太多，超过了生产的需要，将造成资金及资源的积压浪费。商店存储商品，存储太少，商品脱销，将影响销售利润和竞争能力；存储太多，将影响资金周转并带来积压商品的有形或无形损失。水库蓄水，蓄水太少，遇上旱季，将影响水电站运行及农田灌溉和水运交通；蓄水太多，遇上洪涝，将影响水坝及流域环境安全。凡此种种，一方面说明存储问题的重要性和普遍性，另一方面又说明存储问题的复杂性和多样性。

一般来说，存储是协调供需关系的常用手段。存储由于需求(输出)而减少，通过补充(输入)而增加。存储论研究的基本问题是，对于特定的需求类型，以怎样的方式进行补充才能最好地实现存储管理的目标。根据需求和补充中是否包含随机性因素，存储问题分为确定型和随机型两种。由于存储论研究中经常以存储策略的经济性作为存储管理的目标，所以，费用分析是存储论研究的基本方法。

10.1.2 存储模型中的基本概念

存储模型只能反映存储问题的基本特征。同存储模型有关的基本概念有需求、补充、费用和存储策略。

(1)需求。需求是指对某种存储物资的需要。存储的目的是满足需求。随着需求的发生，存储将减少。根据需求的时间特征，可将需求分为连续性需求和间断性需求。在连续性需求中，随着时间的变化，需求连续地发生，因而存储也连续地减少；在间断性需求中，需求发生的时间极短，可以看作瞬时发生，因而存储的变化是跳跃式地减少。根据需求的数量特征，可将需求分为确定性需求和随机性需求；在确定性需求中，需求发生的时间和数量是确定的；如生产中对各种物料的需求，或在合同环境下对商品的需求，一般都是确定性需求。在随机性需求中，需求发生的时间或数量是不确定的；如在非合同环境中对产品或商品的独立性需求，很难在事先知道需求发生的时间及数量。对于随机性需求，要了解需求发生的时间和数量的统计规律性。

(2)补充。通过补充来弥补因需求而减少的存储。没有补充，或补充不足、不及时，当存储耗尽时，就无法满足新的需求。从开始订货(发出内部生产指令或市场订货合同)到存储的实现(入库并处于随时可供输出以满足需求的状态)需要经历一段时间，称为提前时间。

对存储问题进行研究的目的是给出一个存储策略，用以回答在什么情况下需要对存储进行补充，什么时间补充，补充多少。

(3)费用。在存储论研究中，常以费用标准来评价和优选存储策略。常考虑的费用项目有存储费、订货费、生产准备费、缺货费等。

①存储费：存储物资资金利息、保险以及使用仓库、保管物资、物资损坏变质等支出的费用，一般和物资存储数量及时间成比例。

②订货费：向外采购物资的费用，如手续费、差旅费等，它与订货次数有关，而和订货数量无关。

③生产准备费：自行生产需存储物资的费用，如组织或调整生产线的有关费用，它同组织生产的次数有关，而和每次生产的数量无关。

④缺货费：存储不能满足需求而造成的损失。如失去销售机会的损失、停工待料的损失、延期交货的额外支出、对需方的损失赔偿等。当不允许缺货时，可将缺货费做无穷大处理。

(4)存储策略。所谓存储策略，是指决定什么情况下对存储进行补充，以及补充数量的多少。下面是一些比较常见的存储策略。

①t—循环策略：不论实际的存储状态如何，总是每隔一个固定的时间 t，补充一个固定的存储量 Q。

②(t, S)策略：每隔一个固定的时间 t 补充一次，补充数量以补足一个固定的最大存储量 S 为准。因此，每次补充的数量是不固定的，要视实际存储量而定。当存储(余额)为 I 时，补充数量为 $Q=S-I$。

③(s, S)策略：当存储(余额)为 I，若 $I>s$，则不对存储进行补充；若 $I<s$，则对存储

进行补充，补充数量 $Q=S-I$。补充后存储量达到最大存储量 S。s 称为订货点。在很多情况下，实际存储量需要通过盘点才能得知。若每隔一个固定的时间 t 盘点一次，得知当时存储 I，然后根据 I 是否超过订货点 s，决定是否订货、订货多少，这样的策略称为(t, s, S)策略。

④(t, s, S)策略：在很多情况下，实际存储量需要通过盘点才能得知。若每隔一个固定的时间 t 盘点一次，得知当时存储 I，然后根据 I 是否超过订货点 s，决定是否订货、订货多少，使存储量达到 S。

10.2　确定型存储模型

10.2.1　经济订货批量模型(不允许缺货，补充时间极短)

为了便于描述和分析，对模型做如下假设：

①需求是连续均匀的，即需求速度 R(单位时间的需求量)只是常数；

②补充可以瞬时实现，即补充时间(拖后时间和生产时间)近似为零；

③年存储费(单位时间内单位存储物的存储费用)为 C_1。由于不允许缺货，故单位缺货费(单位时间内每缺少一单位存储物的损失)C_2 为无穷大。订货费(每订购一次的固定费用)为 C_3。货物(存储物)单价为 K。年需求量为 R，每次补充量(订货量)为 Q，则年订货次数 $n=\frac{R}{Q}$，年平均存储量为 $\frac{1}{2}Q$，如图 10.1 所示。

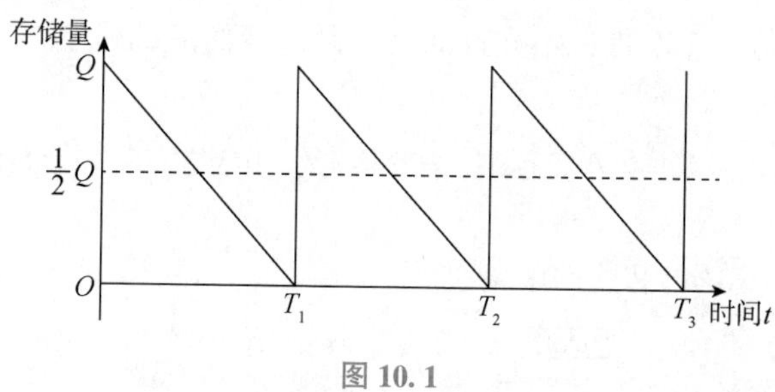

图 10.1

由于不允许缺货，故不需考虑缺货费，则：

$$\text{一年的存储费}=\text{单位商品年存储费}\times\text{平均存储量}=\frac{1}{2}QC_1$$

$$\text{一年的订货费}=\text{每次的订货费}\times\text{每年的订货次数}=\frac{R}{Q}C_3$$

$$\text{一年的购置费}=\text{年需求量}\times\text{货物单价}=RK$$

一年的总费用

$$TC=\frac{1}{2}QC_1+\frac{R}{Q}C_3+RK \tag{10.1}$$

是关于 Q 的函数，为求最小的 TC，另 $\frac{\mathrm{d}(TC)}{\mathrm{d}Q}=0$，即：

$$\frac{1}{2}C_1 - \frac{R}{Q}C_3 = 0$$

得

$$Q^* = \sqrt{\frac{2RC_3}{C_1}} \tag{10.2}$$

此时，一年总的费用 C 取最小值。

式(10.2)就是求得一年总的费用最小的最优订货量 Q^* 的公式，称为经济订货批量(economic ordering quantity，EOQ)公式。

注意用式(10.2)时，计划期的时间单位要一致。

以最优订货量 Q^* 订货时，可知全年最小总费用

$$TC^* = \frac{1}{2}Q^*C_1 + \frac{R}{Q^*}C_3 + RK = \sqrt{2C_1C_3R} + RK \tag{10.3}$$

由于货物单价 K 和订货量 Q 无关，因此，存储物总价 RK 和存储策略的选择无关，为了计算方便，常将这一项略去，式(10.3)可简化为

$$TC^* = \frac{1}{2}Q^*C_1 + \frac{R}{Q^*}C_3 + RK = \sqrt{2C_1C_3R} \tag{10.4}$$

最佳订货间隔期

$$t^* = \frac{Q^*}{R} = \sqrt{\frac{2C_3}{C_1R}} \tag{10.5}$$

例 10.1 某商品单位成本为5元，每天保管费为成本的0.1%，每次订货费为10元。已知对商品的需求是每天100件，不允许缺货。假设该商品的进货可以随时实现。问：应怎样组织进货才能最经济?

解：根据题意，可知 $K=5$ 元/件，$C_1=5\times0.1\%=0.005$ 元/(件·日)，$C_3=10$ 元，$R=$ 100件/日。

由式(10.2)、式(10.4)和式(10.5)，得

$$Q^* = \sqrt{\frac{2RC_3}{C_1}} = \sqrt{\frac{2\times100\times10}{0.005}} \approx 632\ (\text{件})$$

$$C^* = \sqrt{2C_1C_3R} = \sqrt{2\times0.005\times10\times100} = 3.16\ (\text{元/日})$$

$$t^* = \sqrt{\frac{2C_3}{C_1R}} = \sqrt{\frac{2\times10}{0.005\times100}} = 6.32\ (\text{日})$$

所以，应该每隔6.32日进货一次，每次进货632件，能使总费用(存储费和订货费之和)为最少，平均每天约3.16元。若按年计划，则每年大约进货365/6.32≈58(次)，每次进货632件。

10.2.2 经济生产批量模型(不允许缺货，补充时间较长)

模型假设条件：

①需求是连续均匀的，即需求速度 R 是常数。

②补充需要一定时间，一旦需要，生产可立即开始，但生产需一定周期。设生产是连续均匀的，即生产速度 P 为常数。

③单位存储费为 C_1。由于不允许缺货，故单位缺货费 C_2 为无穷大。订货(生产准备)费 C_3。

经济生产批量模型也称为不允许缺货、生产需要一定时间模型，这也是一种确定型的存储模型。这种存储模型与经济订货批量模型一样，它的需求率 R、单位存储费 C_1、每次生产准备费 C_3，以及每次生产量 Q 都是常量，也不允许缺货，到存储量为零时，可以立即得到补充。所不同的是，经济订货批量模型全部订货同时到位，而经济生产批量模型则是这样的：当存储量为零时开始生产，单位时间的产量即生产率 P 也是常量，生产的产品一部分满足当时的需求，剩余部分则作为存储，存储量以$(P-R)$的速度增加，当生产了 t 单位时间之后，存储量达到最大——$(P-R)t$，于是停止生产，以存储量来满足需求，当存储量降至零时，再开始生产，又开始新的一个周期。经济生产批量模型如图 10.2 所示，另外，在经济生产批量模型中，它的一年的总费用由一年的存储费与一年的生产准备费所构成。

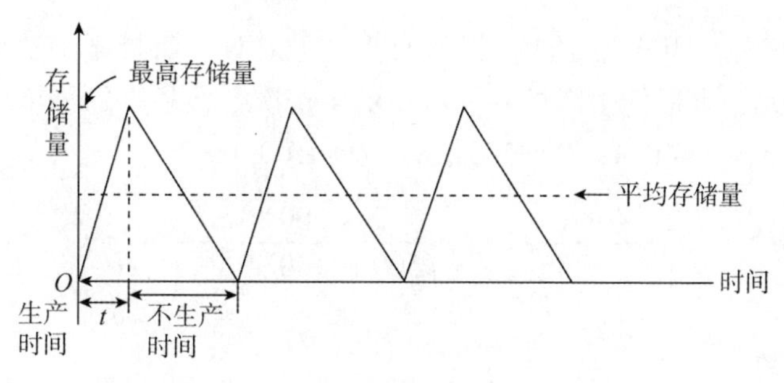

图 10.2

从上述可知最高存储量为$(P-R)t$，另外，如果设在 t 时间内总共生产 Q 件产品，由于生产率是常量 P，就有 $Pt=Q$，可用 P 和 Q 表示 t：

$$t = \frac{Q}{P} \tag{10.6}$$

这样可以把最高存储量表示为

$$(P - R)t = (P - R)\ \frac{Q}{P} = \left(1 - \frac{R}{P}\right)Q \tag{10.7}$$

同样平均存储量为最高存储量的一半，可以表示为

$$\frac{1}{2}(P - R)t = \frac{1}{2}(P - R)\ \frac{Q}{R} = \frac{1}{2}\left(1 - \frac{R}{P}\right)Q \tag{10.8}$$

这样一年的存储费为

$$\text{存储费} = \frac{1}{2}\left(1 - \frac{R}{P}\right)C_1 \tag{10.9}$$

同上节一样，设 R 为产品每年的需求量，则一年的生产准备费用为

$$\text{生产准备费用} = \frac{R}{Q}C_3 \tag{10.10}$$

这样，可知全年的总费用 TC 为

$$TC = \frac{1}{2}\left(1 - \frac{R}{P}\right)QC_1 + \frac{R}{Q}C_3 \tag{10.11}$$

在式(10.11)中，为使 TC 最小，另 $\frac{\mathrm{d}(TC)}{\mathrm{d}Q} = 0$，解得

$$Q^* = \sqrt{\frac{2RC_3}{\left(\frac{P-R}{P}\right)C_1}} \tag{10.12}$$

式(10.12)就是求得一年总的费用最小的最优订货量 Q^* 的公式，称为经济生产批量。

最佳生产间隔期

$$t^* = \frac{Q^*}{R} = \sqrt{\frac{2C_3P}{C_1R(P-R)}} \tag{10.13}$$

全年最小总费用

$$TC^* = \frac{1}{2}\left(1 - \frac{R}{P}\right)Q^*C_1 + \frac{R}{Q^*}C_3 = \sqrt{2C_1C_3R\frac{(P-R)}{P}} \tag{10.14}$$

例 9.2　某厂每月需甲产品 100 件，每月生产 500 件，每批装配费为 5 元，每月每件产品存储费为 0.4 元，求最佳生产批量、每年的生产次数、最少的每年总费用。

解：已知 $c_3 = 5$，$c_1 = 0.4$，$P = 500$，$R = D = 100$

$$Q^* = \sqrt{\frac{2RC_3}{\left(\frac{P-R}{P}\right)C_1}} = \sqrt{\frac{2 \times 100 \times 5}{\left(\frac{500-100}{500}\right) \times 0.4}} \approx 56\ (\text{件})$$

每月的生产次数

$$n = \frac{R}{Q^*} = \frac{100}{56} \approx 2\ (\text{次/月})$$

每年的生产次数为 24 次。

最少的每月总费用

$$TC^* = \sqrt{2C_1C_3R\frac{(P-R)}{P}} = \sqrt{2 \times 0.4 \times 5 \times 100 \times \frac{(500-100)}{500}} = 17.89\ (\text{元/月})$$

最少的每年总费用为 17.89×12=214.66(元)

10.2.3　允许缺货的经济订货批量模型

所谓允许缺货是指企业可以在存储降至零后，再等一段时间，然后订货，当顾客遇到缺货时不受损失或损失很小，并假设顾客会耐心等待直至新的补充到来。当新的补充一到，企业立即将货物交付给这些顾客，如果允许缺货，对企业来说除了支付少量的缺货费外也无其他的损失，这样企业可以利用“允许缺货”这个宽松条件，少付几次订货的固定费用，少付一些存储费，从经济观点出发这样的允许缺货的现象是对企业有利的。

允许缺货的经济订货批量模型的假设条件除了允许缺货外，其余条件皆与经济订货批量模型相同，在模型中所出现的符号 C_1、C_3、R、P、Q 都与前面模型相同，另外，这里设 C_2 为缺少一个单位的货物一年所支付的单位缺货费。

允许缺货的经济订货批量模型的存储量与时间的关系、最高存储量、最大缺货量 S 如

图 10.3 所示。

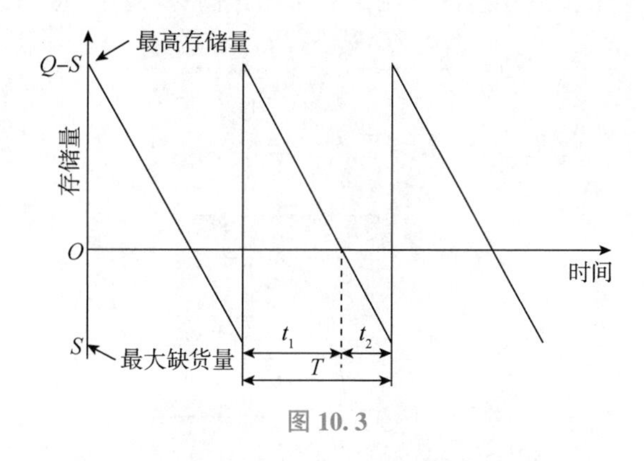

图 10.3

在图 10.3 中，设总的周期时间(是指两次订货的间隔时间)为 T，其中 t_1 表示在 T 中不缺货的时间，t_2 表示在 T 中缺货的时间。设 S 为最大缺货量，这时可知最高存储量为每次订货量 Q 与最大缺货量 S 的差，即为 $Q-S$，因为每次得到订货量 Q 之后就立即支付给顾客最大缺货量 S。

从图 10.3 中可知，在不缺货时期内平均的存储量为 $(Q-S)/2$，而在缺货时期内存储量都为 0，这样可以计算出平均存储量，其值等于一个周期的平均存储量：

$$平均存储量=周期总存储量/周期时间=\frac{\frac{1}{2}(Q-SQ)t_1+0t_2}{T}=\frac{\frac{1}{2}(Q-S)t_1}{T} \tag{10.15}$$

因为最大存储量为 $Q-S$，单位时间需求量为 R，则可求出周期内不缺货的时间 t_1

$$t_1=\frac{(Q-S)}{R} \tag{10.16}$$

又因为每次订货量为 Q，可满足 T 时间的需求，即有

$$T=\frac{Q}{R} \tag{10.17}$$

将式(10.16)、式(10.17)代入式(10.15)，得

$$平均存储量=\frac{(Q-S)^2}{2Q} \tag{10.18}$$

同样可以计算出平均缺货量。平均缺货量等于周期 T 内的平均缺货量，从图 10.3 可知，在 t_1 时间内不缺货，平均缺货量为 0，而在 t_2 时间内，平均缺货量为 $S/2$，即得

$$平均缺货量=\frac{0\cdot t_1+\frac{1}{2}St_2}{T}=\frac{St_2}{2T} \tag{10.19}$$

因为最大缺货量为 S，单位时间需求量为 R，则可求出周期内缺货时间 t_2

$$t_2=\frac{S}{R} \tag{10.20}$$

将式(10.20)、式(10.17)代入式(10.19)，得

$$平均缺货量=\frac{S^2}{2Q} \tag{10.21}$$

在允许缺货的模型中，一年总的费用由一年的存储费、订货费和缺货费组成，即

$$TC=\frac{(Q-S)^2}{2Q}C_1+\frac{R}{Q}C_3+\frac{S^2}{2Q}C_2 \tag{10.22}$$

为了求出最小的 C，另 $\frac{\partial(TC)}{\partial Q}=0$，$\frac{\partial(TC)}{\partial S}=0$，解得

$$Q^*=\sqrt{\frac{2RC_3(C_1+C_2)}{C_1C_2}} \tag{10.23}$$

$$T^*=\frac{Q^*}{R}=\sqrt{\frac{2C_3(C_1+C_2)}{C_1C_2\text{R}}} \tag{10.24}$$

$$S^*=\frac{C_1}{C_1+C_2}Q^*=\sqrt{\frac{2RC_3C_1}{C_2(C_1+C_2)}} \tag{10.25}$$

还可以由式(10.16)、式(10.17)和式(10.20)求出不缺货的时间 t_1、订货间隔期 T 和缺货时间 t_2。

例 10.3 某公司对某种货物的年需求量 $R=4\ 900$ 件，$C_1=1\ 000$ 元/(件·年)，$C_3=500$ 元/次，$C_2=2\ 000$ 元/(件·年)。每年工作日为 250 天。求使一年总费用最低的订货批量、相应的最大缺货量、不缺货时间、缺货时间、每年订货次数和一年的总成本。

解：

最优订货量

$$Q^*=\sqrt{\frac{2RC_3(C_1+C_2)}{C_1C_2}}=\sqrt{\frac{2\times 4\ 900\times(1\ 000+2\ 000)}{1\ 000\times 2\ 000}}=85\text{（件）}$$

最大缺货量

$$S^*=\frac{C_1}{C_1+C_2}Q^*=\frac{1\ 000}{1\ 000+2\ 000}\times 85\approx 28\text{（件）}$$

订货间隔期

$$T=\frac{Q}{R}=\frac{85}{4\ 900/250}\approx 4.34\text{(天)}$$

缺货时间

$$t_2=\frac{S}{R}=\frac{28}{4\ 900/250}=1.43\text{(天)}$$

不缺货时间

$$t_1=T-t_2=4.34-1.43=2.91\text{(天)}$$

每年订货次数

$$\text{n}=\frac{R}{Q^*}=\frac{4\ 900}{85}\approx 57.6\text{（次）}$$

全年总费用

$$\begin{aligned}TC&=\frac{(Q-S)^2}{2Q}C_1+\frac{R}{Q}C_3+\frac{S^2}{2Q}C_2\\&=\frac{(85-28)^2}{2\times 85}\times 1\ 000+\frac{4\ 900}{85}\times 500+\frac{28^2}{2\times 85}\times 2\ 000\approx 57\ 159\text{(元)}\end{aligned}$$

10.2.4　允许缺货的经济生产批量模型

此模型与经济生产批量模型相比，放宽了假设条件：允许缺货。与允许缺货的经济订货批量模型相比，相差的只是——补充需要较长时间。

允许缺货的经济生产批量模型的存储量与时间的关系、最高存储量、最大缺货量 S 如图 10.4 所示。

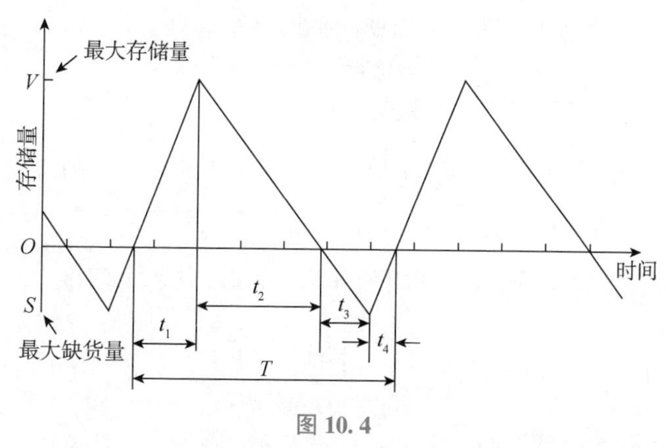

图 10.4

在图 10.4 中，t_1 为在周期 T 中存储量增加的时期，t_2 为在周期 T 中存储量减少的时期，t_3 为在周期 T 中缺货量增加的时期，t_4 为在周期 T 中缺货量减少的时期，显然有周期 $T=t_1+t_2+t_3+t_4$，其中 $t_1=t_2$ 为不缺货时期，t_3+t_4 为缺货期。图 10.4 中的 V 表示最大存储量，S 表示最大缺货量。

由于在 t_1 期间每天的存储量为 $P-R$，可知，最大存储量 $V=(P-R)t_1$，即得到

$$t_1=\frac{V}{P-R} \tag{10.26}$$

同样在 t_2 期间每天的需求量仍为 R，则有

$$t_2=\frac{V}{R} \tag{10.27}$$

在 t_3 期间，开始出现负库存，每天的需求量仍为 R，直至缺货量为 S，则有

$$S=Rt_3$$

即

$$t_3=\frac{S}{R} \tag{10.28}$$

在 t_4 期间，每天除了满足当天的需求外，还有 $P-R$ 的产品可用于减少缺货，则有

$$t_4=\frac{S}{P-R} \tag{10.29}$$

从图 10.4 中可知，在 t_1 和 t_4 中边生产边消耗，其中总产量 Q 的 $\frac{R}{P}$ 满足了当时的需求，而剩下的 $\left(1-\frac{R}{P}\right)Q$ 用于偿还缺货和存储，即

$$V+S=Q\left(1-\frac{R}{P}\right)$$

即得最高存储量

$$V = Q\left(1 - \frac{R}{P}\right) - S \tag{10.30}$$

在不缺货期间的平均存储量为

$$\frac{1}{2}V = \frac{1}{2}\left[Q\left(1 - \frac{R}{P}\right) - S\right] \tag{10.31}$$

在缺货期间的存储量为 0，则一个周期的平均存储量为

$$平均存储量 = \frac{周期总存储量}{周期时间}$$

$$= \frac{\frac{1}{2}\left[Q\left(1 - \frac{R}{P}\right) - S\right][t_1 + t_2] + 0}{[t_1 + t_2 + t_3 + t_4]}$$

将式(10.26)、式(10.27)、式(10.28)和式(10.29)代入上式得

$$平均存储量 = \frac{\frac{1}{2}\left[Q\left(1 - \frac{R}{P}\right) - S\right]V}{V + S}$$

再将式(10.29)代入上式，得

$$平均存储量 = \frac{\left[Q\left(Q - \frac{R}{P}\right) - S\right]^2}{2Q\left(1 - \frac{R}{P}\right)} \tag{10.32}$$

同样在 t_3、t_4 期间平均缺货量为$\frac{1}{2S}$，在 t_1、t_2 期间缺货量为 0，可求得

$$平均缺货量 = \frac{0 + \frac{1}{2}S(t_3 + t_4)}{t_1 + t_2 + t_3 + t_4}$$

将式(10.26)、式(10.27)、式(10.28)和式(10.29)代入上式得

$$平均缺货量 = \frac{\frac{1}{2}S^2}{V + S}$$

再将式(10.30)代入上式，得

$$平均缺货量 = \frac{S^2}{2Q\left(1 - \frac{R}{P}\right)} \tag{10.33}$$

在本模型中一年总费用等于存储费、生产准备费和缺货费之和。即

$$TC = \frac{\left[Q\left(1 - \frac{R}{P}\right) - S\right]^2}{2Q\left(1 - \frac{R}{P}\right)}C_1 + \frac{R}{Q}C_3 + \frac{S^2}{2Q\left(1 - \frac{R}{P}\right)}C_2 \tag{10.34}$$

同前面模型相同，令 $\frac{\partial(TC)}{\partial S} = 0$，$\frac{\partial(TC)}{\partial Q} = 0$

得

$$Q^* = \sqrt{\frac{2RC_3(C_1 + C_2)}{C_1C_2\left(1 - \frac{R}{P}\right)}} \tag{10.35}$$

$$S^* = \sqrt{\frac{2RC_1C_3\left(1 - \frac{R}{P}\right)}{C_2(C_1 + C_2)}} \tag{10.36}$$

将式(10.35)、式(10.36)代入式(10.34)得一年最少的总费用

$$TC^* = \sqrt{\frac{2RC_1C_2C_3\left(1 - \frac{R}{P}\right)}{C_1 + C_2}} \tag{10.37}$$

例 10.4 某公司对某种货物的年需求量 $R = 4\ 900$ 件，$C_1 = 1\ 000$ 元/(件・年)，$C_3 = 500$ 元/次，$C_2 = 2\ 000$ 元/(件・年)。每年生产率 $P = 9\ 800$ 件。

解：使一年总费用最低的存储策略

最优生产批量

$$Q^* = \sqrt{\frac{2RC_3(C_1 + C_2)}{C_1C_2\left(1 - \frac{R}{P}\right)}} = \sqrt{\frac{2 \times 4\ 900 \times (1\ 000 + 2\ 000)}{1\ 000 \times 2\ 000 \times \left(1 - \frac{4\ 900}{9\ 800}\right)}} \approx 121(\text{件})$$

最优缺货量

$$S^* = \sqrt{\frac{2RC_1C_3\left(1 - \frac{R}{P}\right)}{C_2(C_1 + C_2)}} = \sqrt{\frac{2 \times 4\ 900 \times 1\ 000 \times 500 \times \left(1 - \frac{4\ 900}{9\ 800}\right)}{2\ 000 \times (1\ 000 + 2\ 000)}} \approx 20(\text{件})$$

一年的最少总费用

$$TC^* = \sqrt{\frac{2RC_1C_2C_3\left(1 - \frac{R}{P}\right)}{C_1 + C_2}} = \sqrt{\frac{2 \times 4\ 900 \times 1\ 000 \times 2\ 000 \times 500 \times \left(1 - \frac{4\ 900}{9\ 800}\right)}{1\ 000 + 2\ 000}}$$
$$\approx 40\ 414.52(\text{元})$$

10.2.5 价格有折扣的存储模型

所谓的经济订货批量折扣模型是经济订货批量模型的一种发展，经济订货批量模型中商品的价格是固定的，而在这里的经济订货批量折扣模型中商品的价格是随订货的数量的变化而变化的。一般情况下，购买的数量越多，商品单价就越低。由于不同的订货量，商品的单价不同，所以在决定最优订货批量时，不仅要考虑到一年的存储费和一年的订货费，而且要考虑一年的订购商品的货款，要使得它们的总金额最少，为此在这里定义一年的总费用是由以上三项所构成，即有

$$TC = \frac{1}{2}QC_1 + \frac{R}{Q}C_3 + RK \tag{10.38}$$

在这里 K 为当订货量为 Q 时商品单价。

设货物单价为 $K(Q)$ 按三个数量等级变化：

$$K(Q)=\begin{cases}K_1 & 0 \leqslant Q < Q_1 \\ K_2 & Q_1 \leqslant Q < Q_2 \\ K_3 & Q_2 \leqslant Q\end{cases}$$

求解步骤：

①按最小价格 K_3 计算经济批量 Q_0，若可行，则最优订货批量 $Q^* = Q_0$； 否则

②按次小价格 K_2 计算经济批量 Q_0，若可行，分别计算总费用 $TC(Q_0)$、$TC(Q_2)$，由 $\min\{TC(Q_0), TC(Q_2)\}$ 得到最优订货批量 Q^*； 否则

③按最小价格 K_1 计算经济批量 Q_0，分别计算总费用 $TC(Q_0)$，$TC(Q_2)$，$TC(Q_1)$，由 $\min\{TC(Q_0), TC(Q_2), TC(Q_1)\}$ 得到最优订货批量 Q^*。

例 10.5 图书馆设备公司准备从生产厂家购进阅览桌用于销售，每个阅览桌的价格为500元，每个阅览桌存储一年的费用为阅览桌价格的20%，每次的订货费为200元，该公司预测这种阅览桌每年的需求为300个。生产厂商为了促进销售，规定：如果一次订购量达到或超过50个，每个阅览桌将打九六折，每个售价为480元；如果一次订购量达到或超过100个，每个阅览桌将打九五折，每个售价为475元。请确定使其一年总费用最少的最优订货批量 Q^*，并求出这时一年的总费用为多少。

解：已知 $R=300$(个/年)，$C_3=200$(元/次)，当一次订货量小于50个时，每个阅览桌价格 $K_1=500$ 元，这时存储费 $C_1=500\times 20\%=100$ 元/(个·年)；当一次订货量大于等于50个，且小于100个时，每个阅读桌价格 $K_2=480$ 元，$C_1=96$ 元/(个·年)；当一次订货量大于等于100个时，每个阅读桌价格 $K_3=474$ 元，$C_1=95$ 元/(个·年)。可以求得三种情况的最优订货量，具体如下：

当订货量 Q 大于100个时，$K_3=474$ 元，有

$$Q^* = \sqrt{\frac{2\times 300\times 200}{95}} \approx 36(\text{个})(\text{不可行})$$

当订货量 Q 大于等于50个小于100个时，$K_2=480$ 元，有

$$Q^* = \sqrt{\frac{2\times 300\times 200}{96}} \approx 35(\text{个})(\text{不可行})$$

当订货量 Q 小于50个时，$K_1=500$ 元，有

$$Q^* = \sqrt{\frac{2\times 300\times 200}{100}} \approx 35(\text{个})$$

分别计算批量为35个、50个和100个时的总费用，选择最小的总费用对应的批量为最优订货量。

$$TC(35)=\frac{1}{2}\times 35\times 100+\frac{300}{35}\times 200+300\times 500=153\ 464(\text{元})$$

$$TC(50)=\frac{1}{2}\times 50\times 96+\frac{300}{50}\times 200+300\times 480=147\ 600(\text{元})$$

$$TC(100)=\frac{1}{2}\times 100\times 95+\frac{300}{100}\times 200+300\times 475=147\ 860(\text{元})$$

可以看出 $TC(50)$ 最小，故最优订货批量 $Q^*=50$ 个。

10.3 随机型存储模型

10.3.1 单周期的随机型存储模型

在前面的一些存储模型中，把需求率看成常量，把每年、每月、每周，甚至每天的需求都看成是固定不变的已知常量，但在现实世界中，更多的需求却是一个随机变量。

所谓需求为随机变量的单周期的存储模型，就是解决需求为随机变量的一种存储模型，在这种模型中的需求是服从某种概率分布的，需要通过历史统计资料的频率分布来估计。单周期的存储是指在产品订货、生产、存储、销售这一周期的最后阶段或者把产品按正常价格全部销售完毕，或者把按正常价格未能销售出去的产品削价销售出去甚至扔掉，总之要在这一周期内把产品全部处理完毕，而不能把产品放在下一周期里存储和销售。季节性和易变质的产品，例如季节性的服装、挂历、麦当劳店里的汉堡包都是按单周期的方法处理的，而报摊销售报纸是需要每天订货的，今天的报纸今天必须处理完。可以把一个时期报纸问题看成一系列的单周期的存储问题，每天就是一个单周期，任何两天(两个周期)都是相互独立的、没有联系的，每天都要做出每天的存储决策。

报童问题：报童每天销售报纸数量是一个随机变量，每日售出 d 份报纸的概率 $P(d)$，根据以往的经验是已知的，报童每售出一份报纸赚 k 元，如报纸未能售出，每份赔 h 元，问：报童每日最好准备多少报纸?

这就是一个需求量为随机变量的单周期的存储问题，在这个模型里就是要解决最优订货量 Q 的问题。如果订货量 Q 选得过大，那么报童就要因不能售出报纸造成损失；如果订货时 Q 的选得过小，那么报童可能因缺货失去了销售机会造成了机会损失。如何适当地选择 Q 值，才能使这两种损失的期望值之和最小呢?

已知售出 d 份报纸的概率为 $P(d)$，从概率知识可知 $\sum_{d=0}^{\infty} P(d) = 1$。

①当供大于求时 $(Q \geqslant d)$，这时因不能售出报纸而承担损失，每份损失为 h 元，其数学期望值为 $\sum_{d=0}^{Q} h(Q-d)P(d)$。

②当供不应求时 $(Q < d)$，这时因缺货而少赚钱造成的机会损失，每份损失为 k 元，其期望值为 $\sum_{d=Q+1}^{\infty} k(d-Q)P(d)$。

综合①和②两种情况，当订货量为 Q 时，其损失的期望值 EL 为

$$EL = h\sum_{d=0}^{\infty}(Q-d)P(d) + k\sum_{d=Q+1}^{\infty}(d-Q)P(d)$$

下面求出使 $EL(Q)$ 最小的 Q 值。

设报童订报纸最优数量为 Q^*，这时其损失的期望值为最小，即有

① $EL(Q^*) \leqslant EL(Q^*+1)$。

② $EL(Q^*) \leqslant EL(Q^*-1)$。

上式①和②表示了订购 Q^* 份报纸的损失期望值要不大于订购 (Q^*+1) 份或

$(Q^* - 1)$ 份报纸的损失期望值。

由式①有：

$$h\sum_{d=0}^{Q^*}(Q^* - d)P(d) + k\sum_{d=Q^*+1}^{\infty}(d - Q^*)P(d) \leqslant h\sum_{d=0}^{Q^*+1}(Q^* + 1 - d)P(d) + k\sum_{d=Q^*+2}^{\infty}(d - Q^* - 1)P(d)$$

经化简后得

$$(k + h)\left(\sum_{d=0}^{Q^*}P(d)\right) - k \geqslant 0$$

即：

$$\sum_{d=0}^{Q^*}P(d) \geqslant \frac{k}{k + h}$$

由式②有

$$h\sum_{d=0}^{Q^*}(Q^* - d)P(d) + k\sum_{d=Q^*+1}^{\infty}(d - Q^*)P(d) \leqslant h\sum_{d=0}^{Q^*-1}(Q^* - 1 - d)P(d) + k\sum_{d=Q^*}^{\infty}(d - Q^* + 1)P(d)$$

经化简后得

$$(k + h)\left(\sum_{d=0}^{Q^*-1}P(d)\right) - k \leqslant 0$$

即

$$\sum_{d=0}^{Q^*-1}P(d) \leqslant \frac{k}{k + h}$$

这样可知报童所订购报纸的最优数量 Q^* 份应按下列的不等式确定

$$\sum_{d=0}^{Q^*-1}P(d) < \frac{k}{k + h} \leqslant \sum_{d=0}^{Q^*}P(d) \tag{10.39}$$

例 10.6 某报亭出售某种报纸，每出售 100 张可获利 15 元，如果当天不能售出，每 100 张赔 20 元，根据以往经验每天售出该报纸份数的概率 $P(d)$ 如表 10-1 所示。问：报亭每天订购多少张该种报纸能使其赚钱的期望值最大？

表 10-1

销售量/百份	5	6	7	8	9	10	11
概率 $P(d)$	0.05	0.10	0.20	0.20	0.25	0.15	0.05

解：利用式(10.38)确定 Q^*，已知 $k = 15$，$h = 20$ 有

$$\frac{k}{k + h} = \frac{15}{15 + 20} = 0.4286$$

$$\sum_{d=0}^{7}P(d) = 0.05 + 0.1 + 0.2 = 0.35$$

$$\sum_{d=0}^{8}P(d) = 0.05 + 0.1 + 0.2 + 0.2 = 0.55$$

满足 $\sum_{d=0}^{7}P(d) < \frac{k}{k+h} < \sum_{d=0}^{8}P(d)$

故最优的订货量为 800 张，此时赚钱的期望值最大。

10.3.2　多周期的随机型存储模型

(1)需求为随机变量的定量订货模型。在前面，已经讲了需求为随机变量的单周期的存储模型，在这里讲一种需求为随机变量的多周期的模型。在这种模型里，由于需求为随机变量，故无法求得周期(即两次订货时间间隔)的确切时间，也无法求得订货点确切来到的时间。但在这种多周期的模型里，在上一周期里卖不出去的产品可以放到下一个周期里出售，故不存在像单一周期模型里一个周期里出售不出去的产品就要赔偿的情况，故在这种模型里，像经济订货批量模型那样，主要的费用为订货费和存储费。下面给出求订货量和订货点的最优解的近似方法。可以根据平均需求(像经济订货批量模型那样)求出使得全年的订货费和存储费总和最少的最优订货量 Q^*，但在对订货点的处理上是与经济订货批量模型不同的。在经济订货批量模型中，由于需求率是个常量，d/天，对于订货提前期为 m 天的情况，可以把订货点定为 dm，即当仓库里还存有 dm 单位的产品时，就再订货 Q^* 单位的产品，这样当 m 天后 Q^* 单位的产品补充来时，仓库里刚好把剩余的 dm 单位的产品处理完，仓库及时地得到补充。而对需求为随机变量的情况，这种处理显然是不恰当的，正像图 10.5 所示，有时在这 m 天里需求大于 $\bar{d}m$(这里 $\bar{d}$ 为每天平均需求)，这样在 m 天里就出现了缺货，而有时需求小于 $\bar{d}m$，这样 m 天后当新的 Q^* 单位的产品补充来时，仓库里还有剩货。

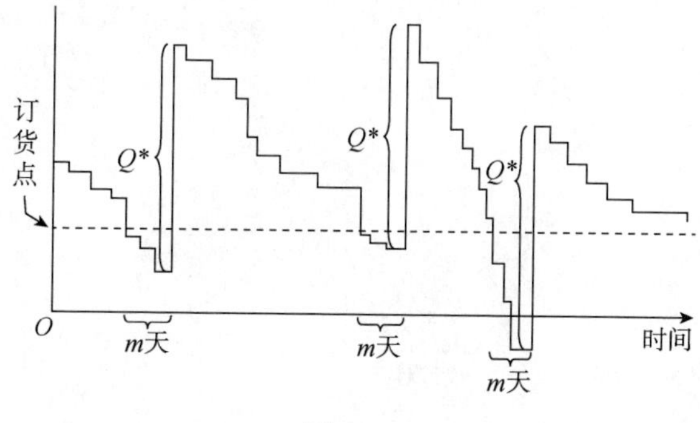

图 10.5

在这种模型里要对订货点进行讨论，而不是简单地定为 $\bar{d}m$，不妨设订货点为 Qmr，即随时对仓库的产品库存进行检查，当仓库里产品库存为 Q_r 时就订货，m 天后送来 Q^* 单位的产品，虽然在 m 天里的需求量是随机的，但一般来说，当 Q_r 值较大时，在 m 天里出现缺货的概率就小，反之当 Q_r 值较小时，在 m 天里出现缺货的概率就大。这样就需要根据具体情况制定出服务水平，即制定在 m 天里出现缺货的概率 α，也即不出现缺货的概率为 $1-\alpha$，即：

$$P(m\text{ 天内需求量} \leqslant Q_r) = 1-\alpha$$

由于每次的订货量 Q^* 可以按经济订货批量模型求得，每年的产品平均需求量可以求得，这样就可以求出每年平均的订货次数，也可以以每年允许在 m 天里出现缺货的次数来作为服务水平。可以依据事先制定的服务水平和 m 天里需求量的概率分布来定出相应的 Q_r 值，并把 $Q_r - \bar{d}m$ 称为安全存储。

例 10.7 某装修材料公司经营某种品牌的地砖，公司直接从厂家购进这种产品，由于公司与厂家距离较远，双方合同规定在公司填写订货单后一个星期厂家把地砖运到公司，公司根据以往的数据统计分析知道在一个星期里此种地砖的需求量服从以均值 $\mu = 850$ 箱、均方差 $\sigma = 120$ 箱的正态分布，又知道每次订货费为 250 元，每箱地砖的成本为 48 元，存储一年的存储费用为成本的 20%，公司规定的服务水平为允许缺货率 5%，公司如何制定存储策略，使得一年的订货费和存储费的总和最少？

解：根据题意可知，年平均需求 $\bar{R} = 850 \times 52 = 44\ 200$ 箱，$C_1 = 9.6$ 元/箱年，$C_2 = 250$ 元/次，$\alpha = 250$，$\mu = 850$ 箱／周，$\sigma = 120$ 箱/周，得

$$Q^* = \sqrt{\frac{2\bar{R}C_3}{C_1}} = \sqrt{\frac{2 \times 44\ 200 \times 250}{9.6}} \approx 1\ 517(\text{箱})$$

$$Q^* = \sqrt{\frac{2\bar{D}c_3}{c_1}} = \sqrt{\frac{2 \times 44\ 200 \times 250}{9.6}} \approx 1\ 517(\text{箱})$$

每年平均订货次数 $n = \dfrac{44\ 200}{1\ 517} \approx 29(\text{次})$

根据服务水平的要求

$$P(\text{一个星期的需求量} \leqslant Q_r) = 1 - \alpha = 0.95$$

又由一个星期的需求量服从均值 $\mu = 850$ 箱、均方差 $\sigma = 120$ 箱的正态分布，故有：

$$\Phi\left(\frac{Q_r - \mu}{\sigma}\right) = 0.95$$

查正态分布表，得

$$\frac{Q_r - \mu}{\sigma} = 1.645$$

即有

$$\frac{Q_r - 850}{120} = 1.645$$

解得订货点

$$Q_r = 850 + 1.645 \times 120 = 1\ 047(\text{箱})$$

安全存储量为 $Q_r - \bar{d}m = 1\ 047 - 850 = 197(\text{箱})$

也就是说当库存下降到 1 047 箱，开始订货，每次订货量为 1 517 箱，这样一年的平均安全存储量为 197 箱，能保证服务水平(不缺货概率)95%，使得一年的总费用最少。

(2)需求为随机变量的定期订货模型。需求为随机变量的定期检查存储量模型是另一种处理多周期的存储问题的模型，在这个模型中定期如一个月或一周检查产品的库存量，根据现有的库存量来确定订货量，这个模型要做的决策是：依据规定的服务水平制定出产品的最高存储水平 M，一旦确定了 M，管理者就很容易确定订货量：

$$Q = M - H$$

式中，H 为在检查时的库存量。

需求为随机变量的定期订货模型处理存储问题的典型方式如图 10.6 所示。

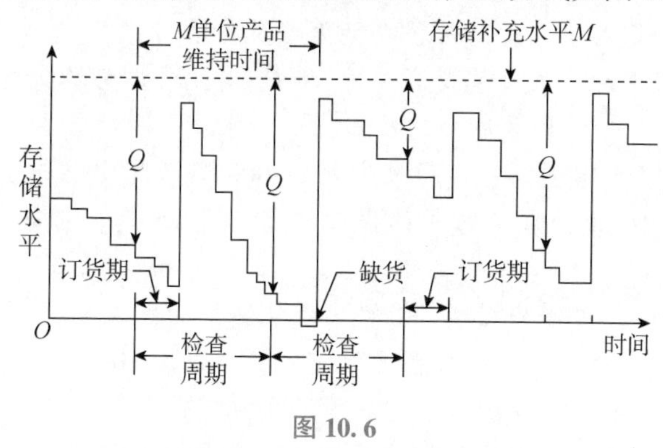

图 10.6

从图 10.6 中看到，在检查了存储水平 H 之后，立即订货 $Q=M-H$，这时的实际库存量加上订货量正好为最高库存水平 M(订货量 Q 过了一个订货提前期才能到达)，从图中可知这 M 单位产品要维持一个检查周期再加上一个订货提前期的消耗，所以可以从一个检查周期加上一个订货提前期的需求的概率分布情况，结合规定的服务水平来制定最高存储水平 M。下面仍以例题来说明。

例 10.8　某公司对某商品实施定期订货策略，检查周期为两个月，提前期为一个月，根据历史资料统计可知，三个月的需求服从$\mu=45$ 吨、$\sigma=3.1$ 吨的正态分布，公司规定缺货概率 10%，试确定最大存储水平 M。若本次盘点库存量为 21 吨，则本次订货量 Q 为多少？

解：

$$P(\text{三个月的需求 } d \leqslant M) = 1 - \alpha$$

$$\Phi\left(\frac{M-\mu}{\sigma}\right) = 90\%$$

查正态分布表，得

$$\frac{M-\mu}{\sigma} = 1.28$$

解得

$$M = \mu + 1.28\sigma = 45 + 1.28 \times 3.1 \approx 47(\text{吨})$$

本次订货量

$$Q = M - H = 47 - 21 = 26(\text{吨})$$

习题十

1. 某商品单位成本为 5 元，每天存储费为成本的 0.1%，每次订货费为 10 元。已知对该商品的需求是 100 件/天，不允许缺货。假设该商品的进货可以随时实现。问：应怎样组织进货，才能最经济？

2. 某公司预计年销售计算机 2 000 台，所需 CPU 每次订货费为 500 元，存储费为 32 元/(年・台)，不允许缺货。进货可以随时实现。求最优订货批量及订货周期。

3. 某仪表厂今年拟生产某种仪表 30 000 个。该仪表中有个元件需要向仪表元件厂订购。每次订购费用 50 元，该元件单价为每只 0.5 元，全年保管费用为购价的 20%。

(1)试求仪表厂今年对该元件的最佳存储策略及费用。

(2)如果明年拟将这种仪表产量提高一倍，则所需元件的订购批量应比今年增加多少？订购次数又为多少？

4. 设某工厂生产某种零件，每年需求量为 18 000 个。该厂每月可生产 3 000 个，每次生产准备费用为500 元，每个零件每月的保管费用为 0.15 元。求每次生产的最佳批量和最低费用。

5. 商店经销某商品，月需求量为 30 件，需求速度为常数。该商品每件进价 300 元，月存储费为进价的 2%。向工厂订购该商品时订购费为每次 20 元，到货速度为常数，即每天 2 件。求最优存储策略。

6. 某批发商经营某种商品，已知该商品的月需求量为 1 000 件，每次订购费为 50 元，存储费 1 元/(件・月)，缺货的损失费为 0.5 元/(件・月)。求最优存储策略。

7. 企业生产某种产品，正常生产条件下可生产 10 件/天。根据供货合同，需按 7 件/天供货。存储费每件 0.13 元/天，缺货费 0.5 元/天，每次生产准备费用为 80 元，求最优存储策略。

8. 某车间每月需要某种零件 300 件，前一车间该零件的生产准备费为 10 元/次，生产速率为 400 件/月，存储费 0.1 元/(件・月)，缺货的损失费为 0.2 元/(件・月)。求最优存储策略。

9. 某厂为了满足生产需要，定期向外单位订购一种零件。该零件平均日需求为 100 个，每天零件保管费用为 0.02 元，订购一次费用为 100 元。试分别求下列情况下的经济批量 Q^* 和最佳订购周期 t^*：

(1)假如不允许缺货；

(2)假如供货单位不能即时供应，而是按一定的速度均匀供给，设每天供给量 $P=200$ 个。

10. 某企业每月甲零件的生产量为 800 件，该零件月需求量为 500 件，每次准备成本 50 元，每件月存储费为 10 元，缺货费 8 元，求最优生产批量及生产周期。

11. 一家快餐店每日需用食油 16 千克，每订购一次货的订购费用为 16 元，每千克油每天的保管费为 0.02 元，食油的价格为每千克 5 元，当订货量超过 200 千克(含 200 千克)而不足 500 千克时，每千克的价格为 4.8 元，而订货量超过 500 千克时，每千克价格为 4.7 元。试确定最优订货量。

12. 工厂每周需要零配件 32 箱，存储费每箱每周 1 元，每次订购费 25 元，不允许缺货。零配件进货时若：①订货量 1~9 箱时，每箱 12 元；②订货量 10~49 箱时，每箱 10 元；③订货量 50~99 箱时，每箱 9.5 元；④订货量 99 箱以上时，每箱 9 元。求最优存储策略。

13. 某厂每年需要某种产品 500 个单位，每次订购费用 100 元，单位产品年保管费用 10 元，不允许缺货，产品单价 K 随采购数量的不同而变化：

$$K(Q)=\begin{cases}12\text{ 元}, & Q<150\\10\text{ 元}, & Q\geqslant 120\end{cases}$$

求最优经济批量。

14. 某工厂将从国外进口 150 台设备。这种设备有一个关键部件，其备件必须与进口设备同时购买，不能单独订货。该种备件订购单价为500元，无备件时导致的停产损失和修理费用合计为10 000元。根据有关资料计算，在计划使用期内，150台设备因关键部件损坏而需要r个备件的概率$P(r)$见表10.2。问：工厂应为这些设备同时购买多少关键部件的备件？

表10.2

R	0	1	2	3	4	5	6	7	8	9	9以上
$P(r)$	0.47	0.20	0.07	0.05	0.05	0.03	0.03	0.03	0.03	0.02	0.02

15. 工厂生产某种产品，成本220元/吨，售价320元，每月存储费10元。月销售量为正态分布，平均值为60吨，标准差为3吨。问：工厂应每月生产该产品多少，使获利的期望值最大？

16. 某出版社要出版一本工具书，估计其每年的需求率为常量，每年需求18 000套，每年的成本为150元，每年的存储成本率是18%。其每次生产准备费为1 600元，印制该书的设备生产率为每年30 000套，假设该出版社每年250个工作日，要组织一次生产的准备时间是10天，请用不允许缺货的经济生产批量的模型，求出：

①最优经济生产批量；

②每年组织生产的次数；

③两次生产的间隔时间；

④每次生产所需的时间；

⑤最大存储水平；

⑥生产和存储的全年总成本；

⑦再订货点。

第十一章 决策论

11.1 决策的基本问题

11.1.1 决策的基本概念

决策通常是人们在政治、经济、技术和日常生活中普遍存在的一种选择方案的行为。决策是管理中经常发生的一种活动。决策就是决定的意思。在人们的日常生活中，在企业的经营活动中，在政府的政治活动中做决策的情况是常有的。

决策(decision making)是一种对已知目标和方案的选择过程，当人们已知确定需实现的目标是什么，根据一定的决策准则，在供选方案中做出决策的过程。诺贝尔奖获得者西蒙认为“管理就是决策”，这就是说管理的核心就是决策。

学者格雷戈里在《决策分析》中提及，决策是对决策者将采取的行动方案的选择过程。

决策科学：一门专门研究决策科学的学问。包括决策心理学、决策的数量化方法、决策评价以及决策支持系统、决策自动化等。

决策：狭义决策认为决策就是做决定，单纯强调最终结果；广义决策认为将管理过程的行为都纳入决策范畴，决策贯穿于整个管理过程中。

决策目标：决策者希望达到的状态，工作努力的目的。一般而言，在管理决策中决策者追求的当然是利益最大化。

决策准则：决策判断的标准，备选方案的有效性度量。

决策属性：决策方案的性能、质量参数、特征和约束，如技术指标、重量、年龄、声誉等，用于评价它达到目标的程度和水平。

科学决策过程：任何科学决策的形成都必须执行科学的决策程序。决策最忌讳的就是决策者拍脑袋决策，只有经历过“预决策→决策→决策后”三个阶段，才有可能产生科学的决策。

11.1.2 决策的分类

(1)按性质的重要性分类，决策分为战略决策、策略决策和执行决策，或叫战略计划、管理控制和运行控制。

战略决策是涉及某组织发展和生存有关全局性、长远性问题的决策，如厂址的选择、新产品开发方向、新市场的开发、原料供应地的选择，等等。

策略决策是为完成战略决策所规定的目的而进行的决策，如对一个企业来讲，产品规格的选择、工艺方案和设备的选择、厂区和车间内工艺路线的布置，等等。

执行决策是根据策略决策的要求对执行行为方案的选择，如生产中产品合格标准的选择、日常生产调度的决策，等等。

(2)按决策的结构分类，分为程序决策和非程序决策。

程序决策是一种有章可循的决策，一般是可重复的。

非程序决策一般是无章可循的决策，只能凭经验直觉做出应变的决策。一般是一次性的。由于决策的结构不同，决策问题的方式也不同，归纳如表 11.1 所示。

表 11.1

解决问题的方式	程序决策	非程序决策
传统方式	习惯	直观判断，创造性概测
	标准规程	选拔人才
现代方式	运筹学	培训决策者
	管理信息系统	人工管理，专家系统

(3)按定量和定性分类，分为定量决策和定性决策。描述决策对象的指标都可以量化时可用定量决策，否则只能用定性决策。总的趋势是尽可能地把决策问题量化。

(4)按决策环境分类，决策分为确定型、风险型和不确定型三种。

确定型决策是指决策环境是完全确定的，做出的选择结果也是确定的。

风险型决策是指决策的环境不是完全确定的，而其发生的概率是已知的。

不确定型决策是指决策者对将发生结果的概率一无所知，只能凭决策者的主观倾向进行决策。

(5)按决策过程的连续性分类，分为单项决策和序贯决策。

单项决策是指整个决策过程只做一次决策就得到结果。

序贯决策是指整个决策过程由一系列决策组成。一般来讲，管理活动是由一系列决策组成的，但在这一系列决策中往往有几个关键环节要做决策，可以把这些关键的决策分别看作单项决策。

11.1.3 决策过程

整个过程可概括为下述几个环节：

(1)确定目标或提出问题：确定决策过程的各阶段和环境以及相关的信息。要明确决策人、备选方案、衡量方案后果的指标、关键的环境状态。

(2)收集信息：需收集更多的信息以慎重研究，而收集信息要付出代价，因此要进行信息价值分析。

(3)制定备选方案：制定若干个可供选择的方案。

(4)评价方案：按估计的后果及主观概率算出每种方案的准则指标期望值，取其中最大者为最优方案。

(5)灵敏度分析：按一定规则改变决策树模型的各项参数，观察其对方案后果的影响幅度，直到方案的最优次序变更为止，这就找出各参数的最大容许偏差。在偏差内，分析结论可信。

(6)选择方案：待上述各阶段的问题充分分析以后，便可选定方案。

以上各环节相互联系，各环节间可能出现几次反复。

11.1.4 决策的原则

现代决策问题具有系统化、综合化、定量化等特点，决策过程必须遵循科学原则，并按严格程序进行。

(1)信息原则：指决策中要尽可能调查、收集、整理一切有关信息，这是决策的基础。

(2)预测原则：通过预测，为决策者提供有关发展方向和趋势的信息。

(3)可行性原则：任何决策方案在政策、资源、技术、经济方面都要合理可行。

(4)系统原则：决策时要考虑与问题有关的各子系统，要符合全局利益。

(5)反馈原则：将实际情况变化和决策付诸行动后的效果，及时反馈给决策者，以便对决策及时调整。

11.2 确定型决策

确定型决策是指决策的未来状态是已知的，只需从备选的决策方案中，挑选出最优方案。

确定型决策问题应具备以下几个条件：

①具有决策者希望的一个明确目标(收益最大或损失最小)。

②只有一个确定的自然状态。

③具有两个以上的决策方案。

④不同的决策方案在确定的自然状态下的损益值可以推算出来。

例 11.1 某企业根据市场需要，需添置一台数控机床，可采用的方式有三种：

甲方案：引进外国进口设备，固定成本为 1 000 万元，产品每件可变成本为 12 元。

乙方案：用较高级的国产设备，固定成本为 800 万元，产品每件可变成本为 15 元。

丙方案：用一般国产设备，固定成本为 600 万元，产品每件可变成本为 20 元。

试确定在不同生产规模情况下的购置机床的最优方案。

解：此题为确定型决策。利用经济学知识，选取最优决策。最优决策也就是在不同生产规模条件下，选择总成本较低的方案。

最优方案为：当生产规模产量小于 40 万件时，采用丙方案；当生产规模产量大于 40 万件、小于 200/3 万件时，采用乙方案；当生产规模产量大于 200/3 万件时，采用甲方案。

确定型决策看似简单，但在实际工作中可选择的方案很多时，往往十分复杂，必须借助计算机才能解决。

11.3　不确定型决策

不确定型决策的基本特征是无法确切知道哪种自然状态将出现，而且对各种状态出现的概率也一无所知，只能凭决策者的主观倾向进行决策。下面介绍几种常用的准则，决策者可以根据其具体情况，选择一个最合适的准则进行决策。

例 11.2　设某工厂生产某产品的单位成本为 30 元，批发价格为每件 35 元；若当月生产的产品当月销售不完，每件损失 1 元。已知工厂每月产量可以是：0、10、20、30、40。根据市场调查和历史记录表明，这种产品的需求量也可能是：0、10、20、30、40。问：领导如何决策？

解：这个问题可用决策矩阵来描述。决策者可供选择的生产计划方案有五种 A_i：0、10、20、30、40。每个方案都会遇到五种销售情况：0、10、20、30、40，但不知它们发生的概率。每个“方案—状态”对都可以计算出相应的收益值或损失值。如当选择月产量为 20 件时，而销出量为 10 件。这时收益额为：

$$10\times(35-30)-1\times(20-10)=40(\text{元})$$

将收益值或损失值记作 a_{ij}。将这些数据汇总在矩阵中，如表 11.2 所示。

表 11.2

项目		状态				
		0	10	20	30	40
方案	0	0	0	0	0	0
	10	-10	50	50	50	50
	20	-20	40	100	100	100
	30	-30	30	90	150	150
	40	-40	20	80	140	200

这就是决策矩阵。根据决策矩阵中的元素所示的含义不同，可称为收益矩阵、损失矩阵、风险矩阵、后悔值矩阵，等等。

11.3.1　乐观准则(最大最大准则)

乐观准则的基本思想：决策者对事物的未来抱有乐观的态度，以好中之好的态度来选择决策方案。记：

$$u(A_i)=\max_{1\leqslant j\leqslant n}a_{ij}\quad i=1,\ \cdots,\ m \tag{11.1}$$

则最优方案 A_i^* 应满足：

$$u(A_i^*)=\max_{1\leqslant i\leqslant m}u(A_i)=\max_{1\leqslant i\leqslant m}\ \max_{1\leqslant j\leqslant n}a_{ij} \tag{11.2}$$

由式(11.1)计算例 11.2，在收益矩阵中先从各策略所对应的可能发生的“方案—状态”对的结果中选出最大值，将它们列于表的最右列。在从此列的数值中选出最大者，以它对应的策略为决策者应选的决策策略，计算如表 11.3 所示。

表 11.3

项目		状态					$\max a_{ij}$
		0	10	20	30	40	
方案	0	0	0	0	0	0	0
	10	-10	50	50	50	50	50
	20	-20	40	100	100	100	100
	30	-30	30	90	150	150	150
	40	-40	20	80	140	200	200*

根据最大最大决策准则有：

$$\max(0,\ 50,\ 100,\ 150,\ 200)=200$$

它对应的策略为 S_5，即为决策者应选的策略。

11.3.2 悲观准则(最大最小准则)

悲观准则的基本思想：决策者从最不利的角度去考虑问题，且最佳选择是从最不利的结果中选择最有利的结果。

$$u(A_i)=\min_{1\leqslant j\leqslant n} \quad i=1,\ 2,\ \cdots,\ m \tag{11.3}$$

$$u(A_i^*)=\max_{1\leqslant i\leqslant m} u(A_i)=\max_{1\leqslant i\leqslant m}\ \min_{1\leqslant j\leqslant n} a_{ij} \tag{11.4}$$

由(11.3)式计算例 11.2，在收益矩阵中先从各策略所对应的可能发生的“方案—状态”对的结果中选出最小值，将它们列于表的最右列。在从此列的数值中选出最大者，以它对应的策略为决策者应选的决策策略，计算如表 11.4 所示。

表 11.4

项目		状态					$\min a_{ij}$
		0	10	20	30	40	
方案	0	0	0	0	0	0	0*
	10	-10	50	50	50	50	-10
	20	-20	40	100	100	100	-20
	30	-30	30	90	150	150	-30
	40	-40	20	80	140	200	-40*

根据最大最小决策准则有：

$$\max(0,\ -10,\ -20,\ -30,\ -40)=0$$

它对应的策略为 S_1，即为决策者应选的策略。

11.3.3 折中准则

折中准则的基本思想：决策者对事物既不乐观，也不悲观，而是从中折中平衡一下，用一个乐观系数 α 来表示决策者对状态的乐观程度，并规定 $\alpha\in[0,\ 1]$。

$$u(A_i^*)=\alpha \max_{1\leqslant j\leqslant n} a_{ij}+(1-\alpha)\min_{1\leqslant j\leqslant n} a_{ij},\ i=1,\ 2,\ \cdots,\ m \tag{11.5}$$

设 $\alpha = 1/3$，由式(11.5)计算例 2，将它们列于表的最右列，计算如表 11.5 所示。

表 11.5

项目		状态					$u(A_i^*)$
		0	10	20	30	40	
方案	0	0	0	0	0	0	0^*
	10	−10	50	50	50	50	10
	20	−20	40	100	100	100	20
	30	−30	30	90	150	150	30
	40	−40	20	80	140	200	40^*

本例决策为：

$$\max(0, 10, 20, 30, 40) = 40$$

它对应的策略为 S_4。

11.3.4　等可能准则(Laplace 准则)

等可能准则也叫作 Laplace 准则，它是 19 世纪数学家 Laplace 提出的。他认为，当决策者无法事先确定每个自然状态出现的可能性时，就可以把每个自然状态出现的可能性定为 $1/n$，n 是自然状态数，然后按照收益最大的准则决策。由此法则例 11.2 决策为：

$$\max(0, 38, 64, 78, 80) = 80$$

它对应的策略为 S_4，如表 11.6 所示。

表 11.6

项目		状态					$u(A_i^*)$
		0	10	20	30	40	
方案	0	0	0	0	0	0	0^*
	10	−10	50	50	50	50	38
	20	−20	40	100	100	100	64
	30	−30	30	90	150	150	78
	40	−40	20	80	140	200	80^*

11.3.5　遗憾准则

决策者在制定决策之后，由于决策失误而没有选择收益最大的方案，则会感到遗憾或后悔。遗憾法则的基本思想：尽量减少决策后的遗憾，使决策者不后悔或少后悔。具体计算时，首先根据收益矩阵算出决策者的“后悔矩阵”，该矩阵的元素(称为后悔值)b_{ij}的计算公式为：

$$b_{ij} = \max_{1 \leqslant i \leqslant m} a_{ij} - a_{ij} \quad i = 1, 2, \cdots, m; j = 1, \cdots, n \tag{11.6}$$

然后，记：

$$u(A_i) = \max_{1 \leqslant j \leqslant n} b_{ij}, \ i = 1, 2, \cdots, m \tag{11.7}$$

所选的最优方案应是

$$u(A_i^*) = \min_{1 \leqslant i \leqslant m} u(A_i) = \min_{i \leqslant i \leqslant m} \max_{1 \leqslant j \leqslant n} b_{ij} \tag{11.8}$$

仍以例 11.2 为例，计算出的后悔矩阵如表 11.7 所示，最优方案为 S_4。

表 11.7

项目		状态					max
		0	10	20	30	40	
方案	0	0	50	100	150	200	200
	10	10	0	50	100	150	150
	20	20	10	0	50	100	100
	30	30	20	10	0	50	50
	40	40	30	20	10	0	40^*

由于在非确定决策中，各种决策环境是不确定的，所以对于同一个决策问题，用不同的方法求值，将会得到不同的结论，在现实生活中，同一个决策问题，决策者的偏好不同，也会使得处理相同问题的原则方法不同。

11.4 风险型决策方法

风险型决策是指已知每种自然状态出现的概率，并可算出在不同状态下的效益值。一般风险型决策问题的提法：假设 A_1，A_2，…，A_m 表示所有可能选择的方案；S_1，S_2，…，S_n 表示所有可能出现的状态；每一状态出现的概率为 p_j，记 a_{ij}表示方案 A_i 当状态 S_j 出现时的损益值。一般风险型决策问题可由表 11.8 表示。

表 11.8

项目		状态			
		S_1	S_2	…	S_n
		p_1	p_2	…	p_n
方案	A_1	a_{11}	a_{12}	…	a_{1n}
	A_2	a_{21}	a_{22}	…	a_{2n}
	⋮	⋮	⋮	…	⋮
	⋮	⋮	⋮	…	⋮
	A_m	a_{n1}	a_{n2}	…	a_{nn}

11.4.1 期望值准则

对于任何行动方案 a_j，计算出其损益值的期望值。然后，比较各行动方案实施后的结果，取具有最大损益期望值的行动为最优行动的决策原则，称为期望值决策准则。效益期望值 $EMV=\sum$条件效益值×概率，即：

$$EMV_i = \sum_{j=1}^{n} p_j a_{ij} \tag{11.9}$$

(1)最大期望收益决策准则(Expected Monetary Value, *EMV*)。

决策矩阵的各元素代表"策略—事件"对的收益值。各事件发生的概率为 p_j，先计算各策略的期望收益值，然后从这些期望收益值中选取最大者，它对应的策略为决策应选策略，即选择最大效益期望值所对应的方案为决策方案：

$$EMV^* = \max\{EMV_i\} \tag{11.10}$$

例 11.3 某电讯公司决定开发新产品，需要对产品品种做出决策，有三种产品 A_1、A_2、A_3 可供生产开发。未来市场对产品需求情况有三种，即较大、中等、较小，经估计，各种方案在各种自然状态下的效益值如表 11.9 所示。各种自然状态发生的概率分别为 0.3、0.4 和 0.3. 那么工厂应生产哪种产品，才能使其收益最大？

表 11.9

状态及概率方案	需求量较大 $p_1=0.3$	需求量中等 $p_2=0.4$	需求量较小 $p_3=0.3$
A_1	50	20	-20
A_2	30	25	-10
A_3	10	10	10

解：各种方案的效益期望值为：

$$EMV_1 = 50\times0.3+20\times0.4+(-20)\times0.3=17(\text{万元})$$
$$EMV_2 = 30\times0.3+25\times0.4+(-10)\times0.3=16(\text{万元})$$
$$EMV_3 = 10\times0.3+10\times0.4+10\times0.3=10(\text{万元})$$
$$\max EMV_i = 17(\text{万元})$$

因此选择相应方案，即开发 A_1 产品。

EMV 决策准则适用于一次决策多次重复进行生产的情况，所以它是平均意义下的最大收益。

(2)最小机会损失决策准则(Expected Opportunity Loss, *EOL*)。

矩阵的各元素代表"策略—事件"对的机会损失值，各事件发生的概率为 p_j，先计算各策略的期望损失值：

$$\sum_j p_j a'_{ij},\ i=1, 2, \cdots, n$$

然后从这些期望损失值中选取最小者，它对应的策略为决策应选策略。即

$$\min_i(\sum_j p_j a'_{ij}) \tag{11.11}$$

表上运算与上述相似。

11.4.2 贝叶斯决策

决策的科学化就是90%的信息加上10%的判断，信息必须全面、准确、及时，否则就会造成决策的失误，只有最大限度地获取信息和利用信息，才能最大限度地提高决策的正确性。

在风险型决策中，假设各个结局 R_j 的发生概率是已知的，一般 P_j 总是根据历史经验、统计资料由决策者估计的，又称为“先验概率”，具有较大的主观性，往往不能完全反映客观规律，为此需要采取措施，掌握更多信息，逐步修正先验概率。

在已知先验概率的基础上，通过调查又获得许多信息，增加了抽样试验后就能得到抽样概率，然后用贝叶斯(Bayes)公式修正先验概率，经修正过的先验概率称为后验概率。其步骤为：

①先由过去的经验或专家估计获得将发生事件的事前(先验)概率。

②根据调查或试验计算得到条件概率，利用贝叶斯公式：

$$P(B_i/A)=\frac{P(B_i)P(A/B_i)}{\sum_{i=1}^{n}P(B_i)P(A/B_i)} \quad i=1,\cdots,n \tag{11.12}$$

计算出各事件的事后(后验)概率。

例 11.4 某商场根据经验表明：当进货决策正确时，销售率为90%，而当进货决策失误时，销售率只有30%。另外，每天早晨开始营业时，决策正确的概率为75%。若第一批商品上柜时，便被抢购一空，求：此时决策正确的概率是多少？

解： 记 A 为“商品售出”，B 为“决策正确”，则已知：

$$P(A\mid B)=0.9;\ P(A\mid \bar{B})=0.3;\ P(B)=0.75;\ P(\bar{B})=0.25$$

$$P(B\mid A)=\frac{P(A\mid B)P(B)}{P(A\mid B)P(B)+P(A\mid \bar{B})P(\bar{B})}=\frac{0.9\times 0.75}{0.9\times 0.75+0.3\times 0.25}=0.9$$

表明：决策正确的概率由原来的0.75提高到0.90。

一般情况下，后验概率总能比先验概率提高决策的正确性，但是我们必须进一步考虑抽样试验是否合算的问题。

例 11.5 某钻井大队在某地区进行石油勘察，主观估计该地区有石油的概率为 $P(A_1)=0.5$，无油的概率为 $P(A_2)=0.5$。为了提高钻探的效果，先做地震试验，根据积累的资料得知：

凡有油地区做试验，试验结果好（B_1）的概率为 $P(B_1\mid A_1)=0.9$；试验结果不好（B_2）的概率为 $P(B_2\mid A_1)=0.1$。

凡无油地区做试验，试验结果好的概率为 $P(B_1\mid A_2)=0.2$；试验结果不好的概率为 $P(B_2\mid A_2)=0.8$。

问：在该地区做试验后，该地区有油与无油的概率各是多少？

解： ①先计算做地震试验结果好与不好的概率：

做地震试验结果好的概率(全概公式)：

$$\begin{aligned}P(B_1)&=P(B_1\mid A_1)P(A_1)+P(B_1\mid A_2)P(A_2)\\&=0.5\times 0.9+0.5\times 0.2=0.55\end{aligned}$$

做地震试验不好的概率：

$$\begin{aligned}P(B_2)&=P(B_2\mid A_1)P(A_1)+P(B_2\mid A_2)P(A_2)\\&=0.5\times 0.1+0.5\times 0.8=0.45\end{aligned}$$

②利用贝叶斯公式计算各事件的事后(后验)概率：

做地震试验好的条件下，有油的概率：

$$P(A_1 \mid B_1) = \frac{P(B_1 \mid A_1)P(A_1)}{P(B_1)} = \frac{0.5 \times 0.9}{0.55} = \frac{9}{11}$$

做地震试验好的条件下，无油的概率：

$$P(A_2 \mid B_1) = \frac{P(B_1 \mid A_2)P(A_2)}{P(B_1)} = \frac{0.5 \times 0.2}{0.55} = \frac{2}{11}$$

做地震试验不好的条件下，有油的概率：

$$P(A_1 \mid B_2) = \frac{P(B_2 \mid A_1)P(A_1)}{P(B_2)} = \frac{0.5 \times 0.1}{0.45} = \frac{1}{9}$$

做地震试验不好的条件下，无油的概率：

$$P(A_2 \mid B_2) = \frac{P(B_2 \mid A_2)P(A_2)}{P(B_2)} = \frac{0.5 \times 0.8}{0.45} = \frac{8}{9}$$

11.5 决策树

有些决策问题，当进行决策后又产生一些新情况，并需要进行新的决策，接着又有一些新情况，又需要进行新的决策。这样决策、情况、决策……构成一个序列，这就是序列决策。描述序列决策的有力工具是决策树，决策树是由决策点、事件及结果构成的树形结构图。一般选用最大收益期望值和最大效用期望值或最大效用值为决策准则。决策树的基本符号如下：

□：表示决策点，也称为树根，由它引发的分枝称为方案分枝；n 条分枝表示有 n 种供选方案，有待决策者进行分析和选择。

○：表示状态点，其上方数字表示该方案的最优收益期望值，由其引出的 m 条线称为概率枝，表示有 m 种自然或社会环境可能出现的状态，其发生的概率已标明在分枝上。

△：表示结果点，在各分枝的末端，它旁边的数字表示每个方案在相应自然状态的效益值。

方法：

①根据题意做出决策树图；

②从右向左计算各方案期望值，并进行标注；

③对期望值进行比较，选出最大效益期望值，写在□上方，表明其所对应方案为决策方案。

决策树将决策过程中的各种环境状态和有关方案及其后果的信息清晰地表达出来，并可据此进行运算，选择最优方案。下面举例来说明决策树建构过程。

例 11.6 某厂决定生产某产品，要对机器进行改造。投入不同数额的资金进行改造有三种方法，分别为购新机器、大修和维护，根据经验，销路好发生的概率为 0.6。相关投入额及不同销路情况下的效益值如表 11.10 所示，请选择最佳方案。

表 11.10

供选方案	投资额 T_i	销路好 $p_1=0.6$	销路不好 $p_2=0.4$
A_1：购新	12	25	-20
A_2：大修	8	20	-12
A_3：维护	5	15	-8

解：①根据题意，做出决策树，如图 11.1 所示。

②计算各方案的效益期望值：

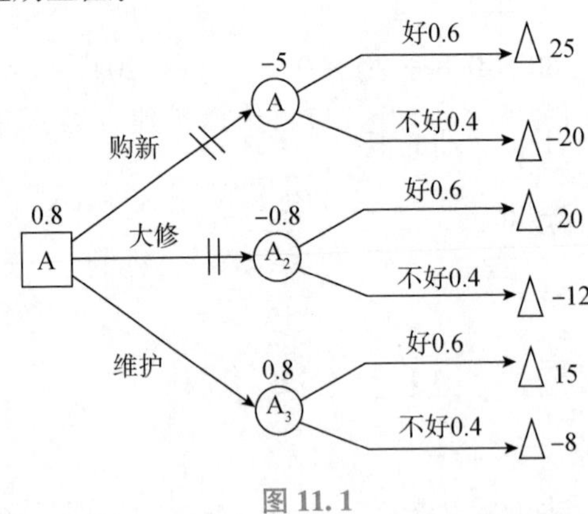

图 11.1

上例只包括一级决策，叫作单级决策问题。在许多实际问题中，往往包含有多级决策，我们可用多级决策树进行分析。一个多级决策树是由许多单级决策树组成的，其中，一些决策树的结果点成为下一级决策树的决策点。

例 11.7 某公司市场需求增加，这使得公司决定要扩大公司规模，供选方案有三种：第一种方案，新建一个大工厂，需投资 250 万元；第二种方案，新建一个小工厂，需投资 150 万元；第三种方案，新建一个小工厂，2 年后若产品销路好再考虑扩建，扩建需追加 120 万元，后 3 年收益用于新建大工厂。

如表 11.11 所示，根据预测该产品前 3 年畅销和滞销的概率分别为 0.6、0.4。若前 2 年畅销，则后 3 年畅销后滞销概率为 0.8、0.2；若前 2 年滞销，则后 3 年一定滞销，请对方案做出选择。

表 11.11

自然状态	概率		供选方案与效益			
	前 2 年	后 3 年	大工厂	小工厂	先小后大	
					前 2 年	后 3 年
畅销	0.6	畅销 0.8 滞销 0.2	150	80	80	150
滞销	0.4	畅销 0 滞销 1	-50	20	20	-50
成本			250	150	150	120

解：①根据题意，做出决策树，如图 11.2 所示。

②计算各方案的效益期望值：

先计算结点 5、6、7、8、10、11、12 的期望值：

$$E(5)=[150\times0.8+(-50)\times0.2]\times3=330$$

$$E(6)=[-50\times1.0]\times3=-150$$

$$E(7)=[80\times0.8+20\times0.2]\times3=204$$

$$E(8)=[20\times1.0]\times3=60$$

$$E(10)=[20\times1.0]\times3=60$$

$$E(11)=[150\times0.8+(-50)\times0.2]\times3-120=210$$

$$E(12)=[80\times0.8+20\times0.2]\times3=204$$

由此决策是否扩建：因为 $E(11)>E(12)$，选择扩建方案。再计算结点 2、3、4 的期望值，分别为：

$$E(2)=[150\times0.6+(-50)\times0.4]\times2+[330\times0.6+(-150)\times0.4]-250=28$$

$$E(3)=[80\times0.6+20\times0.4]\times2+[204\times0.6+60\times0.4]-150=108.4$$

$$E(4)=[80\times0.6+20\times0.4]\times2+[210\times0.6+60\times0.4]-150=112$$

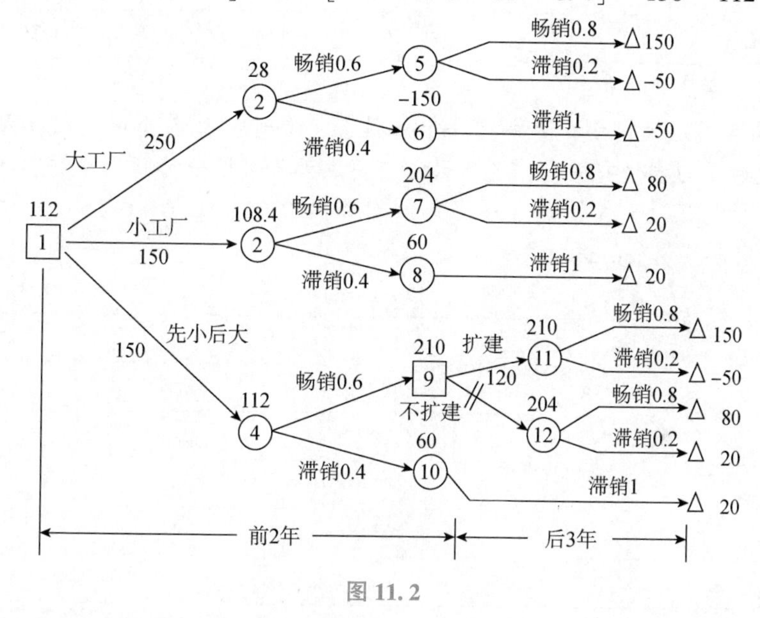

图 11.2

③比较方案，E(4)最大，则取最大值 112，对应的方案是先小后大作为选定方案，即先建小厂，后扩建大工厂的方案为最终方案。

习题十一

1. 简答题：

(1)简述决策的分类及决策的程序。

(2)简述确定型决策、风险型决策和不确定型决策之间的区别，不确定型决策能否转化成风险型决策？

(3)试述不确定型决策在决策中常用的五种准则，指出它们之间的区别与联系。

2. 某地方书店希望订购最新出版的图书，根据以往经验，新书的销售量可能为 50 本、100 本、150 本或 200 本，假定每本新书的订购价为 4 元，销售价为 6 元，剩书的处理价为每本 2 元，要求：①建立损益矩阵；②分别用悲观法、乐观法及等可能法决策该书店应订购的新书数；③建立后悔矩阵，并用后悔值法决定书店应订购的新书数；④书店据以往统计资料预计新书销售量的规律如表 11.12 所示，分别用期望值法和后悔值法决定订购数量；⑤如某市场调查部门能帮助书店调查销售量的确切数字，该书店愿意付出多大的调查费用？

表 11.12

需求数/本	50	100	150	200
比例/%	20	40	30	10

3. 某厂考虑生产甲、乙两种产品，根据过去的市场需求统计如表 11.13 所示：

表 11.13

方案	旺季	淡季
	$a_1=0.7$	$a_2=0.3$
甲种	4	3
乙种	7	2

用最大可能法进行决策。

4. 某公司为了扩大市场，要举行一个展销会，会址打算选择甲、乙、丙三地中的一个。获利情况除了与会址有关外，还与天气有关。天气可区分为晴、普通、多雨三种。通过天气预报，估计三种天气情况可能发生的概率为 0.25、0.50、0.25，其收益情况如表 11.14 所示，用期望值准则进行决策。

表 11.14

选址方案	自然状态			
	天气	晴	普通	多雨
	概率	0.25	0.5	0.25
甲地		4	6	1
乙地		5	4	1.5
丙地		6	2	1.2

5. 某非确定型决策问题的决策矩阵如表 11.15 所示：

表 11.15

方案	事件			
	E_1	E_2	E_3	E_4
S_1	4	16	8	1
S_2	4	19	12	14
S_3	15	17	14	5
S_4	2	5	8	18

(1)若乐观系数 $\alpha=0.4$，矩阵中的数字是利润，请用非确定型决策的各种决策准则分

别确定出相应的最优方案。

(2)若表 11.15 中的数字为成本，问：对应于上述决策准则所选择的方案有何变化？

6. 某厂有一种新产品，其推销策略有 S_1、S_2、S_3 三种可供选择，但各方案所需资金、时间都不同，加上市场情况的差别，因而获利和亏损情况不同。而市场情况也有三种：Q_1(需求量大)、Q_2(需求量一般)、Q_3(需求量小)。市场情况的概率并不知道，其损益矩阵如表 11.16 所示，用乐观、悲观准则进行决策。

表 11.16

S_i	市场情况		
	Q_1	Q_2	Q_3
S_1	50	10	−5
S_2	30	25	0
S_3	10	10	10

7. 在开采油井时，出现不定情况，用后悔值准则决定是否开采。损益矩阵如表 11.17 所示：

表 11.17

方案	有油	无油
	Q	$\overline{Q}$
开采	5	−1
不开采	0	0

8. 某企业要投产一种新产品，投资方案有三个：S_1、S_2、S_3，不同经济形势下的利润如表 11.18 所示。用折中系数准则($\alpha_1=0.6$，$\alpha_2=0.4$)、等可能准则进行决策。

表 11.18

投资方案	不同经济形势		
	好	平	差
S_1	10	0	−1
S_2	25	10	5
S_3	50	0	−40

9. 某公司需要决定建大厂还是小厂来生产一种新产品，该产品的市场寿命为 10 年，建大厂的投资费用为 280 万元，建小厂的投资费用为 140 万元。10 年内的销售状况的离散分布状态如下：

高需求量的可能性为 0.5；

中等需求量的可能性为 0.3；

低需求量的可能性为 0.2。

公司进行了成本—产量—利润分析，在工厂规模和市场容量的组合下，它们的条件收益如下：

①大工厂，高需求，每年获利 100 万元；

②大工厂，中等需求，每年获利 60 万元；

③大工厂，低需求，引起亏损 20 万元；

④小工厂，高需求，每年获利25万元；

⑤小工厂，中等需求，每年获利45万元；

⑥小工厂，低需求，每年获利55万元。

用决策树方法进行决策。

10. 某开发公司拟为一企业承包新产品的研制与开发任务，但为得到合同必须参加投标。已知投标的准备费用为40 000元，中标的可能性为40%。如果不中标，准备费用得不到补偿。如果中标，可采用两种方法进行研制开发：方法1成功的可能性为80%，费用为260 000元；方法2成功的可能性为50%，费用为160 000元。如果研制开发成功，该开发公司可得到600 000元，如果合同中标，但未研制开发成功，则开发公司需要赔偿100 000元。使用决策树法分析是否参加投标；若中标了，采用哪种方法研制开发？用决策树方法确定最优决策方案。

11. 某工厂由于生产工艺落后产品成本偏高。在产品销售价格高时才能盈利，在产品价格中等时持平，企业无利可图。在产品价格低时，企业要亏损。现在工厂的高级管理人员准备将这项工艺加以改造，用新的生产工艺来代替。新工艺的取得有两条途径：一个是自行研制，成功的概率是0.6；另一个是购买专利技术，预计谈判成功的概率是0.8。但是不论研制还是谈判成功，企业的生产规模都有两种方案：一个是产量不变；另一个是增加产量。如果研制或者谈判均告失败，则按照原工艺进行生产并保持产量不变，按照市场调查和预测的结果，预计今后几年内这种产品价格上涨的概率是0.4，价格中等的概率是0.5，价格下跌的概率是0.1。通过计算得到各种价格下的收益值。要求通过决策分析，确定企业选择何种决策方案最为有利。方案在各种状态下的收益如表11.19所示。

表11.19

百万元

自然状态	原工艺生产	买专利成功0.8		自行研制成功0.6	
		产量不变	增加产量	产量不变	增加产量
价格下跌0.1	-100	-200	-300	-200	-300
价格中等0.5	0	50	50	0	-250
价格上涨0.4	100	150	250	200	600

附 录

附录 1 Excel 解线性规划问题操作指南

一、在系统中的工具栏添加“规划求解”

1. Office2007，WPS 系统下直接找“规划求解”

单击“数据”“模拟分析”“规划求解”(附图 1.1)：

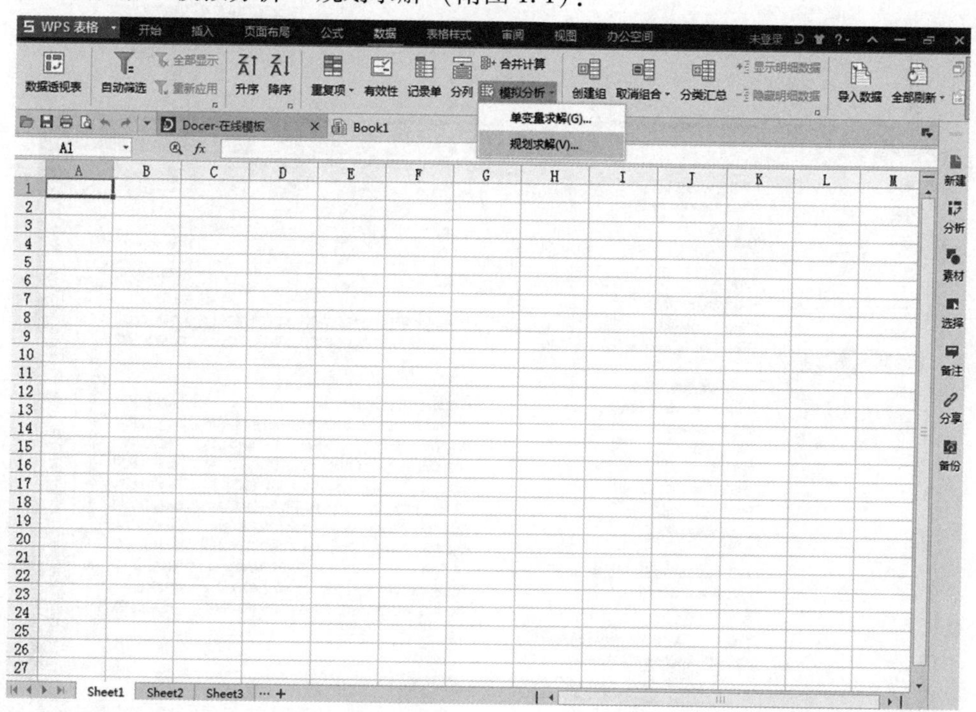

附图 1.1

2. 通过加载“宏”添加模块“规划求解”

有些系统没有“规划求解”，需要通过加载“宏”添加模块。

2.1 Office2007 以上系统下安装加载项——宏

单击“Office 按钮—Excel 选项—加载项—(Excel 加载项)转到”，出现“加载宏”对话框。选择“规划求解加载项”，单击“确定”按钮，如附图 1.2~附图 1.4 所示。

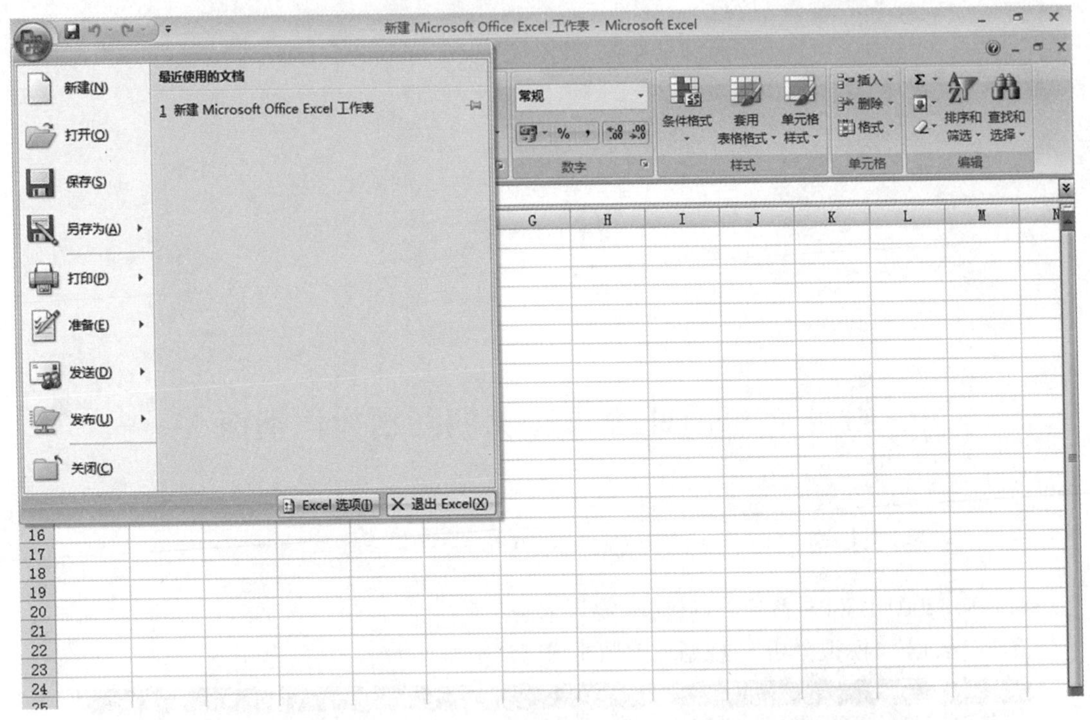
新建 Microsoft Office Excel 工作表 - Microsoft Excel
新建(N)
打开(O)
保存(S)
另存为(A)
打印(P)
准备(E)
发送(D)
发布(U)
关闭(C)
最近使用的文档
1 新建 Microsoft Office Excel 工作表
Excel 选项(I)
退出 Excel(X)
常规
数字
条件格式
套用表格格式
单元格样式
样式
插入
删除
格式
单元格
排序和筛选
查找和选择
编辑
G H I J K L M N
16
17
18
19
20
21
22
23
24

附图 1.2

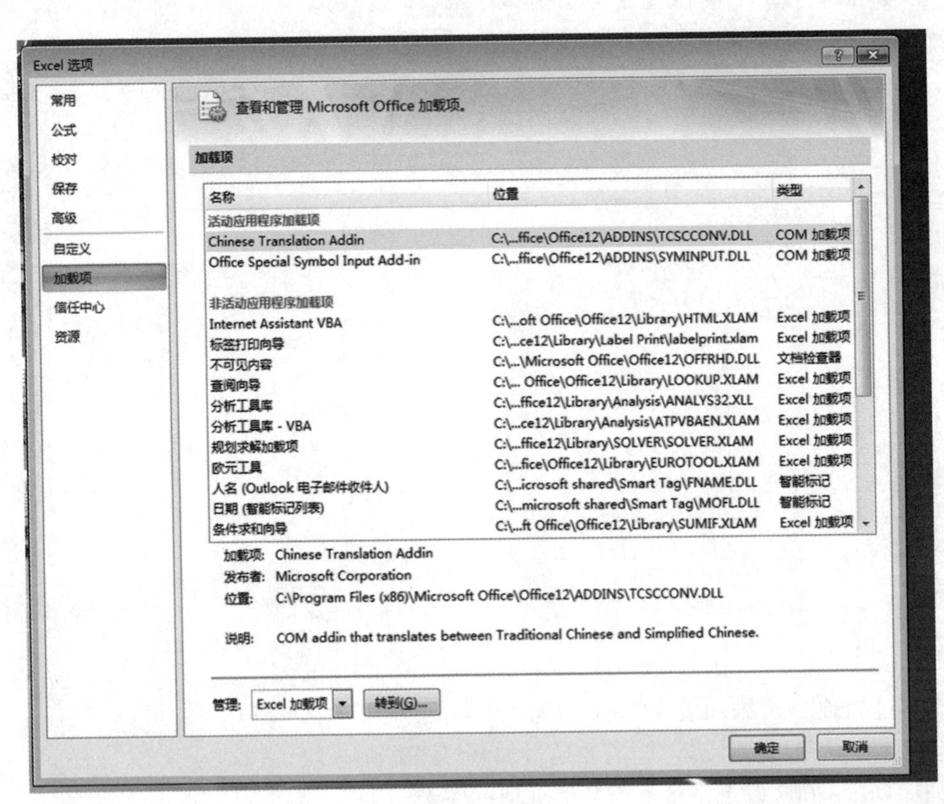
Excel 选项
常用
公式
校对
保存
高级
自定义
加载项
信任中心
资源
查看和管理 Microsoft Office 加载项。
加载项
名称
位置
类型
活动应用程序加载项
Chinese Translation Addin C:\...ffice\Office12\ADDINS\TCSCCONV.DLL COM 加载项
Office Special Symbol Input Add-in C:\...ffice\Office12\ADDINS\SYMINPUT.DLL COM 加载项
非活动应用程序加载项
Internet Assistant VBA C:\...oft Office\Office12\Library\HTML.XLAM Excel 加载项
标签打印向导 C:\...ce12\Library\Label Print\labelprint.xlam Excel 加载项
不可见内容 C:\...\Microsoft Office\Office12\OFFRHD.DLL 文档检查器
查阅向导 C:\... Office\Office12\Library\LOOKUP.XLAM Excel 加载项
分析工具库 C:\...ffice12\Library\Analysis\ANALYS32.XLL Excel 加载项
分析工具库 - VBA C:\...ce12\Library\Analysis\ATPVBAEN.XLAM Excel 加载项
规划求解加载项 C:\...ffice12\Library\SOLVER\SOLVER.XLAM Excel 加载项
欧元工具 C:\...fice\Office12\Library\EUROTOOL.XLAM Excel 加载项
人名 (Outlook 电子邮件收件人) C:\...icrosoft shared\Smart Tag\FNAME.DLL 智能标记
日期 (智能标记列表) C:\...microsoft shared\Smart Tag\MOFL.DLL 智能标记
条件求和向导 C:\...ft Office\Office12\Library\SUMIF.XLAM Excel 加载项
加载项: Chinese Translation Addin
发布者: Microsoft Corporation
位置: C:\Program Files (x86)\Microsoft Office\Office12\ADDINS\TCSCCONV.DLL
说明: COM addin that translates between Traditional Chinese and Simplified Chinese.
管理: Excel 加载项
转到(G)...
确定
取消

附图 1.3

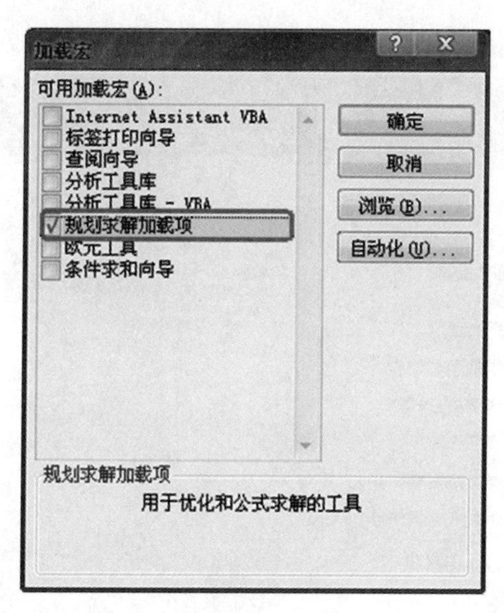

附图 1.4

此时，在“数据”选项卡中出现带有“规划求解”的按钮，如附图 1.5 所示。

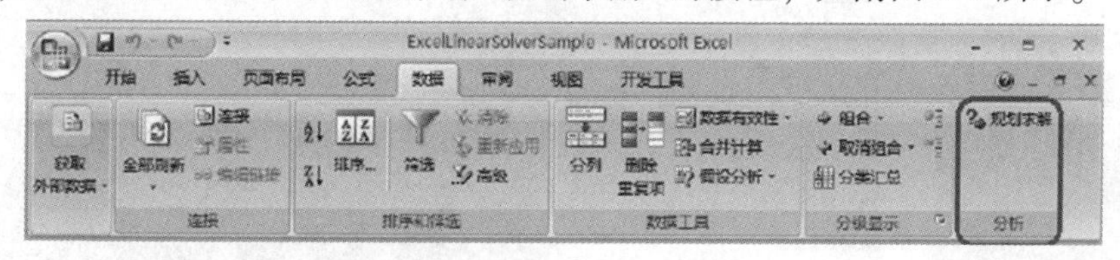

附图 1.5

2.2 WPS 系统下安装加载项——宏

单击“WPS 按钮—工具—加载宏”，出现“加载宏”对话框，如附图 1.6 所示。选择“规划求解加载项”，单击“确定”按钮(同 Office2007)。

附图 1.6

此时，在“工具”选项卡中出现带有“规划求解”的按钮，如附图 1.7 所示。

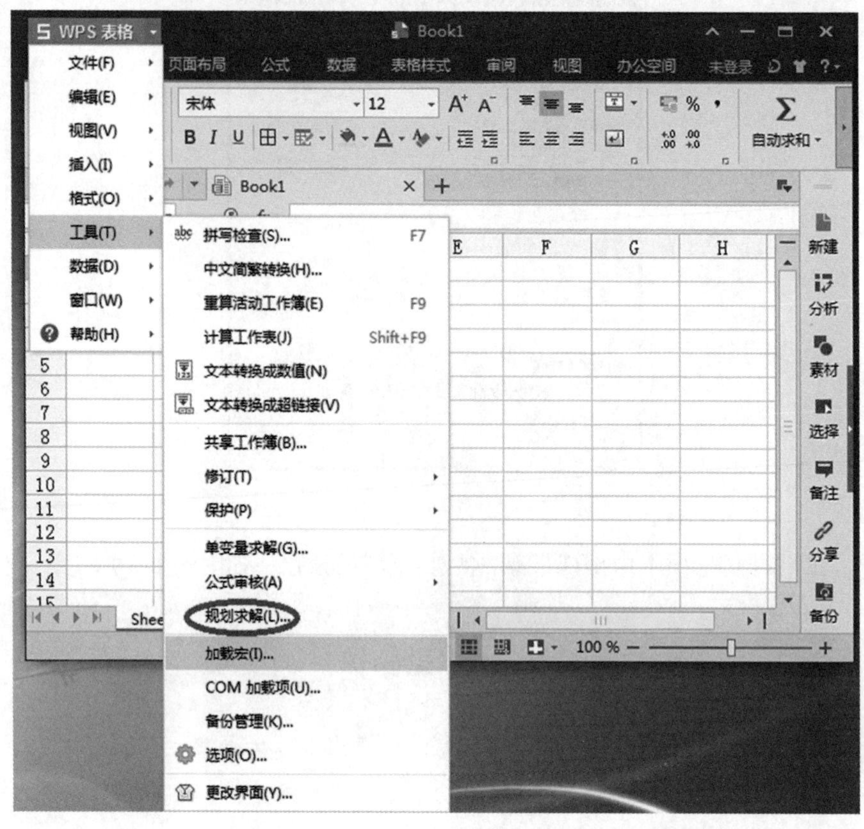

附图 1.7

2.3　Office2003 系统下安装加载项——宏

如果是 Office2003 系统，打开一个 Excel 表格，单击“工具”“加载宏”“规划求解”。再单击“工具”“规划求解”，如附图 1.8～图 1.10 所示。

附图 1.8

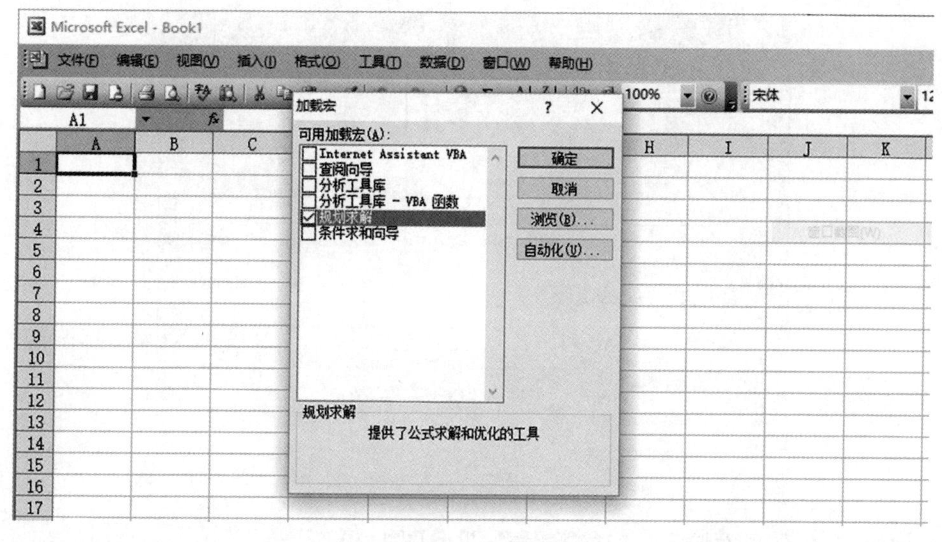

附图 1.9

附图 1.10

二、求解线性规划的步骤

(1)打开一个 Excel 表格，把线性规划方程式改写成便于 Excel 表格操作的形式。然后输入线性规划的目标函数、约束条件、值域等信息。

例如，求解线性规划问题(见附图 1.11)：

$$\max\ Z = 1\,500x_1 + 2\,500x_2$$

$$\text{s.t.}\begin{cases}3x_1 + 2x_2 \leqslant 65\\ 2x_1 + x_2 \leqslant 40\\ 3x_2 \leqslant 75\\ x_1 \geqslant 0,\ x_2 \geqslant 0\end{cases}$$

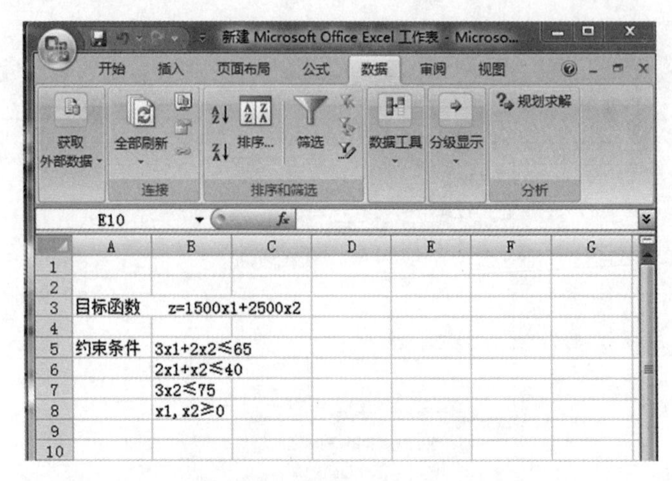

附图 1.11

（2）在目标函数里面输入相应的方程式（见附图 1.12）。

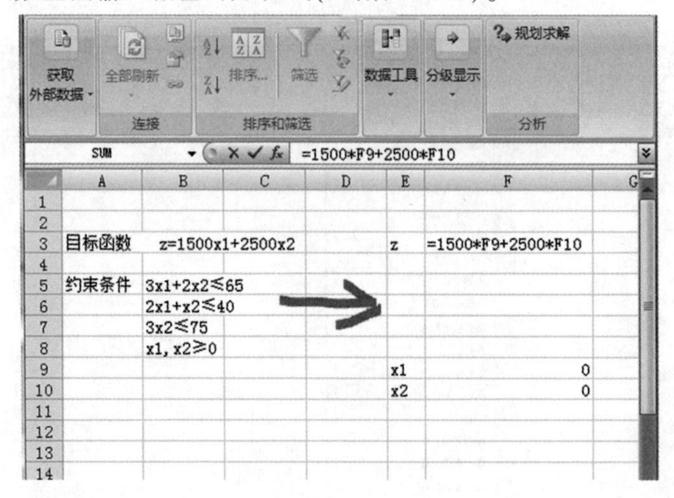

附图 1.12

（3）在约束条件里面输入方程式，完成了相应的约束条件的设置（见附图 1.13、附图 1.14）。

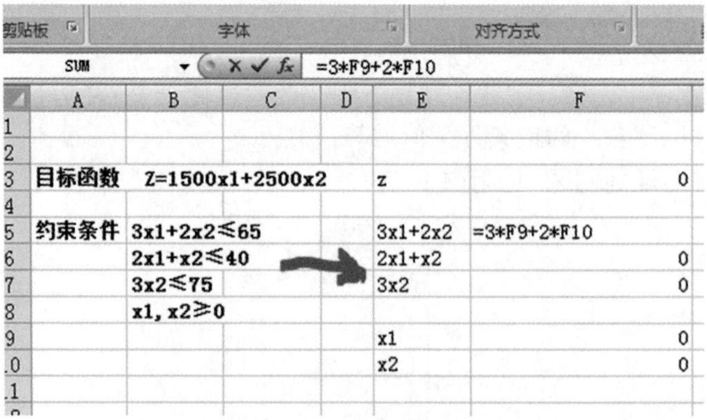

剪贴板 字体 对齐方式

SUM =3*F9+2*F10

	A	B	C	D	E	F
1						
2						
3	目标函数	Z=1500x1+2500x2			z	0
4						
5	约束条件	3x1+2x2≤65			3x1+2x2	=3*F9+2*F10
6		2x1+x2≤40			2x1+x2	0
7		3x2≤75			3x2	0
8		x1, x2≥0				
9					x1	0
10					x2	0
11						

附图 1.13

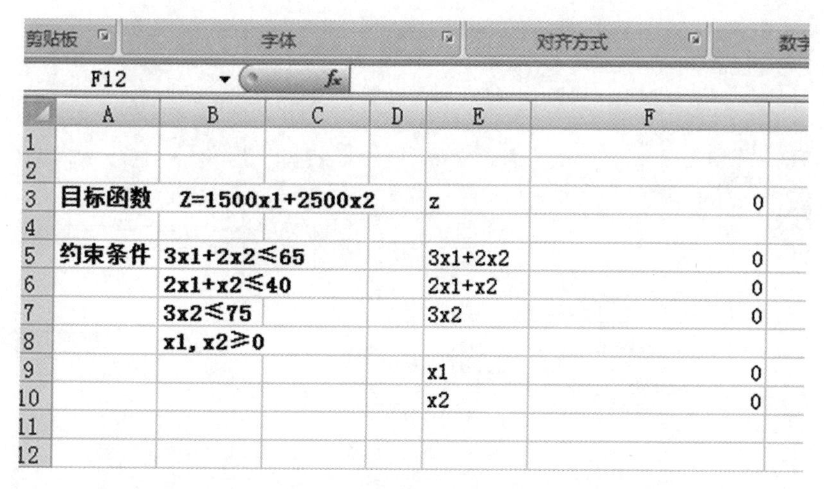

附图 1.14

(4)单击“规划求解”，再设置目标，更改可变单元格，对约束几个地方进行相应的设置(见附图 1.15~附图 1.19)。

附图 1.15

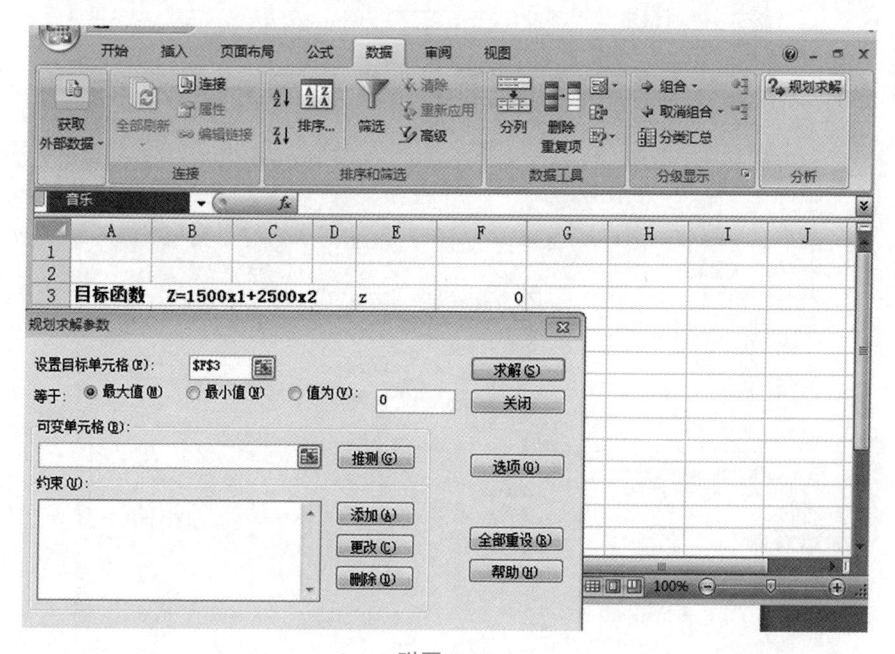

附图 1.16

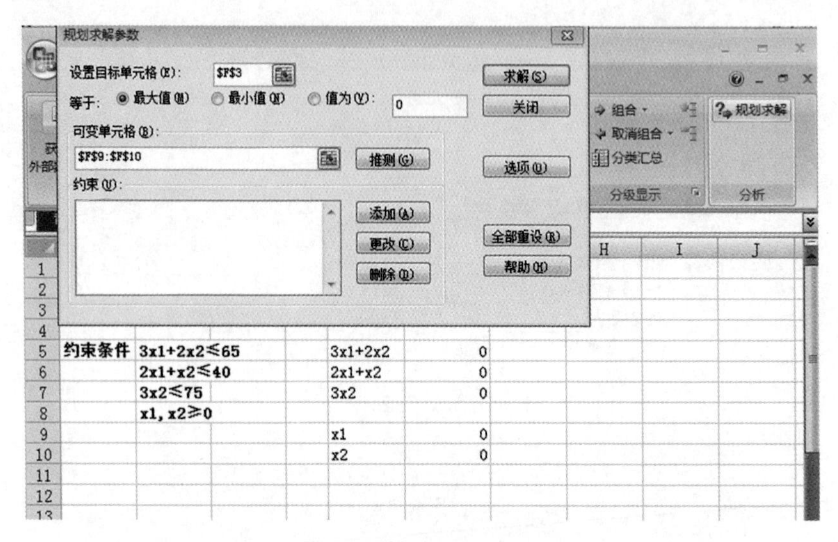

附图 1.17

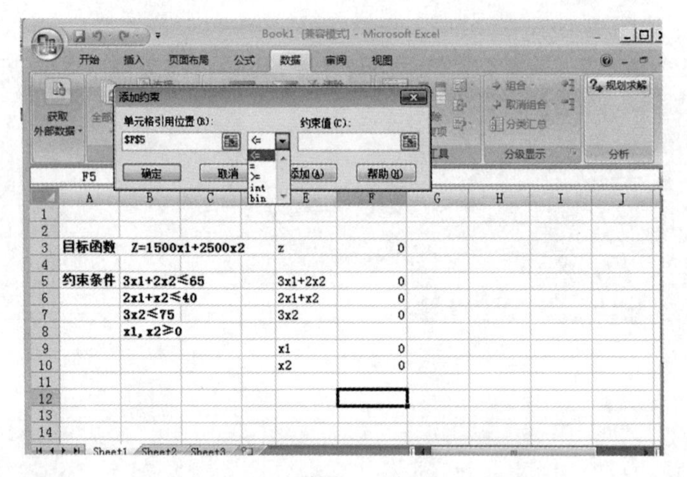

附图 1.18

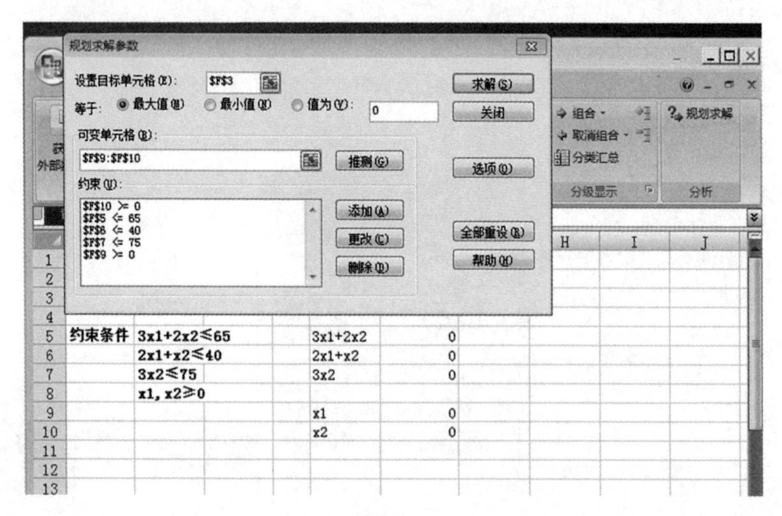

附图 1.19

(5)最后的计算结果如附图 1.20 所示。

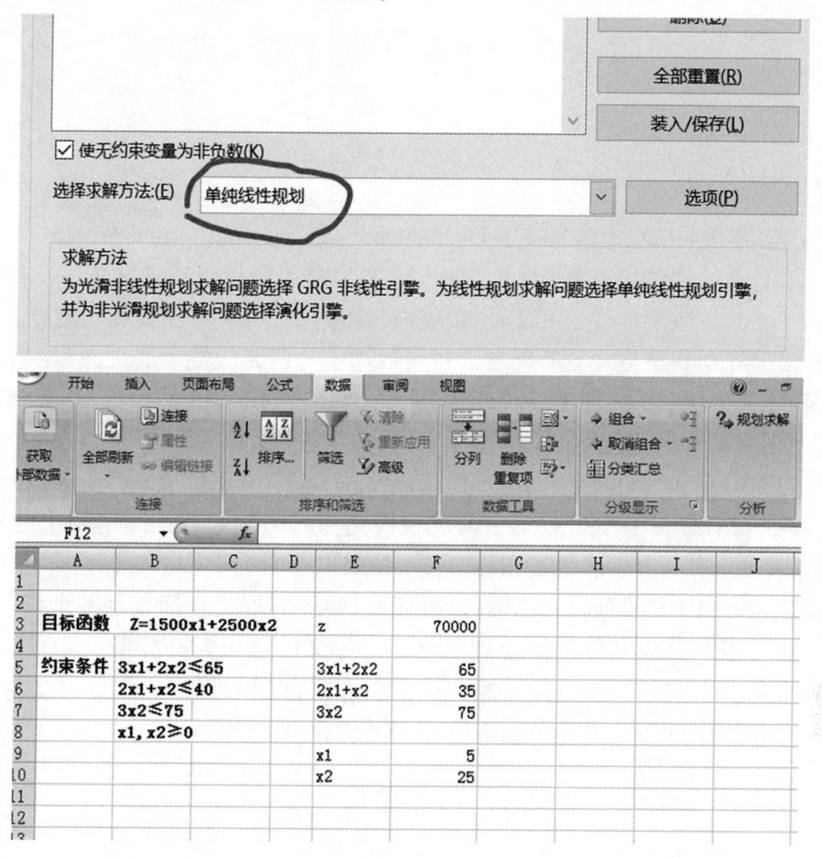

附图 1.20

(6)保留运算结果报告(见附图 1.21)。

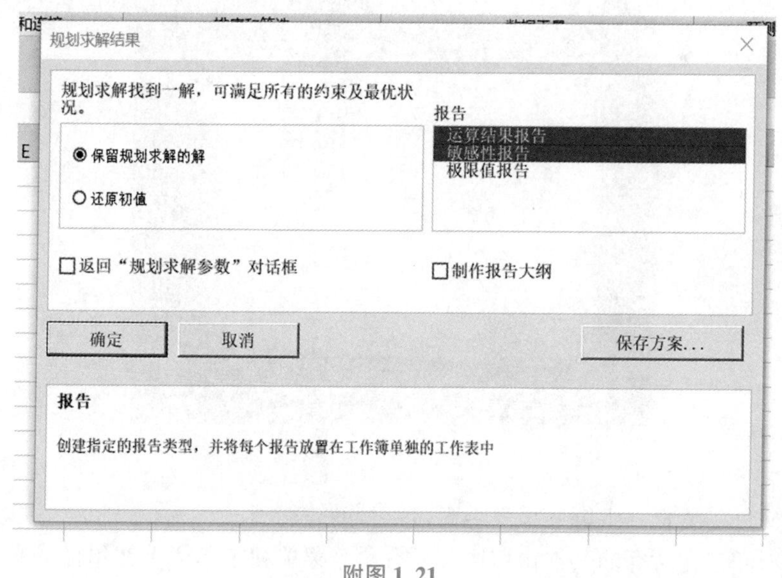

附图 1.21

(7)报告分析。报告为运算结果报告、敏感性报告(即为灵敏度分析)。

附录 2　LINDO 解线性规划

一、LINDO 简介

(1)LINDO 简介：LINDO(Linear，INteractive，and Discrete Optimizer)是一种专门用于求解数学规划问题的软件包。由于 LINDO 执行速度很快，易于方便输入、求解和分析数学规划问题，因此在数学、科研和工业界得到广泛应用。LINDO 主要用于解线性规划、非线性规划、二次规划和整数规划等问题，也可以用于一些非线性和线性方程组的求解及代数方程求根等。LINDO 中包含了一种建模语言和许多常用的数学函数(包括大量概论函数)，可供使用者建立规划问题时调用。

一般用 LINDO 解决线性规划(Linear Programming，LP)、整数规划(Integer Programming，IP)问题。其中 LINDO 6.1 学生版至多可求解多达 300 个变量和 150 个约束的规划问题。其正式版(标准版)则可求解的变量和约束在 1 量级以上。

(2)特点：LINDO 只要通过键盘输入就可以方便地实现交互性良好的操作与使用。另外，LINDO 也可以对外建文件进行处理，只要这些文件里包含必要的命令代码和输入数据，处理后就可以生成用于报告目的的文档；还可以自建子程序，然后直接与 LINDO 相结合形成一个包括你自己的代码和 LINDO 本身的优化库的综合程序。

二、LINDO 的视窗

LINDO 的视窗如附图 2.1 所示。

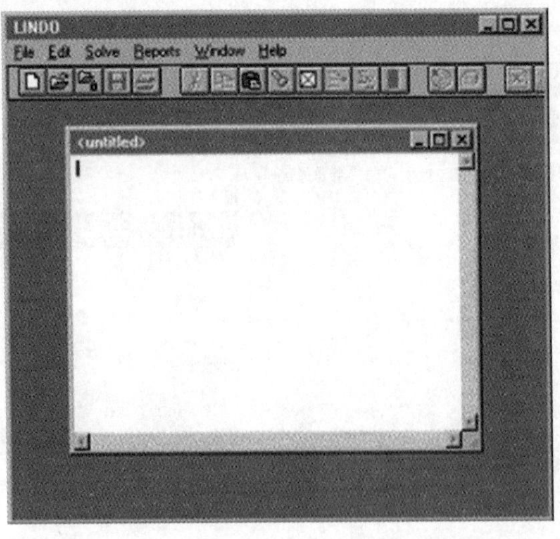

附图 2.1

菜单：文件—编辑—求解—报告—窗口—帮助。

工具栏：它包含所有的其他窗口以及所有命令菜单和工具栏。在里面的是一个新的空白的模型窗口。

三、LINDO 数据输入与保存

(1)打开一个空白工作表/项目：File—New，出现一个新的空白的模型窗口，在此窗口中输入需求解得模型，如附图 2.2 所示。

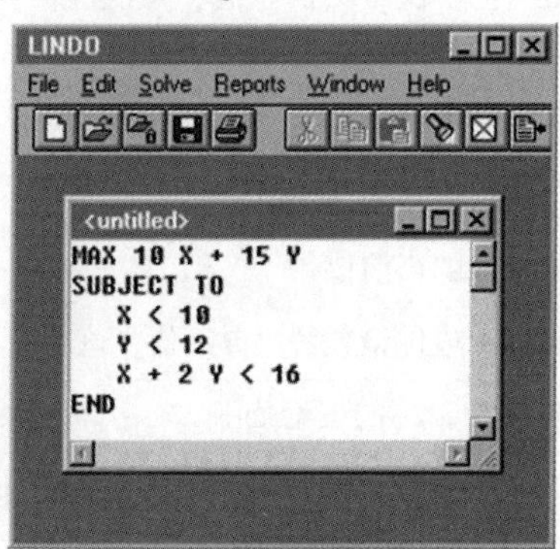

附图 2.2

(2)数据输入：在空白窗口输入模型，输入方式与我们的数学书写的形式基本一致。LINDO 也不区分变量中的大小写字符，约束条件中的“<=”及“>=”可用“<”及“>”代替。

(3)保存当前工作表：如果输入的问题模型已经不再需要改动，可用 SAVE 命令将它存入文件中，点 File—Save，输入文件名，点“保存”。

四、求解

从 Solve 菜单选择 Solve 命令，或者在窗口顶部的工具栏里按 Solve 按钮，LINDO 就会开始对模型进行编译。首先，LINDO 会检查模型是否具有数学意义以及是否符合语法要求。如果模型不能通过这一步检查，会看到以下报错信息：An error occurred during compilation on line：n(产生错误的行数)，LINDO 会自动跳转到发生错误的行。我们就可以检查该行的语法错误并改正过来。

通过这一检查阶段，LINDO 就会正式开始求解，这由一个叫 LINDO Solver 的处理器完成。当 solver 初始化时，会在屏幕上显示一个状态窗口，如附图 2.3 所示。

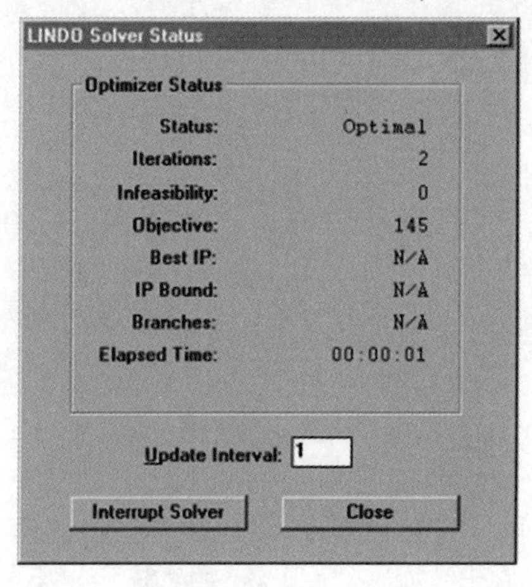

附图 2.3

这个状态窗口可以显示 solver 的进度，附表 2.1 是对各项数据/控制按钮的说明。

附表 2.1

数据项/控制	说明
Status	给出当前解决方案的状态，可能的值包括：Optimal(最优的)，Feasible(可行的)，Infeasible(不可行的)，Unbounded(未定的)
Iterations	solver 的重复次数
Infeasibility	多余或错误约束条件数量
Objective	目标函数的当前值
Best IP	标示得到最优整数解决方案值，该项只出现在 IP(整数规划)模型
IP Bound	IP 模型中目标的理论范围
Branches	由 LINDO IP solver 分生出来的整型变量个数
Elapsed Time	solver 启动后所经过时间
Update Interval	状态窗口更新周期(秒)。你可以把这个值设成任何一个非负数，如果把它设成零的话很可能会增加求解时间
Interrupt Solver	按下该按钮，solver 将立刻停止并返回当前得到的最优解
Close	按下该按钮关闭状态窗口，solver 继续运行。状态窗口可以通过选取相应命令重新打开

当 solver 完成优化过程后将会提示你是否要进行灵敏度和范围分析。如果想重新看到刚才的模型，可输入 LOOK 命令，LINDO 会询问具体的行号，典型的应答可以是 3，或 1~2，或 ALL，而结果相应地会显示出第 3 行，第 1~2 行，或所有问题行。

```
:LOOK
ROW:3
或
:LOOK all
```

如果想修改问题，可输入 ALTER 命令，LINDO 会询问行号、变量名及新的系数。例如：如果要将上面问题中约束条件改为“再全部看一下，并求解新问题”，那么输入 ALTER 命令后相应的应答为 2、X 和 6，以下是演示过程：

```
:ALTER
ROW:2
VAR:X
NEW COEFFICIENT:6
或
:LOOK ALL
```

五、LINDO 输出结果报告

在 Reports Window 窗口里，它可以显示 64 000 个字符的信息。如果有需要，LINDO 会从顶部开始剔除部分输出以腾出空间来显示新的输出。如果你有一个很长的解决方案报告，需要完整地进行阅读使用，你可以把这些信息从 Reports Window 写到另外一个磁盘文

件里，方法是选取 File | Log Output 命令，快捷键是 F10，然后你就可以找到该文件进行阅读使用。如附图 2.4 所示，Reports Window 里显示的是模型的最优解决方案：

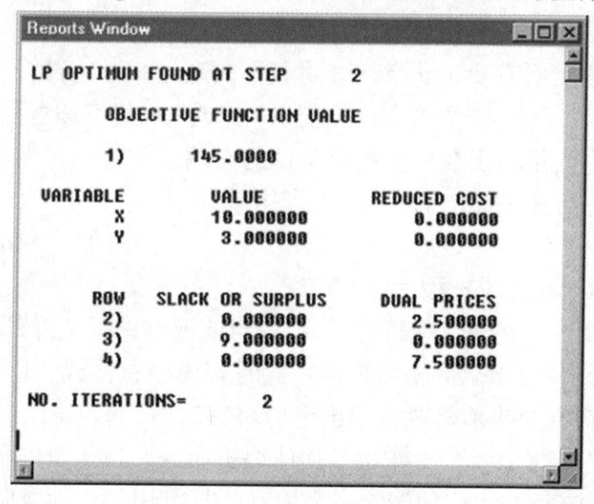

附图 2.4

按照顺序，报告首先告诉我们 LINDO 进行了两次运算后求出该解；然后在约束条件的约束下我们可以得到的最大利润是 70 000；这时 X_1 和 X_2 分别取值 5 和 25。“DUAL PRICES”是影子价格，对应的值为$(500, 0, 500)^{T}$。“SLACK OR SURPLUS”中 2)～4)为资源剩余，即松弛变量的值。

RANGES IN WHICH THE BASIS IS UNCHANGED：

(1)OBJ COEFFICIENT RANGES 为：最优解不变时目标函数系数 C 允许变化范围。

(2)RIGHTHAND SIDE RANGES 为：最优解不变时资源向量(约束右端)b 允许变化范围。

六、LINDO 求解单纯的或混合型的整数规划(IP)问题

LINDO 可用于求解单纯的或混合型的整数规划(IP)问题。但目前尚无相应完善的敏感性分析理论。IP 问题的输入与 LP 问题类似，但在 END 标志后需定义整型变量：gin n。如：

```
max1 500x1+2 500x2
subject to
3x1+2x2<=65
2x1+x2<=40
3x2<=75
x1>=0
x2>=0
end
gin 2
“gin 2”表示“前 2 个变量为整数”，等价于：
gin x1
gin x2
0—1 型的变量可由 INTEGER(可简写为 INT)命令来标识：
INTEGER v name 或 INTEGER n
```

七、注意事项

(1)进入 LINDO 后“:”表示 LINDO 已准备接受一个命令。

(2)LINDO 中已假定所有变量非负。变量名不能超过 8 个字符。

(3)如要输入“<=”或“>=”型约束，相应以“<”或“>”代替即可。

(4)LINDO 不允许变量出现在一个约束条件的右端。

(5)目标函数及各约束条件之间一定要有空格分开。

(6)一般 LINDO 中不能接受括号“( )”和逗号“,”，例如，“400(X1+X2)”需写为“400X1+400X2”；“10，000”需写为“10 000”。

(7)EDIT 命令调用一个全屏幕编辑器，可对当前模型进行全屏幕编辑。编辑完成后用“Esc”键保存当前修改，退出全屏幕编辑器；此时若模型有错误，则要求改正错误后再退出。用“Ctrl+Break”键废弃当前修改，退出全屏幕编辑器。

(8)LINDO 有 DEL、EXT 及 ALTER 等其他编辑命令，虽然全屏幕编辑器 EDIT 使这些命令用处减少了，但 DEL 在大块地清除一个模型时是有用的，而 ALTER 可允许做全局性的替换。

(9)LOOK 命令会为你在屏幕上显示你的问题(EDIT 也可如此)。

(10)如想获得敏感性分析可用 RANGE 命令。

(11)SAVE 命令用来存储一个问题模型到文件中，RETR 或 TAKE 命令用来读取一个以文件存储的模型。TAKE 命令还可用于解读一个以文本格式存储的 LINGO 格式的问题模型。

(12)DIVERT 会导致大多数信息被输送到文件中，而只有少量信息被传送到屏幕。RVRT 用于结束 DIVERET。如果你 DIVERT 到一个名为 PRN 的文件，结果将被直接传到打印机。

(13)LINDO 文件中常有注释间杂于各命令(COMMANDS)之中，前面注有[!]符号。例如，! This is a comment。

(14)LINDO 将目标函数所在行作为第一行，从第二行起为约束条件。行号自动产生，也可以人为定义行号或行名。行名和变量名一样，不能超过 8 个字符。

(15)LINDO 不能将 LP 中的矩阵进行数值均衡化。为了避免数值问题，使用者应自己对矩阵的行列进行均衡化。一个原则是，系数矩阵中非零元的绝对值不能大于 100 000 或者小于 0.001。如果 LINDO 觉得矩阵元素之间很不均衡，将会给出警告。

(16)量纲分析与一般错误的避免。

参 考 文 献

[1]胡运权. 运筹学教程[M]. 北京：清华大学出版社，1998.
[2]张莹. 运筹学基础[M]. 北京：清华大学出版社，1995.
[3]何坚勇. 运筹学基础[M]. 2 版. 北京：清华大学出版社，2008.
[4]于春田. 运筹学[M]. 石家庄：河北人民出版社，2003.
[5]吴祈宗. 运筹学[M]. 北京：机械工业出版社，2002.
[6]韩大卫. 管理运筹学[M]. 6 版. 大连：大连理工大学出版社，2010.
[7]胡运权. 运筹学习题集[M]. 3 版. 北京：清华大学出版社，2002.
[8]熊伟. 运筹学[M]. 2 版. 北京：机械工业出版社，2009.